高等学校环境科学与工程专业教材
中国轻工业“十四五”规划立项教材

水污染控制工程实践

（第二版）

邹　华　主编

中国轻工业出版社

图书在版编目（CIP）数据

水污染控制工程实践／邹华主编. — 2版. — 北京：中国轻工业出版社，2023. 8

ISBN 978-7-5184-4261-4

Ⅰ. ①水…　Ⅱ. ①邹…　Ⅲ. ①水污染—污染控制—高等学校—教材　Ⅳ. ①X520. 6

中国国家版本馆 CIP 数据核字（2023）第 077312 号

责任编辑：贺　娜
策划编辑：江　娟　　责任终审：白　洁　　封面设计：锋尚设计
版式设计：砚祥志远　　责任校对：吴大朋　　责任监印：张　可

出版发行：中国轻工业出版社（北京东长安街 6 号，邮编：100740）
印　　刷：三河市国英印务有限公司
经　　销：各地新华书店
版　　次：2023 年 8 月第 2 版第 1 次印刷
开　　本：787×1092　1/16　印张：22. 75
字　　数：520 千字　插页：2
书　　号：ISBN 978-7-5184-4261-4　定价：49. 00 元
邮购电话：010-65241695
发行电话：010-85119835　传真：85113293
网　　址：http：//www. chlip. com. cn
Email：club@ chlip. com. cn
如发现图书残缺请与我社邮购联系调换
210503J1X201ZBW

本书编委会

主　编　邹　华

副主编　丁剑楠

参　编　张　周　李秀芬　王新华　肖付耀
吴　昊　张一波　宋小君

前　言

水污染控制工程是环境科学与工程专业的主干课程之一，具有涵盖知识面广、知识跨度大、学科交叉性强、专业知识点高度综合等特点。为其配套的实践教学环节是其理论教学的重要补充和升华。《水污染控制工程实践》着眼践行CDIO（Conceive，Design，Implement，Operate）工程教育模式，通过与水污染控制工程理论教学结合的常用监测分析方法、基础实验、综合实验、创新实验、课程设计、生产实习等环节的实践教学，帮助学生进一步理解水污染控制工程相关理论知识并综合运用，培养学生掌握自主学习和主动实践的方法，使学生具备解决水污染控制过程中关键问题的能力。

《水污染控制工程实践》第一版自2012年由中国轻工业出版社出版发行以来，在国内高等院校得到一定范围的应用，受到广大使用者的好评。第一版出版后的十余年间，经济水平高速发展，环境保护、"两山"理论和"双碳"目标深入人心，水污染控制的理论与技术也有了很大的发展，大量的工程实践也为教学积累了大量的经验和案例，新技术、新工艺、新方法也为实践教学提供了更多的素材和方式。为适应环境学科发展需求和"新工科"背景下人才培养的具体要求，《水污染控制工程实践》（第二版）在第一版的基础上进行了修改和增补。与第一版相比，第二版基本保留了第一版的框架和编写思路，进一步精练了语言和内容，更加突出水污染控制工程重要的知识点，补充了一些新的工艺和新的实验方法。具体修改如第一章绪论增加了近年来我国水污染现状的分析，更新了与水污染控制相关的法律法规和环境标准；新增了第二章水污染控制工程常用水质指标及监测分析方法；第三章对水污染控制相关的物理化学实验和生物化学实验项目进行补充，同时新增水污染控制工程虚拟仿真实验项目；第四章对水污染控制工程综合实验进行一定的补充和调整；第五章补充了A^2/O-MBR处理高浓度有机废水和污水处理工艺模拟与设计实验；第六章将水污染控制工程课程设计与毕业设计内容进行融合，在工艺设计和CAD制图方面进行强化等。通过本教材第二版的修改与完善，希望能为环境类专业的本科生及研究生水污染控制工程相关的实践环节提供更加全面的参考。

《水污染控制工程实践》（第二版）由邹华教授主编，丁剑楠副教授担任副主编。全书共分七章，邹华教授编写了第一、第五、第六、第七章，丁剑楠副教授、张周老师编写了第二、三、四章，李秀芬教授、王新华教授、张一波高级工程师、研究生肖付耀、吴昊、宋小君等参与了资料收集和整理工作。全书由邹华教授统稿。

尽管各位编者全力以赴，但由于水平和经验有限，书中难免会出现错漏和不当之处，热忱希望使用本教材的老师、同学及其他读者批评指正。

编　者

2023年5月

第一版前言

随着我国经济的高速发展，伴生的水环境污染问题有目共睹。然而我国工科的教育实践中存在不少问题，例如重理论轻实践、强调个人学术能力而忽视团队协作精神、重视知识学习而轻视开拓创新的培养等问题。为了更好地使学生理解所学理论知识并综合运用，践行 CDIO 工程教育模式，培养学生掌握自主学习和主动实践的方法，使学生具备解决水污染控制过程中关键问题的能力，水污染控制工程的实践教学环节就显得尤为重要。

水污染控制工程是环境工程专业的重要主干课程之一，它具有概念多、教学重点和难点多、工艺参数与各类标准规范多、构筑物图纸和机械设备图多、工艺流程和工程计算多等特点。

虽然我国高校都设有配套的水污染控制工程实践课程，但对各类实践环节进行系统介绍的教材并不多见，大都使用针对某一个教学环节的自编教材。在综合国内已有各类实践教学环节后，根据近年来水污染控制技术的最新发展趋势，本教材在相关章节着重介绍了一些新的污水控制工程设计方法和案例。同时，充分尊重相关实践内容及方法的原创作者，对于引用的方法尽量在教材中予以标注和说明。但是，由于每一种实验或实践方法的从无到有，由简及繁的发展变迁，有时很难追溯其最初的原创者。在这里我们的主要职责在于汇编和查证、去粗存精，也希望读者能够结合自身的体会，对其中的不足之处给予完善。

本教材的总体设想是通过基础实验、综合实验、创新实验、课程设计、生产实习和毕业设计等环节的训练教学，使学生更好地掌握所学水污染控制工程的理论知识和实践技能，了解防治水体污染及中水回用的工艺技术，加深学生对水污染控制工程的基本概念和原理的理解与掌握，学会各类污水处理反应器的操作运行，掌握工艺流程选择和设计计算，学会设计说明书的编写及构筑物 CAD 图纸绘制，提高学生的工程实践能力。同时，结合国家和江苏省大学生创新实验训练计划的立项实施，重视学生科学思维能力和创新意识的培养，挖掘适合从事水污染控制科学研究和继续深造的人才。

本教材共分为八章。编写分工如下：李秀芬（第一、第二、第四和第五章），邹华（第三和第七章），王新华（第六和第八章）。作者感谢张一波老师对本书第二章的修改，感谢作者所在研究室的研究生给予的帮助。

尽管作者力图注重突出系统性、科学性、可操作性和创新性，但限于作者的学术功底、实践经验和写作能力，书中一定有不少错误。承蒙赐教，不胜感激。

编　者

2011 年 5 月

目　录

第一章　绪　论

第一节　水污染控制工程简介

水污染可以指废水对环境的污染，也可以指水体受废水废物的污染。保护水体不受污染，常称为水环境保护。水污染问题已经成为我国经济社会发展最重要的制约因素之一，引起了国家及地方政府的高度重视。国家和地方在政策、法规、工程、科技和教育等方面采取了一系列措施，初步控制了水环境污染急剧恶化的势头，地表水水质状况逐年好转，在水环境保护方面取得了前所未有的成就。但水环境污染问题仍然没有得到彻底解决。现行的浓度控制和目标总量控制相结合的水污染环境管理模式过于简单，技术相对落后，人为干扰因素较大，缺乏科学合理性，难以彻底有效解决当前水污染问题。水污染控制与治理是一项长期、复杂和艰巨的系统工程，不可能一蹴而就。据中国环境状况公报显示，至2022年年底，全国城市污水处理厂处理能力为2.15亿m^3/d；污水排放总量为639.3亿m^3，污水处理总量为625.8亿m^3，污水处理率为97.9%。太湖、滇池和巢湖均为轻度污染，主要污染指标为总磷和化学需氧量；1890个地下水环境质量考核点位中，主要超标指标为铁、硫酸盐和氯化物；集中式生活饮用水水源监测的919个断面（点位）主要超标指标为高锰酸盐指数、总磷和硫酸盐。“十四五”期间，我国水环境污染压力依然巨大。

一、我国水污染现状

（一）我国水污染现状

我国正在经历前所未有的水污染转型，水资源、水环境、水生态和水灾害四大水问题相互作用，彼此叠加，形成影响未来我国经济社会发展和安全的多重水危机，其中水污染的威胁尤为突出。据中国环境状况公报显示，2022年，全国地表水监测的3629个水质断面中，Ⅰ～Ⅲ类水质断面（点位）占87.9%，比2021年上升3.0%，劣Ⅴ类占0.7%，比2021年下降0.5%。主要污染指标为化学需氧量、高锰酸盐指数和总磷。2022年，长江、黄河、珠江、松花江、淮河、海河、辽河七大流域和浙闽片河流、西北诸河、西南诸河主要江河监测的3115个水质断面中，Ⅰ～Ⅲ类水质断面占87.0%，比2021年上升3.2%；劣Ⅴ类占0.4%，比2021年下降0.5%。主要污染指标为化学需氧量、高锰酸盐指数和总磷。虽然总体趋势向好，但全国地表水污染依然较重。在住建部会同环保、水利、农业等部门排查中发现，全国295座地级及以上城市中，只有77座城市没有发现黑臭水体，其中218座城市中共排查出黑臭水体1861个。其中黑臭河流1595条，占85.7%；黑臭湖、塘266个，占14.3%。60%的黑臭水体分布在东南沿海、经济相对发达地区。公布黑臭水体的218个城市中，黑臭水体数量在15个以上的城市有30个。这30个城市共1001个黑臭水体，占全国的59.79%。

目前，全国水环境的形势依然严峻。体现在三个方面：第一，就整个地表水而言，受到严重污染的劣V类水体所占比例较高，全国约10%，有些流域甚至大大超过这个数。如海河流域劣V类的比例高达39.1%。第二，流经城镇的一些河段，城乡接合部的一些沟渠塘坝污染普遍比较重，并且由于受到有机物污染，黑臭水体较多，受影响群众多，公众关注度高，不满意度高。第三，涉及饮水安全的水环境突发事件的数量依然不少，严重影响人们的健康、生产和生活。

水环境保护事关人民群众切身利益，事关全面建成小康社会，事关实现中华民族伟大复兴中国梦。为切实加大水污染防治力度，保障国家水安全，国家专门制定了《水污染防治行动计划》，简称“水十条”。

（二）水污染对人类的危害

污染的水对人类有着诸多直接和间接的不利影响。人体中70%~80%是水分，长期饮用劣质水会导致体质不佳、免疫力减弱，如果体内累积的某些污染物达到身体无法承受时，再高明的医生、再有效的药物恐怕也难奏效。

我国工业废水中的铅、氰化物、氨氮等污染物对水环境影响最大，在不同工业废水污染物中可分为以镉、砷、铅、汞和六价铬为主的重金属污染和以化学需氧量（chemical oxygen demand，COD）、氰化物、氨氮、石油类为主的复合污染，对人类健康的危害较大。例如，铅对肾脏、神经系统造成危害，对儿童具高毒性，其致癌性已被证实；镉对肾脏有急性伤害；砷对皮肤、神经系统等可造成危害，致癌性已被证实；汞对人体的伤害极大，伤害的主要器官为肾脏、中枢神经系统；高浓度的硒会危害肌肉及神经系统；亚硝酸盐可造成心血管方面的疾病，婴儿的影响最为明显（蓝婴症），同时有致癌性；总三卤甲烷中以氯仿对人体健康的影响最大，常引发膀胱癌；三氯乙烯（有机物）吸入过多会降低中枢神经和心脏功能，长期暴露对肝脏有害；四氯化碳（有机物）对人体健康有广泛影响，具致癌性，对肝脏、肾脏功影响极大。

二、水污染控制工程

（一）水污染控制工程的基本内容

水污染控制是指控制废水对环境的污染，防止水污染的破坏和水环境质量的下降。应将“防”“治”和“管”三者结合起来，“防”和“管”都是为了提高“治”的效果，达到控制的目的。“防”可以减轻“治”的负担和补救“治”的不足；“管”是指导和监督；“治”要有正确的方向和目标，同时需要严格实施。

1. 降低工业污染

水质类似城市污水的工业废水可排入城市污水处理系统统一收集并处理，同时利用向排放单位收税或收费的办法以降低其排污量。应制定合理的税制，弘扬保护环境的意识和习惯，限制随意排污等不负责任的行为。

水质不符合排入城市沟道要求的工业废水，必须在产污单位就地处理，否则按国家要求必须停产。例如，2007年无锡“蓝藻”事件后，无锡市全年共关停775家化工生产企业和31家“三高两低”企业（即高消耗、高污染、高危险、低产出和低效益）。

有需要时，工厂应聘用专业人员管理和治理生产废水，而更重要的是对生产技术人员和工人培养环境保护意识和责任感。治理人员应依靠他们，一起解决废水处理问题。工业废水中的污染物来自生产工艺，或者是残余的原材料，或者是副产品和残留的产品，是有可能通过“变废为宝”而解决废水问题的。在这方面，生产人员比治理人员更有优势。

举例说明，在液体中进行的工艺，废液的浓度一般较高，循环使用是消除废液的好办法；例如黏胶纤维成型用的凝固浴（酸浴）就是循环使用的。有些污染物可以回收或加工成副产品。例如碱法造纸黑液因含碱量高，回收碱有经济效益，木浆厂的碱回收工艺就解决了黑液问题。有时有可能用改变生产工艺的办法解决或简化生产废水的处理问题；例如电镀液常用氰化物配制，有时可改变配方免用氰化物，废水就不再含氰化物；又如合成洗涤剂的降解性能决定于它的分子结构，采用合适的合成工艺生产易降解的洗涤剂，就可以减弱它对环境的污染程度。这些与生产工艺密切相关的防治措施都需要生产技术人员的努力。至于生产中节约用水降低废水量则有赖于工人的谨慎操作。

对于生产废水中含有致癌、致畸、致突变类等有机污染物的工厂，其废水处理应特别管理。这类污染物的排放量要尽可能压低。难控制的污染物应在产地解决，不要同其他废水混合后再解决。量小、浓度高的废水，与稀释扩散后再处理相比，处理较易，费用也较低。

2. 建设城镇排水系统

城镇建设中，排水系统与给水系统应同步建设。两者均属市政工程，为城市运行服务；但又都是控制水污染，确保居民健康和环境质量的环境工程，为环境保护与可持续发展服务。排水系统的建设和管理必须贯彻控制水污染的宗旨。

现代城市的建设，注意了城市的绿化和道路广场的整洁，因而城市的地表径流一般污染程度较低，无需处理即可流入水体。雨水的排除应融入城市规划和道路广场建设（特别是在高程设计上）。我国很多城市的池塘、水域已受到污染，甚至已经黑臭。这类池塘、水域不应未经仔细分析就轻易予以填埋。城市水体是容纳雨水的理想设施，在城市总体规划中应纳入水体规划，与公园、绿地规划相配合。雨水排出的周密考虑和安排，既是防治雨洪积水的重要措施，又是控制水污染的重要环节。这将降低城市排水系统的基建费用和避免雨水干扰污水厂的设计和运行。

随着经济的增长和认识的提高，对环境质量的要求逐渐上升，可持续发展已受全球关注，也已成为我国国策。城市排水系统均应设置污水厂。为了便于确定污水排放地面水体时的处理目标，原国家环境保护局发布了《地面水环境质量标准》，该标准按资源功能区分为地面水体为五类，并分别规定其水质标准。资源价值越高，水质要求越高。这五类水体为：

Ⅰ类：主要适用于源头水、国家自然保护区。

Ⅱ类：主要适用于集中式生活饮用水水源地一级保护区、珍贵鱼类保护区、鱼虾产卵场等。

Ⅲ类：主要适用于集中式生活应用水水源地二级保护区、一般鱼类保护区及游泳区。

Ⅳ类：主要适用于一般工业用水区及人体非直接接触的娱乐用水区。

Ⅴ类：主要是用于农业用水区及一般景观要求水域。

实际上，城市污水处理目标的选择余地并不大。从处理深度或效果看，城市污水处理可以分为三级，通常称为一级处理、二级处理和“深度”处理。一级处理是指只去除漂浮物和易沉物，使城市污水排入水体时不致立即出现不洁现象。二级处理是指在去除漂浮物和易沉物外，进而稳定污水中的有机物，基本上消除污水的耗氧性能。目的是使水体接纳污水后不至于出现严重缺氧情况，水体生态系统将基本上维持原有的平衡状态。“深度”处理是指降低出水中的氮、磷化合物浓度。经过二级处理，有机物自然降解中有机氮、磷转化为无机的硝酸根离子和磷酸根离子，两者都是植物的养料。如果排入滞留的或流速较缓慢的水体（湖泊、海湾），将出现藻类繁殖成害的状态（称为富营养），降低水体原有的资源价值，甚至环境恶化，破坏正常的生态平衡。我国太湖的污染程度已达富营养。现在氮、磷的深度处理已有可能融入二级处理，也有称深度处理为三级处理的，这时常采用双层滤料池全面改善出水水质，其五日生化需氧量（biochemical oxygen demand，BOD_5）、COD 低于外观洁净的河流。

如果经济条件许可，内陆城市污水应采用二级处理，至少按二级处理规划，分期实施。污水受纳水体有巨大自净能力（如大江大河、海洋），而城镇又在建设初期，可以降低处理要求，但规划排水系统时应留有扩建污水厂的余地。总之，要服从可持续发展的国策。

俗语有“水来土掩”之说，城市污水可以归土，统称“污水灌溉”。污水不入水体，从根本上避免对水体的污染。20 世纪 50 年代，我国曾经试行过，但没有成功。但是“污水灌溉”确有认真深入研究的价值，理由是：①城市污水是农业资源，不但有水，且有肥分；②可保障地面水资源免受城市污水的污染；③将影响城镇排水系统的布局和设计，且处理程度可能降低，在经济上可能有竞争优势。然而，同治理工业废水需要生产人员协作一样，“污水灌溉”的研究应以农业专业人员为主，环保人员积极配合。

3. 加强管理

为加强环境管理，我国全国人民代表大会和有关行政机关制定和发布了一系列法规、标准。表 1-1 列出了与水污染控制有关的法规。从事水污染控制，不但要熟悉转为控制水污染而发布的法规，还应了解有关的环境保护法规。表 1-2 列出了我国与水污染控制有关的环境标准。

表 1-1　　与水污染控制有关的法规

水污染控制的政策法规	颁布部门
中华人民共和国环境保护法	1989 年 12 月 26 日中华人民共和国主席令第 22 号发布，2014 年 4 月 24 日第十二届全国人民代表大会常务委员会第八次会议修订，自 2015 年 1 月 1 日起施行
中华人民共和国水污染防治法	1984 年 5 月 11 日第六届全国人民代表大会常务委员会第五次会议通过，1996 年 5 月 15 日第八届全国人民代表大会常务委员会第十九次会议修订，2008 年 2 月 28 日第十届全国人民代表大会常务委员会第三十二次会议再次修订通过，2017 年 6 月 27 日第十二届全国人民代表大会常务委员会第二十八次会议第三次修正通过，自 2018 年 1 月 1 日起施行

续表

水污染控制的政策法规	颁 布 部 门
中华人民共和国水法	1988年1月21日第六届全国人民代表大会常务委员会第11次会议通过，1988年1月21日中华人民共和国主席令第61号公布，2002年8月29日第九届全国人民代表大会常务委员会第二十九次会议再次修订通过，自2002年10月1日起施行，2009年8月27日第十一届全国人民代表大会常务委员会第十次会议进行第一次修正，2016年7月2日第十二届全国人民代表大会常务委员会第二十一次会议进行第二次修正
中华人民共和国海洋环境保护法	1982年8月23日第五届全国人民代表大会常务委员会第二十四次会议通过，1999年12月25日第九届全国人民代表大会常务委员会第十三次会议修订，1999年12月25日中华人民共和国主席令第二十六号公布，2013年12月28日第十二届全国人民代表大会常务委员会第六次会议进行第一次修正，2016年11月7日第十二届全国人民代表大会常务委员会第二十四次会议进行第二次修正，2017年11月4日主席令第81号进行第三次修正，2017年11月5日起施行
中华人民共和国河道管理条例	1988年6月3日国务院第7次常务会议通过，1988年6月10日中华人民共和国国务院令第3号公布，自公布之日起施行，根据2011年1月8日《国务院关于废止和修改部分行政法规的决定》第一次修正，根据2017年3月1日《国务院关于修改和废止部分行政法规的决定》第二次修正，根据2017年10月7日《国务院关于修改部分行政法规的决定》第三次修正，根据2018年3月19日《国务院关于修改和废止部分行政法规的决定》第四次修正
淮河流域水污染防治暂行条例	1995年8月8日中华人民共和国国务院令第183号公布，根据2011年1月8日《国务院关于废止和修改部分行政法规的决定》修订，自2011年1月8日起施行
中华人民共和国城乡规划法	2007年10月28日第十届全国人民代表大会常务委员会第三十次会议通过，自2008年1月1日起施行，2015年4月24日第十二届全国人民代表大会常务委员会第十四次会议第一次修正，2019年4月23日第十三届全国人民代表大会常务委员会第十次会议第二次修正
中华人民共和国环境影响评价法	2002年10月28日第九届全国人民代表大会常务委员会第三十次会议通过，自2003年9月1日起施行，2016年7月2日第十二届全国人民代表大会常务委员会第二十一次会议第一次修正，2018年12月29日第十三届全国人民代表大会常务委员会第七次会议第二次修正
规划环境影响评价条例	2009年8月12日国务院第76次常务会议通过，自2009年10月1日起施行
水污染防治行动计划	2015年2月中央政治局常务委员会会议审议通过《水十条》，2015年4月2日成文，2015年4月16日发布并开始实施
城镇排水与污水处理条例	2013年9月18日国务院第24次常务会议通过，2013年10月2日中华人民共和国国务院令第641号公布，自2014年1月1日起施行
太湖流域管理条例	2011年8月24日国务院第169次常务会议通过，2011年9月7日中华人民共和国国务院令第604号公布，自2011年11月1日起施行

注：引自中华人民共和国中央人民政府门户网站和生态环境部网站。

表 1-2　　与水污染控制有关的环境标准

标准名称	标准编号	发布时间	实施时间
一、水环境质量标准			
地表水环境质量标准	GB 3838—2002	2002-4-28	2002-6-1
海水水质标准	GB 3097—1997	1997-12-3	1998-7-1
地下水质量标准	GB/T 14848—1993	1993-12-30	1994-10-1
农田灌溉水质标准	GB 5084—2021	2021-4-30	2021-7-1
渔业水质标准	GB 11607—1989	1989-8-12	1990-3-1
二、水污染物排放标准			
磷肥工业水污染物排放标准	GB 15580—2011	2011-4-2	2011-10-1
稀土工业污染物排放标准	GB 26451—2011	2011-1-24	2011-10-1
钒工业污染物排放标准	GB 26452—2011	2011-4-2	2011-10-1
淀粉工业水污染物排放标准	GB 25461—2010	2010-9-27	2010-10-1
酵母工业水污染物排放标准	GB 25462—2010	2010-9-27	2010-10-1
油墨工业水污染物排放标准	GB 25463—2010	2010-9-27	2010-10-1
陶瓷工业污染物排放标准	GB 25464—2010	2010-9-27	2010-10-1
铝工业污染物排放标准	GB 25465—2010	2010-9-27	2010-10-1
铅、锌工业污染物排放标准	GB 25466—2010	2010-9-27	2010-10-1
铜、镍、钴工业污染物排放标准	GB 25467—2010	2010-9-27	2010-10-1
镁、钛工业污染物排放标准	GB 25468—2010	2010-9-27	2010-10-1
硝酸工业污染物排放标准	GB 26131—2010	2010-12-30	2011-3-1
硫酸工业污染物排放标准	GB 26132—2010	2010-12-30	2011-3-1
杂环类农药工业水污染物排放标准	GB 21523—2008	2008-4-2	2008-7-1
制浆造纸工业水污染物排放标准	GB 3544—2008	2008-7-25	2008-8-1
电镀污染物排放标准	GB 21900—2008	2008-7-25	2008-8-1
羽绒工业水污染物排放标准	GB 21901—2008	2008-7-25	2008-8-1
合成革与人造革工业污染物排放标准	GB 21902—2008	2008-7-25	2008-8-1
发酵类制药工业水污染物排放标准	GB 21903—2008	2008-7-25	2008-8-1
化学合成类制药工业水污染物排放标准	GB 21904—2008	2008-7-25	2008-8-1
提取类制药工业水污染物排放标准	GB 21905—2008	2008-7-25	2008-8-1
中药类制药工业水污染物排放标准	GB 21906—2008	2008-7-25	2008-8-1
生物工程类制药工业水污染物排放标准	GB 21907—2008	2008-7-25	2008-8-1
混装制剂类制药工业水污染物排放标准	GB 21908—2008	2008-7-25	2008-8-1

续表

标准名称	标准编号	发布时间	实施时间
制糖工业水污染物排放标准	GB 21909—2008	2008-7-25	2008-8-1
皂素工业水污染物排放标准	GB 20425—2006	2006-9-1	2007-1-1
煤炭工业污染物排放标准	GB 20426—2006	2006-9-1	2006-10-1
医疗机构水污染物排放标准	GB 18466—2005	2005-7-27	2006-1-1
啤酒工业污染物排放标准	GB 19821—2005	2005-7-18	2006-1-1
柠檬酸工业污染物排放标准	GB 19430—2013	2013-3-14	2013-7-1
味精工业污染物排放标准	GB 19431—2004	2004-1-18	2004-4-1
兵器工业水污染物排放标准　火炸药	GB 14470. 1—2002	2002-11-18	2003-7-1
兵器工业水污染物排放标准　火工药剂	GB 14470. 2—2002	2002-11-18	2003-7-1
城镇污水处理厂污染物排放标准	GB 18918—2002	2002-11-19	2003-7-1
合成氨工业水污染物排放标准	GB 13458—2013	2013-3-14	2013-7-1
污水海洋处置工程污染控制标准	GB 18486—2001	2001-11-12	2002-1-1
畜禽养殖业污染物排放标准	GB 18596—2001	2001-12-28	2003-1-1
污水综合排放标准	GB 8978—1996	1996-10-4	1998-1-1
烧碱、聚氯乙烯工业水污染物排放标准	GB 15581—2016	2016-8-22	2016-9-1
航天推进剂水污染物排放标准	GB 14374—1993	1993-5-22	1993-12-1
钢铁工业水污染物排放标准	GB 13456—2012	2012-6-27	2012-10-1
肉类加工工业水污染物排放标准	GB 13457—1992	1992-5-18	1992-7-1
纺织染整工业水污染物排放标准	GB 4287—2012	2012-10-19	2013-1-1
海洋石油开发工业含油污水排放标准	GB 4914—1985	1985-1-18	1985-8-1
船舶工业污染物排放标准	GB 4286—1984	1984-5-18	1985-3-1
船舶水污染物排放控制标准	GB 3552—2018	2018-1-16	2018-7-1

注：引自中华人民共和国生态环境部网站。

（二）存在的问题

1. 避免将水环境整治工作同行政强制措施等同看待

在水环境整治的过程中宜更多地采用经济手段，调动排污单位的内部积极性，使污染物达标排放和综合治理成为企业主动、自发和自愿的行为。这样不仅能够减少行政强制执行的费用，而且可以减少以至杜绝企业弄虚作假、追求形式上的达标和保留实质上的污染行为的发生，从而有效地提高有关法律法规执行的有效性。在通常意义上的引进经济激励措施、奖励达标先进单位、为其提供政策优惠的做法之外，兼顾水环境治理与清洁生产工艺技术开发的有效结合，在停产、关闭数以千计的污染企业的同时创立和新建于环境保护有利的新企业、新市场，使水环境整治工作同社会经济其他方面有机地联系在一起，使环保工作不再对于工业企业的发展只是一味的否定，而是肯定与否定相结合。从长远发展的角度看，工业走向环境健康化是世界发展的总体趋势，清洁生产工艺技术的开发利用将在不久的未来占据巨大的市场份额。因此，应该把握时机，争取利用后进优势，在促进环境质量改善的同时获得经济的快速发展。

2. 避免将水污染防治与工业企业达标排放等同看待

中国是一个农村人口占到70%的农业大国，且农业现代化程度较低。美国著名的化学家和环保主义者蕾切尔·卡逊在20世纪60年代所关注的农业污染问题在今天的中国仍然具有极为现实的指导意义。通常，在对我国大多数流域污染情况寻根求源的过程中，都会发现干流和支流沿岸的农药化肥及其他农业废弃物的肆意弃置是构成水环境恶化的重要原因之一，也正是这些不经任何处理就排向江河湖海的大量农业污染物在很大程度上须对水体的毒化问题负责。然而在水环境治理的实际操作中，几乎很难看到有关治理农业面源污染的举措，更没有像“零点行动”那样富有广泛社会影响力的治污行为发生。当然并不否认工业企业污染治理与农业污染控制本身有着不可分割的联系，对于“15小”企业（指1996年《国务院关于加强环境保护若干问题的决定》中明令取缔关停的十五种重污染小企业，以及原国家经贸委、国家发改委限期淘汰和关闭的破坏资源、污染环境、产品质量低劣、技术装备落后、不符合安全生产条件企业）的治理一定范围内断绝了农业污染物的来源，然而从现实的角度来看，这还远远不够。不否认农业的面源污染较之工业企业通常情况下的点源污染而言，控制的难度大得多，甚至近乎不可操作，然而不能因为该问题解决起来有极大困难而无视其存在。这样只能造成对农业污染的默认，从而使问题趋于严重。

3. 重视水污染控制过程同生态环境的恢复和改善的紧密结合

环境问题以其固有的全方位、多因子的特点区别于其他任何部门调整的对象，这就要求在整治水环境问题的过程中首先要考虑到水污染问题的流域性，加强河流湖泊沿岸省、直辖市和自治区之间的协调和合作，这已在淮河治理过程中获得重要的实践经验，应该在全国范围内推广。其次，水资源作为生态环境的一个重要组成部分对人类生产生活过程具有不言而喻的重要价值，因而将水环境整治与水权概念的开发相结合，明确水资源使用的受益者和水环境问题的治理者无疑具有重要意义。同时，对水资源的开发利用要实行全流域统筹兼顾的方针，生产、生活和生态用水综合平衡，做到微观与宏观相结合，促进水环境问题的根本解决。

三、水污染控制的主要技术

（一）水污染控制的基本思路

水污染控制的基本思路大体可以划分为两类：第一类是废水中的杂质及污染物质在排入环境（主要指水体）前，用物理、化学、物理化学或生物化学等方法去除。这就意味着必须建立污水处理厂或车间，配备一整套污水处理设施。对工业废水来说，如何改进原有生产工艺，尽量减少水中污染物浓度和废水量，也包括在这一类中。第二类是在受纳水体环境容量容许的前提下实施排放控制，确定排放形式、排放位置和排放量，利用自然界的水体自净能力进行处理。第二类技术的实施有两个前提条件：首先废水必须进行必要的预处理，一些重金属和难降解的物质不能直接排放，其次对受纳水体的自净能力及稀释扩散条件必须要有充分的研究和掌握，通常必须做水力模型实验。废水的排江排海工程、湿地净化系统、生态工程处理系统等就属于这一类。随着水资源的日益匮乏，在废水处理领域也越来越强调水资源的回收利用，尤其是对浓度较高的水以及含贵重金属材料的废水。废水的资源回收在第一类技术和第二类技术中都应得到体现。

(二) 水污染控制的主要技术

水污染控制工程是利用工程手段、建造工程设备和装置来对水质进行净化处理，降低水中污染物或杂质的含量，以满足人们既定的使用要求和减少污水对环境的污染及危害。

废水处理的任务是采用各种技术措施将废水中所含有的各种形态的污染物分离出来或将其分解、转化为无害和稳定的物质，使废水得到净化。水处理的方法及其设备多种多样，但其所起的作用不外乎两个，即污染物的分离和转化，如物理方法和物化方法主要起污染物的分离作用，而化学方法以及生物方法主要起污染物的转化作用。在水处理系统中，分离和转化紧密关联、互为因果。

现代废水处理技术按其作用原理和去除对象可分为物理法、化学法和生物法。物理法就是利用物理作用，分离废水中呈悬浮状态的污染物质，在处理过程中不改变水的化学性质，如重力分离、气浮、反渗透、离心分离、蒸发等。化学法是利用化学反应作用来分离、转化、破坏或回收废水中的污染物，并使其转化为无害物质，如混凝、中和、氧化还原、吸附、电渗析、汽提、萃取等处理工艺。生物法是利用水中的微生物的新陈代谢功能，使废水中呈溶解和胶状的有机物被降解，并转化成为无害的物质，废水得以净化。属于生物法处理工艺的有活性污泥法、生物膜法、自然生物处理法和厌氧生物处理法等。

受其作用原理性质的影响，每一种处理方法都有适用的场合，例如，物理法主要用于分离水中的不溶态颗粒物质，在化工上称为非均相分离；化学法常用中和、沉淀、氧化还原等改变水中污染物的性质、存在形态等；生物法主要用于转化水中能够被生物利用的溶解态和胶体态物质。在实际的水处理工程中，各种水处理方法往往组合成一个完整的工艺系统来完成既定的水质净化目标，这种工作又称为废水处理工艺流程的确定。废水性质、废水处理目标是处理方法择用及处理流程确定的根本依据。对于城市污水的处理和原水的净化，人们在长期的研究和工程实践中积累了丰富的经验，因此处理方法的选择和工艺流程的确定已经比较成熟。工业废水种类多、变化多，因此与城市污水的处理以及原水的净化有很大的不同，处理方法择用和工艺确定必须建立在大量实验研究和工程实践的基础上，从不成熟到逐渐完善。科学技术的发展日新月异，人们对水处理的要求也在不断变化，因此，水处理方法和工艺始终处于不断更新和完善之中。

1. 废水的物理处理

废水物理处理法的去除对象是水中不溶解的悬浮物质。使用的处理设备和构筑物有格栅、筛网、沉砂池、沉淀池、滤池、微滤机、气浮装置、离心机等。

(1) 格栅　格栅是由一组平行的金属栅条制成的框架，斜置成60°~70°于废水流经的渠道上，当废水流过时，呈块状的污染物即被栅条所截留，而从废水中去除。格栅是一种对后续处理构筑物或提升泵有保护作用的设备。

（2）沉淀池与沉砂池　沉淀池与沉砂池的工作原理是废水由于在池内的流速降低，这样水中的固体物质在其本身重力的作用下下沉，而使固体物质与水分离，这种工艺分离效果好，简单易行，应用广泛，是一种重要的处理单元。沉淀池主要用于去除废水中大量的呈颗粒状的悬浮固体，沉砂池主要去除废水中相对密度较大的固体颗粒。

（3）气浮装置　对于一些相对密度接近于水的细微颗粒，仅靠自重难以下沉或上浮，可采用气浮装置，采取措施使空气以细小气泡的形式散布于水中，并与颗粒附聚在一起，形成浮选体，上浮到水面而与水分离。

2. 废水的化学处理

按废水中污染物的主要类型，向废水中投加某些化学物质，通过化学反应达到净化废水目的的方法称为化学处理法。

（1）中和处理法　用化学方法消除废水中过量的酸或碱，使其 pH 达到中性左右的过程称为中和。处理含酸废水以碱为中和剂，处理碱性废水以酸为中和剂，酸碱均指无机酸或无机碱。中和处理应考虑“以废治废”的原则。中和处理可以连续进行，也可以间歇进行。

（2）混凝处理法　混凝法是向水中投加一定量的药剂，经过脱稳、架桥等反应过程，使水中呈胶状的污染物质形成絮状体，再经过沉淀或气浮的过程，使污染物从废水中分离出来。通过混凝能够降低废水的浊度、色度，去除高分子物质、呈胶体的有机污染物、某些重金属毒物（汞、镉）和放射性物质，也可去除磷等可溶性有机物，应用十分广泛。混凝法可以作为单独处理单元，也可与其他方法配合，作为预处理、中间处理，甚至可以作为深度处理工艺。

（3）化学沉淀法　化学沉淀法是向废水中投加某些化学物质，使它和水中某些溶解物质产生反应，生成难溶盐沉淀下来。它一般处理含重金属离子的工业废水。

（4）氧化还原法　利用溶解于废水中的有毒、有害物质在氧化还原中能被氧化还原的性质，把它转化为无毒无害的新物质。在废水处理中使用的氧化剂有空气中的氧、纯氧、臭氧、氯气、次氯酸钠、三氯化铁等，使用的还原剂有铁、锌、锡、锰、亚硫酸钠、二氧化硫、焦亚硫酸钠、石灰等。

（5）吸附法　吸附作用就是发生在不同相界面上的物质传递，废水处理主要是固体物质表面对废水中污染物质的吸附。吸附可分为物理吸附、化学吸附和生物吸附等。物理吸附是吸附剂和吸附物质之间在分子间力的作用下产生的，不发生化学变化。化学吸附则是吸附剂和吸附质在化学键力的作用下引起的吸附作用，因此化学吸附选择性较强。在生物作用下也可产生生物吸附。在废水处理中常用的吸附剂有活性炭、磺化煤、沸石、硅藻土、焦炭等。

（6）离子交换法　离子交换法在废水处理中应用较广。使用的离子交换剂分为无机离子交换剂、有机离子交换树脂两大类。采用离子交换法处理废水时，必须考虑树脂的选择性。树脂对各种离子的交换能力是不同的，这取决于各种离子对该种树脂亲和力的大小，又称选择性的大小，另外还要考虑到树脂的再生方法等。

（7）膜分离法　渗析、电渗析、超滤、反渗透等技术都是通过一种特殊的半透膜分离水中离子和分子的技术，统称为膜分离法。电渗析法、反渗透法主要用于水的脱盐和回收某些重金属离子等。反渗透与超滤均属于膜分离法，但其本质又有所不同。反渗透作用主要是膜表面化学本性所起的作用，它分离的溶质粒径小，除盐率高，所需工作压力大。超滤所用材质和反渗透可以相同，但超滤是筛滤作用，分离溶质粒径大，透水率高，除盐率低，工作压力小。

3. 废水的生物处理

自然环境中物质的生物转化自古有之，但直到20世纪初叶人们才自觉地将微生物转化污染物的原理用于相应的工程设施建设中对污水进行处理，1914年英国曼彻斯特建成的第一个活性污泥污水处理厂成为污水生物处理工程的里程碑。

污染物的生物转化技术从生物研究角度来看是将污染物（废水、废气和废渣）作为微生物的培养基质或底物，对微生物进行培养的过程。在培养过程中，依照所提供的环境条件（供氧与否）、基质成分和温度等，微生物的种群也发生相应的变化，适者生存；随着培养的进行，微生物量也逐渐增多。基质中有微生物易于吸收同化的物质，也有微生物难以吸收同化的物质，甚至还有对微生物有毒害作用的成分。

污染物的生物转化从水处理工作者看来，是利用微生物氧化（降解、消化、分解、稳定）污染物，从而将污染物浓度降低、转化为无害或低害的成分。在转化过程中，污染物换了存在的形式和存在的位置，如污水中的有机污染物质一方面转化为气态物质（如CO_2、CH_4、H_2S、NH_3、N_2等）进入大气，另一方面转化为微生物的有机体而存在于污泥中；而有机污泥也可转化为气态物质（如CO_2、CH_4、H_2S、NH_3、N_2等）或转化为微生物有机体。活性污泥和生物膜是以有机成分作为主体的（占其干物质的60%~70%），其本身也可以称其为COD物质。如不从废水中分离，则废水处理尚未完成任务。废水的生物处理方法就是采取一定的人工措施，创造有利于微生物生长、繁殖的环境，使微生物大量增殖，从而提高微生物氧化、分解有机污染物的一种技术。生物处理法主要用于去除废水中呈溶解状态和胶体状态的有机污染物。

（1）活性污泥法　活性污泥法是当前应用最为广泛的一种生物处理技术。将空气连续鼓入大量溶解有机污染物的废水中，经过一段时间，水中即形成生物絮凝体——活性污泥，在活性污泥上栖息、生活着大量的好氧微生物，这种微生物以溶解性有机物为食料，获得能量，并不断增长，使废水得到净化处理。

（2）生物膜法　废水连续流经固体填料（碎石、塑料填料等），在填料上就会生成污泥状的生物膜。生物膜上繁殖着大量的微生物，起到与活性污泥同样的净化效果的作用。生物膜法有多种结构和形式，其中有生物滤池、生物转盘、生物接触氧化和生物流化床等。

（3）自然生物处理法　利用在自然条件下生长、繁殖的微生物处理废水的技术，称为自然生物处理法。其特征是工艺简单、建设与运行费用低，但净化功能受自然条件的制约。主要的处理技术是稳定塘和土地处理法。

稳定塘是利用塘水中自然繁育的微生物（好氧、兼氧及厌氧），在其自身的代谢作用下氧化分解废水中的有机物的一种较为简单的生产处理构筑物。稳定塘中的氧由塘中生长的藻类的光合作用及塘面与大气相接触的复氧作用提供，在稳定塘内废水停留时间长。稳定塘与废水的净化过程和天然水体净化过程相近。稳定塘可分为好氧塘、兼性塘、厌氧塘和曝气塘等。包括废水灌溉在内的土地处理也是一种生物处理法。废水向农作物提供水分和肥分，废水中非溶解性杂质为表层土壤过滤截留，并逐渐被微生物分解利用。

（4）厌氧生物处理法　厌氧生物处理是利用兼性厌氧菌和专门厌氧菌在无氧条件下降解有机污染物的处理技术。有机污泥、某些高浓度有机物含量的工业废水，如酒精废水、柠檬酸废水等适宜于用厌氧生物处理法处理。目前也有用厌氧生物处理法进行某些低浓度有机废水和城市污水的处理。用于厌氧处理的构筑物最普通的是消化池，最近一二十年来在这个领域有很大的发展，开创了一系列新的、高效的厌氧处理反应器，如厌氧滤池、上流式厌氧污泥床、厌氧转盘、挡板式厌氧反应器和复合厌氧反应器等。

（5）废水的脱磷除氮　为了防止水体的富营养化，废水必须经过进一步的处理以去除废水的氮、磷污染物，当前广泛应用的是利用活性污泥法或生物膜法的生物脱氮除磷技术。近年来在这一领域有了长足的发展，一些新型、高效的生物脱氮除磷工艺不断涌现，如厌氧-好氧系统（A-O 系统）、厌氧-缺氧-好氧系统（A-A-O 系统）、短程硝化反硝化技术、厌氧氨氧化技术（ANAMMOX 工艺）、双污泥反诱导结晶工艺等。

四、我国水污染控制策略

（一）资金、行政和法律保障措施

1. 资金支持是必不可少的条件

显然，资金支持是水污染治理重要的条件之一，没有资金，一切治理措施均无法实施。发行市政债券投资城市环境基础设施建设是发达国家的通行做法。在美国的水务公共事业领域，每年建设性投资的 85%来自市政债券；在日本，城市污水处理设施建设投资的 20%~40%来自地方债券。鉴于未来我国水处理需要巨额资金支持，应考虑引入这一融资工具。

2. 政府的支持是后盾

城市水系污染治理涉及面很广，不但涉及居民，还涉及外地人员、部队系统、少数民族，也会涉及权利持有者的利益以及城市、区域的产业结构调整。因此，单靠水利部门是无法解决问题的，即使再加上环保部门，有时力量仍显苍白无力。需要市政府的强力支持，市政府也需要中央政府的支持。没有一个强大政府的支持，许多强制性措施就难以实施。

3. 水污染治理需要法制

法律法规是人们共同遵守的准绳，应制定保护水环境的地方性法律，让水系管理部门有法可依，依法行政，这样一些事情做起来会容易一些。

（二）工程保障措施

1. 实施彻底截污、污/雨分流

根据实地调查结果，生活污水是水系最严重的污染源，将生活污水完全截留是治污的根本。另外，由于雨水管经常被用作排污管，所以实施污/雨分流也是重要措施。污水送入污水处理厂处理，雨水则单独处理或可直接排入自然水体中，降低污水处理厂处理负荷，污水可以通过河道排放。

2. 重视污水管网的改造与建设

一般来说，城镇新建居民区都有完备的下水道系统，都实施了污/雨分流。但老城区多数没有下水道系统，而且污/雨不分，是造成河流污染的主要来源。不管从污染治理的角度还是从城市建设的角度，都需要重视老城区的污水管网的改造与建设。

3. 建立水污染治理的技术保障体系

首先，在继续完善城镇污水处理技术标准体系与评估体系的基础上，筛选技术先进、经济适用、环境友好的工艺流程和处理路线，定期公布最佳实践技术，指导并促进我国污水处理的健康发展。其次，针对城镇污水处理和再生水利用存在的关键技术问题，应组织技术开发、示范和推广作用，组织实施关键技术与装备国产化示范工程，提高城镇污水处理和再生水利用的技术水平及总体竞争力。最后，加快建立科学的减排指标和监测体系，准确反映实际情况。

（三）市政管理措施

1. 加强城镇卫生综合管理

加强城镇的综合卫生管理，使街面保持干净，减少因风吹、雨水等因素将废弃物带入河流。重点对自由市场、餐馆、外来人口聚居区进行严格的卫生管理，对建设工地卫生实行严格监督，对产生污染的路边小生意、洗车点或进行环境改造或取缔。

2. 提高环卫部门的管理水平

禁止环卫部门职工向河道倾倒所收集的垃圾、粪便等现象，提高环卫部门管理水平，严格要求职工遵守有关规定，教育职工明确自己的责任，对不守规矩、擅自污染环境的职工给予相应的处罚。

3. 合理布置垃圾处理站点并规范违章建设

应健全垃圾处理站点网络（尤其是公共场所），让人们垃圾有处可弃，减少因无垃圾站（箱）而导致的垃圾随意丢弃，沿河设置一些公共厕所，减少因此带来的水体污染。拆除一切造成污染的违章建筑，对一切形成污染的沿河餐馆、水上游乐厅等应取缔，拆除水域定置渔具等。

（四）水资源调控措施

水资源不足是影响水质的重要因素，河水不流，水质就会恶化。应加强水源调配方面的研究，如何既节约水源又保护水环境是必须研究的课题。建设一批污水处理厂，应加强处理水的应用，处理厂与输水管道应同时规划、同时设计，将处理后的洁净水引入河道，这样既节约水资源又可保护水环境。

（五）公众参与措施

1. 让公众参与河道环境管理

河道管理部门应建立与沿线居民的沟通渠道，定期访问居民，公布举报电话，让居民有机会参与对污染源的监督，及时发现问题，进行整治。也可以实行“门前三包”等措施，目的是充分发挥群众保护水环境的巨大热情，对水环境实行有效的监督和保护。

2. 搞好大众教育

对大众加强保护水质的教育，沿河树立一些警示牌，呼吁人们注意保护水质。另外，借助新闻媒体继续对大众进行环境保护的教育。

第二节　水污染控制工程实践编写的意义和目的

一、水污染控制工程实践编写的意义

水污染控制工程是环境工程专业的重要主干课程之一，具有概念多、教学重点难点多、工艺参数与各类标准规范多、构筑物图纸和机械设备图片多、工艺流程和工程计算多等特点。我国高等工科教育的迫切任务是尽快培养与国际接轨的中国工程师，然而我国工科的教育实践中还存在不少问题，如重理论轻实践、强调个人学术能力而忽视团队协作精神、重视知识学习而轻视开拓创新的培养等问题。为更好地使学生理解所学理论知识并综合运用，践行 CDIO 工程教育模式，即构思（conceive）、设计（design）、实现（implement）和运作（operate），培养学生工程基础知识、创新创业能力、人际团队能力和工程系统能力，水污染控制工程的实践教学环节就显得尤为重要。

二、水污染控制工程实践教学的目的

（一）掌握各项水质指标的检测方法，提高实际动手能力

水质指标是评价水污染程度的重要依据，选择水质指标的检测方法并完成其准确测定是水污染控制方法选择、工艺流程确定及设计计算与评价的重要前提，也是实际工程运行管理的重要参考。本科生应掌握各项水质指标的检测方法，熟悉具体的操作步骤及注意事项。主要通过基础实验实践环节实施。

（二）贯通水污染控制工程理论知识，提高各类污水处理反应器的操控能力

通过利用一定规模活性污泥反应器、接触氧化池、上流式厌氧污泥床反应器（UASB）、膨胀颗粒污泥床反应器（EGSB）和膜生物反应器等教学设备进行各种浓度的有机废水综合实验，通过实验使学生进一步巩固课堂关于废水处理工艺方面所学的理论知识，提高对实际废水处理厌氧、好氧及膜法反应器的实际操作运行管理的能力。

（三）培养创新创业意识，提高发现分析进而解决实际问题的能力

更新教育教学理念，加强环境工程实践教学环节，促进理论教学、实践训练和科学研究的有机结合，提高整体教育教学水平与质量。提高学生的科学素质和文化素养，结合导师所在课题组的科研课题实施实践训练，激发学生对环境工程专业及废水处理技术的兴趣和创新意识，提高学生的创新思维和发现分析问题进而解决问题的实践能力，锻炼学生与人交往、分工协作、共同进步的团队协作能力。

（四）掌握水污染控制工程设计的基本技能，形成初步的工程设计概念

了解水污染控制过程在项目建设中的重要性，工程设计的要点、现状和各种污染的特点，提高学生的环保意识，了解和熟悉工程设计的规范要求和基本方法，掌握工厂设计的环保要求及厂址选择的要点、环境工程设计中污染源强的分析和计算、工艺管道布置的要点和规范要求以及环保设备选择特点和经济分析要求，为学生将来的工作打下良好的工程设计基础。

(五) 熟悉大型水污染控制工程的运行管理方法，提高从事水污染控制工程的综合素质

在生产实习环节，学生采用自主择厂、分散实习、校外兼职老师指导，厂校双重考核的形式组织实施，充分调动学生下厂参加生产实践活动的能动性，使学生把学过的理论知识与工厂实践有机结合起来，巩固和丰富有关环境工程专业理论知识，综合培养和训练学生的公关能力、观察分析和解决生产中实际问题的独立工作能力及生产经营管理的能力，锻炼和培养学生良好的品德和严守纪律的作风。

(六) 了解水污染控制的工程基础知识，提高工程系统能力

强化和巩固所学知识的综合运用和具体实践，培养严肃认真的科学态度、优良的思维品质和严谨的工作作风。掌握正确的工程设计思想和现代设计研究方法，进一步培养学生发现、分析和解决问题以及工程系统的能力，并以毕业设计实践环节为依托，以选题、指导和管理为核心，进行三方面的改革尝试。

可见，水污染控制工程实践教学不仅是理论教学的巩固和深化，而且是培养学生工程基础知识、创新创业能力、人际团队能力和工程系统能力的重要手段。为我国环境保护领域输送合格的人才，离不开全面、系统、科学的实践教学环节。表 1-3 分析了实践教学在理论教学和能力培养中的作用。

表 1-3　　实践教学与理论教学及能力培养的相关性分析

序号	理论教学	知识累积	能力培养	实践环节
1	污水水质及污水出路	污水性质，污水指标，水体自净，水环境容量	知识的综合运用能力	基础实验
2	污水的物理处理	格栅，沉砂池，沉淀池	知识的综合运用能力	基础实验 综合实验
3	污水生物处理的基本概念和生化反应动力学基础	微生物的生长规律，米氏方程，莫诺特方程	污染物去除动力学的实际运用能力	基础实验 综合实验 创新实验
4	好氧生物处理-活性污泥法	活性污泥法的概念，膜生物反应器等新型活性污泥法技术，曝气设备，设计计算及运行中的关键问题	知识的综合运用，构筑物设计计算	基础实验 综合实验 创新实验
5	好氧生物处理-生物膜法	生物膜法的基本概念，工艺影响因素及参数，设计计算	知识的综合运用，构筑物设计计算	基础实验 综合实验 创新实验
6	污水的厌氧生物处理	厌氧生物处理的基本原理，设计计算及与好氧工艺的联合运行	知识的综合运用，构筑物设计计算	基础实验 综合实验 创新实验
7	污水的化学处理	化学混凝，化学沉淀，氧化还原	知识的综合运用	基础实验 综合实验 创新实验

续表

序号	理论教学	知识累积	能力培养	实践环节
8	城市污水的深度处理与回用	生物脱氮，生物/化学除磷，膜技术，中水回用	工艺技术组合设计，污水深度处理工艺技术组合设计	创新实验 课程设计 毕业设计
9	污泥的处理与处置	污泥特征，污泥消化，污泥脱水，污泥处置	污泥浓缩脱水与资源化设计	创新实验 课程设计 毕业实习
10	工业废水处理	工业废水污染控制的基本策略与方式，工业废水污染治理技术途径	知识的综合应用，处理工艺技术组合设计	基础实验 综合实验 创新实验
11	污水处理厂设计	工艺流程计算，平面和高程布置，设计计算	知识综合应用和工艺技术创新思维，工程设计	课程设计 生产实习 毕业设计

第三节　水污染控制工程实践的特点

一、水污染控制工程实践的组成部分

本书包含水污染控制工程的监测分析方法、基础实验、综合实验、创新实验、课程设计、生产实习等实践内容，可为高等院校环境工程专业的学生、教师提供实践参考。

（一）水污染控制工程的监测分析方法

水污染控制工程的监测分析方法主要涉及水污染控制工程的常用采样及监测分析方法，包括物理性污染指标及其测定、化学性污染指标及其测定、生物性污染指标及其测定和水样的采集与储存。通过对常用检测分析方法的学习，让学生熟悉掌握常见水质指标的测定，理解各种测定方法的理论依据，为后面有序进行各项实验操作提供支撑。

（二）水污染控制工程基础实验

通过实验操作、实验现象观察和实验结果分析，加深学生对水污染控制工程的基本概念和基本原理的理解与掌握，巩固课堂教学中学到的理论知识，开展有代表性、实际应用较为广泛的污水处理及回用的物理、化学及生物化学的基础实验，并将实验延伸到污水处理厂剩余污泥的处理处置。虚拟仿真技术是采用以计算机技术为核心的现代高科技（包括计算机图形学、多媒体技术、人工智能、人机接口技术、传感器技术以及高度并行的实时计算机技术）生成逼真的视、听、触觉一体化的特定范围的虚拟环境，通过对视觉、听觉的模拟再现来使人产生处于实景当中的感觉。随着虚拟实验技术的成熟，人们开始认识到虚拟仿真实验在教育领域的应用价值，它在实验教学方面具有如利用率高、易维护等诸多优点。本部分还增加了虚拟仿真实验的内容。虚拟仿真实验可直接在电脑上在线模拟操作，通过自主操作实验，学习水污染控制知识原理，理解并掌握水污

染控制技术。

（三）水污染控制工程综合实验

此部分既涉及传统的UASB厌氧处理和活性污泥法好氧处理等有机废水的生物处理综合实验，又包含先进的膜生物反应器等污水深度处理及回用技术，通过对上述反应器的运行管理使学生摸索和积累实践经验。

（四）水污染控制工程创新实验

该部分结合国家及省级大学生创新训练计划的立项实施，是学生真正参与研究室承担的国家、部省级及企业合作项目，充分利用各层面的仪器设备，开展从文献资料的收集整理到选题、实验方案设计以及研究报告（论文）的撰写，掌握从事科研实践的全套技能。

（五）水污染控制工程课程设计

此部分包括收集和整理设计资料，了解环境工程设计的原则及污染源强度计算方法，掌握厂址选择和工艺流程设计（包括构筑物设计）以及污水处理厂总体布置的原则和方法，并以实例的形式对上述内容进行总结和实践。

（六）水污染控制工程生产实习

此部分包括大型污水处理厂的工艺流程及平面布置，实际污水处理流程、工艺条件及其控制，城镇及工业废水处理厂的技术经济指标与运行报表，以及城市污水处理厂的运行管理，由此了解我国污水处理厂的发展和应用概况。

二、水污染控制工程实践的特点

（一）实践环节系统科学

水污染控制工程是一门综合性很强的课程，所包含的环境工程和环境科学之间存在很多交叉内容，而且与其他学科在内容上也有很多交叉，自身知识体系又十分庞大，涉及应用领域极为广泛，其实践教学在理论知识的掌握和综合运用中起着至关重要的作用。着眼培养学生基本操作技能、了解从事环境保护活动必须的工程技术、经济和法律法规等方面的知识基础和能力基础，提高创新创业能力和工程实践能力，本书包含水污染控制工程常用水质指标及监测分析方法、基础实验、综合实验、创新实验、课程设计、生产实习等内容，基本涵盖了水污染控制工程的全部实践教学环节。

（二）实践内容层次清晰

尽管实践教学环节系统全面，但在具体内容和能力侧重方面明显不同，例如，基础实验内容设置侧重实际动手能力的培养，综合实验侧重各类污水处理反应器的操控能力提升，创新实验侧重发现分析进而解决实际问题能力的挖掘，而课程设计环节注重初步工程设计概念的形成，生产实习则强调提高从事水污染控制工程的综合素质和工程系统能力。可见，实践教学环节的内容设置既层次分明，又协调一致。

（三）体现污水处理技术发展的整体趋势

污水生物处理技术由于可在常温常压下进行，副产物少，过程稳定，操作简单，也易与其他技术结合，其应用和发展备受关注。而生物处理技术优于其他污染治理技术的显著特点则在于是污染物消除技术而非污染物分离技术。随着人们对环境污染问题认识的不断深入，包含厌氧、好氧在内的生物处理技术为从根本上解决环境问题提供了无限希望，已成为环保产业的主流技术。因此，本书在综合实验、创新实验等实践内容中重点体现了污水生物处理技术的相关技能培养。

三、思 考 题

（1）了解我国水环境污染问题的现状。水污染对人类的健康、生活、生产有什么危害？

（2）水污染控制技术可以分为哪几类？简要概述主要的处理技术。

（3）查询相关资料，了解我国水环境质量标准与水资源现状。

第二章　水污染控制工程常用水质指标及监测分析方法

污水的性质可从其物理、化学和生物组成三方面予以考虑。

1. 物理组成

污水的物理性质主要包括浊度、颜色、气味、嗅味、温度、固体悬浮物浓度及放射性等。

2. 化学组成

污水的化学组成有有机物和无机物两大类。污水中主要的有机物组分有碳氢化合物、脂肪、油和润滑脂、农药、酚、蛋白质、表面活性剂等；主要无机物组分有碱度物质、酸度物质、氯化物、重金属、氮、磷、硫、有毒化合物。这些污染物在污水中可以呈多种相态存在，其中气体组分主要有硫化氢、甲烷和氧气等。

3. 生物组成

污水中主要生物成分是微生物，包括细菌、放线菌、真菌、藻类、原生动物和病毒等。这些微生物可能是原污水带来的，也可能是在污水排放后孳生的，说明污水本身有适合于微生物生存的各方面条件。微生物含量高的污水适合于使用生物法处理。

由于污水性质的复杂性、多样性，实际工程中要彻底弄清污水中所含污染物的成分及其含量十分困难。因此，常根据各种污染物的污染特点，将其划分为以下几种主要类型。

(1) 固体悬浮物　造成水的浊度和色度的主要组分。影响水的景观和使用功能，使得管道和处理设备淤积甚至堵塞。污水中常见的固体悬浮物有泥沙、生物污泥和化学污泥等。

(2) 有机污染物　有机污染物包括天然和人工合成的有机高分子物质，如纤维素、蛋白质、木质素、淀粉、农药、有机合成染料等，以及这些高分子物质的中间体和生物代谢物质，如单糖、氨基酸、脂肪酸、醛类和酚类以及酮类等。许多有机污染物具有耗氧性质，即在水体中被微生物分解而消耗大量的溶解氧，成为其污染的主要特征之一。

(3) 植物营养素 N、P　生活污水和许多工业污水中含有大量的 N、P 物质，如粪便污水、洗涤污水和化肥及农药工业排水。它们是造成水体富营养化的直接而最重要的原因。

(4) 重金属　产生于采矿业、金属品加工和农药生产等。其中，汞、镉、铅、铬、砷危害最大，并称“五毒”。重金属在生物体内能富积，并且不同的重金属形态表现出不同的毒性。

(5) 酸、碱　许多工业生产排放大量酸性和碱性污水，典型的有基本无机化学品（苛性碱、硫酸、盐酸等）生产行业、电镀加工、钢铁生产、造纸、采矿和微生物发酵等。酸、碱不仅造成设备和材料的腐蚀，而且妨碍污水的生物处理，破坏水体的生态环境。

（6）石油类　石油类污染物不仅制约水资源的合理开发和利用，而且妨碍水体的复氧，对水生生物有极大危害。

（7）难降解有机物　来自有机合成工业，主要指有机氯化合物和多环有机化合物。由于生物难降解性质，将导致在环境和生物体内富集，并具有“三致”危害性。

（8）放射性物质　主要来自采矿业的排水和核电站的污水，常见的放射性污染物有铀、钍、钚等。

污水所含的污染物质千差万别，可用分析和检测的方法对污水中的污染物质做出定性、定量的检测以反映污水的水质。国家对水质的分析和检测制定有许多标准，其指标可分为物理、化学和生物三大类。

第一节　物理性污染指标及其测定

一、色　　度

色度是一项感官性指标。纯水无色透明，天然水中含有泥土、有机质、无机矿物质、浮游生物等，往往呈现一定的颜色。工业废水含有染料、生物色素、有色悬浮物等，是环境水体着色的主要来源。有颜色的水会减弱水的透光性，影响水生生物生长和观赏价值。

色度的测定包括两种方法：铂钴标准比色法和稀释倍数法。须测定经 15min 澄清后样品的颜色。pH 对颜色有较大影响，在测定颜色时应同时测定 pH。

（一）铂钴标准比色法

1. 分析原理

铂钴标准比色法是用氯铂酸钾和氯化钴配制颜色标准溶液，与被测样品进行目视比较，以测定样品的颜色强度，即色度。样品的色度以与之相当的色度标准溶液的度值表示，适用于清洁水，轻度污染并略带黄色调的水，比较清洁的地面水、地下水和饮用水等。

2. 分析仪器和试剂

（1）分析仪器　具塞比色管（50mL）；pH 计（精度±0.1）；容量瓶（250mL）。

（2）分析试剂　①光学纯水；②色度标准储备液（相当于 500 度）：将（1.245±0.001）g 六氯铂（Ⅳ）酸钾（K_2PtCl_6）及（1.000±0.001）g 六水氯化钴（Ⅱ）（$CoCl_2 \cdot 6H_2O$）溶于约 500mL 水中，加（100±1）mL 盐酸（$\rho = 1.18$g/mL）并在 1000mL 的容量瓶内用水稀释至标线。将溶液放在密封的玻璃瓶中，存放在暗处，温度不能超过 30℃。本溶液至少能稳定 6 个月；③色度标准溶液：在一组 250mL 的容量瓶中，用移液管分别加入 2.5、5.0、7.5、10.0、12.5、15.0、17.5、20.0、25.0、30.0 及 35.0mL 色度标准储备液，并用水稀释至标线。溶液色度分别为：5、10、15、20、25、30、35、40、50、60 和 70 度。溶液放在严密盖好的玻璃瓶中，存放于暗处，温度不能超过 30℃。这些溶液至少可稳定 1 个月。

3. 分析步骤

（1）样品的采集和处理　将样品采集在容积至少为 1L 的玻璃瓶内，在采样后要尽早进行测定。如果必须贮存，则将样品贮于暗处。将样品倒入 250mL（或更大）量筒中，静置 15min，倾取上层液体作为试料进行测定。

（2）测定光学纯水　将一组具塞比色管用色度标准溶液充至标线。将另一组具塞比色管用试料充至标线。将具塞比色管放在白色表面上，比色管与该表面应呈合适的角度，使光线被反射，自具塞比色管底部向上通过液柱。

垂直向下观察液柱，找出与试料色度最接近的标准溶液。如色度≥70 度，用光学纯水将试料适当稀释后，使色度落入标准溶液范围之中再行测定，另取试料测定 pH。

4. 数据分析

以色度的标准单位报告与试料最接近的标准溶液的值，在 0~40 度（不包括 40 度）的范围内，准确到 5 度。40~70 度范围内，准确到 10 度。在报告样品色度的同时报告 pH。

稀释过的样品色度（A_0），以度计，用式（2-1）计算：

$$A_0 = \frac{V_1}{V_0}A_1 \tag{2-1}$$

式中　V_1——样品稀释后的体积，mL

V_0——样品稀释前的体积，mL

A_1——稀释样品色度的观察值，度

度为色度的标准单位，在每升溶液中含有 2mg 六水合氯化钴（Ⅱ）和 1mg 铂［以六氯铂（Ⅳ）酸的形式］时产生的颜色为 1 度。

（二）稀释倍数法

1. 分析原理

稀释倍数法是将样品用光学纯水稀释至用目视比较与光学纯水相比刚好看不见颜色时的稀释倍数作为表达颜色的强度，单位为倍，同时用目视观察样品，检验颜色性质；颜色的深浅（无色，浅色或深色），色调（红、橙、黄、绿、蓝和紫等），如果可能包括样品的透明度（透明、浑浊或不透明），用文字予以描述。结果以稀释倍数值和文字描述相结合表达。适用于受工业废水污染的地表水和工业废水色度的测定。

2. 分析仪器和试剂

（1）分析仪器　①具塞比色管（50mL）；②pH 计（精度±0.1）。

（2）分析试剂　光学纯水：将 0.2μm 滤膜在 100mL 蒸馏水或去离子水中浸泡 1h，每次用它过滤 250mL 蒸馏水或去离子水，弃去最初的 250mL，以后用这种水配制全部标准溶液并作为稀释水。

3. 分析步骤

（1）样品的采集和处理　与铂钴标准比色法样品的采集和处理步骤一致。

（2）测定　分别取试料和光学纯水于具塞比色管中，充至标线，将具塞比色管放在白色表面上，具塞比色，管与该表面应呈合适的角度，使光线被反射自具塞比色管底部向上通过液柱。垂直向下观察液柱，比较样品和光学纯水，描述样品呈现的色度和色调，如果可能包括透明度。

将试料用光学纯水逐级稀释成不同倍数，分别置于具塞比色管并充至标线。将具塞比色管放在白色表面上，用上述相同的方法与光学纯水进行比较。将试料稀释至刚好与光学纯水无法区别为止，记下此时的稀释倍数值。

稀释的方法：试料的色度在50倍以上时，用移液管计量吸取试料于容量瓶中，用光学纯水稀释至标线，每次取大的稀释比，使稀释后色度在50倍之内。试料的色度在50倍以下时，在具塞比色管中取试料25mL，用光学纯水稀释至标线，每次稀释倍数为2。

试料或试料经稀释至色度很低时，应自具塞比色管倒至量筒适量试料并计量，然后用光学纯水稀释至标线，每次稀释倍数小于2。记下各次稀释倍数值。

另取试料测定pH。

4. 数据分析

（1）将逐级稀释的各次倍数相乘，所得积取整数值，以此表达样品的色度。

（2）同时用文字描述样品的颜色深浅、色调，如果可能，包括透明度。

（3）在记录样品色度的同时，记录pH。

二、温　　度

许多工业排出的废水都有较高的温度，这些废水排放水体使水温升高，引起水体的热污染。水的许多物理化学性质与水温有密切关系，如密度、黏度、pH、气体的溶解度、化学和生物化学反应速率，以及生物活动等都受水温变化的影响。水温的测量对水体自净、热污染判断及水处理过程的运转控制等都具有重要的意义。

（一）分析原理

在采集水样时，利用专门的水银温度计，直接进行测量并读取水温。适用于井水、江河水、湖泊和水库水，以及海水水温的测定。

（二）分析仪器

（1）水温计　适用于测定水的表层温度（测定范围−6～+40℃，分度值为0.2℃）。

（2）深水温度计　适用于水深40m以内的水温的测量（测定范围−2～+40℃，分度值为0.2℃）。

（3）颠倒温度计（闭式）　适用于测量水深在40m以上的各层水温（主温计测量范围−2～+32℃，分度值为0.10℃，辅温计测量范围为−20～+50℃，分度值为0.5℃）。

（三）分析步骤

水温应在采样现场进行测定。

（1）表层水温的测定　将水温计投入水中至待测深度，感温5min后，迅速上提并立即读数。从水温计离开水面至读数完毕应不超过20s；读数完毕后，将筒内水倒净。

（2）水深在40m以内水温的测定　将深水温度计投入水中，与上述表层水温的测定相同步骤进行测定。

（3）水深在40m以上水温的测定　将安装有闭端式颠倒温度计的颠倒采水器，投入水中至待测深度，感温10min后，由“使锤”作用，打击采水器的“撞击开关”，使采水器完成颠倒动作。

感温时，温度计的贮泡向下，断点以上的水银柱高度取决于现场温度，当温度计颠倒时，水银在断点断开，分成上、下两部分，此时接受泡一端的水银柱示度，即为所测温度。

上提采水器，立即读取主温计上的温度。

（四）数据记录与分析

表层温度与40m以内水温直接读数记录。40m以上水温需要进行校正。根据主、辅温计的读数，分别查主、辅温计的器差表（由温度计检定证中的检定值线性内插作成）得相应的校正值。式（2-2）为颠倒温度计的还原校正值K的计算公式：

$$K = \frac{(T - t)(T + V_0)}{n}\left(1 + \frac{T + V_0}{n}\right) \tag{2-2}$$

式中　T——主温计经器差校正后的读数

t——辅温计经器差校正后的读数

V_0——主温计自接受泡至刻度0℃处的水银容积，以温度度数表示

$\frac{1}{n}$——水银与温度计玻璃的相对膨胀系数，n通常取值为6300

主温计经器差校正后的读数T加还原校正值K，即为实际水温。

（五）注意事项

（1）颠倒温度计需装在颠倒采水器上使用。

（2）水温计或颠倒温度计应定期由计量检定部门进行校核。

三、嗅　和　味

嗅和味也是人类对水的美学评价的感官指标，可定性反映某种污染物的多寡。天然水是无嗅无味的。清洁的地表水、地下水和生活饮用水都要求不得有异臭、异味，而被污染的水往往会有异臭、异味。水中异臭和异味主要来源于工业废水和生活污水中的污染物、天然物质的分解或与之有关的微生物活动、残留消毒剂等。水的异臭来源于还原性硫和氮的化合物、挥发性有机物和氯气等污染物质。不同盐分会给水带来不同的异味。如氯化钠带咸味，硫酸镁带苦味。铁盐带涩味，硫酸钙略带甜味等。

无嗅无味的水虽然不能保证不含污染物，但有利于使用者对水质的信任。嗅和味的主要测定方法有定性描述法和嗅阈值法。

（一）分析原理

通过人体感官（主要是嗅和品尝）来判断水质嗅和味的强度等级。该方法适用于生活饮用水及其水源水中嗅和味的测定。

（二）分析仪器

锥形瓶（250mL）。

（三）分析步骤

取100mL水样，置于250mL锥形瓶中，振摇后从瓶口嗅水的气味，用适当文字描述。

与此同时，取少量水样放入口中（此水样应对人体无害），不要咽下，品尝水的味道，予以描述（只有清洁的水样或已确认经口接触对人体健康无害的水样才能进行味的

检验）。

（四）结果分析

根据文字描述，按照六级记录其强度，见表 2-1。

表 2-1　　臭和味的强度等级

等级	强度	说　明
0	无	无任何臭和味
1	微弱	一般饮用者甚难察觉，但臭、味敏感者可以发觉
2	弱	一般饮用者刚能察觉
3	明显	已能明显察觉
4	强	已有很显著的臭味
5	很强	有强烈的恶臭或异味

注：必要时可用活性炭处理过的纯水作为无臭对照水。

四、固体物质

水中所有残渣的总和为总固体（total solid，TS），总固体包括溶解物质（dissolve solid，DS）和悬浮固体物质（suspended solid，SS）。它们是表征水中溶解性物质及不溶性物质含量的指标。

（一）分析原理

水样经过滤后，滤液蒸干所得的固体即为溶解性固体（DS），滤渣脱水烘干后即是悬浮固体（SS）。

（二）分析仪器

①蒸发皿；②电炉（水浴锅等加热器）；③全玻璃微孔滤膜过滤器；④CN-CA 滤膜（孔径 0.45μm、直径 60mm）；⑤吸滤瓶；⑥真空泵；⑦无齿扁嘴镊子。

（三）分析步骤

1. 水样的采集和过滤

在采样之前，用即将采集的水样清洗采样瓶三次。然后，采集具有代表性的水样 500~1000mL，盖严瓶塞。采集的水样应尽快分析测定。如需放置，应贮存在 4℃冷藏箱中，但最长不得超过 7d。

量取充分混合均匀的试料 100mL 抽吸过滤，使水分全部通过滤膜。

2. 溶解性固体（DS）的测定

将洗净的蒸发皿置于 105~110℃烘箱中烘干 1h，取出放入干燥器中，冷却至室温，称量，记录质量 m_1。如此反复操作直至质量恒定。准确量取过滤后的滤液，记录下体积 V_1，注入已烘至质量恒定的蒸发皿中，置于加热器上蒸发。

将已蒸干的水样残留物连同蒸发皿移入 105~110℃的烘箱中，烘干 2h。取出蒸发皿，置于干燥器内冷却至室温，迅速称量，再在相同条件下烘 0.5h，冷却后称量，如

此反复操作直至质量恒定，记录质量 m_2。

3. 悬浮固体（SS）的测定

用扁嘴无齿镊子夹取微孔滤膜放于事先恒重的称量瓶里，移入烘箱中于 103~105℃ 烘干半小时后取出置干燥器内冷却至室温，称其重量。反复烘干、冷却、称量，直至两次称量的重量差≤0.2mg，记录重量 m_3。

停止吸滤后，仔细取出载有悬浮物的滤膜放在原恒重的称量瓶里，移入烘箱中于 103~105℃下烘干 1h 后移入干燥器中，使冷却到室温，称其重量。反复烘干、冷却、称量，直至两次称量的重量差≤0.4mg 为止，记录重量 m_4。

（四）数据分析

溶解性固体浓度 c_1（mg/L）按式（2-3）计算：

$$c_1 = \frac{(m_2 - m_1) \times 10^6}{V_1} \tag{2-3}$$

悬浮固体含量 c_2（mg/L）按式（2-4）计算：

$$c_2 = \frac{(m_4 - m_3) \times 10^6}{100} \tag{2-4}$$

五、透　明　度

洁净的水是透明的，水中存在悬浮物、胶体物质、有色物质和藻类时，会使其透明度降低。湖泊、水库、海洋水等常要求测定透明度。测定透明度常用铅字法、塞氏盘法和十字法等。

（一）分析原理

透明度是指水样的澄清程度。水中悬浮物和胶体颗粒物越多，透明度就越低。可通过水体观察特定目标来判断其透明度的大小。

（二）分析仪器

（1）透明度计　长（600±10）mm，内径（25±1）mm 的无色玻璃筒，刻有 10mm 分度，筒底放一个白色瓷片或白色塑料的标志板。筒与标志板之间放一个胶皮圈，用金属夹固定。距玻璃筒底部 1~2cm 处有一放水侧管。

（2）标志板　板上具有黑色的印刷标记（标记高 3.5mm，线宽 0.5mm），或者由仪器提供的测试标记（例如印刷黑十字）。

（三）分析步骤

将充分混匀的水样转移至透明度圆筒，逐渐降低试样高度，直到从上面刚好能清晰看到印刷和测试标记为止，读取此时的水柱高度。重复进行试验 2~3 次，求出平均值。

（四）结果记录

以水柱高度的厘米数表示，记录精确到 10mm。超出 30cm 为透明水样。

（五）注意事项

（1）悬浮物质多的水样，有时在透明度计的底部发生沉积，是产生误差的原因，要注意。

（2）照明条件应尽可能一致。光源原则上为白色光，避免直射日光。

（3）视力的差别会给测定值带来偏差，故要选择视力正常的测定者，最好取多次或多人测定结果的平均值。

六、思 考 题

（1）水体水质的主要物理性指标有哪些？其测定有何意义？

（2）固体物质的测定分为哪几种？固体物质对水体有何危害？

（3）浊度、悬浮物浓度以及透明度有何区别？

第二节 化学性污染指标及其测定

一、pH

pH 就是酸碱值，指酸碱度。过高或过低的 pH（大于 8.5 或小于 6.5 时）均会使水中的微生物活动受到抑制，硝化细菌的分解作用受阻，有机物不易分解。水体自净能力降低，水质恶化。

（一）分析原理

pH 由测量电池的电动势而得。该电池通常由参比电极和氢离子指示电极组成。溶液每变化 1 个 pH 单位，在同一温度下电位差的改变是常数，据此在仪器上直接以 pH 的读数表示。

适用于地表水、地下水、生活污水和工业废水中 pH 的测定。测定范围为 0~14。

（二）分析仪器与试剂

1. 分析仪器

采样瓶（聚乙烯瓶），酸度计（精度为 0.01 个 pH 单位，具有温度补偿功能，pH 测定范围为 0~14），电极（分体式 pH 电极或复合 pH 电极），温度计（0~100℃），烧杯（聚乙烯或硬质玻璃材质）。

2. 分析试剂

（1）蒸馏水。

（2）标准缓冲溶液Ⅰ[$c(C_8H_5KO_4)=0.05$mol/L，pH 4.00（25℃）]：称取 10.12g 邻苯二甲酸氢钾（干燥 2h），溶于水中，转移至 1L 容量瓶中并定容至标线。

（3）标准缓冲溶液Ⅱ[$c(Na_2HPO_4)=0.025$mol/L，$c(KH_2PO_4)=0.025$mol/L，pH 6.86（25℃）]：分别称取 3.53g 无水磷酸氢二钠（干燥 2h）和 3.39g 磷酸二氢钾（干燥 2h），溶于水中，转移至 1L 容量瓶中并定容至标线。

（4）标准缓冲溶液Ⅲ[$c(Na_2B_4O_7)=0.01$mol/L，pH 9.18（25℃）]：称取 3.80g 四硼酸钠［与饱和溴化钠（或氯化钠加蔗糖）溶液（室温）干燥 48h］，溶于水中，转移至 1L 容量瓶中并定容至标线，在聚乙烯瓶中密封保存。

注：上述 pH 标准缓冲溶液于 4℃以下冷藏可保存 2~3 个月。发现有浑浊、发霉或沉淀等现象时，不能继续使用。当被测样品 pH 过高或过低时，可选用与其 pH 相近的其他标准缓冲溶液。

（三）分析步骤

1. 测定前准备

采集样品于采样瓶中，样品充满容器立即密封，2h 内完成测定。按照使用说明书对电极进行活化和维护，确认仪器正常工作。现场测定应了解现场环境条件以及样品的来源和性质，初步判断是否存在强酸碱、高电解质、低电解质、高氟化物等干扰，并进行相应的准备。

2. 仪器校准

（1）校准溶液　使用 pH 广泛试纸粗测样品的 pH，根据样品的 pH 大小选择两种合适的校准用标准缓冲溶液。两种标准缓冲溶液 pH 相差约 3 个 pH 单位。样品 pH 尽量在两种标准缓冲溶液 pH 范围之间，若超出范围，样品 pH 至少与其中一个标准缓冲溶液 pH 之差不超过 2 个 pH 单位。

（2）温度补偿　手动温度补偿的仪器，将标准缓冲溶液的温度调节至与样品的实际温度相一致，用温度计测量并记录温度。校准时，将酸度计的温度补偿旋钮调至该温度上。带有自动温度补偿功能的仪器，无须将标准缓冲溶液与样品保持同一温度，按照仪器说明书进行操作。

（3）校准方法　采用两点校准法，按照仪器说明书选择校准模式，先用中性（或弱酸、弱碱）标准缓冲溶液，再用酸性或碱性标准缓冲溶液校准。

①将电极浸入第一个标准缓冲溶液，缓慢水平搅拌，避免产生气泡，待读数稳定后，调节仪器示值与标准缓冲溶液的 pH 一致。

②用蒸馏水冲洗电极并用滤纸边缘吸去电极表面水分，将电极浸入第二个标准缓冲溶液中，缓慢水平搅拌，避免产生气泡，待读数稳定后，调节仪器示值与标准缓冲溶液的 pH 一致。

③重复①操作，待读数稳定后，仪器的示值与标准缓冲溶液的 pH 之差应≤0.05 个 pH 单位，否则重复步骤①和②，直至合格。

注：亦可采用多点校准法，按照仪器说明书操作，在测定实际样品时，需采用 pH 相近（不得大于 3 个 pH 单位）的有证标准样品或标准物质核查。酸度计 1min 内读数变化小于 0.05 个 pH 单位即可视为读数稳定。

3. 样品测定

用蒸馏水冲洗电极并用滤纸边缘吸去电极表面水分，现场测定时根据使用的仪器取适量样品或直接测定；实验室测定时将样品沿杯壁倒入烧杯中，立即将电极浸入样品中，缓慢水平搅拌，避免产生气泡。待读数稳定后记下 pH。具有自动读数功能的仪器可直接读取数据。每个样品测定后用蒸馏水冲洗电极。

（四）结果分析

测定结果保留小数点后 1 位，并注明样品测定时的温度。当测量结果超出测量范围（0~14）时，以“强酸，超出测量范围”或“强碱，超出测量范围”报出。

（五）注意事项

（1）每批样品测定前应对仪器进行校准，当样品 pH 变化较大或监测场地变化时均应重新校准。

（2）每连续测定 20 个样品或每批次（≤20 个样品/批）应分析 1 个有证标准样品

或标准物质，测定结果应在保证值范围内，否则应重新校准，重新测定该批次样品。

（3）每 20 个样品或每批次（≤20 个样品/批）应分析 1 个平行样。当 pH 在 6~9 时，允许差为± 0. 1 个 pH 单位；当 pH≤6 或 pH≤9 时，允许差为± 0. 2 个 pH 单位。测定结果取第一次测定值。

（4）测定 pH>10 的强碱性样品时，应使用聚乙烯烧杯。

二、有机污染物指标的测定

国内外统计资料都表明水源水中的污染物主要来自有机物，这与工业化进程在 20 世纪高速发展息息相关，水体中的有机物来源于两个方面：一是外界向水体中排放的有机物；二是生长在水体中的生物群体产生的有机物以及水体底泥释放的有机物。前者包括地面径流和浅层地下水从土壤中渗沥出的有机物，主要是腐殖质、农药、杀虫剂、化肥及城市污水和工业废水向水体排放的有机物、大气降水携带的有机物、水面养殖投加的有机物、各种事故排放的有机物等。后者一般情况下在总的有机物中所占的比例很小，但是对于富营养化水体，如湖泊、水库，则是不可忽略的因素。水体中有机污染物指标包括 COD、高锰酸盐指数、BOD_5、TOC、油类污染物等。

（一）COD 的测定

COD 的测定方法有三种，分别为重铬酸钾法、快速消解分光光度法和快速烘箱法。

1. 重铬酸钾法

（1）分析原理　在水样中加入已知量的重铬酸钾溶液，并在强酸介质下以银盐作催化剂，经沸腾回流后，以试亚铁灵为指示剂，用硫酸亚铁铵滴定水样中未被还原的重铬酸钾，由消耗的重铬酸钾的量计算出消耗氧的质量浓度。

（2）分析设备和试剂

①分析设备

回流装置：带有 250mL 磨口锥形瓶的全玻璃回流装置，可选用水冷或风冷全玻璃回流装置，其他等效冷凝回流装置亦可；加热装置：电炉或其他等效消解装置；分析天平：感量为 0. 0001g；酸式滴定管：25mL 或 50mL；防爆沸玻璃珠。

②试剂

硫酸（H_2SO_4）：ρ=1. 84g/mL，优级纯；重铬酸钾（$K_2Cr_2O_7$）：基准试剂，取适量重铬酸钾在 105℃烘箱中干燥至恒重；七水合硫酸亚铁（$FeSO_4 \cdot 7H_2O$）；硫酸溶液：1+9（V/V）；重铬酸钾标准溶液：$c(1/6K_2Cr_2O_7)$ = 0. 250mol/L，准确称取 12. 258g 重铬酸钾溶于水中，定容至 1000mL；重铬酸钾标准溶液：$c(1/6K_2Cr_2O_7)$ = 0. 0250mol/L，将重铬酸钾标准溶液［$c(1/6K_2Cr_2O_7)$ = 0. 250mol/L］稀释 10 倍；硫酸银-硫酸溶液，称取 10g 硫酸银，加到 1L 硫酸（优级纯）中，放置 1~2d 使之溶解，并混匀，使用前小心摇匀；硫酸汞溶液：ρ=100g/L，称取 10g 硫酸汞，溶于 100mL 硫酸溶液（1+9）中，混匀。

硫酸亚铁铵标准溶液：$c[(NH_4)_2Fe(SO_4)_2 \cdot 6H_2O]$≈0. 05mol/L，称取 19. 5g 硫酸亚铁铵溶解于水中，加入 10mL 硫酸（优级纯），待溶液冷却后稀释至 1000mL。

每日临用前，必须用重铬酸钾标准溶液［$c(1/6K_2Cr_2O_7)$ = 0. 250mol/L］准确标定硫酸亚铁铵溶液（$c[(NH_4)_2Fe(SO_4)_2 \cdot 6H_2O] \approx 0.05mol/L$）的浓度，标定时应做平行双样。

取 5.00mL 重铬酸钾标准溶液［$c(1/6K_2Cr_2O_7) = 0.250mol/L$］置于锥形瓶中，用水稀释至约 50mL，缓慢加入 15mL 硫酸（优级纯），混匀，冷却后加入 3 滴（约 0.15mL）试亚铁灵指示剂，用硫酸亚铁铵溶液（$c[(NH_4)_2Fe(SO_4)_2 \cdot 6H_2O] \approx 0.05mol/L$）滴定，溶液的颜色由黄色经蓝绿色变为红褐色即为终点，记录硫酸亚铁铵溶液的消耗量 V。硫酸亚铁铵标准溶液浓度按式（2-5）计算：

$$c(mol/L) = \frac{5.00 \times 0.250}{V} \tag{2-5}$$

式中　V——滴定时消耗硫酸亚铁铵溶液的体积，mL

硫酸亚铁铵标准溶液｛$c[(NH_4)_2Fe(SO_4)_2 \cdot 6H_2O] \approx 0.005mol/L$｝：将硫酸亚铁铵标准溶液（$c[(NH_4)_2Fe(SO_4)_2 \cdot 6H_2O] \approx 0.05mol/L$）稀释 10 倍，用重铬酸钾标准溶液［$c(1/6K_2Cr_2O_7) = 0.0250mol/L$］标定，其滴定步骤及浓度计算与上述类同。每日临用前标定。

邻苯二甲酸氢钾标准溶液［$c(KHC_8H_4O_4) = 2.0824mmol/L$］：称取 105℃干燥 2h 的邻苯二甲酸氢钾 0.4251g 溶于水，并稀释至 1000mL，混匀。以重铬酸钾为氧化剂，将邻苯二甲酸氢钾完全氧化的 COD_{Cr} 值为 1.176g 氧/g（即 1g 邻苯二甲酸氢钾耗氧 1.176g），故该标准溶液的理论 COD_{Cr} 值为 500mg/L。

1,10-菲绕啉（1,10-phenanathroline monohydrate，商品名为邻菲罗啉、1,10-菲罗啉等）指示剂溶液；试亚铁灵指示剂溶液，溶解 0.7g 七水合硫酸亚铁于 50mL 水中，加入 1.5g 1,10-菲绕啉，搅拌至溶解，稀释至 100mL。

（3）分析步骤

①样品的采集和处理：采集水样的体积不得少于 100mL，采集的水样应置于玻璃瓶中，并尽快分析。如不能立即分析时，应加入硫酸（优级纯）至 pH<2，置于 4℃下保存，保存时间不超过 5 d。

②测定

a. COD_{Cr}浓度≤ 50mg/L 的样品

样品测定：取 10.0mL 水样于锥形瓶中，依次加入硫酸汞溶液、重铬酸钾标准溶液［$c(1/6K_2Cr_2O_7) = 0.250mol/L$］5.00mL 和几颗防爆沸玻璃珠，摇匀。硫酸汞溶液按质量比 $m[HgSO_4]:m[Cr] \geq 20:1$ 的比例加入，最大加入量为 2mL。

将锥形瓶连接到回流装置冷凝管下端，从冷凝管上端缓慢加入 15mL 硫酸银-硫酸溶液，以防止低沸点有机物的逸出，不断旋动锥形瓶使之混合均匀。自溶液开始沸腾起保持微沸回流 2h。若为水冷装置，应在加入硫酸银-硫酸溶液之前通入冷凝水。

回流并冷却后，自冷凝管上端加入 45mL 水冲洗冷凝管，取下锥形瓶。

溶液冷却至室温后，加入 3 滴试亚铁灵指示剂溶液，用硫酸亚铁铵标准溶液（$c[(NH_4)_2Fe(SO_4)_2 \cdot 6H_2O] \approx 0.005mol/L$）滴定，溶液的颜色由黄色经蓝绿色变为红褐色即为终点。记录硫酸亚铁铵标准溶液的消耗体积 V_1。

空白试验：按样品测定相同的步骤以 10.0mL 实验用水代替水样进行空白试验，记录空白滴定时消耗硫酸亚铁铵标准溶液的体积 V_0。

b. COD_{Cr}浓度>50mg/L 的样品

样品测定：取 10.0mL 水样于锥形瓶中，依次加入硫酸汞溶液、重铬酸钾标准溶液［$c(1/6K_2Cr_2O_7)=0.250mol/L$］5.00mL 和几颗防爆沸玻璃珠，摇匀。其他操作与上述实验中样品测定相同。待溶液冷却至室温后，加入 3 滴试亚铁灵指示剂溶液，用硫酸亚铁铵标准溶液（$c[(NH_4)_2Fe(SO_4)_2 \cdot 6H_2O] \approx 0.05mol/L$）滴定，溶液的颜色由黄色经蓝绿色变为红褐色即为终点。记录硫酸亚铁铵标准溶液的消耗体积 V_1。

注：对于污染严重的水样，可选取所需体积 1/10 的水样放入硬质玻璃管中，加入 1/10 的试剂，摇匀后加热至沸腾数分钟，观察溶液是否变成蓝绿色。如呈蓝绿色，应再适当少取水样，直至溶液不变蓝绿色为止，从而可以确定待测水样的稀释倍数。

c. 空白试验：按上述相同步骤以 10.0mL 实验用水代替水样进行空白试验，记录空白滴定时消耗硫酸亚铁铵标准溶液的体积 V_0。

（4）数据处理

①结果计算：按式（2-6）计算样品中化学需氧量的质量浓度 $\rho(mg/L)$。

$$\rho=\frac{c\times(V_0-V_1)\times 8000}{V_2}\times f \tag{2-6}$$

式中 c——硫酸亚铁铵标准溶液的浓度，mol/L

V_0——空白试验所消耗的硫酸亚铁铵标准溶液的体积，mL

V_1——水样测定所消耗的硫酸亚铁铵标准溶液的体积，mL

V_2——加热回流时所取水样的体积，mL

f——样品稀释倍数

8000——（1/4）O_2的摩尔质量以 mg/L 为单位的换算值

②结果表示：当 COD_{Cr}测定结果小于 100mg/L 时保留至整数位；当测定结果大于或等于 100mg/L 时，保留三位有效数字。

2. 快速消解分光光度法

（1）分析原理　试样中加入已知量的重铬酸钾溶液，在强硫酸介质中，以硫酸银作为催化剂，经高温消解后，用分光光度法测定 COD 值。

当试样中 COD 值为 100~1000mg/L，在（600±20）nm 波长处测定重铬酸钾被还原产生的三价铬（Cr^{3+}）的吸光度，试样中 COD 值与三价铬（Cr^{3+}）的吸光度的增加值成正比例关系，将三价铬（Cr^{3+}）的吸光度换算成试样的 COD 值。

当试样中 COD 值为 15~250mg/L，在（440±20）nm 波长处测定重铬酸钾未被还原的六价铬（Cr^{6+}）和被还原产生的三价铬（Cr^{3+}）的两种铬离子的总吸光度；试样中 COD 值与六价铬（Cr^{6+}）的吸光度减少值成正比例，与三价铬（Cr^{3+}）的吸光度增加值成正比例，与总吸光度减少值成正比例，将总吸光度值换算成试样的 COD 值。

（2）试剂和设备

①分析设备：消解管；加热器；分光光度计；消解管支架；离心机；手动移液器（枪），最小分度体积不大于 0.01mL；A 级吸量管、容量瓶和量筒；搅拌器（机）。

②分析试剂

a. 硫酸：$\rho(H_2SO_4)=1.84g/mL$；硫酸溶液（1+9）。

b. 硫酸银-硫酸溶液：$\rho(Ag_2SO_4)$ = 10g/L，将 5.0g 硫酸银加入 500mL 硫酸［$\rho(H_2SO_4)$=1.84g/mL］中，静置 1~2d，搅拌，使其溶解。

c. 硫酸汞溶液：$\rho(HgSO_4)$ = 0.24g/mL，将 48.0g 硫酸汞分次加入 200mL 硫酸溶液（1+9）中，搅拌溶解，此溶液可稳定保存 6 个月。

d. 重铬酸钾标准溶液：$c(1/6K_2Cr_2O_7)$ = 0.500mol/L，将重铬酸钾在（120±2）℃下干燥至恒重后，称取 24.5154g 重铬酸钾置于烧杯中，加入 600mL 水，搅拌下慢慢加入 100mL 硫酸（1+9），溶解冷却后，转移此溶液于 1000mL 容量瓶中，用水稀释至标线，摇匀。溶液可稳定保存 6 个月。

e. 重铬酸钾标准溶液：$c(1/6K_2Cr_2O_7)$ = 0.160mol/L，将重铬酸钾在（120±2）℃下干燥至恒重后，称取 7.8449g 重铬酸钾置于烧杯中，加入 600mL 水，搅拌下慢慢加入 100mL 硫酸（1+9），溶解冷却后，转移此溶液于 1000mL 容量瓶中，用水稀释至标线，摇匀。溶液可稳定保存 6 个月。

f. 重铬酸钾标准溶液：$c(1/6K_2Cr_2O_7)$ = 0.120mol/L，将重铬酸钾在（120±2）℃下干燥至恒重后，称取 5.8837g 重铬酸钾置于烧杯中，加入 600mL 水，搅拌下慢慢加入 100mL 硫酸（1+9），溶解冷却后，转移此溶液于 1000mL 容量瓶中，用水稀释至标线，摇匀。溶液可稳定保存 6 个月。

g. 预装混合试剂，在一支消解管中，按表 2-2 的要求加入重铬酸钾溶液、硫酸汞溶液和硫酸银-硫酸溶液，拧紧盖子，轻轻摇匀，冷却至室温，避光保存。在使用前应将混合试剂摇匀。配制不含汞的预装混合试剂时，用硫酸溶液（1+9）代替硫酸汞溶液，按照上述方法进行。预装混合试剂在常温避光条件下，可稳定保存 1 年。

表 2-2　预装混合试剂及方法（试剂标识）

测定方法	测定范围/(mg/L)	重铬酸钾溶液用量/mL	硫酸汞溶液用量/mL	硫酸银-硫酸溶液用量/mL	消解管规格/mm
比色皿分光光度法(1)	高量程 100~1000	$c(1/6K_2Cr_2O_7)$ = 0.500mol/L 1.00	0.50	6.00	ϕ20×120 ϕ16×150
	低量程 15~250 或 15~150	$c(1/6K_2Cr_2O_7)$ = 0.160 或 0.120mol/L 1.00	0.50	6.00	ϕ20×120 ϕ16×150
比色管分光光度法(2)	高量程 100~1000	重铬酸钾溶液（0.500mol/L）+ 硫酸汞溶液［2+1］ 1.00		4.00	ϕ16×120(3) ϕ16×100
	低量程 15~150	重铬酸钾溶液（0.120mol/L）+ 硫酸汞溶液［2+1］ 1.00		4.00	ϕ16×120(3) ϕ16×100

注：（1）比色池（皿）分光光度法的消解管可选用 ϕ20mm×120mm 或 ϕ16mm× 150mm 规格的密封管，宜选 ϕ20mm ×120mm 规格的密封管；而在非密封条件下消解时应使用 ϕ20mm× 150mm 的消解管。

（2）比色管分光光度法的消解管可选用 ϕ16mm×120mm 或 ϕ16mm×100mm 规格的密封消解比色管，宜选 ϕ16mm×120mm 规格的密封消解比色管；而非密封条件下消解时，应使用 ϕ16mm×150mm 的消解比色管。

（3）ϕ16mm × 120mm 密封消解比色管冷却效果较好。

h. 邻苯二甲酸氢钾［C_6H_4（COOH）（COOK）］：基准级或优级纯，1mol 邻苯二甲酸氢钾［C_6H_4（COOH）（COOK）］可以被 30mol 重铬酸钾（$1/6K_2Cr_2O_7$）完全氧化，其化学需氧量相当 30mol 的氧（$1/2\ O_2$）。

i. 邻苯二甲酸氢钾 COD 标准贮备液

COD 值为 5000mg/L：将邻苯二甲酸氢钾在 105～110℃下干燥至恒重后，称取 2. 1274g 邻苯二甲酸氢钾溶于 250mL 水中，转移此溶液于 500mL 容量瓶中，用水稀释至标线，摇匀。此溶液在 2～8℃下贮存，或在定容前加入约 10mL 硫酸溶液（1+9），常温贮存，可稳定保存一个月。

COD 值为 1250mg/L：量取 50. 00mL COD 标准贮备液（COD 值为 5000mg/L）置于 200mL 容量瓶中，用水稀释至标线，摇匀。此溶液在 2～8℃下贮存，可稳定保存一个月。

COD 值为 625mg/L：量取 25. 00mL COD 标准贮备液（COD 值为 5000mg/L）置于 200mL 容量瓶中，用水稀释至标线，摇匀。此溶液在 2～8℃下贮存，可稳定保存一个月。

邻苯二甲酸氢钾 COD 标准系列使用液：

高量程（测定上限 1000mg/L）COD 标准系列使用液：COD 值分别为 100、200、400、600、800 和 1000mg/L。分别量取 5. 00、10. 00、20. 00、30. 00、40. 00 和 50. 00mL 的 COD 标准贮备液（COD 值为 5000mg/L），加入相应的 250mL 容量瓶中，用水定容至标线，摇匀。此溶液在 2～8℃下贮存，可稳定保存一个月。

低量程（测定上限 250mg/L）COD 标准系列使用溶液：COD 值分别为 25、50、100、150、200 和 250mg/L。分别量取 5. 00、10. 00、20. 00、30. 00、40. 00 和 50. 00mL COD 标准储备液（COD 值为 5000mg/L）加入相应的 250mL 容量瓶中，用水稀释至标线，摇匀。此溶液在 2～8℃下贮存，可稳定保存一个月。

低量程（测定上限 150mg/L）COD 标准系列使用溶液：COD 值分别为 25、50、75、100、125 和 150mg/L。分别量取 10. 00、20. 00、30. 00、40. 00、50 和 60. 00mL COD 标准贮备液（COD 值为 5000mg/L）加入相应的 250mL 容量瓶中，用水稀释至标线，摇匀。此溶液在 2～8℃下贮存，可稳定保存一个月。

硝酸银溶液［$c(AgNO_3)$ = 0. 1mol/L］：将 17. 1g 硝酸银溶于 1000mL 水。

铬酸钾溶液［$\rho(K_2CrO_4)$ = 50g/L］：将 5. 0g 铬酸钾溶解于少量水中，滴加硝酸银溶液至有红色沉淀生成，摇匀，静置 12h，过滤并用水将滤液稀释至 100mL。

（3）分析步骤

①样品的采集和处理：水样采集不应少于 100mL，应保存在洁净的玻璃瓶中。采集好的水样应 24h 内测定，否则应加入硫酸调节水样 pH≤2。在 0～4℃保存，一般可保存 7d。

②试样的制备

a. 水样氯离子的测定：在试管中加入 2. 00mL 试样，再加入 0. 5mL 硝酸银溶液，充分混合，最后加入 2 滴铬酸钾溶液，摇匀，如果溶液变红，氯离子溶液质量浓度低于 1000mg/L；如果仍为黄色，氯离子溶液质量浓度高于 1000mg/L。

b. 水样的稀释：应将水样在搅拌均匀时取样稀释，一般取被稀释水样不少于10mL，稀释倍数小于10倍。水样应逐次稀释为试样。初步判定水样的COD质量浓度，选择对应量程的预装混合试剂，加入相应体积的试样，摇匀，在（165±2）℃加热5min，检查管内溶液是否呈现绿色，如变绿应重新稀释后再进行测定。

③测定条件的选择：分析测定的条件见表2-2和表2-3，宜选用比色管分光光度法测定水样中的COD；比色池（皿）分光光度法选用ϕ20mm×150mm规格的消解管时，消解可在非密封条件下进行；比色管分光光度法选用ϕ16mm×150mm规格的消解比色管时，消解可在非密封条件下进行。

表2-3　　分析测定条件

测定方法	测定范围/（mg/L）	试样用量/mL	比色池（皿）或比色管规格/mm	测定波长/nm	检出限/（mg/L）
比色池（皿）分光光度法	高量程 100~1000	3.00	20(1)	600±20	22
	低量程 15~250 或 15~150	3.00	10(1)	440±20	3.0
比色管分光光度法	高量程 100~1000	2.00	ϕ16×120(2) ϕ16×100(2)	600±20	33
	低量程 15~150	2.00	ϕ 16×120(2) ϕ 16×100(2)	40±20	2.3

注：（1）长方形比色池（皿）。

（2）比色管为密封管，外径16mm，壁厚1.3mm，长120mm密封消解比色管消解时冷却效果较好。

④校准曲线的绘制

a. 打开加热器，预热到设定的（165±2）℃。

b. 选定预装混合试剂，摇匀试剂后再拧开消解管管盖。

c. 量取相应体积的COD标准系列溶液（试样）沿到管内壁慢慢加入管中。

d. 拧紧消解管管盖，手执管盖颠倒摇匀消解管中溶液，用无毛纸擦净管外壁。

e. 将消解管放入（165±2）℃的加热器的加热孔中，加热器温度略有降低，待温度升到设定的（165±2）℃时，计时加热15min。

f. 从加热器中取出消解管，待消解管冷却至60℃左右时，手执管盖颠倒摇动消解管几次，使管内溶液均匀，用无毛纸擦净管外壁，静置，冷却至室温。

g. 高量程方法在（600±20）nm波长处，以水为参比液，用光度计测定吸光度值。低量程方法在（440±20）nm波长处，以水为参比液，用光度计测定吸光度值。

h. 高量程COD标准系列使用溶液COD值对应其测定的吸光度值减去空白试验测定的吸光度值的差值，绘制校准曲线。

低量程COD标准系列使用溶液COD值对应空白试验测定的吸光度值减去其测定的吸光度值的差值，绘制校准曲线。

⑤空白实验：用水代替试样，按照步骤④a～g 测定其吸光度值，空白实验与试样同时测定。

⑥试样的测定

a. 按照表 2-2 和表 2-3 方法的要求选定对应的预装混合试剂，将已稀释好的试样在搅拌均匀时，取相应体积的试样。

b. 按照步骤④进行测定。

c. 若试样中含有氯离子时，选用含汞预装混合试剂进行氯离子的掩蔽，在加热消解前，应颠倒摇动消解管，使氯离子同 Ag_2SO_4易形成 AgCl 白色乳状块消失。

d. 若消解液浑浊或有沉淀，影响比色测定时，应用离心机离心变清后，再用光度计测定，若消解液颜色异常或离心后不能变澄清的样品不适用本测定方法。

e. 若消解管底部有沉淀影响比色测定时，应小心将消解管中上清液转入比色池（皿）中测定。

f. 测定的 COD 值由相应的校准曲线查得，或由光度计自动计算得出。

（4）数据处理

在（600±20）nm 波长处测定时，水样 COD 的计算如式（2-7）所示：

$$\rho(\mathrm{COD}) = n[k(A_s - A_b) + a] \tag{2-7}$$

在（440±20）nm 波长处测定时，水样 COD 的计算如式（2-8）所示：

$$\rho(\mathrm{COD}) = n[k(A_b - A_s) + a] \tag{2-8}$$

式中 ρ(COD)——水样 COD 值，mg/L

n——水样稀释倍数

k——校准曲线灵敏度，(mg/L)

A_s——试样测定的吸光度值

A_b——空白试验测定的吸光度值

a——校准曲线截距，mg/L

注：COD 测定值一般保留三位有效数字。

3. 快速烘箱法

（1）分析原理　在水样中加入已知量的重铬酸钾溶液，并在强酸性介质下，以银盐作催化剂，经烘箱加热处理后，以试亚铁灵作指示剂，用硫酸亚铁铵溶液滴定水样中未被反应的重铬酸钾，根据硫酸亚铁铵溶液用量换算成消耗氧的质量浓度。在酸性重铬酸钾条件下，芳烃及吡啶难以被氧化，其氧化率较低，在硫酸银催化作用下，直链脂肪族化合物可有效地被氧化。

（2）分析仪器和试剂

①分析仪器：250mL 三角烧瓶；50mL 烧杯；50mL 滴定管；5mL、10mL、20mL 移液管；烘箱，能够恒温在 160℃（温度波动±1℃）；分析天平（精度 0.1mg）。

②分析试剂：

a. 重铬酸钾标准溶液［$c(1/6\ K_2Cr_2O_7) = 0.1000$mg/L］：称取在 105℃ 干燥 2h 的优级纯重铬酸钾 4.9032g 溶于水中，稀释到 1000mL。

b. 重铬酸钾［$c(1/6\ K_2Cr_2O_7) = 0.1$mol/L（或 0.01mol/L）］-硫酸银（2g/L）-

硫酸 [$c(1/2H_2SO_4)$ = 30mol/L] 氧化液：称取在105℃干燥2h的优质纯 $K_2Cr_2O_7$ 4.9g（或0.4904g），Ag_2SO_4（硫酸银）20g溶于166mL蒸馏水中，加入834mL浓硫酸，冷却后，用浓硫酸冲至1000mL。

c. 试亚铁灵指示剂：把1.485g试亚铁灵溶于少许蒸馏水中加入695mg $FeSO_4 \cdot 7H_2O$ 稀释至100mL，盛至棕色瓶中。

d. 无还原物质的蒸馏水：二次蒸馏制得每1000mL水中加少许高锰酸钾和2L浓硫酸，进行蒸馏，再同法蒸馏一次。或同等纯度的水。

e. 0.1mol/L硫酸亚铁铵溶液：称取 $Fe(NH_4)_2(SO_4)_2 \cdot 6H_2O$（硫酸亚铁铵）40.00g置于1000mL试剂瓶中，加入含20mL浓硫酸的蒸馏水1000mL，用时标定。

硫酸亚铁铵溶液标定方法：吸取0.1000mol/L标准溶液20mL置于锥形瓶中，加入1∶1硫酸溶液20mL，混匀，冷却后，加3滴试亚铁灵指示剂，用硫酸亚铁铵溶液滴定到由亮绿色变红褐色，即为终点，硫酸亚铁铵溶液浓度计算如式（2-9）所示：

$$c(\text{mol/L}) = \frac{0.1000 \times 20}{V} \tag{2-9}$$

式中 V——滴定时消耗的硫酸亚铁铵溶液的体积，mL

（3）分析步骤 ①用移液管准确吸取10mL氧化液于250mL三角锥形瓶中，吸取废水样5mL加入其中，上盖以50mL小烧杯（一是防止漂浮物进入，二是防止加热时蒸发），放入已升温至160℃的烘箱中，等温度热至160℃时，计时20min，取出、冷却，瓶内加入30mL蒸馏水，待冷却后，加入三滴试亚铁灵指示剂，用标准硫酸亚铁铵溶液滴至亮绿色变红褐色为终点。②空白用二次蒸馏水或同等纯度的水代替水样，同样烘20min后用硫酸亚铁铵滴定之。

（4）结果分析 按式（2-10）计算样品中化学需氧量的浓度：

$$\text{COD}(\text{mol/L}) = \frac{(V_0 - V_1) \times c \times 8 \times 1000}{V} \tag{2-10}$$

式中 V_0——空白滴定时消耗硫酸亚铁铵毫升数，mL

V_1——水样滴定时消耗硫酸亚铁铵毫升数，mL

c——硫酸亚铁铵溶液摩尔浓度，mol/L

8——（1/4）O_2的摩尔质量以mol/L为单位的换算值

（5）注意事项

①氧化液含有浓硫酸及重铬酸钾，具有强腐蚀性，使用时必须穿戴好必要的防护用品，烘箱温度很高，使用时应防止烫伤。

②水样要采集在玻璃瓶内，应尽快分析；如果不能够尽快分析应加入硫酸至pH<2，置于4℃以下保存，保存时间不得大于5d，采集水样体积不得少于100mL。

③在加热消解时，三角烧瓶宜盖上小烧杯，分析后三角烧瓶洗净烘干盖上小烧杯存放，以免污染。

④样品消解时，烘箱内的温度不宜超过165℃，10mol/L硫酸的沸点是167℃，超过此温度，重铬酸钾本身会分解，温度升至180℃时，溶液呈绿色，结果偏高。

⑤硫酸酸度一般以10mol/L较适宜，如降低酸度，则氧化电位降低；若酸度超出

10mol/L，在加热过程中同时可导致重铬酸钾自身分解。

（二）高锰酸盐指数的测定

1. 分析原理

样品中加入已知量的高锰酸钾和硫酸，在沸水浴中加热30min，高锰酸钾将样品中的某些有机物和无机还原性物质氧化，反应后加入过量的草酸钠还原剩余的高锰酸钾，再用高锰酸钾标准溶液回滴过量的草酸钠。通过计算得到样品中高锰酸盐指数。

2. 试剂和设备

（1）分析设备　①水浴或相当的加热装置：有足够的容积和功率；②酸式滴定管，25mL。

注：新的玻璃器皿必须用酸性高锰酸钾溶液清洗干净。

（2）分析试剂

①不含还原性物质的水：将1L蒸馏水置于全玻璃蒸馏器中，加入10mL硫酸和少量高锰酸钾溶液，蒸馏。弃去100mL初馏液，余下馏出液贮于具玻璃塞的细口瓶中。

②硫酸（H_2SO_4）：密度（ρ）为1.84g/mL。

③硫酸：1+3溶液。

④氢氧化钠，500g/L溶液：称取50g氢氧化钠溶于水并稀释至100mL。

⑤草酸钠标准贮备液，浓度$c(1/2Na_2C_2O_4)$为0.1000mol/L：称取0.6705g经120℃烘干2h并放冷的草酸钠（$Na_2C_2O_4$）溶解水中，移入100mL容量瓶中，用水稀释至标线，混匀，置4℃保存。

⑥草酸钠标准溶液，浓度$c_1(1/2Na_2C_2O_4)$为0.0100mol/L：吸取10.00mL草酸钠贮备液于100mL容量瓶中，用水稀释至标线，混匀。

⑦高锰酸钾标准贮备液，浓度$c_2(1/5KMnO_4)$约为0.1mol/L：称取3.2g高锰酸钾溶解于水并稀释至1000mL。于90~95℃水浴中加热此溶液两小时，冷却。存放2d后，倾出清液，贮于棕色瓶中。

⑧高锰酸钾标准溶液，浓度$c_3(1/5KMnO_4)$约为0.01mol/L：吸取100mL高锰酸钾标准贮备液于1000mL容量瓶中，用水稀释至标线，混匀。此溶液在暗处可保存几个月，使用当天标定其浓度。

3. 分析步骤

（1）样品的采集和处理　采样后要加入硫酸（1+3），使样品pH=1~2并尽快分析。如保存时间超过6h，则需置暗处，0~5℃下保存，不得超过2d。

（2）测定

①吸取100.0mL经充分摇动、混合均匀的样品（或分取适量，用水稀释至100mL），置于250mL锥形瓶中，加入（5±0.5）mL硫酸（1+3），用滴定管加入10.00mL高锰酸钾溶液（0.01mol/L），摇匀。将锥形瓶置于沸水浴内（30±2）min（水浴沸腾，开始计时）。

②取出后用滴定管加入10.00mL草酸钠溶液（0.0100mol/L）至溶液变为无色。趁热用高锰酸钾溶液（0.01mol/L）滴定至刚出现粉红色，并保持30s不褪。记录消耗的高锰酸钾溶液体积。

③空白试验：用100mL水代替样品，按上述两步骤测定，记录下回滴的高锰酸钾溶液（0.01mol/L）体积。

④向空白试验滴定后的溶液中加入10.00mL草酸钠溶液（0.0100mol/L）。如果需要，将溶液加热至80℃。用高锰酸钾溶液（0.01mol/L）继续滴定至刚出现粉红色，并保持30s不褪。记录下消耗的高锰酸钾溶液体积。

注：a. 沸水浴的水面要高于锥形瓶内的液面。

b. 样品量以加热氧化后残留的高锰酸钾（0.01mol/L）为其加入量的1/3~1/2为宜。加热时，如溶液红色褪去，说明高锰酸钾量不够，须重新取样，经稀释后测定。

c. 滴定时温度如低于60℃，反应速度缓慢，因此应加热至80℃左右。

d. 沸水浴温度为98℃，如在高原地区，报出数据时，需注明水的沸点。

4. 数据处理

高锰酸盐指数（I_{Mn}）以每升样品消耗毫克氧数来表示（O_2，mg/L），按式（2-11）计算：

$$I_{Mn}=\frac{\left[(10+V_1)\frac{10}{V_2}-10\right]\times c\times 8\times 1000}{100} \tag{2-11}$$

式中　V_1——样品滴定时，消耗高锰酸钾溶液体积，mL

V_2——标定时，所消耗高锰酸钾溶液体积，mL

c——草酸钠标准溶液（0.0100mol/L）

如样品经稀释后测定，按式（2-12）计算：

$$I_{Mn}=\frac{\left\{\left[(10+V_1)\frac{10}{V_2}-10\right]-\left[(10+V_0)\frac{10}{V_2}-10\right]\times f\right\}\times c\times 8\times 1000}{V_3} \tag{2-12}$$

式中　V_0——空白试验，消耗高锰酸钾溶液体积，mL

V_3——测定时，所取样品体积，mL

f——稀释样品时，蒸馏水在100mL测定用体积内所占比例（例如10mL样品用水稀释至100mL，则f=（100-10）/100=0.90）

（三）五日生化需氧量（BOD_5）的测定

1. 分析原理

生化需氧量是指在规定的条件下，微生物分解水中的某些可氧化的物质，特别是分解有机物的生物化学过程消耗的溶解氧。通常情况下是指水样充满完全密闭的溶解氧瓶中，在（20±1）℃的暗处培养5d±4h或（2+5）d±4h［先在0~4℃的暗处培养2d，接着在（20±1）℃的暗处培养5d，即培养（2+5）d］，分别测定培养前后水样中溶解氧的质量浓度，由培养前后溶解氧的质量浓度之差，计算每升样品消耗的溶解氧量，以BOD_5形式表示。

若样品中的有机物含量较多，BOD_5的质量浓度大于6mg/L，样品需适当稀释后测定；对不含或含微生物少的工业废水，如酸性废水、碱性废水、高温废水、冷冻保存的废水或经过氯化处理等的废水，在测定BOD_5时应进行接种，以引进能分解废水中有机物的微生物。当废水中存在难以被一般生活污水中的微生物以正常的速度降解的有机物或含有剧毒物质时，应将驯化后的微生物引入水样中进行接种。

2. 分析设备和试剂

（1）分析设备　①滤膜，孔径为 1.6μm；②溶解氧瓶，带水封装置，容积 250～300mL；③稀释容器，1000～2000mL 的量筒或容量瓶；④虹吸管，供分取水样或添加稀释水；⑤溶解氧测定仪；⑥冷藏箱，0～4℃；⑦冰箱，有冷冻和冷藏功能；⑧带风扇的恒温培养箱，(20±1)℃；⑨曝气装置，多通道空气泵或其他曝气装置；曝气可能带来有机物、氧化剂和金属，导致空气污染，如有污染，空气应过滤清洗。

（2）分析试剂

①接种液：可购买接种微生物用的接种物质，接种液的配制使用按说明书的要求操作。

②磷酸盐缓冲溶液：将 8.5g 磷酸二氢钾（KH_2PO_4）、21.8g 磷酸氢二钾（K_2HPO_4）、33.4g 七水合磷酸氢二钠（$Na_2HPO_4 \cdot 7H_2O$）和 1.7g 氯化铵（NH_4Cl）溶于水中，稀释至 1000mL，此溶液在 0～4℃可稳定保存 6 个月。此溶液的 pH 为 7.2。

③硫酸镁溶液，$\rho(MgSO_4) = 11.0g/L$：将 22.5g 七水合硫酸镁（$MgSO_4 \cdot 7H_2O$）溶于水中，稀释至 1000mL，此溶液在 0～4℃可稳定保存 6 个月，若发现任何沉淀或微生物生长应弃去。

④氯化钙溶液，$\rho(CaCl_2) = 27.6g/L$：将 27.6g 无水氯化钙（$CaCl_2$）溶于水中，稀释至 1000mL，此溶液在 0～4℃可稳定保存 6 个月，若发现任何沉淀或微生物生长应弃去。

⑤氯化铁溶液，$\rho(FeCl_3) = 0.15g/L$：将 0.25g 六水合氯化铁（$FeCl_3 \cdot 6H_2O$）溶于水中，稀释至 1000mL，此溶液在 0～4℃可稳定保存 6 个月，若发现任何沉淀或微生物生长应弃去。

⑥稀释水：在 5～20L 的玻璃瓶中加入一定量的水，控制水温在 (20±1)℃，用曝气装置至少曝气 1h，使稀释水中的溶解氧达到 8mg/L 以上。使用前每升水中加入②～⑤四种盐溶液各 1.0mL，混匀，20℃保存。在曝气的过程中防止污染，特别是防止带入有机物、金属、氧化物或还原物。稀释水中氧的质量浓度不能过饱和，使用前需开口放置 1h，且应在 24h 内使用。剩余的稀释水应弃去。

⑦接种稀释水：根据接种液的来源不同，每升稀释水中加入适量接种液；城市生活污水和污水处理厂出水加 1～10mL，河水或湖水加 10～100mL，将接种稀释水存放在 (20±1)℃的环境中，当天配制当天使用。接种的稀释水 pH 为 7.2，BOD_5 应小于 1.5mg/L。

⑧盐酸溶液［$c(HCl) = 0.5mol/L$］：将 40mL 浓盐酸（HCl）溶于水中，稀释至 1000mL。

⑨氢氧化钠溶液［$c(NaOH) = 0.5mol/L$］：将 20g 氢氧化钠溶于水中，稀释至 1000mL。

⑩亚硫酸钠溶液［$c(1/2Na_2SO_3) = 0.025mol/L$］：将 1.575g 亚硫酸钠（$Na_2SO_3$）溶于水中，稀释至 1000mL。此溶液不稳定，需现用现配。

⑪葡萄糖-谷氨酸标准溶液：将葡萄糖（$C_6H_{12}O_6$，优级纯）和谷氨酸（HOOC-

$CH_2-CH_2-CHNH_2-COOH$，优级纯）在130℃干燥1h，各称取150mg溶于水中，在1000mL容量瓶中稀释至标线。此溶液的BOD_5为（210±20）mg/L，现用现配。该溶液也可少量冷冻保存，融化后立刻使用。

⑫丙烯基硫脲硝化抑制剂［$\rho(C_4H_8N_2S)$ = 1.0g/L］：溶解0.20g丙烯基硫脲（$C_4H_8N_2S$）于200mL水中混合，4℃保存，此溶液可稳定保存14d。

⑬乙酸溶液，1+1。

⑭碘化钾溶液［ρ(KI) = 100g/L］：将10g碘化钾（KI）溶于水中，稀释至100mL。

⑮淀粉溶液［ρ=5g/L］：将0.50g淀粉溶于水中，稀释至100mL。

3. 分析步骤

（1）样品的采集与保存　采集的样品应充满并密封于棕色玻璃瓶中，样品量不小于1000mL，在0~4℃的暗处运输和保存，并于24h内尽快分析。24h内不能分析，可冷冻保存（冷冻保存时避免样品瓶破裂），冷冻样品分析前需解冻、均质化和接种。

（2）样品的前处理

①pH调节：若样品或稀释后样品pH不在6~8范围内，应用盐酸溶液或氢氧化钠溶液调节其pH至6~8。

②余氯和结合氯的去除：若样品中含有少量余氯，一般在采样后放置1~2h，游离氯即可消失。对在短时间内不能消失的余氯，可加入适量亚硫酸钠溶液去除样品中存在的余氯和结合氯，加入的亚硫酸钠溶液的量由下述方法确定。

取已中和好的水样100mL，加入乙酸溶液10mL、碘化钾溶液1mL，混匀，暗处静置5min。用亚硫酸钠溶液滴定析出的碘至淡黄色，加入1mL淀粉溶液呈蓝色。再继续滴定至蓝色刚刚褪去，即为终点，记录所用亚硫酸钠溶液体积，由亚硫酸钠溶液消耗的体积，计算出水样中应加亚硫酸钠溶液的体积。

③样品均质化：含有大量颗粒物、需要较大稀释倍数的样品或经冷冻保存的样品，测定前均需将样品搅拌均匀。

④样品中有藻类：若样品中有大量藻类存在，BOD_5的测定结果会偏高。当分析结果精度要求较高时，测定前应用滤孔为1.6μm的滤膜过滤，检测报告中注明滤膜滤孔的大小。

⑤含盐量低的样品：若样品含盐量低，非稀释样品的电导率小于125μS/cm时，需加入适量相同体积的四种盐溶液（实验试剂②~⑤），使样品的电导率大于125μS/cm。每升样品中至少需加入各种盐的体积V按下式计算：

$$V = (\Delta K - 12.8)/113.6 \tag{2-13}$$

式中　V——需加入各种盐的体积，mL

ΔK——样品需要提高的电导率值，μS/cm

（3）非稀释法　非稀释法分为两种情况：非稀释法和非稀释接种法。

如样品中的有机物含量较少，BOD_5的质量浓度不大于6mg/L，且样品中有足够的微生物，用非稀释法测定。若样品中的有机物含量较少，BOD_5的质量浓度不大于6mg/L，但样品中无足够的微生物，如酸性废水、碱性废水、高温废水、冷冻保存的废水或经过氯化处理等的废水，采用非稀释接种法测定。

①试样的准备

a. 待测试样：测定前待测试样的温度达到（20±2）℃，若样品中溶解氧浓度低，需要用曝气装置曝气 15min，充分振摇赶走样品中残留的空气泡；若样品中氧过饱和，将容器 2/3 体积充满样品，用力振荡赶出过饱和氧，然后根据试样中微生物含量情况确定测定方法。非稀释法可直接取样测定；非稀释接种法，每升试样中加入适量的接种液，待测定。若试样中含有硝化细菌，有可能发生硝化反应，需在每升试样中加入 2mL 丙烯基硫脲硝化抑制剂。

b. 空白试样：非稀释接种法，每升稀释水中加入与试样中相同量的接种液作为空白试样，需要时每升试样中加入 2mL 丙烯基硫脲硝化抑制剂。

②试样的测定

a. 碘量法测定试样中的溶解氧：将试样充满两个溶解氧瓶中，使试样少量溢出，防止试样中的溶解氧质量浓度改变，使瓶中存在的气泡靠瓶壁排出。将一个瓶盖上瓶盖，加上水封，在瓶盖外罩上一个密封罩，防止培养期间水封水蒸发干，在恒温培养箱中培养 5d±4h 或（2+5）d±4h 后测定试样中溶解氧的质量浓度。另一个瓶 15min 后测定试样在培养前溶解氧的质量浓度。溶解氧的测定按 GB/T 7489—1987 进行操作。

b. 电化学探头法测定试样中的溶解氧：将试样充满一个溶解氧瓶中，使试样少量溢出，防止试样中的溶解氧质量浓度改变，使瓶中存在的气泡靠瓶壁排出。测定培养前试样中的溶解氧的质量浓度。

盖上瓶盖，防止样品中残留气泡，加上水封，在瓶盖外罩上一个密封罩，防止培养期间水封水蒸发干。将试样瓶放入恒温培养箱中培养 5d±4h 或（2+5）d±4h。测定培养后试样中溶解氧的质量浓度。

溶解氧的测定按 GB/T 11913—1989 进行操作。空白试样的测定方法同上述两步骤。

（4）稀释与接种法　稀释与接种法分为两种情况：稀释法和稀释接种法。

若试样中的有机物含量较多，BOD_5的质量浓度大于 6mg/L，且样品中有足够的微生物，采用稀释法测定；若试样中的有机物含量较多，BOD_5的质量浓度大于 6mg/L，但试样中无足够的微生物，采用稀释接种法测定。

①试样的准备

a. 待测试样：待测试样的温度达到（20±2）℃，若试样中溶解氧浓度低，需要用曝气装置曝气 15min，充分振摇赶走样品中残留的气泡；若样品中氧过饱和，将容器的 2/3体积充满样品，用力振荡赶出过饱和氧，然后根据试样中微生物含量情况确定测定方法。稀释法测定，稀释倍数按表 2-4 和表 2-5 方法确定，然后用稀释水稀释。稀释接种法测定，用接种稀释水稀释样品。若样品中含有硝化细菌，有可能发生硝化反应，需在每升试样培养液中加入 2mL 丙烯基硫脲硝化抑制剂。

稀释倍数的确定：样品稀释的程度应使消耗的溶解氧质量浓度不小于 2mg/L，培养后样品中剩余溶解氧质量浓度不小于 2mg/L，且试样中剩余的溶解氧的质量浓度为开始浓度的 1/3~2/3 为最佳。

稀释倍数可根据样品的总有机碳（TOC）、高锰酸盐指数（I_{Mn}）或化学需氧量

(COD_{Cr}）的测定值，按照表 2-4 列出的 BOD_5 与总有机碳（TOC）、高锰酸盐指数（I_{Mn}）或化学需氧量（COD_{Cr}）的比值 R 估计 BOD_5 的期望值（R 与样品的类型有关），再根据表 2-5 确定稀释因子。当不能准确地选择稀释倍数时，一个样品做 2~3 个不同的稀释倍数。

表 2-4　典型的比值 *R*

水样的类型	总有机碳 R (BOD_5/TOC)	高锰酸盐指数 R (BOD_5/I_{Mn})	化学需氧量 R (BOD_5/COD_{Cr})
未处理的废水	1.2~2.8	1.2~1.5	0.35~0.65
生化处理的废水	0.3~1.0	0.5~1.2	0.20~0.35

表 2-5　BOD_5 测定的稀释倍数

BOD_5 的期望值/(mg/L)	稀释倍数	水样类型
6~12	2	河水，生物净化的城市污水
10~30	5	河水，生物净化的城市污水
20~60	10	生物净化的城市污水
40~120	20	澄清的城市污水或轻度污染的工业废水
100~300	50	轻度污染的工业废水或原城市污水
200~600	100	轻度污染的工业废水或原城市污水
400~1200	200	重度污染的工业废水或原城市污水
1000~3000	500	重度污染的工业废水
2000~6000	1000	重度污染的工业废水

由表 2-4 中选择适当的 R 值，按式（2-14）计算 BOD_5 的期望值：

$$\rho = RY \tag{2-14}$$

式中　ρ——五日生化需氧量浓度的期望值，mg/L

Y——总有机碳（TOC）、高锰酸盐指数（I_{Mn}）或化学需氧量（COD_{Cr}）的值，mg/L

由估算出的 BOD_5 的期望值，按表 2-5 确定样品的稀释倍数。

按照确定的稀释倍数，将一定体积的试样或处理后的试样用虹吸管加入已加部分稀释水或接种稀释水的稀释容器中，加稀释水或接种稀释水至刻度，轻轻混合避免残留气泡，待测定。若稀释倍数超过 100 倍，可进行两步或多步稀释。

若试样中有微生物毒性物质，应配制几个不同稀释倍数的试样，选择与稀释倍数无关的结果，并取其平均值。试样测定结果与稀释倍数的关系确定如下：

当分析结果精度要求较高或存在微生物毒性物质时，一个试样要做两个以上不同的稀释倍数，每个试样每个稀释倍数做平行双样同时进行培养。测定培养过程中每瓶试样氧的消耗量，并画出氧消耗量对每一稀释倍数试样中原样品的体积曲线。

若此曲线呈线性，则此试样中不含有任何抑制微生物的物质，即样品的测定结果与稀释倍数无关；若曲线仅在低浓度范围内呈线性，取线性范围内稀释比的试样测定结果计算平均 BOD_5 值。

b. 空白试样：稀释法测定，空白试样为稀释水，需要时每升稀释水中加入 2mL 丙烯基硫脲硝化抑制剂。

稀释接种法测定，空白试样为接种稀释水，必要时每升接种稀释水中加入 2mL 丙烯基硫脲硝化抑制剂。

②试样的测定：试样和空白试样的测定方法同非稀释法测定步骤。

4. 数据处理

（1）非稀释法　非稀释法按式（2-15）计算样品 BOD_5 的测定结果：

$$\rho = \rho_1 - \rho_2 \tag{2-15}$$

式中　ρ——五日生化需氧量质量浓度，mg/L

ρ_1——水样在培养前的溶解氧质量浓度，mg/L

ρ_2——水样在培养后的溶解氧质量浓度，mg/L

（2）非稀释接种法　非稀释接种法按式（2-16）计算样品 BOD_5 的测定结果：

$$\rho = (\rho_1 - \rho_2) - (\rho_3 - \rho_4) \tag{2-16}$$

式中　ρ——五日生化需氧量质量浓度，mg/L

ρ_1——接种水样在培养前的溶解氧质量浓度，mg/L

ρ_2——接种水样在培养后的溶解氧质量浓度，mg/L

ρ_3——空白样在培养前的溶解氧质量浓度，mg/L

ρ_4——空白样在培养后的溶解氧质量浓度，mg/L

（3）稀释与接种法　稀释法与稀释接种法按式（2-17）计算样品 BOD_5 的测定结果：

$$\rho = \frac{(\rho_1 - \rho_2) - (\rho_3 - \rho_4)f_1}{f_2} \tag{2-17}$$

式中　ρ——五日生化需氧量质量浓度，mg/L

ρ_1——接种稀释水样在培养前的溶解氧质量浓度，mg/L

ρ_2——接种稀释水样在培养后的溶解氧质量浓度，mg/L

ρ_3——空白样在培养前的溶解氧质量浓度，mg/L

ρ_4——空白样在培养后的溶解氧质量浓度，mg/L

f_1——接种稀释水或稀释水在培养液中所占的比例

f_2——原样品在培养液中所占的比例

BOD_5 测定结果以氧的质量浓度（mg/L）报出。对稀释与接种法，如果有几个稀释倍数的结果满足要求，结果取这些稀释倍数结果的平均值。结果小于 100mg/L，保留一位小数；100~1000mg/L，取整数位；大于 1000mg/L 以科学计数法报出。结果报告中应注明：样品是否经过过滤、冷冻或均质化处理。

5. 注意事项

（1）空白试样　每一批样品做两个分析空白试样，稀释法空白试样的测定结果不能超过0.5mg/L，非稀释接种法和稀释接种法空白试样的测定结果不能超过1.5mg/L，否则应检查可能的污染来源。

（2）接种液、稀释水质量的检查　每一批样品要求做一个标准样品，样品的配制方法如下：取20mL葡萄糖－谷氨酸标准溶液于稀释容器中，用接种稀释水稀释至1000mL，测定BOD_5，结果应在180～230mg/L范围内，否则应检查接种液、稀释水的质量。

（3）平行样品　每一批样品至少做一组平行样，计算相对百分偏差*RP*。当BOD_5小于3mg/L时，*RP*值应≤±15%；当BOD_5为3～100mg/L时，*RP*值应≤±20%；当BOD_5大于100mg/L时，*RP*值应≤±25%。计算公式如式（2-18）所示：

$$RP = \frac{\rho_1 - \rho_2}{\rho_1 + \rho_2} \times 100\% \tag{2-18}$$

式中　*RP*——相对百分偏差，%

ρ_1——第一个样品BOD_5的质量浓度，mg/L

ρ_2——第二个样品BOD_5的质量浓度，mg/L

（四）TOC的测定

1. 分析原理

（1）差减法测定总有机碳　将试样连同净化气体分别导入高温燃烧管和低温反应管中，经高温燃烧管的试样被高温催化氧化，其中的有机碳和无机碳均转化为二氧化碳，经低温反应管的试样被酸化后，其中的无机碳分解成二氧化碳，两种反应管中生成的二氧化碳分别被导入非分散红外检测器。在特定波长下，一定质量浓度范围内二氧化碳的红外线吸收强度与其质量浓度成正比，由此可对试样总碳（TC）和无机碳（IC）进行定量测定。

总碳与无机碳的差值，即总有机碳。

（2）直接法测定总有机碳　试样经酸化曝气，其中的无机碳转化为二氧化碳被去除，再将试样注入高温燃烧管中，可直接测定总有机碳。由于酸化曝气会损失可吹扫有机碳（POC），故测得总有机碳值为不可吹扫有机碳（NPOC）。

2. 分析设备和试剂

（1）分析设备　①非分散红外吸收TOC分析仪；②一般实验室常用仪器。

（2）分析试剂

①无二氧化碳水：将重蒸馏水在烧杯中煮沸蒸发（蒸发量10%），冷却后备用。也可使用纯水机制备的纯水或超纯水。无二氧化碳水应临用现制，并经检验TOC质量浓度不超过0.5mg/L。

②硫酸（H_2SO_4）：$\rho(H_2SO_4)$ = 1.84g/mL。

③碳酸氢钠（$NaHCO_3$）：优级纯。

④氢氧化钠溶液：ρ(NaOH) = 10g/L。

⑤有机碳标准贮备液：ρ(有机碳，C) = 400mg/L。准确称取邻苯二甲酸氢钾（预

先在110~120℃下干燥至恒重）0.8502g，置于烧杯中，加水①溶解后，转移此溶液于1000mL容量瓶中，用水①稀释至标线，混匀。在4℃条件下可保存两个月。

⑥无机碳标准贮备液：ρ(无机碳，C)＝400mg/L。准确称取无水碳酸钠（预先在105℃下干燥至恒重）1.7634g和碳酸氢钠（预先在干燥器内干燥）1.4000g，置于烧杯中，加水①溶解后，转移此溶液于1000mL容量瓶中，用水①稀释至标线，混匀。在4℃条件下可保存两周。

⑦差减法标准使用液：ρ(无机碳，C)＝200mg/L，ρ(无机碳，C)＝100mg/L。用单标线吸量管分别吸取50.00mL有机碳标准贮备液⑤和无机碳标准贮备液⑥于200mL容量瓶中，用水①稀释至标线，混匀。在4℃条件下贮存可稳定保存一周。

⑧直接法标准使用液：ρ(无机碳，C)＝100mg/L，用单标线吸量管吸取50.00mL有机碳标准贮备液⑤于200mL容量瓶中，用水①稀释至标线，混匀。在4℃条件下贮存可稳定保存一周。

⑨载气：氮气或氧气，纯度大于99.99%。

3. 分析步骤

（1）样品的采集与处理　水样应采集在棕色玻璃瓶中并应充满采样瓶，不留顶空。水样采集后应在24h内测定。否则应加入硫酸将水样酸化至pH≤2，在4℃条件下可保存7d。

（2）仪器的调试　按TOC分析仪说明书设定条件参数，进行调试。

（3）校准曲线的绘制

①差减法校准曲线的绘制：在一组7个100mL容量瓶中，分别加入0.00、2.00、5.00、10.00、20.00、40.00、100.00mL差减法标准使用液，用水稀释至标线，混匀。配制成总碳质量浓度为0.0、4.0、10.0、20.0、40.0、80.0、200.0mg/L和无机碳质量浓度为0.0、2.0、5.0、10.0、20.0、40.0、100.0mg/L的标准系列溶液，按照此页下方步骤（5）测定其响应值。以标准系列溶液质量浓度对应仪器响应值，分别绘制总碳和无机碳校准曲线。

②直接法校准曲线的绘制：在一组7个100mL容量瓶中，分别加入0.00、2.00、5.00、10.00、20.00、40.00、100.00mL直接法标准使用液，用水稀释至标线，混匀。配制成有机碳质量浓度为0.0、2.0、5.0、10.0、20.0、40.0、100.0mg/L的标准系列溶液，按照此页下方步骤（5）测定其响应值。以标准系列溶液质量浓度对应仪器响应值，绘制有机碳校准曲线。上述校准曲线浓度范围可根据仪器和测定样品种类的不同进行调整。

（4）空白试验　用无二氧化碳水代替试样，按照此页下方步骤（5）测定其响应值。每次试验应先检测无二氧化碳水的TOC含量，测定值应不超过0.5mg/L。

（5）样品测定

①差减法：经酸化的试样，在测定前应以氢氧化钠溶液中和至中性，取一定体积注入TOC分析仪进行测定，记录相应的响应值。

②直接法：取一定体积酸化至pH≤2的试样注入TOC分析仪，经曝气除去无机碳后导入高温氧化炉，记录相应的响应值。

4. 数据处理

（1）差减法　根据所测试样响应值，由校准曲线计算出总碳和无机碳质量浓度。试样中总有机碳质量浓度按式（2-19）计算：

$$\rho(TOC) = \rho(TC) - \rho(IC) \tag{2-19}$$

式中　$\rho(TOC)$ ——试样总有机碳质量浓度，mg/L

$\rho(TC)$ ——试样总碳质量浓度，mg/L

$\rho(IC)$ ——试样无机碳质量浓度，mg/L

（2）直接法　根据所测试样响应值，由校准曲线计算出总有机碳的质量浓度 $\rho(TOC)$。

（3）结果表示　当测定结果小于 100mg/L 时，保留到小数点后一位；大于等于 100mg/L 时，保留三位有效数字。

5. 注意事项

（1）每次试验前应检测无二氧化碳水的 TOC 含量，测定值应不超过 0.5mg/L。

（2）每次试验应带一个曲线中间点进行校核，校核点测定值和校准曲线相应点浓度的相对误差应不超过 10%。

（五）石油类和动植物油类的测定

1. 分析原理

水样在 pH≤2 的条件下用四氯乙烯萃取后，测定油类；将萃取液用硅酸镁吸附去除动植物油类等极性物质后，测定石油类。油类和石油类的含量均由波数分别为 2930cm^{-1}（CH_2基团中 C—H 键的伸缩振动）、2960cm^{-1}（CH_3基团中 C—H 键的伸缩振动）和 3030cm^{-1}（芳香环中 C—H 键的伸缩振动）处的吸光度 A_{2930}、A_{2960}和 A_{3030}，根据校正系数进行计算；动植物油类的含量为油类和石油类含量之差。

2. 试剂和设备

（1）分析设备　①红外测油仪或红外分光光度计，能在 2930、2960、3030cm^{-1}处测量吸光度，并配有 4cm 带盖石英比色皿比色；②水平振荡器；③采样瓶，500mL 广口玻璃瓶；④玻璃漏斗；⑤三角瓶，50mL，具塞磨口；⑥比色管，25mL、50mL，具塞磨口；⑦分液漏斗，1000mL，具聚四氟乙烯旋塞；⑧量筒，1000mL；⑨一般实验室常用器皿和设备。

（2）分析试剂和材料

①盐酸：$\rho(HCl) = 1.19$g/mL，优级纯。

②盐酸溶液：1+1，用盐酸①配制。

③四氯乙烯（C_2Cl_4）：以干燥 4cm 空石英比色皿为参比，在 2800~3100cm^{-1}使用 4cm 石英比色皿测定四氯乙烯，2930、2960、3030cm^{-1}处吸光度应分别不超过 0.34、0.07、0。

④无水硫酸钠（Na_2SO_4）：置于马弗炉内 550℃下加热 4h，稍冷后装入磨口玻璃瓶中，置于干燥器内贮存。

⑤硅酸镁（$MgSiO_3$）：150~250μm（100~60 目）。取硅酸镁于瓷蒸发皿中，置于马

弗炉内550℃加热4h，稍冷后移入干燥器中冷却至室温。称取适量的硅酸镁于磨口玻璃瓶中，根据硅酸镁的质量，按6%（质量比）比例加入适量的蒸馏水，密塞并充分振荡，放置12h后使用，于磨口玻璃瓶内保存。

⑥玻璃棉：使用前将玻璃棉用四氯乙烯浸泡洗涤，晾干备用。

⑦正十六烷标准贮备液：$\rho \approx 10000mg/L$。称取1.0g（准确至0.1mg）正十六烷（色谱纯）于100mL容量瓶中，用四氯乙烯定容，摇匀。0~4℃冷藏、避光可保存1年。

⑧正十六烷标准使用液：$\rho = 1000mg/L$。将正十六烷标准贮备液⑦用四氯乙烯稀释定容于100mL容量瓶中。

⑨异辛烷标准贮备液：$\rho \approx 10000mg/L$。称取1.0g（准确至0.1mg）异辛烷（色谱纯）于100mL容量瓶中，用四氯乙烯定容，摇匀。0~4℃冷藏、避光可保存1年。

⑩异辛烷标准使用液：$\rho = 1000mg/L$。将异辛烷标准贮备液⑨用四氯乙烯稀释定容于100mL容量瓶中。

⑪苯标准贮备液：$\rho \approx 10000mg/L$。称取1.0g（准确至0.1mg）苯（色谱纯）于100mL容量瓶中，用四氯乙烯定容，摇匀。0~4℃冷藏、避光可保存1年。

⑫苯标准使用液：$\rho = 1000mg/L$。将苯标准贮备液⑪用四氯乙烯稀释定容于100mL容量瓶中。

⑬石油类标准贮备液：$\rho \approx 10000mg/L$。按65∶25∶10（体积比）的比例，称取正十六烷、异辛烷和苯配制混合物。称取1.0g（准确至0.1mg）混合物于100mL容量瓶中，用四氯乙烯定容，摇匀。0~4℃冷藏、避光可保存1年。

注：也可按5∶3∶1（体积比）的比例，量取正十六烷、姥鲛烷和甲苯配制混合物。

⑭石油类标准使用液：$\rho = 1000mg/L$。将石油类标准贮备液⑬用四氯乙烯稀释定容于100mL容量瓶中。

⑮吸附柱：在内径10mm，长约200mm的玻璃柱出口处填塞少量的玻璃棉，将硅酸镁缓缓倒入玻璃柱中，边倒边轻轻敲打，填充高度约为80mm。

3. 分析步骤

（1）样品的采集与处理　用采样瓶采集约500mL水样后，加入盐酸溶液酸化至pH≤2。如样品不能在24h内测定，应在0~4℃冷藏保存，3d内测定。

（2）试样的制备

①油类试样的制备：将样品转移至1000mL分液漏斗中，量取50mL的四氯乙烯洗涤样品瓶后，全部转移至分液漏斗中，充分振荡2min，并经常开启旋塞排气，静置分层；用镊子取玻璃棉置于玻璃漏斗中，取适量的无水硫酸钠铺于上面；打开分液漏斗旋塞，将下层有机相萃取液通过装有无水硫酸钠的玻璃漏斗放至50mL比色管中，用适量四氯乙烯润洗玻璃漏斗，润洗液合并至萃取液中，用四氯乙烯定容至刻度。将上层水相全部转移至量筒，测量样品体积并记录。

注：可使用自动萃取替代手动萃取；可用硅酸铝过滤棉替代玻璃棉，硅酸铝过滤棉使用前应置于马弗炉内550℃下加热4h，冷却后使用。

②石油类试样的制备

a. 振荡吸附法：取25mL萃取液，倒入装有5g硅酸镁的50mL三角瓶中，置于水平振荡器上，连续振荡20min，静置，将玻璃棉置于玻璃漏斗中，萃取液倒入玻璃漏斗过滤至25mL比色管，用于测定石油类。

b. 吸附柱法：取适量的萃取液过硅酸镁吸附柱，弃去前5mL滤出液，余下部分接入25mL比色管中，用于测定石油类。

③空白试样的制备：用实验用水加入盐酸溶液酸化至pH≤2，按照上述试样的制备相同步骤进行空白试样的制备。

(3) 校准　分别量取2.00mL正十六烷标准使用液、2.00mL异辛烷标准使用液和10.00mL苯标准使用液于3个100mL容量瓶中，用四氯乙烯定容至标线，摇匀。正十六烷、异辛烷和苯标准溶液的浓度分别为20.0mg/L、20.0mg/L和100mg/L。

以4cm石英比色皿加入四氯乙烯为参比，分别测量正十六烷、异辛烷和苯标准溶液在2930、2960、3030cm^{-1}处的吸光度A_{2930}、A_{2960}、A_{3030}。将正十六烷、异辛烷和苯标准溶液在上述波数处的吸光度按照式(2-20)、式(2-21)、式(2-22)、式(2-23)，经求解后分别得到相应的校正系数X、Y、Z和F。

$$\rho=X\cdot A_{2930}+Y\cdot A_{2960}+Z\cdot(A_{3030}-A_{2930}/F) \tag{2-20}$$

式中　ρ——四氯乙烯中油类的含量，mg/L

A_{2930}、A_{2960}、A_{3030}——各对应波数下测得的吸光度

X——与CH_2基团中C—H键吸光度相对应的系数

Y——与CH_3基团中C—H键吸光度相对应的系数

Z——与芳香环中C—H键吸光度相对应的系数

F——脂肪烃对芳香烃影响的校正因子，即正十六烷在2930cm^{-1}与3030cm^{-1}处的吸光度之比

对于正十六烷和异辛烷，由于其芳香烃含量为零，即$A_{3030}-A_{2930}/F=0$，则有：

$$F=A_{2930}(\mathrm{H})/A_{3030}(\mathrm{H}) \tag{2-21}$$

$$\rho(\mathrm{H})=X\cdot A_{2930}(\mathrm{H})+Y\cdot A_{2960}(\mathrm{H}) \tag{2-22}$$

$$\rho(\mathrm{I})=X\cdot A_{2930}(\mathrm{I})+Y\cdot A_{2960}(\mathrm{I}) \tag{2-23}$$

由式(2-21)可得F值，由式(2-22)、式(2-23)可分别得X、Y值。对于苯，则按式(2-24)计算：

$$\rho(\mathrm{B})=X\cdot A_{2930}(\mathrm{B})+Y\cdot A_{2960}(\mathrm{B})+Z\cdot[A_{3030}(\mathrm{B})-A_{2930}(\mathrm{B})/F] \tag{2-24}$$

由式(2-24)可得Z值。

式中　$\rho(\mathrm{H})$——正十六烷标准溶液的浓度，mg/L

$\rho(\mathrm{I})$——异辛烷标准溶液的浓度，mg/L

$\rho(\mathrm{B})$——苯标准溶液的浓度，mg/L

$A_{2930}(\mathrm{H})$、$A_{2960}(\mathrm{H})$、$A_{3030}(\mathrm{H})$——各对应波数下测得正十六烷标准溶液的吸光度

$A_{2930}(\mathrm{I})$、$A_{2960}(\mathrm{I})$、$A_{3030}(\mathrm{I})$——各对应波数下测得异辛烷标准溶液的吸光度

$A_{2930}(\mathrm{B})$、$A_{2960}(\mathrm{B})$、$A_{3030}(\mathrm{B})$——各对应波数下测得苯标准溶液的吸光度

（4）测定

①油类的测定：将萃取液［步骤（2）①］转移至4cm石英比色皿中，以四氯乙烯作参比，于2930、2960、3030cm^{-1}处测量其吸光度A_{2930}、A_{2960}、A_{3030}。

②石油类的测定：将经硅酸镁吸附后的萃取液［步骤（2）②］转移至4cm石英比色皿中，以四氯乙烯作参比，于2930、2960、3030cm^{-1}处测量其吸光度A_{2930}、A_{2960}、A_{3030}。

③空白试样的测定：按与上述试样测定相同的步骤，进行空白试样［步骤（2）③］的测定。

4. 数据处理

（1）计算

①油类或石油类浓度的计算：样品中油类或石油类浓度按式（2-25）计算：

$$\rho = [X \cdot A_{2930} + Y \cdot A_{2960} + Z \cdot (A_{3030} - A_{2930}/F)] \cdot (V_0 \cdot D)/V_w - \rho_0 \qquad (2-25)$$

式中 ρ——样品中油类或石油类的浓度，mg/L

ρ_0——空白样品中油类或石油类的浓度，mg/L

X——与CH_2基团中C—H键吸光度相对应的系数

Y——与CH_3基团中C—H键吸光度相对应的系数

Z——与芳香环中C—H键吸光度相对应的系数

F——脂肪烃对芳香烃影响的校正因子，即正十六烷在2930cm^{-1}与3030cm^{-1}处的吸光度之比

A_{2930}、A_{2960}、A_{3030}——各对应波数下测得的吸光度

V_0——萃取溶剂的体积，mL

V_w——样品体积，mL

D——萃取液稀释倍数

②动植物油类浓度的计算：样品中动植物油类浓度按式（2-26）计算：

$$\rho(\text{动植物油类}) = \rho(\text{油类}) - \rho(\text{石油类}) \qquad (2-26)$$

式中 ρ(动植物油类)——样品中动植物油类的浓度，mg/L

ρ(油类)——样品中油类的浓度，mg/L

ρ(石油类)——样品中石油类的浓度，mg/L

（2）结果表示　测定结果小数点后位数的保留与方法检出限一致，最多保留3位有效数字。

5. 注意事项

（1）四氯乙烯废液应集中存放于密闭容器中，并做好相应标识，委托有资质单位进行处理。

（2）同一批样品测定所使用的四氯乙烯应来自同一瓶，如样品数量多，可将多瓶四氯乙烯混合均匀后使用。

（3）所有使用完的器皿置于通风橱内挥发完后清洗。

（4）对于动植物油类含量>130mg/L的废水，萃取液需要稀释后再按照试样的制备步骤操作。

三、氮的测定

氨氮是污水中最主要的氮的存在形式。由于氨氮在水中转化成亚硝酸盐和硝酸盐时要消耗水中的溶解氧，所以氨氮是污水处理的主要污染物之一。总氮是有机氮与无机氮（包括氨氮、亚硝酸盐氮、硝酸盐氮）之和，总氮含量表明了水体的营养化状态及污染程度。

（一）氨氮的测定

1. 分析原理

以游离态的氨或铵离子等形式存在的氨氮与纳氏试剂反应生成淡红棕色络合物，该络合物的吸光度与氨氮含量成正比，于波长 420nm 处测量吸光度。

2. 试剂和设备

（1）分析设备　①可见分光光度计，具 20mm 比色皿；②氨氮蒸馏装置，由 500mL 凯氏烧瓶、氮球、直形冷凝管和导管组成，冷凝管末端可连接一段适当长度的滴管，使出口尖端浸入吸收液液面下。亦可使用 500mL 蒸馏烧瓶。

（2）分析试剂

①无氨水，用市售纯水器临用前制备。

②轻质氧化镁（MgO），不含碳酸盐，在 500℃下加热氧化镁，以除去碳酸盐。

③盐酸，$\rho(HCl)=1.18g/mL$。

④纳氏试剂，可选择下列方法的一种制备。

a. 二氯化汞-碘化钾-氢氧化钾（$HgCl_2-KI-KOH$）溶液：称取 15.0g 氢氧化钾（KOH），溶于 50mL 水中，冷却至室温。称取 5.0g 碘化钾（KI），溶于 10mL 水中，在搅拌下，将 2.50g 二氯化汞（$HgCl_2$）粉末分多次加入碘化钾溶液中，直到溶液呈深黄色或出现淡红色沉淀溶解缓慢时，充分搅拌混合，并改为滴加二氯化汞饱和溶液，当出现少量朱红色沉淀不再溶解时，停止滴加。

在搅拌下，将冷却的氢氧化钾溶液缓慢地加入上述二氯化汞和碘化钾的混合液中，并稀释至 100mL，于暗处静置 24h，倾出二清液，贮于聚乙烯瓶内，用橡皮塞或聚乙烯盖子盖紧，存放暗处，可稳定 1 个月。

b. 碘化汞-碘化钾-氢氧化钠（$HgI_2-KI-NaOH$）溶液：称取 16.0g 氢氧化钠（NaOH），溶于 50mL 水中，冷却至室温。称取 7.0g 碘化钾（KI）和 10.0g 碘化汞（HgI_2），溶于水中，然后将此溶液在搅拌下，缓慢加入上述 50mL 氢氧化钠溶液中，用水稀释至 100mL。贮于聚乙烯瓶内，用橡皮塞或聚乙烯盖子盖紧，于暗处存放，有效期 1 年。

⑤酒石酸钾钠溶液，$\rho=500g/L$：称取 50.0g 酒石酸钾钠（$KNaC_4H_4O_6\cdot 4H_2O$）溶于 100mL 水中，加热煮沸以驱除氨，充分冷却后稀释至 100mL。

⑥硫代硫酸钠溶液，$\rho=3.5g/L$：称取 3.5g 硫代硫酸钠（$Na_2S_2O_3$）溶于水中，稀释至 1000mL。

⑦硫酸锌溶液，$\rho=100g/L$：称取 10.0g 硫酸锌（$ZnSO_4\cdot 7H_2O$）溶于水中，稀释至 100mL。

⑧氢氧化钠溶液，ρ=250g/L：称取25g氢氧化钠溶于水中，稀释至100mL。

⑨氢氧化钠溶液，c（NaOH）= 1mol/L：称取4g氢氧化钠溶于水中，稀释至100mL。

⑩盐酸溶液，c(HCl) = 1mol/L：量取8.5mL盐酸于适量水中用水稀释至100mL。

⑪硼酸（H_3BO_3）溶液，ρ=20g/L：称取20g硼酸溶于水，稀释1L。

⑫溴百里酚蓝指示剂（bromthymol blue），ρ=0.5g/L：称取0.05g溴百里酚蓝溶于50mL水中，加入10mL无水乙醇，用水稀释至100mL。

⑬淀粉-碘化钾试纸：称取1.5g可溶性淀粉于烧杯中，用少量水调成糊状，加入200mL沸水，搅拌混匀放冷。加0.50g碘化钾（KI）和0.50g碳酸钠（Na_2CO_3），用水稀释至250mL。将滤纸条浸渍后，取出晾干，于棕色瓶中密封保存。

⑭氨氮标准溶液

a. 氨氮标准贮备溶液，ρ_N=1000μg/mL：称取3.8190g氯化铵（NH_4Cl，优级纯，在100~105℃干燥2h），溶于水中，移入1000mL容量瓶中，稀释至标线，可在2~5℃保存1个月。

b. 氨氮标准工作溶液，ρ_N=10μg/mL：吸取5.00mL氨氮标准贮备溶液于500mL容量瓶中，稀释至刻度。临用前配制。

3. 分析步骤

（1）样品采集与保存　水样采集在聚乙烯瓶或玻璃瓶内，要尽快分析。如需保存，应加硫酸使水样酸化至pH<2，2~5℃下可保存7d。

（2）样品的预处理

①去除余氯：若样品中存在余氯，可加入适量的硫代硫酸钠溶液去除。每加0.5mL可去除0.25mg余氯。用淀粉-碘化钾试纸检验余氯是否除尽。

②絮凝沉淀：100mL样品中加入1mL硫酸锌溶液和0.1~0.2mL氢氧化钠溶液，调节pH约为10.5，混匀，放置使之沉淀，倾取上清液分析。必要时，用经水冲洗过的中速滤纸过滤，弃去初滤液20mL。也可对絮凝后样品离心处理。

（3）预蒸馏　将50mL硼酸溶液移入接收瓶内，确保冷凝管出口在硼酸溶液液面之下。分取250mL样品，移入烧瓶中，加几滴溴百里酚蓝指示剂，用氢氧化钠溶液或盐酸溶液调整pH至6.0（指示剂呈黄色）~7.4（指示剂呈蓝色），加入0.25g轻质氧化镁及数粒玻璃珠，立即连接氮球和冷凝管。加热蒸馏，使馏出液速率约为10mL/min，待馏出液达200mL时，停止蒸馏，加水定容至250mL。

（4）绘制标准曲线　在8个50mL比色管中，分别加入0.00、0.50、1.00、2.00、4.00、6.00、8.00和10.00mL氨氮标准工作溶液，其所对应的氨氮含量分别为0.0、5.0、10.0、20.0、40.0、60.0、80.0和100μg，加水至标线。加入1.0mL酒石酸钾钠溶液，摇匀，再加入纳氏试剂1.5mL（$HgCl_2$-KI-KOH）或1.0mL（HgI_2-KI-NaOH），摇匀。放置10min后，在波长420nm下，用20mm比色皿，以水作参比，测量吸光度。

以空白校正后的吸光度为纵坐标，以其对应的氨氮含量（μg）为横坐标，绘制标准曲线。

（5）样品测定

①清洁水样：直接取50mL，按与校准曲线相同的步骤测量吸光度。

②有悬浮物或色度干扰的水样：取经预处理的水样50mL（若水样中氨氮质量浓度超过2mg/L，可适当少取水样体积），按与校准曲线相同的步骤测量吸光度。

注：经蒸馏或在酸性条件下煮沸方法预处理的水样，须加一定量氢氧化钠溶液，调节水样至中性，用水稀释至50mL标线，再按与校准曲线相同的步骤测量吸光度。

（6）空白试验　用水代替水样，按与样品相同的步骤进行前处理和测定。

4. 数据处理

水中氨氮的质量浓度按式（2-27）计算：

$$\rho_N = \frac{A_S - A_b - a}{bV} \tag{2-27}$$

式中　ρ_N——水样中氨氮的质量浓度（以N计），mg/L

A_S——水样的吸光度

A_b——空白试验的吸光度

a——校准曲线的截距

b——校准曲线的斜率

V——试料体积，mL

（二）硝酸盐氮的测定

1. 分析原理

利用硝酸根离子在220nm波长处的吸收而定量测定硝酸盐氮。溶解的有机物在220nm处也会有吸收，而硝酸根离子在275nm处没有吸收。因此，在275nm处做另一次测量，以校正硝酸盐氮值。

2. 试剂和设备

（1）分析设备　①紫外分光光度计；②离子交换柱（Φ1.4cm，装树脂高5~8cm）。

（2）分析试剂

①氢氧化铝悬浮液：溶解125g硫酸铝钾［$KAl(SO_4)_2 \cdot 12H_2O$］或硫酸铝铵［$NH_4Al(SO_4)_2 \cdot 12H_2O$］于1000mL水中，加热至60℃，在不断搅拌中，徐徐加入55mL浓氨水，放置约1h后，移入1000mL量筒内，用水反复洗涤沉淀，最后至洗涤液中不含硝酸盐氮为止。澄清后，把上清液尽量全部倾出，只留稠的悬浮液，最后加入100mL水，使用前应振荡均匀。

②硫酸锌溶液：10%硫酸锌水溶液。

③氢氧化钠溶液：$c(NaOH)=5mol/L$。

④大孔径中性树脂：CAD-40或XAD-2型及类似性能的树脂。

⑤甲醇：分析纯。

⑥盐酸：$c(HCl)=1mol/L$。

⑦硝酸盐氮标准贮备液：称取0.722g经105~110℃干燥2h的优级纯硝酸钾（KNO_3）溶于水，移入1000mL容量瓶中，稀释至标线，加2mL三氯甲烷作保存剂，混匀，至少可稳定6个月。该标准贮备液每毫升含0.100mg硝酸盐氮。

⑧0.8%氨基磺酸溶液：避光保存于冰箱中。

3. 分析步骤

（1）吸附柱的制备　新的大孔径中性树脂先用200mL水分两次洗涤，用甲醇浸泡过夜，弃去甲醇，再用40mL甲醇分两次洗涤，然后用新鲜去离子水洗到柱中流出液滴落于烧杯中无乳白色为止。树脂装入柱中时，树脂间绝不允许存在气泡。

（2）量取200mL水样置于锥形瓶或烧杯中，加入2mL硫酸锌溶液，在搅拌下滴加氢氧化钠溶液，调至pH为7。或将200mL水样调至pH为7后，加4mL氢氧化铝悬浮液。待絮凝胶团下沉后，或经离心分离，吸取100mL上清液分两次洗涤吸附树脂柱，以1~2滴/s的流速流出，各个样品间流速保持一致，弃去。再继续使水样上清液通过柱子，收集50mL于比色管中，备测定用。树脂用150mL水分三次洗涤，备用。树脂吸附容量较大，可处理50~100个地表水水样，应视有机物含量而异。使用多次后，可用未接触过橡胶制品的新鲜去离子水作参比，在220nm和275nm波长处检验，测得吸光度应接近零。超过仪器允许误差时，需以甲醇再生。

（3）加10mL盐酸溶液、0.1mL氨基磺酸溶液于比色管中，当亚硝酸盐氮低于0.1mg/L时，可不加氨基磺酸溶液。

（4）用光程长10mm石英比色皿，在220nm和275nm波长处，以经过树脂吸附的新鲜去离子水50mL加1mL盐酸溶液为参比，测量吸光度。

（5）标准曲线的绘制　于5个200mL容量瓶中分别加入0.50、1.00、2.00、3.00、4.00mL硝酸盐氮标准贮备液，用新鲜去离子水稀释至标线，其质量浓度分别为0.25、0.50、1.00、1.50、2.00mg/L硝酸盐氮。按水样测定相同操作步骤测量吸光度。

4. 数据处理

硝酸盐氮的含量按式（2-28）计算：

$$A_{校} = A_{220} - A_{275} \tag{2-28}$$

式中　A_{220}——220nm波长测得吸光度

A_{275}——275nm波长测得吸光度

求得吸光度的校正值（$A_{校}$）以后，从校准曲线中查得相应的硝酸盐氮量，即为水样测定结果（mg/L）。水样若经稀释后测定，则结果应乘以稀释倍数。

（三）亚硝酸盐氮的测定

1. 分析原理

在磷酸介质中，pH为1.8时，试料中的亚硝酸根离子与4-氨基苯磺酰胺反应生成重氮盐，它再与*N*-(1-萘基)-乙二胺二盐酸盐［*N*-(1-naphthyl-1,2-diaminoethane dihydrochloride)］耦联生成红色染料，在540nm波长处测定吸光度。如果使用光程长为10mm的比色皿，亚硝酸盐氮的浓度在0.2mg/L以内其呈色符合比尔定律。

2. 分析设备和试剂

（1）分析设备　常用实验室设备及分光光度计，所有玻璃器皿都应用2mol/L盐酸仔细洗净，然后用水彻底冲洗。

（2）分析试剂

①实验用水，采用下列方法之一进行制备：

a. 加入高锰酸钾结晶少许于1L蒸馏水中，使成红色，加氢氧化钡（或氢氧化钙）结晶至溶液呈碱性，使用硬质玻璃蒸馏器进行蒸馏，弃去最初的50mL馏出液，收集约700mL不含锰盐的馏出液，待用。

b. 于1L蒸馏水中加入硫酸1mL、硫酸锰溶液［每100mL水中含有36.4g硫酸锰（$MnSO_4 \cdot H_2O$）］0.2mL，滴加0.04%（体积比）高锰酸钾溶液至呈红色（1~3mL），使用硬质玻璃蒸馏器进行蒸馏，弃去最初的50mL馏出液，收集约700mL不含锰盐的馏出液，待用。

②磷酸：15mol/L，ρ=1.70g/mL。

③硫酸：18mol/L，ρ=1.84g/mL。

④磷酸：1+9溶液（1.5mol/L）。溶液至少可稳定6个月。

⑤显色剂：500mL烧杯内置入250mL水和50mL磷酸，加入20.0g 4-氨基苯磺酰胺（$NH_2C_6H_4SO_2NH_2$）。再将1.00g *N*-(1-萘基)-乙二胺二盐酸盐（$C_{10}H_7NHC_2H_4NH_2 \cdot 2HCl$）溶于上述溶液中，转移至500mL容量瓶中，用水稀释至标线，摇匀。此溶液贮存于棕色试剂瓶中，保存在2~5℃，至少可稳定一个月。

⑥亚硝酸盐氮标准贮备溶液：ρ_N=250mg/L。

a. 贮备溶液的配制：称取1.232g亚硝酸钠（$NaNO_2$），溶于150mL水中，定量转移至1000mL容量瓶中，用水稀释至标线，摇匀。本溶液贮存在棕色试剂瓶中，加入1mL氯仿，保存在2~5℃，至少稳定一个月。

b. 贮备溶液的标定：在300mL具塞锥形瓶中，移入高锰酸钾标准溶液50.00mL、硫酸5mL，用50mL无分度吸管，使下端插入高锰酸钾溶液液面下，加入亚硝酸盐氮标准贮备溶液50.00mL，轻轻摇匀，置于水浴上加热至70~80℃，按每次10.00mL的量加入足够的草酸钠标准溶液，使高锰酸钾标准溶液褪色并使过量，记录草酸钠标准溶液用量V_2，然后用高锰酸钾标准溶液滴定过量草酸钠至溶液呈微红色，记录高锰酸钾标准溶液总用量V_1。

再以50mL实验用水代替亚硝酸盐氮标准贮备溶液，如上操作，用草酸钠标准溶液标定高锰酸钾溶液的浓度c_1。

按式（2-29）计算高锰酸钾标准溶液浓度c_1（$1/5KMnO_4$mol/L）：

$$c_1 = \frac{0.0500 \times V_4}{V_3} \tag{2-29}$$

式中　V_3——滴定实验用水时加入高锰酸钾标准溶液总量，mL

V_4——滴定实验用水时加入草酸钠标准溶液总量，mL

0.0500——草酸钠标准溶液浓度$c(1/2Na_2C_2O_4)$，mol/L

按式（2-30）计算亚硝酸盐氮标准贮备溶液的浓度c_N（mg/L）：

$$c_N = \frac{(V_1c_1 - 0.0500V_2) \times 7.00 \times 1000}{50.00} = 140V_1c_1 - 7.00V_2 \tag{2-30}$$

式中　V_1——滴定亚硝酸盐氮标准贮备溶液时加入高锰酸钾标准溶液总量，mL

V_2——滴定亚硝酸盐氮标准贮备溶液时加入草酸钠标准溶液总量，mL

c——经标定的高锰酸钾标准溶液的浓度，mol/L

7.00——亚硝酸盐氮（1/2 N）的摩尔质量

50.00——亚硝酸盐氮标准贮备溶液取样量，mL

0.0500——草酸钠标准溶液浓度 $c(1/2Na_2C_2O_4)$，mol/L

⑦亚硝酸盐氮中间标准液：$c_N=50.0$mg/L。取亚硝酸盐氮标准贮备溶液 50.00mL 置 250mL 容量瓶中，用水稀释至标线，摇匀。此溶液贮于棕色瓶内，保存在 2~5℃，可稳定一星期。

⑧亚硝酸盐氮标准工作液：$c_N=1.00$mg/L。取亚硝酸盐氮中间标准液 10.00mL 于 500mL 容量瓶内，水稀释至标线，摇匀。此溶液使用时，当天配制。

⑨氢氧化铝悬浮液：溶解 125g 硫酸铝钾［$KAl(SO_4)_2 \cdot 12H_2O$］或硫酸铝铵［NH_4-$Al(SO_4)_2 \cdot 12H_2O$］于 1L 一次蒸馏水中，加热至 60℃，在不断搅拌下，徐徐加入 55mL 浓氢氧化铵，放置约 1h 后，移入 1L 量筒内，用一次蒸馏水反复洗涤沉淀，最后用实验用水洗涤沉淀，直至洗涤液中不含亚硝酸盐为止。澄清后，把上清液尽量全部倾出，只留稠的悬浮物，最后加入 100mL 水。使用前应振荡均匀。

⑩高锰酸钾标准溶液：$c(1/5KMnO_4)=0.050$mol/L。溶解 1.6g 高锰酸钾（$KMnO_4$）于 1.2L 水中（一次蒸馏水），煮沸 0.5~1h，使体积减少到 1L 左右，放置过夜，用 G-3 号玻璃砂芯滤器过滤后，滤液贮存于棕色试剂瓶中避光保存。高锰酸钾标准溶液浓度按试剂⑥b. 贮备溶液的标定第二段所述方法进行标定和计算。

⑪草酸钠标准溶液：$c(1/2Na_2C_2O_4)=0.0500$mol/L。溶解经 105℃烘干 2h 的优级纯无水草酸钠（$Na_2C_2O_4$）（3.3500±0.0004）g 于 750mL 水中，定量转移至 1000mL 容量瓶中，用水稀释至标线，摇匀。

⑫酚酞指示剂：$c=10$g/L。0.5g 酚酞溶于 95%（体积比）乙醇 50mL 中。

3. 分析步骤

（1）采样和样品保存　实验室样品应用玻璃瓶或聚乙烯瓶采集，并在采集后尽快分析，不要超过 24h。若需短期保存（1~2d），可以在每升实验室样品中加入 40mg 氯化汞，并保存于 2~5℃。

（2）试样的制备　实验室样品含有悬浮物或带有颜色时，可向每 100mL 试样中加入 2mL 氢氧化铝悬浮液，搅拌，静置，过滤，弃去 25mL 初滤液后，再取试份测定。试份最大体积为 50.0mL，可测定亚硝酸盐氮浓度高至 0.20mg/L。浓度更高时，可相应用较少量的样品或将样品进行稀释后，再取样。

（3）测定　用无分度吸管将选定体积的试份移至 50mL 比色管（或容量瓶）中，用水稀释至标线，加入显色剂 1.0mL，密塞，摇匀，静置，此时 pH 应为 1.8±0.3。

加入显色剂 20min 后、2h 以内，在 540nm 的最大吸光度波长处，用光程长 10mm 的比色皿，以实验用水做参比，测量溶液吸光度。

（4）空白试验　按上述测定步骤进行空白试验，用 50mL 水代替试份。

（5）色度校正　如果实验室样品经上面方法制备的试样还具有颜色时，按上述测定方法，从试样中取相同体积的第二份试份，进行测定吸光度，只是不加显色剂，改加磷酸（1+9）1.0mL。

（6）校准　在一组六个 50mL 比色管（或容量瓶）内，分别加入亚硝酸盐氮标准工作液0、1.00、3.00、5.00、7.00和10.00mL，用水稀释至标线，然后按上述测定第二段开始到末了叙述的步骤操作。从测得的各溶液吸光度，减去空白试验吸光度，得校正吸光度A_r，绘制以氮含量（μg）对校正吸光度的校准曲线，亦可按线性回归方程的方法，计算校准曲线方程。

4. 数据处理

试份溶液吸光度的校正值A_r，按式（2-31）计算：

$$A_r = A_S - A_b - A_c \tag{2-31}$$

式中 A_S——试份溶液测得吸光度

A_b——空白试验测得吸光度

A_c——色度校正测得吸光度

由校正吸光度A_r值，从校准曲线上查得（或由校准曲线方程计算）相应的亚硝酸盐氮的含量m_N（μg）。

试份的亚硝酸盐氮浓度按式（2-32）计算：

$$c_N = \frac{m_N}{V} \tag{2-32}$$

式中 c_N——亚硝酸盐氮浓度，mg/L

m_N——相应于校正吸光度A_r的亚硝酸盐氮含量，μg

V——取试份体积，mL

试份体积为50mL时，结果以三位小数表示。

（四）总氮的测定

1. 分析原理

在120~124℃下，碱性过硫酸钾溶液使样品中含氮化合物的氮转化为硝酸盐，采用紫外分光光度法于波长220nm和275nm处，分别测定吸光度A_{220}和A_{275}。

2. 试剂和设备

（1）分析设备 ①紫外分光光度计：具10mm石英比色皿；②高压蒸汽灭菌器，最高工作压力不低于0.108MPa；最高工作温度不低于120℃；③具塞磨口玻璃比色管，25mL。

（2）分析试剂

①无氨水，每升水中加入0.10mL浓硫酸蒸馏，收集馏出液于具塞玻璃容器中。也可使用新制备的去离子水。

②浓盐酸：$\rho(HCl) = 1.19g/mL$。

③浓硫酸：$\rho(H_2SO_4) = 1.84g/mL$。

④盐酸溶液：1+9。

⑤硫酸溶液：1+35。

⑥氢氧化钠溶液：$\rho(NaOH) = 200g/L$：称取20.0g氢氧化钠溶于少量水中，稀释至100mL。

⑦氢氧化钠溶液：$\rho(NaOH) = 20g/L$：量取氢氧化钠溶液［$\rho(NaOH) = 200g/L$］10.0mL，用水稀释至100mL。

⑧碱性过硫酸钾溶液：称取 40.0g 过硫酸钾溶于 600mL 水中（可置于 50℃水浴中加热至全部溶解）；另称取 15.0g 氢氧化钠溶于 300mL 水中。待氢氧化钠溶液温度冷却至室温后，混合两种溶液定容至 1000mL，存放于聚乙烯瓶中，可保存一周。

⑨硝酸钾标准贮备液：$\rho(N) = 100mg/L$。称取 0.7218g 硝酸钾（105~110℃下烘干 2h）溶于适量水，移至 1000mL 容量瓶中，用水稀释至标线，混匀。加入 1~2mL 三氯甲烷作为保护剂，在 0~10℃暗处保存，可稳定 6 个月。也可直接购买市售有证标准溶液。

⑩硝酸钾标准使用液：$\rho(N) = 10.0mg/L$。量取 10.00mL 硝酸钾标准贮备液至 100mL 容量瓶中，用水稀释至标线，混匀，临用现配。

3. 分析步骤

（1）样品的采集和保存　将采集好的样品贮存在聚乙烯瓶或硬质玻璃瓶中，用浓硫酸调节 pH 至 1~2，常温下可保存 7d。贮存在聚乙烯瓶中，-20℃冷冻，可保存一个月。

（2）试样的制备　取适量样品用氢氧化钠溶液［$\rho(NaOH) = 20g/L$］或硫酸溶液调节 pH 至 5~9，待测。

（3）校准曲线的绘制　分别量取 0.00、0.20、0.50、1.00、3.00 和 7.00mL 硝酸钾标准使用液于 25mL 具塞磨口玻璃比色管中，其对应的总氮（以 N 计）含量分别为 0.00、2.00、5.00、10.0、30.0 和 70.0μg。加水稀释至 10.00mL，再加入 5.00mL 碱性过硫酸钾溶液，塞紧管塞，用纱布和线绳扎紧管塞，以防弹出。将比色管置于高压蒸汽灭菌器中，加热至顶压阀吹气，关阀，继续加热至 120℃开始计时，保持温度在 120~124℃ 30min。自然冷却、开阀放气，移去外盖，取出比色管冷却至室温，按住管塞将比色管中的液体颠倒混匀 2~3 次。

每个比色管分别加入 1.0mL 盐酸溶液，用水稀释至 25mL 标线，盖塞混匀。使用 10mm 石英比色皿，在紫外分光光度计上，以水作参比，分别于波长 220nm 和 275nm 处测定吸光度。零浓度的校正吸光度 A_b、其他标准系列的校正吸光度 A_s 及其差值 A_r，按式（2-33）至式（2-35）进行计算。以总氮（以 N 计）含量（μg）为横坐标，对应的 A_r 值为纵坐标，绘制校准曲线。

$$A_b = A_{b220} - 2A_{b275} \quad (2-33)$$

$$A_s = A_{s220} - 2A_{s275} \quad (2-34)$$

$$A_r = A_s - A_b \quad (2-35)$$

式中　A_b——零浓度（空白）溶液的校正吸光度

A_{b220}——零浓度（空白）溶液于波长 220nm 处的吸光度

A_{b275}——零浓度（空白）溶液于波长 275nm 处的吸光度

A_s——标准溶液的校正吸光度

A_{s220}——标准溶液于波长 220nm 处的吸光度

A_{s275}——标准溶液于波长 275nm 处的吸光度

A_r——标准溶液校正吸光度与零浓度（空白）溶液校正吸光度的差

（4）测定　量取 10.00mL 试样于 25mL 具塞磨口玻璃比色管中，按照上述步骤进行测定。当试样中的含氮量超过 70μg 时，可减少取样量并加水稀释至 10.00mL。

（5）空白试验　用 10.00mL 水代替试样，按照上述步骤进行测定。

4. 数据处理

样品中总氮的质量浓度 ρ（mg/L）按式（2-36）进行计算。

$$\rho = \frac{(A_r - a) \times f}{bV} \tag{2-36}$$

式中　ρ——样品中总氮（以 N 计）的质量浓度，mg/L

A_r——试样的校正吸光度与空白试验校正吸光度的差值

a——校准曲线的截距

b——校准曲线的斜率

V——试样体积，mL

f——稀释倍数

当测定结果小于 1.00mg/L 时，保留到小数点后两位；大于等于 1.00mg/L 时，保留三位有效数字。

（五）凯氏氮的测定

1. 分析原理

水中加入硫酸并加热消解，使有机物中的氨基氮转变为硫酸氢铵，游离氨和铵盐也转为硫酸氢铵。消解时加入适量硫酸钾提高沸腾温度，以增加消解速率，并以汞盐为催化剂，以缩短消解时间。

消解后液体使成碱性并蒸馏出氨，吸收于硼酸溶液中，然后以滴定法或光度法测定氨含量。汞盐在消解时形成汞铵络合物，因此，在碱性蒸馏时，应同时加入适量硫代硫酸钠，使络合物分解。

2. 试剂和设备

（1）分析设备　①凯氏定氮蒸馏装置；②500mL 凯氏瓶；③氮球；④直形冷凝管（300mm）；⑤导管；⑥10mL 酸式微量滴定管。

（2）分析试剂

①无氨水制备

a. 离子交换法：将蒸馏水通过一个强酸性阳离子交换树脂（氢型）柱，流出液收集在带有磨口玻塞的玻璃瓶中，密塞保存。

b. 蒸馏法：于 1L 蒸馏水中，加入 0.1mL 浓硫酸，并在全玻璃蒸馏器中重蒸馏，弃去 50mL 初馏液，然后集取约 800mL 馏出液于具磨口玻塞的玻璃瓶中，密塞保存。

②硫酸：ρ=1.84g/mL。

③硫酸钾（K_2SO_4）。

④硫酸汞溶液：称取 2g 红色氧化汞（HgO）或 2.74g 硫酸汞（$HgSO_4$），溶于 40mL（1+5）硫酸溶液中。

⑤硫代硫酸钠-氢氧化钠溶液：称取 500g 氢氧化钠溶于水，另称取 25g 硫代硫酸钠（$Na_2S_2O_3 \cdot 5H_2O$）溶于上述溶液中，稀释至 1L，贮于聚乙烯瓶中。

⑥硼酸溶液，称取 20g 硼酸（H_3BO_3）溶于水，稀释至 1L。

⑦硫酸标准溶液，$c(1/2\ H_2SO_4) = 0.02mol/L$，分取 11mL（1+19）硫酸，用水稀释至 1L。按下述操作进行标定。

称取经 180℃干燥 2h 的基准试剂级碳酸钠（Na_2CO_3）约 0.5g（称准至 0.0001g），溶于新煮沸放冷的水中，移入 500mL 容量瓶内，稀释至标线。

移取上述 25.00mL 碳酸钠溶液于 150mL 锥形瓶中，加 25mL 新煮沸放冷的水，加 1 滴甲基橙指示液（0.5g/L），用硫酸标准溶液滴定至淡橙红色为止，记录用量，如式（2-37）所示。

$$c = \frac{m \times 1000}{V \times 53} \times \frac{25}{250} \tag{2-37}$$

式中 c——硫酸标准溶液浓度，mol/L

m——称取碳酸钠质量，g

V——硫酸标准溶液滴定消耗体积，mL

53——碳酸钠（Na_2CO_3）摩尔质量

⑧甲基红-亚甲蓝混合指示液：称取 200mg 甲基红溶于 100mL 95%乙醇。称取 100mg 亚甲蓝溶于 50mL 95%乙醇。以两份甲基红溶液与一份亚甲蓝溶液混合后供用。每月配制。

3. 分析步骤

（1）样品采集和贮存　实验室样品可贮存于玻璃瓶或聚乙烯瓶中。如不能及时进行测定，应加入足够的硫酸，使 pH 小于 2，并在 4℃保存。

（2）试料的制备　分取 250mL 试样，经消解、蒸馏后所得馏出液，取试料最大体积为 50.0mL，可测定凯氏氮最低浓度为 0.2mg/L（光度法）。分取 25.0mL 试样，经消解、蒸馏后所得馏出液全部作为试料，可测定凯氏氮浓度高至 100mg/L（酸滴定法）。

（3）测定

①试样体积的确定：按表 2-6 分取适量，移入凯氏瓶中。

表 2-6　确定试样体积

水样中凯氏氮含量/（mg/L）	试样体积/mL	水样中凯氏氮含量/（mg/L）	试样体积/mL
0~10	250	20~50	50.0
10~20	100	50~100	25.0

②消解：加 10.0mL 硫酸，2.0mL 硫酸汞溶液，6.0g 硫酸钾和数粒玻璃珠于凯氏瓶中，混匀，置通风柜内加热煮沸，至冒三氧化硫白色烟雾并使液体变清（无色或淡黄色），调节热源使继续保持沸腾 30min，放冷，加 250mL 水，混匀。

③蒸馏：将凯氏瓶斜置使成约 45°，缓缓沿瓶颈加入 40mL 硫代硫酸钠-氢氧化钠溶液，使在瓶底形成碱液层，迅速连接氮球和冷凝管，以 50mL 硼酸溶液为吸收液，导管管尖伸入吸收液液面下约 1.5cm，摇动凯氏瓶使溶液充分混合，加热蒸馏，至收集馏出液达 200mL 时，停止蒸馏。

④氨的测定：加2~3滴甲基红-亚甲蓝指示液于馏出液中，用硫酸标准溶液滴定至溶液颜色由绿色至淡紫色为终点，记录用量。

(4) 空白试验　按上述测定步骤进行空白试验，以与试样相同体积的水代替试样。

4. 数据处理

凯氏氮含量按式（2-38）计算：

$$c_N = (V_1 - V_0) \times c \times 14.01 \times \frac{1000}{V} \tag{2-38}$$

式中　c_N——凯氏氮含量，mg/L

V_1——试样滴定所消耗的硫酸标准溶液体积，mL

V_0——空白试验滴定所消耗的硫酸标准溶液体积，mL

V——试样体积，mL

c——滴定用硫酸标准溶液浓度，mol/L

14.01——氮（N）的摩尔质量

四、磷的测定

水体中的过量磷主要来源于肥料、农业废弃物和城市污水。进入水体的磷酸盐有60%是来自城市污水。在城市污水中磷酸盐的主要来源是洗涤剂，它除了引起水体富营养化以外，还使许多水体产生大量泡沫。水体中过量的磷一方面来自外来的工业废水和生活污水，另一方面还有其内源作用，即水体中的底泥在还原状态下会释放磷酸盐，从而增加磷的含量，特别是在一些因硝酸盐引起的富营养化的湖泊中，由于城市污水的排入使之更加复杂化，会使该系统迅速恶化。

(一) 磷酸盐的测定

1. 试剂和设备

(1) 分析设备

①离子色谱仪：由离子色谱仪、操作软件及所需附件组成的分析系统。a. 色谱柱，阴离子分离柱和阴离子保护柱（高容量烷醇季铵基团阴离子交换柱）；b. 淋洗液控制器（淋洗液在线发生器）；c. 阴离子抑制器；d. 电导检测器。

②预处理柱：阳离子交换柱（H型柱）、C18固相萃取柱。

③注射器：5mL，20mL。

④一般实验室常用仪器和设备。

(2) 分析试剂与材料

①甲醇（CH_3OH）。

②氢氧化钾溶液，$c(KOH) = 100mmol/L$：称取5.610g氢氧化钾溶于适量水中，溶解后移至1000mL容量瓶，用水稀释至标线，混匀。该溶液为淋洗液的贮备液，贮存于聚乙烯瓶中。

③磷酸二氢钾标准贮备液：$\rho(PO_4^{3-}) = 1000mg/L$：称取1.4329g磷酸二氢钾［在(105±5)℃下烘至恒重，于干燥器中保存］溶于适量水中，溶解后移至1000mL容量瓶，用水稀释至标线，混匀。该溶液贮存于聚乙烯瓶中，在4℃下可保存6个月。也可以购

买市售有证标准溶液。

④磷酸二氢钾标准使用液，$\rho(PO_4^{3-})$ = 10.0mg/L：准确量取1.00mL磷酸二氢钾标准贮备液于100mL容量瓶中，用水稀释至标线，混匀。该溶液在4℃下可保存三个月。

⑤醋酸纤维微孔滤膜：孔径0.45μm（可配合注射器使用）。

2. 分析步骤

（1）水样的采集与保存　采集的样品应经0.45μm微孔滤膜过滤，其滤液不加任何保存剂，收集于聚乙烯或玻璃瓶内，在0~4℃下可保存48h。

（2）试样的制备　样品清洁，不存在重金属、有机物等干扰的水样，经现场过滤后，可直接进样。

注：对于未知浓度的样品，在分析前先稀释100倍后进样，再根据所得结果选择适当的稀释倍数重新进样分析。有重金属干扰的样品，经现场过滤后，用阳离子交换柱去除。

（3）校准

①标准系列的制备：分别准确量取0.00、0.20、1.00、2.00、5.00、10.00和20.00mL磷酸二氢钾标准使用液，用水稀释定容至100mL，混匀。标准系列中磷酸盐的浓度（以PO_4^{3-}计）分别为：0.000、0.020、0.100、0.200、0.500、1.00和2.00mg/L。

②校准曲线的绘制：将上述标准系列分别通过微孔滤膜过滤，从低至高浓度依次进样，进样体积为50μL，得到不同浓度磷酸盐的色谱图。以磷酸盐的浓度（以PO_4^{3-}计，mg/L）为横坐标，峰高或峰面积为纵坐标，绘制校准曲线。磷酸根离子色谱图见图2-1。

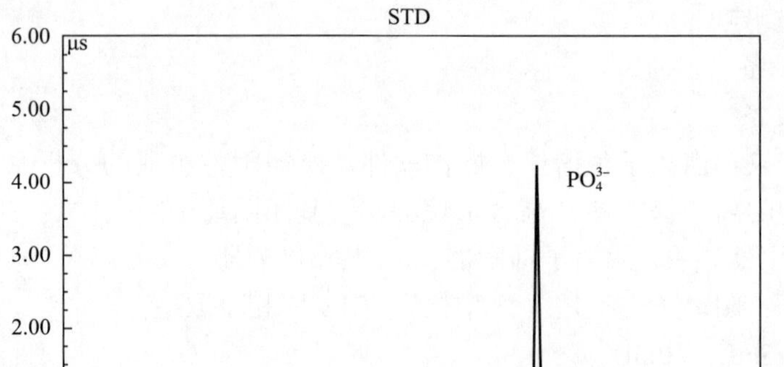

图2-1　磷酸根离子色谱图

（4）测定　按照与绘制校准曲线相同的色谱条件和步骤，进行样品的测定。

（5）空白试验　用实验用水代替试样，按照上述测定步骤进行空白试验。

3. 数据处理

样品中磷酸盐的浓度（以 PO_4^{3-} 计，mg/L）按照式（2-39）进行计算：

$$\rho = \frac{h - h_0 - a}{b} \times f \tag{2-39}$$

式中 ρ——样品中磷酸盐的浓度，mg/L

h——样品中磷酸根的峰高（或峰面积）

h_0——空白样品中磷酸根的峰高（或峰面积）

b——回归方程的斜率

a——回归方程的截距

f——稀释倍数

当样品含量小于 1mg/L 时，结果保留到小数点后三位；当样品含量大于等于 1mg/L 时，保留三位有效数字。

4. 注意事项

（1）注意整个系统不要进气泡，否则会影响分离效果。

（2）C18 柱使用前需依次用甲醇和去离子水活化。

（二）总磷的测定

1. 分析原理

在中性条件下用过硫酸钾（或硝酸—高氯酸）使试样消解，将所含磷全部氧化为正磷酸盐。在酸性介质中，正磷酸盐与钼酸铵反应，在锑盐存在下生成磷钼杂多酸后，立即被抗坏血酸还原，生成蓝色的络合物。

2. 试剂和设备

（1）分析设备　①医用手提式蒸汽消毒器或一般压力锅（0.108～0.137MPa）；②50mL 具塞（磨口）刻度管；③分光光度计。

（2）分析试剂

①硫酸（H_2SO_4）：密度为 1.84g/mL。

②硝酸（HNO_3）：密度为 1.4g/mL。

③高氯酸（$HClO_4$）：优级纯，密度为 1.68g/mL。

④硫酸（H_2SO_4）溶液：1+1。

⑤硫酸，$c(H_2SO_4)$ = 1mol/L：将 27mL 硫酸（ρ=1.84g/mL）加入 973mL 水中。

⑥氢氧化钠（NaOH），1mol/L 溶液：将 40g 氢氧化钠溶于水并稀释至 1000mL。

⑦氢氧化钠（NaOH），6mol/L 溶液：将 240g 氢氧化钠溶于水并稀释至 1000mL。

⑧过硫酸钾，50g/L 溶液：将 5g 过硫酸钾（$K_2S_2O_8$）溶解于水，并稀释至 100mL。

⑨抗坏血酸，100g/L 溶液：溶解 10g 抗坏血酸（$C_6H_8O_6$）于水中，并稀释至 100mL。此溶液贮于棕色的试剂瓶中，在冷处可稳定几周。如不变色可长时间使用。

⑩钼酸盐溶液：溶解 13g 钼酸铵［$(NH_4)_6Mo_7O_{24} \cdot 4H_2O$］于 10mL 水中。溶解 0.35g 酒石酸锑钾（$KSbC_4H_4O_7 \cdot 1/2H_2O$）于 100mL 水中。在不断搅拌下把钼酸铵溶液徐徐加到 300mL 硫酸（1+1）中，加酒石酸锑钾溶液并且混合均匀。此溶液贮存于棕色试剂瓶中，在冷处可保存两个月。

⑪浊度—色度补偿液：混合两个体积硫酸（1+1）和一个体积抗坏血酸溶液。使用当天配制。

⑫磷标准贮备溶液：称取（0.2197±0.001）g 于 110℃干燥 2h 在干燥器中放冷的磷酸二氢钾（KH_2PO_4）用水溶解后转移至 1000mL 容量瓶中，加入大约 800mL 水、加 5mL 硫酸（1+1）用水稀释至标线并混匀。1.00mL 此标准溶液含 50.0μg 磷。本溶液在玻璃瓶中可贮存至少 6 个月。

⑬磷标准使用溶液：将 10.0mL 的磷标准贮备溶液转移至 250mL 容量瓶中，用水稀释至标线并混匀。1.00mL 此标准溶液含 2.0μg 磷。使用当天配制。

⑭酚酞，10g/L 溶液：0.5g 酚酞溶于 50mL 95%乙醇中。

3. 分析步骤

（1）样品的采集与保存　采取 500mL 水样后加入 1mL 硫酸（ρ=1.84g/mL）调节样品的 pH，使之低于或等于 1，或不加任何试剂于冷处保存。含磷量较少的水样，不要用塑料瓶采样，因为磷酸盐易吸附在塑料瓶壁上。

（2）试样的制备　取 25mL 样品于具塞刻度管中。取时应仔细摇匀，以得到溶解部分和悬浮部分均具有代表性的试样。如样品中含磷浓度较高，试样体积可以减少。

（3）消解

①过硫酸钾消解：向试样中加 4mL 过硫酸钾，将具塞刻度管的盖塞紧后用一小块布和线将玻璃塞扎紧（或用其他方法固定），放在大烧杯中置于高压蒸汽消毒器中加热，待压力达 0.108MPa，相应温度为 120℃时，保持 30min 后停止加热。待压力表读数降至零后，取出放冷。然后用水稀释至标线。

注：如用硫酸保存水样，当用过硫酸钾消解时，需先将试样调至中性。

②硝酸—高氯酸消解：取 25mL 试样于锥形瓶中，加数粒玻璃珠，加 2mL 硝酸在电热板上加热浓缩至 10mL。冷后加 5mL 硝酸，再加热浓缩至 10mL，放冷。加 3mL 高氯酸，加热至高氯酸冒白烟，此时可在锥形瓶上加小漏斗或调节电热板温度，使消解液在锥形瓶内壁保持回流状态，直至剩下 3~4mL，放冷。

加水 10mL，加 1 滴酚酞指示剂。滴加氢氧化钠溶液至刚呈微红色，再滴加硫酸溶液使微红刚好褪去，充分混匀。移至具塞刻度管中，用水稀释至标线。

注：用硝酸—高氯酸消解需要在通风橱中进行。高氯酸和有机物的混合物经加热易发生危险，需将试样先用硝酸消解，然后再加入硝酸—高氯酸进行消解。绝不可把消解的试样蒸干。如消解后有残渣时，用滤纸过滤于具塞刻度管中，并用水充分清洗锥形瓶及滤纸，一并移到具塞刻度管中。水样中的有机物用过硫酸钾氧化不能完全破坏时，可用此法消解。

（4）发色　分别向各份消解液中加入 1mL 抗坏血酸溶液混匀，30s 后加 2mL 钼酸盐溶液充分混匀。

注：如试样中含有浊度或色度时，需配制一个空白试样（消解后用水稀释至标线）然后向试料中加入 3mL 浊度—色度补偿液，但不加抗坏血酸溶液和钼酸盐溶液，然后从试料的吸光度中扣除空白试料的吸光度。砷大于 2mg/L 干扰测定，用硫代硫酸钠去除。硫化物大于 2mg/L 干扰测定，通氮气去除。铬大于 50mg/L 干扰测定，用亚硫酸钠

去除。

（5）分光光度测量　室温下放置15min后，使用光程为30mm比色皿，在700nm波长下，以水作参比，测定吸光度。扣除空白试验的吸光度后，从工作曲线上查得磷的含量。

注：如显色时室温低于13℃，可在20~30℃水浴上显色15min即可。

（6）工作曲线的绘制　取7支具塞刻度管分别加入0.0、0.50、1.00、3.00、5.00、10.0、15.0mL磷酸盐标准溶液，加水至25mL，然后按测定步骤进行处理。以水作参比，测定吸光度。扣除空白试验的吸光度后，和对应的磷的含量绘制工作曲线。

（7）空白试样　按上述步骤规定进行空白试验，用水代替试样，并加入与测定时相同体积的试剂。

4. 数据处理

总磷含量以 c（mg/L）表示，按式（2-40）计算：

$$c = \frac{m}{V} \tag{2-40}$$

式中　m——试样测得含磷量，μg

V——测定用试样体积，mL

五、叶绿素a的测定

叶绿素a是水体初级生产力的重要指标，对叶绿素a进行测定可以了解水体的生产力和富营养化水平，是水质监测的常规项目之一。

（一）分析原理

将一定量样品用滤膜过滤截留藻类，研磨破碎藻类细胞，用丙酮溶液提取叶绿素，离心分离后分别于750、664、647和630nm波长处测定提取液吸光度，根据公式计算水中叶绿素a的浓度。

（二）分析设备和试剂

1. 分析设备

（1）采样瓶　1L或500mL具磨口塞的棕色玻璃瓶。

（2）过滤装置　配真空泵和玻璃砂芯过滤装置。

（3）研磨装置　玻璃研钵或其他组织研磨器。

（4）离心机　相对离心力可达到1000×g（转速3000~4000r/min）。

（5）玻璃刻度离心管　15mL，旋盖材质不与丙酮反应。

（6）可见分光光度计　配10mm石英比色皿。

（7）针式滤器　0.45μm聚四氟乙烯有机相针式滤器。

2. 分析试剂和材料

（1）丙酮溶液（1+9）　在900mL丙酮中加入100mL试验用水。

（2）碳酸镁悬浊液　称取1.0g碳酸镁，加入100mL实验用水，搅拌成悬浊液（使用前充分摇匀）。

（3）玻璃纤维膜　直径47mm，孔径为0.45~0.7μm。

（三）分析步骤

1. 样品的采集与保存

样品的采集一般使用有机玻璃采水器或其他适当的采样器采集水面下 0.5m 样品，如果水深不足 0.5m，在水深 1/2 处采集样品，但不得混入水面漂浮物。湖泊、水库根据需要可进行分层采样或混合采样，采样体积为 1L 或 500mL。如果样品中含沉降性固体（如泥沙等），应将样品摇匀后倒入 2L 量筒，避光静置 30min，取水面下 5cm 样品，转移至采样瓶。在每升样品中加入 1mL 碳酸镁悬浊液，以防止酸化引起色素溶解。

样品采集后应在 0~4℃ 避光保存、运输，24h 内运送至检测实验室过滤（若样品 24h 内不能送达检测实验室，应现场过滤，滤膜避光冷冻运输），样品滤膜于-20℃避光保存，14d 内分析完毕。如条件允许，宜尽快分析完毕。

2. 过滤

在过滤装置上装好玻璃纤维滤膜。根据水体的营养状态确定取样体积，见表 2-7，用量筒量取一定体积的混匀样品，进行过滤，最后用少量蒸馏水冲洗滤器壁。过滤时负压不超过 50kPa，在样品刚刚完全通过滤膜时结束抽滤，用镊子将滤膜取出，将有样品的一面对折，用滤纸吸干滤膜水分。

注：仅当富营养化水体的样品无法通过玻璃纤维滤膜时，可采用离心法浓缩样品，但转移过程中应保证提取效率，避免叶绿素 a 的损失及水分对丙酮溶液浓度的影响。

表 2-7　参考过滤样品体积

营养状态	富营养、中营养	贫营养
过滤体积/mL	100~200	500~1000

3. 研磨

将样品滤膜放置于研磨装置中，加入 3~4mL 丙酮溶液，研磨至糊状。补加 3~4mL 丙酮溶液，继续研磨，并重复 1~2 次，保证充分研磨 5min 以上。将完全破碎后的细胞提取液转移至玻璃刻度离心管中，用丙酮溶液冲洗研钵及研磨杵，一并转入离心管中，定容至 10mL。

注：叶绿素对光及酸性物质敏感，实验室光线应尽量微弱，能进行分析操作即可，所有器皿不能用酸浸泡或洗涤。

4. 浸泡提取

将离心管中的研磨提取液充分振荡混匀后，用铝箔包好，放置于 4℃ 避光浸泡提取 2h 以上，不超过 24h。在浸泡过程中要颠倒摇匀 2~3 次。

5. 离心

将离心管放入离心机，以相对离心力 1000×g（转速 3000~4000r/min）离心 10min。然后用针式滤器过滤上清液得到叶绿素 a 的丙酮提取液（试样）待测。

6. 空白试样的制备

用实验用水按照与试样的制备相同的步骤进行实验室空白试样的制备。

7. 试样测定

将试样移至比色皿中，以丙酮溶液为参比溶液，于波长 750、664、647、630nm 处测量吸光度。750nm 波长处的吸光度应小于 0.005，否则需重新用针式滤器过滤后测定。

8. 空白试验

按照与试样测定相同的步骤进行实验室空白试样的测定。

(四) 数据处理

试样中叶绿素 a 的质量浓度（mg/L），按照式（2-41）进行计算：

$$\rho_1 = 11.85 \times (A_{664} - A_{750}) - 1.54 \times (A_{647} - A_{750}) - 0.08 \times (A_{630} - A_{750}) \tag{2-41}$$

式中　ρ_1——试样中叶绿素 a 的质量浓度，mg/L

A_{664}——试样在 664nm 波长下的吸光度值

A_{647}——试样在 647nm 波长下的吸光度值

A_{630}——试样在 630nm 波长下的吸光度值

A_{750}——试样在 750nm 波长下的吸光度值

样品中叶绿素 a 的质量浓度（μg/L），按照式（2-42）进行计算：

$$\rho = \frac{\rho_1 \times V_1}{V} \tag{2-42}$$

式中　ρ——样品中叶绿素 a 的质量浓度，μg/L

ρ_1——试样中叶绿素 a 的质量浓度，mg/L

V_1——试样的定容体积，mL

V——取样体积，L

当测定结果小于 100μg/L 时，保留至整数位；当测定结果≥100μg/L 时，保留三位有效数字。

六、溶解氧的测定

水体中的溶解氧一方面来自于空气中的氧，水体表面与之接触，可溶解一些氧；另一方面来自于水体中进行光合作用的植物，它们可释放氧气，部分溶解于水中。水中溶解氧量是水质重要指标之一，也是水体净化的重要因素之一，溶解氧高有利于对水体中各类污染物的降解，从而使水体较快得以净化；反之，溶解氧低，水体中污染物降解较缓慢。

(一) 碘量法

1. 分析原理

在样品中溶解氧与刚刚沉淀的二价氢氧化锰（将氢氧化钠或氢氧化钾加入二价硫酸锰中制得）反应。酸化后，生成的高价锰化合物将碘化物氧化游离出等当量的碘，用硫代硫酸钠滴定法，测定游离碘量。

2. 试剂和设备

（1）分析仪器　细口玻璃瓶：容量在 250～300mL，校准至 1mL，具塞温克勒瓶或任何其他适合的细口瓶，瓶肩最好是直的。每一个瓶和盖要有相同的号码。用称量法来测定每个细口瓶的体积。

（2）分析试剂

①硫酸溶液（1+1）：小心地把500mL浓硫酸（$\rho=1.84g/mL$）在不停搅动下加入500mL水中。

②碱性碘化物-叠氮化物试剂：将35g的氢氧化钠（NaOH）［或50g的氢氧化钾（KOH）］和30g碘化钾（KI）［或27g碘化钠（NaI）］溶解在大约50mL水中。单独地将1g的叠氮化钠（NaN_3）溶于几毫升水中。将上述两种溶液混合并稀释至100mL。溶液贮存在塞紧的细口棕色瓶子里。

③无水二价硫酸锰溶液：340g/L。

④碘酸钾：$c(1/6KIO_3)=10mmol/L$标准溶液。在180℃干燥数克碘酸钾（KIO_3），称量（3.567±0.003）g溶解在水中并稀释到1000mL。将上述溶液吸取100mL移入1000mL容量瓶中，用水稀释至标线。

⑤硫代硫酸钠标准滴定液

a. 配制：将2.5g五水硫代硫酸钠溶解于新煮沸并冷却的水中，再加0.4g的氢氧化钠（NaOH），并稀释至1000mL。溶液贮存于深色玻璃瓶中。

b. 标定：在锥形瓶中用100~150mL的水溶解约0.5g的碘化钾或碘化钠（KI或NaI），加入5mL（1+1）硫酸溶液，混合均匀，加20.00mL标准碘酸钾溶液，稀释至约200mL，立即用硫代硫酸钠溶液滴定释放出的碘，当接近滴定终点时，溶液呈浅黄色，加淀粉溶液，再滴定至完全无色。

硫代硫酸钠浓度（c，mmol/L）由式（2-43）求出：

$$c=\frac{6\times20\times1.66}{V} \tag{2-43}$$

式中　V——硫代硫酸钠溶液滴定量，mL

每日标定一次溶液。

⑥淀粉：新配制10g/L溶液。

⑦酚酞：1g/L乙醇溶液。

⑧碘：约0.005mol/L溶液。溶解4~5g的碘化钾或碘化钠于少量水中，加约130mg的碘，待碘溶解后稀释至100mL。

⑨碘化钾或碘化钠。

3. 分析步骤

（1）溶解氧的固定　取样之后，最好在现场立即向盛有样品的细口瓶中加1mL二价硫酸锰溶液和2mL碱性碘化钾试剂。使用细尖头的移液管，将试剂加到液面以下，小心盖上塞子，避免把空气泡带入。若用其他装置，必须小心保证样品氧含量不变。将细口瓶上下颠倒转动几次，使瓶内的成分充分混合，静置沉淀最少5min，然后再重新颠倒混合，保证混合均匀。这时可以将细口瓶运送至实验室。若避光保存，样品最长贮藏24h。

（2）游离碘　确保所形成的沉淀物已沉降在细口瓶下三分之一部分。慢速加入1.5mL硫酸溶液，盖上细口瓶盖，然后摇动瓶子，要求瓶中沉淀物完全溶解，并且碘已均匀分布。

（3）滴定　将细口瓶内的组分或其部分体积（V_1）转移到锥形瓶内。用硫代硫酸钠滴定，在接近滴定终点时，加淀粉溶液。

4. 数据处理

溶解氧含量 c_1（mg/L）由式（2-44）求出：

$$c_1 = \frac{MV_2cf_1}{4V_1} \tag{2-44}$$

式中　M——氧的相对分子质量，$M=32$

V_1——滴定时样品的体积，mL，一般取 $V_1=100$mL，若滴定细口瓶内试样，则 $V_1=V_0$

V_2——滴定样品时所耗去硫代硫酸钠溶液的体积，mL

c——硫代硫酸钠溶液的实际浓度，mol/L

f_1 按式（2-45）计算。

$$f_1 = \frac{V_0}{V_0 - V'} \tag{2-45}$$

式中　V_0——细口瓶的体积，mL

V'——二价硫酸锰溶液（1mL）和碱性碘化钾试剂（2mL）体积的总和

结果取一位小数。

（二）电化学探头法

1. 分析原理

氧敏感薄膜由两个与支持电解质相接触的金属电极及选择性薄膜组成。薄膜只能透过氧和其他气体，水和可溶解物质不能透过。透过膜的氧气在电极上还原，产生微弱的扩散电流，在一定温度下其大小与水样溶解氧含量成正比。

2. 试剂和设备

（1）分析设备　①溶解氧测定仪，仪器分为原电池式和极谱式（外加电压）两种；②温度计，精确至0.5℃。

（2）分析试剂　①亚硫酸钠；②二价钴盐（$CoCl_2 \cdot 6H_2O$）。

3. 分析步骤

（1）测试前的准备

①按仪器说明书装配探头，并加入所需的电解质。使用过的探头，要检查探头膜内是否有气泡或铁锈状物质。必要时，需取下薄膜重新装配。

②零点校正：将探头浸入每升含1g亚硫酸钠和1mg钴盐的水中，进行校零。

③校准：按仪器说明书要求校准，或取500mL蒸馏水，其中一部分虹吸入溶解氧瓶中，用碘量法测其溶解氧含量。将探头放入该蒸馏水中（防止曝气充氧），调节仪器到碘量法测定数值上。当仪器无法校准时，应更换电解质和敏感膜。

（2）水样的测定　按仪器说明书进行，并注意温度补偿。

4. 数据处理

不同温度下饱和的溶解氧见表2-8。

表 2-8　　不同温度下饱和的溶解氧

温度/℃	溶解氧/(mg/L)	温度/℃	溶解氧/(mg/L)	温度/℃	溶解氧/(mg/L)
0	14.60	17	9.65	34	7.05
1	14.19	18	9.45	35	6.93
2	13.81	19	9.26	36	6.82
3	13.44	20	9.07	37	6.71
4	13.09	21	8.90	38	6.61
5	12.75	22	8.72	39	6.51
6	12.43	23	8.56	40	6.41
7	12.12	24	8.40	41	6.31
8	11.83	25	8.24	42	6.22
9	11.55	26	8.09	43	6.13
10	11.27	27	7.95	44	6.04
11	11.01	28	7.81	45	5.95
12	10.76	29	7.67	46	5.86
13	10.52	30	7.54	47	5.78
14	10.29	31	7.41	48	5.70
15	10.07	32	7.28	49	5.62
16	9.85	33	7.16	50	5.54

如果大气压力改变，可按式（2-46）计算溶解氧：

$$S' = S \times \frac{P}{101.3} \tag{2-46}$$

式中　S'——大气压为 P 下的溶解氧含量，mg/L

S——大气压为 101.3kPa 下的溶解氧含量，mg/L

P——大气压，kPa

以饱和百分率来表示溶解氧含量，如式（2-47）所示：

$$\text{饱和氧饱和百分率}(\%) = \frac{\text{水样中溶解氧含量}(\text{mg/L})}{\text{采样时的水温下氧在水中的溶解度}(\text{mg/L})} \times 100\% \tag{2-47}$$

七、思　考　题

（1）使用酸度计时，为什么要进行温度补偿？

（2）在测定高锰酸盐指数时要注意什么物质对测定的影响？如何消除该物质对测定结果的影响？

（3）水体中的余氯为什么会干扰氨氮的测定？

（4）如何保证水样叶绿素 a 浓度测定结果的准确性？测定时主要应注意哪几个方面的问题？

第三节　生物性污染指标及其测定

一、细菌总数

（一）分析原理

水中细菌总数反映了水体受细菌污染的程度。将样品接种于营养琼脂培养基中，在特定的物理条件下（36℃培养 48h）培养，生长的需氧菌和兼性厌氧菌总数即为样品中细菌菌落的总数。适用于地表水、地下水、生活污水和工业废水中细菌总数的测定。

（二）分析仪器和试剂

1. 分析仪器

①采样瓶（250mL 带螺旋帽或磨口塞的广口玻璃瓶）；②高压蒸汽灭菌器；③恒温培养箱（允许温度偏差 36℃±1℃）；④恒温水浴锅；⑤pH 计；⑥放大镜或菌落计数器；⑦玻璃珠（直径 3~8mm）。

注：玻璃器皿及采样器具试验前要按无菌操作要求包扎，121℃高压蒸汽灭菌 20min 备用。

2. 试剂

（1）营养琼脂培养基　蛋白胨 10g；牛肉膏 3g；氯化钠 5g；琼脂 15~20g。

将上述成分或含有上述成分的市售成品溶解于 1000mL 水中，调节 pH 至 7.4~7.6，分装于玻璃容器中，经 121℃高压蒸汽灭菌 20min，储存于冷暗处备用。避光、干燥保存，必要时在 5℃±3℃冰箱中保存，不得超过 1 个月。配制好的营养琼脂培养基不能进行多次熔化操作，以少量勤配为宜。当培养基颜色变化或脱水明显时应废弃不用。

（2）无菌水　取适量实验用水，经 121℃高压蒸汽灭菌 20min，备用。

（3）硫代硫酸钠溶液［$\rho(Na_2S_2O_3)=0.10g/mL$］　称取 15.7g 硫代硫酸钠，溶于适量水中，定容至 100mL，临用现配。

（4）乙二胺四乙酸二钠溶液［$\rho(C_{10}H_{14}N_2O_8Na_2 \cdot 2H_2O)=0.15g/mL$］　称取 15g 乙二胺四乙酸二钠，溶于适量水中，定容至 100mL，此溶液可保存为 30d。

（三）分析步骤

1. 样品的采集和保存

采集微生物样品时，采样瓶不得用样品洗涤，采集样品于灭菌的采样瓶中。

采集河流、湖库等地表水样品时，可握住瓶子下部直接将带塞采样瓶插入水中，距水面 10~15cm 处，瓶口朝水流方向，拔瓶塞，使样品灌入瓶内然后盖上瓶塞，将采样瓶从水中取出。如果没有水流，可握住瓶子水平往前推。采样量一般为采样瓶容量的

80%左右。样品采集完毕后，迅速扎上无菌包装纸。

如果采集的是含有活性氯的样品，需在采样瓶灭菌前加入硫代硫酸钠溶液，以除去活性氯对细菌的抑制作用（每125mL容积加入0.1mL硫代硫酸钠溶液）；如果采集的是重金属离子含量较高的样品，则在采样瓶灭菌前加入乙二胺四乙酸二钠溶液，以消除干扰（每125mL容积加入0.3mL乙二胺四乙酸二钠溶液）。

2. 样品稀释

将样品用力振摇20~25次，使可能存在的细菌凝团分散。根据样品污染程度确定稀释倍数。以无菌操作方式吸取10mL充分混匀的样品，注入盛有90mL无菌水的三角烧瓶中（可放适量的玻璃珠），混匀成1∶10稀释样品。吸取1∶10的稀释样品10mL注入盛有90mL无菌水的三角烧瓶中，混匀成1∶100稀释样品。按同法依次稀释成1∶1000、1∶10000稀释样品。每个样品至少应稀释3个适宜浓度。

3. 接种

以无菌操作方式用1mL灭菌的移液管吸取充分混匀的样品或稀释样品1mL，注入灭菌平皿中，倾注15~20mL冷却到44~47℃的营养琼脂培养基，并立即旋摇平皿，使样品或稀释样品与培养基充分混匀。每个样品或稀释样品倾注2个平皿。

4. 培养

待平皿内的营养琼脂培养基冷却凝固后，翻转平皿，使底面向上（避免因表面水分凝结而影响细菌均匀生长），在6℃±1℃条件下，恒温培养箱内培养48h±2h后观察结果。

5. 空白实验

用无菌水做实验室空白测定，培养后平皿上不得有菌落生长，否则，该次样品测定结果无效，应查明原因后重新测定。

（四）数据分析

1. 菌落计数

平皿上有较大片状菌落且超过平皿的一半时，该平皿不参加计数。片状菌落不到平皿的一半，而其余一半菌落分布又很均匀时，将此分布均匀的菌落计数，并乘以2代表全皿菌落总数。外观（形态或颜色）相似，距离相近却不相触的菌落，只要它们之间的距离不小于最小菌落的直径，予以计数。紧密接触而外观相异的菌落，予以计数。

2. 结果计算

以每个平皿菌落的总数或平均数（同一稀释倍数两个重复平皿的平均数）乘以稀释倍数来计算1mL样品中的细菌总数。各种不同情况的计算方法如下：

优先选择平均菌落数在30~300的平皿进行计数，当只有一个稀释倍数的平均菌落数符合此范围时，以该平均菌落数乘以其稀释倍数为细菌总数测定值（见表2-9示例1）。若有两个稀释倍数平均菌落数在30~300，计算二者的比值（二者分别乘以其稀释倍数后，较大值与较小值之比）；若其比值小于2，以两者的平均数为细菌总数测定值；若大于或等于2，则以稀释倍数较小的菌落总数为细菌总数测定值（见表2-9示例2、示例3、示例4）；若所有稀释倍数的平均菌落数均大于300，则以稀释倍数最大的平均菌落数乘以稀释倍数为细菌总数测定值（见表2-9示例5）；若所有稀释倍数的平均菌落数均小于30，则以稀释倍数最小的平均菌落数乘以稀释倍数为细菌总数测定值（见表2-9示例6）；若所有稀释倍数的平均菌落数均不在30~300，则以最接近300或30的平均菌落数乘以稀释倍数为细菌总数测定值（见表2-9中的示例7）。

表2-9　稀释倍数选择及菌落总数测定值

示例	不同稀释倍数的平均菌落数/（CFU/mL）			两个稀释倍数菌落数之比	菌落总数/（CFU/mL）
	10	100	1000		
1	1365	164	20	—	16400
2	2760	295	46	1.6	37750
3	2890	271	60	2.2	27100
4	150	30	8	2	1500
5	无法计数	1650	513	—	513000
6	27	11	5	—	270
7	无法计数	305	12	—	30500

3. 结果表示

测定结果保留至整数位，最多保留两位有效数字，当测定结果≥100CFU/mL时，以科学计数法表示；若未稀释的原液的平皿上无菌落生长，则以“未检出”或“<1CFU/mL”表示。细菌总数检验记录及报告推荐格式如表2-10所示。

表2-10　细菌总数测定检验记录

项目名称：　　　　　　　　　　　　　　检验日期：　　年　　月　　日

检验方法			方法依据		
灭菌锅型号			出厂编号		
培养箱型号			出厂编号		
培养基灭菌温度/℃			培养温度/℃		
样品编号：	细菌总数：　　CFU/mL				
样品用量	______ mL		______ mL		______ mL
稀释倍数					
36℃培养48h后，菌落个数/个					
平均菌落数/个					

检验者：　　　　　校对：　　　　　审核：

注：可根据实际工作需要自行设计表格，至少要包括上述信息。

二、总大肠菌群

（一）分析原理

水是传播肠道疾病的一种重要媒介，而大肠菌群被视为最基本的粪便污染指示菌群。大肠菌群的值可表明水样被粪便污染的程度，间接表明肠道病菌（伤寒、痢疾、霍乱等）存在的可能性。总大肠菌群滤膜法是指用孔径为 0.45μm 的微孔滤膜过滤水样，将滤膜贴在添加乳糖的选择性培养基上 37℃培养 24h，能形成特征性菌落的需氧和兼性厌氧的革兰染色阴性无芽孢杆菌以检测水中总大肠菌群的方法。适用于生活饮用水及其水源水中总大肠菌群的测定。

（二）分析仪器和试剂

1. 分析仪器

①滤器；②滤膜（孔径 0.45μm）；③抽滤设备；④无齿镊子；⑤培养箱（36℃±1℃）；⑥显微镜；⑦平皿（直径为 9cm）。

2. 品红亚硫酸钠培养基

（1）成分　蛋白胨 10g；酵母浸膏 5g；牛肉膏 5g；乳糖 10g；琼脂 15~20g；磷酸氢二钾 3.5g；无水亚硫酸钠 5g；碱性品红乙醇溶液（50g/L）20mL；蒸馏水 1000mL。

（2）储备培养基的制备　先将琼脂加到 500mL 蒸馏水中，煮沸溶解，于另 500mL 蒸馏水中加入磷酸氢二钾、蛋白胨、酵母浸膏和牛肉膏，加热溶解，倒入已溶解的琼脂，补足蒸馏水至 1000mL，混匀后调 pH 为 7.2~7.4，再加入乳糖，分装，68.95kPa（115℃，4.5kg）高压灭菌 20min，储存于冷暗处备用。

本培养基也可不加琼脂，制成液体培养基，使用时加 2~3mL 于灭菌吸收垫上，再将滤膜置于培养垫上培养。

（3）平皿培养基的配制　上法制备的储备培养基加热熔化，用灭菌吸管按比例吸取一定量的 50g/L 的碱性品红乙醇溶液置于灭菌空试管中，再按比例称取所需的无水亚硫酸钠置于另一灭菌试管中，加灭菌水少许，使其溶解后，置沸水浴中煮沸 10min 以灭菌。

用灭菌吸管吸取已灭菌的亚硫酸钠溶液，滴加于碱性品红乙醇溶液至深红色褪成淡粉色为止，将此亚硫酸钠与碱性品红的混合液全部加到已熔化的储备培养基内，并充分混匀（防止产生气泡），立即将此种培养基 15mL 倾入已灭菌的空平皿内。待冷却凝固后置冰箱内备用。此种已制成的培养基于冰箱内保存不宜超过两周。如培养基已由淡粉色变成深红色，则不能再用。

3. 乳糖蛋白胨培养液

（1）成分　蛋白胨 10g；牛肉膏 3g；乳糖 5g；氯化钠 5g；溴甲酚紫乙醇溶液（16g/L）1mL；蒸馏水 1000mL。

（2）制备　将蛋白胨、牛肉膏、乳糖及氯化钠溶于蒸馏水中，调整 pH 为 7.2~7.4，再加入 1mL 16g/L 的溴甲酚紫乙醇溶液，充分混匀，分装于装有倒管的试管中，68.95kPa（115℃，4.5kg）高压灭菌 20min，贮存于冷暗处备用。

（三）分析步骤

1. 准备工作

（1）滤膜灭菌　将滤膜放入烧杯中，加入蒸馏水，置于沸水浴中煮沸灭菌3次，每次15min。前两次煮沸后需更换水洗涤2~3次，以除去残留溶剂。

（2）滤器灭菌　用点燃的酒精棉球火焰灭菌。也可用蒸汽灭菌器103.43kPa（121℃，6.8kg）高压灭菌20min。

2. 过滤水样

用无菌镊子夹取灭菌滤膜边缘部分，将粗糙面向上，贴放在已灭菌的滤床上，固定好滤器，将100mL水样（如水样含菌数较多，可减少过滤水样量，或将水样稀释）注入滤器中，打开滤器阀门，在-5.07×10^{5}Pa下抽滤。

3. 培养

水样滤完后，再抽气约5s，关上滤器阀门，取下滤器，用灭菌镊子夹取滤膜边缘部分，移放在品红亚硫酸钠培养基上，滤膜截留细菌面向上，滤膜应与培养基完全贴紧，两者间不得留有气泡，然后将平皿倒置，放入37℃恒温箱内培养24h±2h。

（四）结果分析

挑取符合下列特征菌落进行革兰染色、镜检：紫红色、具有金属光泽的菌落；深红色、不带或略带金属光泽的菌落；淡红色、中心色较深的菌落。

凡革兰染色为阴性的无芽孢杆菌，再接种乳糖蛋白胨培养液，于37℃培养24h，有产酸产气者，则判定为总大肠菌群阳性。

按式（2-48）计算滤膜上生长的总大肠菌群数，以每100mL水样中的总大肠菌群数（CFU/100mL）记录结果。

$$\text{总大肠菌群总数(CFU/100mL)} = \frac{\text{数出的总大肠菌群菌落数} \times 100}{\text{过滤的水样体积}} \tag{2-48}$$

三、藻　密　度

（一）分析原理

通过在显微镜下数出藻细胞的个数，通过换算得出藻细胞密度。

（二）分析仪器和试剂

1. 分析仪器

①显微镜；②移液枪：20μL；③离心管：1mL；④血球计数板：由优质厚玻璃制成，如图2-2所示。

2. 分析试剂

卢戈液：将6g碘化钾溶于20mL水中，待其完全溶解后，加入4g碘充分摇动，待碘全部溶解后定容到100mL（用棕色玻璃瓶装）。每1000mL水样加入10~15mL卢戈液。用于固定有鞭毛或有运动性的藻类。

（三）分析步骤

（1）每天定时取1mL混匀后的藻液于离心管中（如果浓度过高，进行稀释），用卢戈液固定。

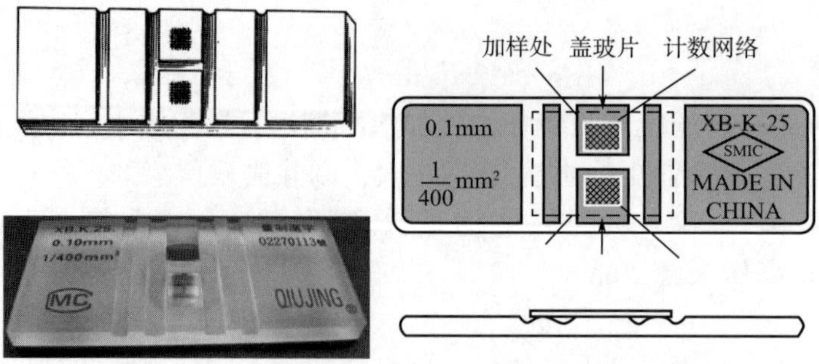

图 2-2　血球计数板构造图

（2）取洁净的血球计数板一块，在计数区上盖上一块盖玻片。

（3）用移液器吸取少许藻液（20μL），从计数板中间平台两侧的沟槽内沿盖玻片的下边缘滴入一小滴。

（4）静置片刻，使细胞沉降到计数板上，不再随液体漂移。将血球计数板放置于显微镜的载物台上夹稳，先在低倍镜下找到计数区后，再转换高倍镜观察并计数。

（5）在 25 个中格选 5 个区域（左上、左下、右上、右下四个角和中心）进行计数。

（6）每个样品重复 2~3 次。

（四）数据分析

按式（2-49）计算细胞密度。

$$\text{细胞密度(个/mL)} = \frac{N}{5 \times 16} \times 400 \times 10^4 \times \text{稀释倍数} \qquad (2\text{-}49)$$

式中　N——在五个区域计数的和

（五）注意事项

为了保证计数的准确性，避免重复计数和漏记，在计数时，对沉降在格线上的细胞的统计应有统一的规定。如藻细胞位于大方格的双线上，计数时则数上线不数下线，数左线不数右线，以减少误差。即位于本格上线和左线上的细胞计入本格，本格的下线和右线上的细胞不计入本格。

四、浮游生物

（一）分析原理

通过在显微镜下对水样进行计数，以得到浮游生物的数量。

（二）分析仪器和试剂

1. 分析仪器

①采水器；②浮游生物网：用规格为 96 孔/cm（约相当于 240 目）的锦纶丝筛绢（JP）制成 25 号浮游植物网；用规格为 56 孔/cm（约相当于 142 目）的锦纶丝筛绢（JP）制成 13 号浮游动物网；③水样瓶：1000mL；④样品瓶：浮游生物定量样品瓶采用刻有 30mL 或 50mL 刻度线的玻璃试剂瓶或聚乙烯瓶，定性样品瓶采用 30~50mL 玻璃或聚乙烯瓶；⑤计数框：0.1、1.0、5.0mL；⑥盖玻片；⑦显微镜；⑧沉淀器；⑨硅

胶管。

2. 试剂

①卢戈液：见“藻密度”；②甲醛溶液：体积分数为40%；③布因（Bouinn）固定液：三硝基苯酚（苦味酸）饱和溶液75mL、加入25mL体积分数为40%的甲醛溶液和5mL冰乙酸即成。

（三）分析步骤

1. 浮游植物

（1）样品的采集和处理

①采样：定量样品应在定性采样之前用采水器采集。每个采样点应采水样1000mL，分层采样时，可将各层水样分别定量取平均值，或将各层所采水样等量混匀后取1000mL再定量，作为此点的生物量样品。定性样品用25号浮游植物网，使网口在水下50cm处作“∞”字形缓慢拖拽采集。

②固定：样品应立即用卢戈液固定，用量为水样体积的1.0%~1.5%。如样品需较长时间保存，则应再加入体积分数为40%的甲醛溶液，用量为水样体积的4%。

③沉淀和浓缩：水样带回实验室，摇匀水样，倒入固定在架子上的1000mL沉淀器中。经2h后，将沉淀器轻轻旋转片刻，使沉淀器壁上尽量少附着浮游植物，再静置48h。充分沉淀后，用虹吸管慢慢吸去清液。虹吸时，管口应始终低于水面，流速、流量不可大，吸至澄清液的1/3时，应逐渐减缓流速，至留下含沉淀物的水样20~25mL（或30~40mL），放入30mL（或50mL）的定量样品瓶中。用吸出的少量上清液冲洗沉淀器2~3次，一并放入样品瓶中，定容至30mL（或50mL）。如样品的水量超过30mL（或50mL），可再静置24h，或在计数前再吸去超过定容刻度的多余上清液。沉淀和虹吸过程应避免摇动，不应吸出浮游植物。如搅动了底部，应重新沉淀。用甲醛固定的水样，在浓缩时应注意收集上层藻液。

（2）计数　将盛有浮游植物定量水样的样品瓶以左右移动的方式摇动100~200次，摇匀后迅速用吸管吸取0.1mL水样，置于0.1mL计数框内，盖上盖玻片。用台微尺测量所用显微镜在放大40~600倍的视野直径，计算出面积。计数的视野应均匀分布在计数框内，视野数目为50~300个，应保证计数到的浮游植物总数至少达100个以上。每瓶样品计数2次，取平均值，每次结果与平均数之差不大于±10%，否则应计数第三次。计数单位用细胞个数表示。对不易用细胞数表示的群体或丝状体，可求出平均细胞数。

2. 浮游动物

（1）水样的采集和处理

①采样：枝角类和桡足类定量样品应在定性采样之前用采水器采集，每个采样点应采水样10000~50000mL，再用25号浮游植物网过滤浓缩至100mL。原生动物、轮虫和无节幼体定量样品，可用浮游植物定量样品，或者采集10000~50000mL水样混合后，先取出1000mL混合水样供浮游植物和小型浮游动物定量用，其余用网过滤后供大型浮游动物定量。

枝角类、桡足类定性样品应用13号浮游动物网，使网口在水下50cm处作“∞”字形缓慢拖拽采集。原生动物、轮虫和无节幼体的定性样品应用25号浮游植物网，使网口在水下 50cm 处作“∞”字形缓慢拖拽采集。

②固定：枝角类和桡足类定量、定性样品应立即用体积分数为 40%的甲醛溶液固定，用量为水样体积的 4%。原生动物和轮虫定性样品，除留一瓶供活体观察不固定外，应立即用布因固定液固定，用量为水样体积的 50%以上；或用卢戈液固定，用量为水样体积的 1.0%~1.5%。如样品需较长时间保存，则应再加入体积分数为 40%的甲醛溶液，用量为水样体积的 4%。

③浓缩：原生动物、轮虫和无节幼体的水样按浮游植物的方法浓缩至 30~50mL（也可用已用过的浮游植物定量液），再经 24h 沉淀浓缩至 10~20mL，即可供定量用。枝角类和桡足类的网滤水样（100mL），根据其中动物密度大小，一般也要经过再次浓缩才便于计数。

（2）计数

①原生动物计数：吸出 0.1mL 样品，置于 0.1mL 计数框内，盖上盖玻片，在 10×20 放大倍数的显微镜下全片计数。每瓶样品计数两片。

②轮虫计数：吸出 1mL 样品，置于 1mL 计数框内，全片计数。每瓶样品计数两片。小型轮虫计数应同原生动物一起计数；大型轮虫如萼花臂尾轮虫、晶囊轮虫等应同枝角类、桡足类一同计数。

③枝角类、桡足类计数：当样品中生物量不大，可用 5mL 计数框将样品分若干次全部计数。如样品中个体数量太多，可将样品稀释至 30mL 或 50mL，用 5mL 计数框全片计数。

④无节幼体计数：应同枝角类、桡足类、大型轮虫一起计数。如样瓶中个体数量少，则在甲壳动物样品中同时全部计数；如数量多，则在轮虫样品中同轮虫一起计数。

3. 数据分析

1L 水样中浮游植物的数量按式（2-50）计算。

$$N = \frac{C_s}{F_s F_n} \frac{V}{v} P_n \tag{2-50}$$

式中 N——1L 水样中浮游植物的数量，个/L

C_s——计算框面积，mm^2

F_s——视野面积，mm^2

F_n——每片计数过的视野数

V——1L 水样经浓缩后的体积，mL

v——计数框容积，mL

P_n——计数所获得的个数，个

1L 水样中浮游动物的数量按式（2-51）计算。

$$N = \frac{vn}{VC} \tag{2-51}$$

式中 N——1L 水样中浮游动物的数量，个/L

v——样品浓缩后的体积，mL

C——计数框体积，mL

V——采样体积，L

n——计数所获得的个体数（二片平均数），个

五、思　考　题

（1）为什么大肠杆菌要作为饮用水标准的重要指标？

（2）实验结束后，根据国家水质标准，讨论实验结果并对结果进行结论。

（3）对于环境学来说，研究浮游生物有何意义？

（4）使用血球计数板观察计数藻的数量时，如何提高实验结果的准确度？

第四节　水样采集及储存方法

一、河 流 采 样

（一）采样设备

1. 器材

在大多数采样情况下，可使用聚乙烯、聚丙烯、聚碳酸酯、不锈钢和玻璃材质的容器。玻璃瓶的优点是内表面易清洗，在采微生物样品时，采样前可以灭菌。

在测定有机组分时应使用玻璃容器。当所采集的样品的待测组分为玻璃的主要成分，如钠、钾、硼及硅和痕量金属杂质时，最好选用聚乙烯容器。可是，聚乙烯容器不适用于采集分析某些痕量金属的样品（如汞），当预先试验表明容器的污染水平可以接受，方可使用聚乙烯容器。

用玻璃瓶贮存带弱缓冲的水时，不应采用钠玻璃瓶，而宜选用硼硅玻璃容器。

2. 采样器

（1）表层采样器　采集与水质化学分析相关的样品时，可把敞口容器（如吊桶或瓶）浸没于河流表层水下采集。当采集规定深度样品或采集溶解性气体样品时，要用能够密闭的采样器。

采集表层水样检验微生物（特别是细菌学的）时，使用容积不少于250mL带螺旋盖、磨口玻璃或其他灭菌过的塞子的玻瓶，覆盖薄的铝箔于盖（或塞）上。使用螺旋盖时应衬耐121℃的湿热灭菌或160℃干热灭菌的硅橡胶衬垫。

（2）密封浸入式装置　密封浸入式装置是由充满空气（或惰性气体）的密闭容器组成，用缆绳将其下放到所要求的深度，然后打开密封装置（如环形塞），用水取代空气（或惰性气体）。如果把适宜的样品瓶置于装置内部（如双瓶溶解气体采水器），就可用于溶解性气体的采样，这种装置主要适用于规定深度的采样。

（3）开管或圆筒装置　这种类型的装置由管或圆筒组成，两端装有折页或阀门，装置下放时，折页或阀门打开，水流自由通过，提升时则关闭。这样的装置适用于死水或低流速的河流采样。混合式采样装置为水平的开管式装置，便于等动力采样，适用于流速快的河流采样。

（4）自动采样装置　自动装置能连续采样或在无人照管下采集一组样品。特别适

用于混合样品和研究水质随时间变化时的情况。

（二）采样步骤

1. 采样断面的选择

采样断面的选择与采样目的有关，污水排放特性的测定常常要求准确的采样地点，而在表征河流流域性质时，仅需给出大致的采样断面的位置。

对于单一功能的采样，采样断面的选择相对比较容易。可选择适宜的桥梁。当上游排放污水或有支流汇入时，采样断面应设在已充分混合的下游。用于监测供水取水点的站，可以定在一个有限的范围内，即非常接近取水点。

2. 采样点的确定

对于江、河水系的每个监测断面，当水面宽小于50m时，只设1条中泓垂线；水面宽50~100m时，在左右近岸有明显水流处各设一条垂线；水面宽为100~1000m时，设左、中、右3条垂线。水面宽大于1500m时。至少要设置5条等距离采样垂线；较宽的河口应酌情增加垂线数。

在一条垂线上，当水深小于或等于5m时，在水面下0.3~0.5m处设一个采样点；水深5~10m时，在水面下0.3~0.5m处和河底以上约0.5m处各设一个采样点；水深10~50m时，设三个采样点，即水面下0.3~0.5m处一点，河底以上约0.5m处一点，1/2水深处一点；水深超过50m时，应酌情增加采样点数。

3. 采样频率和采样时间

采样频率和时间应以统计学为基础。在采样方案中要明确规定允许差值的范围，按方案所得到的结果，在规定的允许差范围内，对所需要的数据做出评价。

当存在周期性和其他持续性变化时，用有规则的采样评价平均浓度比随机采样更准确，但采样间隔要短，使其足以显示出相邻样品之间的变化。

系统采样时，必须保证采样频率不与系统中天然的或其他基于时间效应的周期相一致。

在河流系统中，有时水质存在着如日、月和年的周期性变化，为了评价这些变化的性质，应仔细选择采样时间。如果这些循环不持续或者这些变化幅度明显小于随机变化，就可以选择任意的采样时间，或在整个研究期间有计划地安排采样时间，使样品均匀分布。否则，应选择一个周期的不同时间段采集样品，如果需要得到最高或最低浓度的样品，则要在对应的时间采样。

4. 采样方法

（1）用于物理化学检测的样品　在表层水下采样时，通常把容器（敞口瓶或桶）浸入河流中取水，然后将样品再注入样品贮存容器，亦可直接用样品贮存容器采样。

（2）用于微生物检测的样品　采集微生物样品时（如细菌学的），应使用清洁的灭过菌的样品瓶。在注入样品前，瓶塞要包一张金属箔，要保护好样品瓶。采样时，将包有金属箔的塞夹在手上，要特别小心，防止手污染瓶塞和瓶口。注入样品时，样品瓶不要冲洗，注入样品后迅速盖好瓶塞。采样时手持瓶底，瓶口朝下浸入水中约0.3m，将瓶倾斜，使瓶口微微向上直接对准水流方向。不过，在湍流条件下易产生污染，遇到这种情况时，倒掉所采集的样品，重新选择湍流小的地点采集样品。也可将瓶子缚在夹子或棍上采样。在规定的深度采样时，也可以使用灭过菌的专用采样装置。

(三) 样品的运输与保存

1. 水样运输

水样采集后必须立即送回实验室，根据采样点的地理位置和每个项目分析前最长可保存时间，选用适当的运输方式，在现场工作开始之前，就要安排好水样的运输工作，以防延误。

水样运输前应将容器的外（内）盖盖紧。装箱时应用泡沫塑料等分隔，以防破损。在放置容器的采样箱中放置冰袋，保持低温环境，运输前应检查现场记录上的所有水样是否全部装箱。要用醒目色彩在包装箱顶部和侧面标上“切勿倒置”的标记。每个水样瓶均需贴上标签，内容有采样点位编号、采样日期和时间、测定项目、保存方法，并写明用何种保存剂。

2. 水样的保存

表2-11、表2-12列出的是有关水样保存技术的要求。样品的保存时间、容器材质的选择以及保存措施的应用都要取决于样品中的组分及样品的性质，而现实中的水样又是千差万别的，因此表2-11和表2-12中所列的要求不可能是绝对的准则。因此每个分析者都应结合具体工作验证这些要求是否适用，在制定分析方法标准时也应明确指出样品采集和保存的方法。

表2-11　　水样物理、化学及生化分析指标的保存技术

序号	测试项目/参数	采样容器	保存方法	可保存时间	最少采样量/mL
1	pH	P或G		12h	250
2	色度	P或G		12h	250
3	浊度	P或G		12h	250
4	气味	G	1~5℃冷藏	6h	500
5	电导率	P或BG		12h	250
6	悬浮物	P或G	1~5℃暗处	14d	500
7	二氧化碳	P或G	水样充满容器，低于取样温度	24h	500
8	溶解性固体（干残渣）	P或G	1~5℃冷藏	24h	100
9	总固体（总残渣，干残渣）	P或G	1~5℃冷藏	24h	100
10	化学需氧量	G	用H_2SO_4酸化，pH≤2	2d	500
		P	-20℃冷冻	1月	100
11	高锰酸盐指数	G	1~5℃暗处冷藏	2d	500
		P	-20℃冷冻	1月	500

续表

序号	测试项目/参数	采样容器	保存方法	可保存时间	最少采样量/mL
12	五日生化需氧量	溶解氧瓶	1~5℃暗处冷藏	12h	250
		P	-20℃冷冻	1月	1000
13	总有机碳	G	用 H_2SO_4 酸化，pH≤2	7d	250
		P	-20℃冷冻	1月	100
14	溶解氧	溶解氧瓶	加入硫酸锰，碱性 KI 叠氮化钠溶液，现场固定	24h	500
15	总磷	P 或 G	用 H_2SO_4 酸化，HCl 酸化至 pH≤2	24h	250
		G	-20℃冷冻	1月	250
16	溶解磷酸盐	P 或 G 或 BG	1~5℃冷藏	1月	250
		G	-20℃冷冻	1月	250
17	溶解性正磷酸盐		见“溶解磷酸盐”		
18	总正磷酸盐		见“总磷”		
19	氨氮	P 或 G	用 H_2SO_4 酸化，pH≤2	24h	250
20	氨类（易释放、离子化）	P 或 G	用 H_2SO_4 酸化，pH1~2	21d	500
		P	-20℃冷冻	1月	500
21	亚硝酸盐氮	P 或 G	1~5℃冷藏避光保存	24h	250
22	硝酸盐氮	P 或 G	1~5℃冷藏	24h	250
		P 或 G	用 HCl 酸化，pH 1~2	7d	250
		P	-20℃冷冻	1月	250
23	凯氏氮	P 或 BG	用 H_2SO_4 酸化，pH1~2，1~5℃避光	1月	250
		P	-20℃冷冻	1月	250
24	总氮	P 或 G	用 HCl 酸化，pH 1~2	7d	250
		P	-20℃冷冻	1月	500
25	硫化物	P 或 G	水样充满容器。1L 水样加 NaOH 至 pH 9，加入 5%抗坏血酸 5mL，饱和 EDTA 3mL，滴加饱和 $Zn(Ac)_2$，至胶体产生，常温避光	24h	250
26	总氰化物	P 或 G	加 NaOH 到 pH≥9，1~5℃冷藏	7d，如果硫化物存在，保存 12h	250

续表

序号	测试项目/参数	采样容器	保存方法	可保存时间	最少采样量/mL
27	Cl^-	P 或 G	1～5℃，避光	30d	250
28	SO_4^{2-}	P 或 G	1～5℃，避光	30d	250
29	碘化物	G	1～5℃冷藏	1月	500
30	硫酸盐	P 或 G	1～5℃冷藏	1月	200
31	亚硫酸盐	P 或 G	水样充满容器。100mL 加 1mL 2.5% EDTA 溶液，现场固定	2d	500
32	阳离子表面活性剂	G 甲醇清洗	1～5℃冷藏	2d	500
33	阴离子表面活性剂	P 或 G	1～5℃冷藏，用 H_2SO_4 酸化，pH 1～2	2d	500
34	余氯	P 或 G	避光	5min	500
35	氟化物	P（除聚四氟乙烯）		1月	200
36	六价铬	P 或 G	NaOH，pH 8～9	14d	250
37	重金属化合物	P 或 BG	用 HNO_3 酸化，pH 1～2	1月	500
38	石油及衍生物	G	用 HCl 或 H_2SO_4 酸化，pH 1～2	1月	1000
39	油类	G	用 HCl 酸化至 pH≤2	7d	250
40	酚类	G	1～5℃避光。用磷酸调至 pH≤2，加入抗坏血酸 0.01～0.02g 除去残余氯	24h	1000
41	挥发性有机物	G	用 1+10HCl 调至 pH≤2，加入抗坏血酸 0.01～0.02g 除去残余氯；1～5℃避光保存	12h	1000
42	叶绿素	P 或 G	1～5℃冷藏	24h	1000
43	有机氯	P	-20℃冷冻	1月	1000
44	多氯联苯	G 带聚四氟乙烯瓶盖	1～5℃冷藏	7d	1000
45	多环芳烃	G 带聚四氟乙烯瓶盖	1～5℃冷藏	7d	500

表 2-12　　生物、微生物指标的保存技术

待测项目	采样容器	保存方法	最少采样量/mL	可保存时间
细菌总数 大肠菌总数 粪大肠菌 粪链球菌 沙门菌 志贺菌等	灭菌容器 G	1~5℃冷藏		尽快（地表水、污水及饮用水）
底栖无脊椎动物类—大样品	P 或 G	加入 70%乙醇	1000	1 年
底栖无脊椎动物类—小样品	G	加入防腐溶液，含 70%乙醇，37%甲醛和甘油（比例是 100∶2∶1）	100	
藻类	G 或 P 盖紧瓶盖	每 200 份，加入 0.5~1 份卢戈液 1~5℃暗处冷藏	200	6 月
浮游植物	G	检“藻类”	200	6 月
浮游动物	P 或 G	加入 37%甲醛（用硼酸钠调节至中性）稀释至 3.7%，海藻加卢戈液	200	1 年
毒性试验	P 或 G P	1~5℃冷藏 -20℃冷冻	1000 1000	24h 2 周

注：P 为聚乙烯瓶（桶），G 为硬质玻璃瓶，BG 为硼硅酸盐玻璃瓶。

二、湖泊采样

（一）采样设备

1. 敞开式采样器和表层采样器

敞开式采样器为开口容器，用于采集表层水和常近表层的水。当有飘浮物质时，不可能采集到有代表性和再现性好的样品。

2. 闭管式采样器

闭管式采样器为装有可遥控操作或自动开合的阀门或闸门的空心体，能够在到达预定水深处迅速关闭，用于采集定点水样或一组样品，或深度综合样品。采样器应装有排气装置，以采集到不与管内积存空气（或气体）混合的水样。在靠近底部采样时，注意不要搅动水和沉积物的界面。有些采样器带有机械或遥控脱扣装置，当接触到沉积物时自动关闭。这种采样器特别适合采集靠近沉积物界面的水样。

3. 抽水装置

抽水装置主要有手摇式和电动式两种。使用时用电缆绳将它们放至所要求的深度或者固定在采样位置。用抽水泵和闭管式采样器采集生物样时，其结果可能出现差异。泵

的类型、泵速、抽水压力、管内的水流速度都会影响样品的采集。不同生物种类也可能对不同类型泵的采样有不同的反应。

（二）采样步骤

1. 采样点的确定

采样点应设在靠近用水的取水口及主要水源的入口。

由于分层现象，湖泊和水库的水质沿水深方向可能出现很大的不均匀性，其原因来自水面（透光带内光合作用和水温的变化引起的水质变化）和沉积物（沉积层中物质的溶解）的影响。此外，悬浮物的沉降也可能造成水质垂直方向的不均匀性。在斜温层也常常观察到水质有很大差异。基于上述情况，在非均匀水体采样时，要把采样点深度间的距离尽可能缩短。采样层次的合理布设决定于所需要的资料和局部环境，初步调查可使用探测器（如测量温度、溶解氧、pH、电导率、浊度和叶绿素的荧光）。探测器可提供连续的或短间隔的检测。错开采样深度可显示出全部垂直的不均匀性。采样方案一旦确定，就要严格地执行。采样过程中如果变动了方案，所测得的数据就缺乏可比性。当湖、库沿水深方向水质变化很大时，可使用一组采样器同时进行采样。

2. 采样频率和采样时间

湖泊和水库的水质有季节性的变化，采样频率取决于水质变化的状况及特性。通常，对于长期水质特性检测，可根据研究目的与要求取合理的监测频率，采定点水样的间隔时间一个月是允许的；对于水质控制检测，采样时间间隔可以缩短到一周，如果水质变化明显，则每天都需要采样，甚至连续采样。

此外，对于在一天内的某一时刻经常发生明显变化的水质，而变化趋势的检测又很重要时，采样应在每天的同一时刻进行，以减少时间因素对水质检测带来的影响。如果日内变化具有特殊意义，建议每隔 2~3h 采一次样。

3. 采样方法

采样方法的选择取决于采样方案所规定的目的。特殊情况的采样，或以水质控制为目的的采样在大多数情况下采集定点水样。如监测水质特性，可使用一组定点水样，也可以用综合样。单独分析一组定点水样费用太高，为了降低分析费用，常常把定点水样混合后分析。综合样只能表示平均值，不能显示极端情况下的状况和质量的变化节围。比较合理的方法是在短的时间间隔内取综合样与较长的时间间隔内取一组定点水样，将两种采样方法结合起来。

具体方法与河流采样方法一致。

（三）样品的运输与保存

因气体交换、化学反应和生物代谢，水质变化很快，因此，送往实验室的样品容器要密封、防震，避免日光照射、过热的影响。当样品不能很快地进行分析时，样品需要固定、妥善保存。短期贮存时，可以于 2~5℃冷藏，较长时间的贮存应将样品冷冻至 -20℃。样品冷冻过程中，部分组分可能浓缩到最后冰冻的样品的中心部分，所以在使用冷冻样品时，要将样品全部融化。也可以采用加化学药品的方法保存。但应注意，所选择的保存方法不能干扰以后的样品检验，或影响检测结果。

在现场测定记录中要记录所有样品的处理及保存步骤，测量并记录现场温度。一些物理参数如 pH 应现场测定，或者尽快测定。

详细保存方法可参考河流采样中的保存方法。

三、思　考　题

（1）如果要对湖泊、水库进行长期连续监测，如何选择监测断面？

（2）对河流中的某些组分或污染物进行追踪时，如何掌握污染物在水体中的迁移情况？

（3）导致水样发生变化的外在原因有哪些？它们都影响哪些水质指标？

第三章 水污染控制工程基础实验

第一节 引 言

一、基础实验的目的

水污染控制工程基础实验的目的是：

（1）通过实验操作、实验现象的观察和实验结果的分析，加深学生对水污染控制工程的基本概念和基本原理的理解与掌握，巩固课堂教学中学到的理论知识。

（2）学会水处理中常用实验仪器和设备的使用，培养学生实际动手能力和解决实际问题的能力。

（3）初步掌握水污染控制工程实验的基本方法，掌握收集、分析、归纳实验数据的能力和方法，为培养学生的工程能力和创新能力打下良好基础。

二、基础实验的基本要求

一般科学实验的全过程可以分为以下相互衔接的步骤：

（1）明确实验任务。

（2）提出实验方法（包括确定实验装置，选取测试手段，提出实验方法）。

（3）准备进行实验（校正仪表读数，确定人员分工，确定各次测定参数的控制范围，列好所需记录用的数据表格，检查实验设备）。

（4）进行实验，做好观测和记录。

（5）整理数据，分析结果，提出实验报告。

实验的上述几个步骤都是为了一个目的，即提出一个有某种实用意义或参考意义的实验报告，要在实验报告书中把实验的任务，实验测试结果，用图、公式、文字简单明确表达出来，要使读者一目了然，还必须做到：

（1）实验数据可靠，为此要认真考虑实验方案，认真做好实验，认真记录数据。

（2）实验记录要有校核，要清楚地说明实验条件、时间和同组实验人员。水污染控制工程基础实验的过程包括实验准备、实验过程、实验数据整理及实验报告书的撰写等部分。

（一）实验准备

在实验准备阶段，要求学生做到以下几点：

（1）认真阅读实验教材及教科书中指出的实验所涉及的相关知识点，掌握实验的原理和方法，明确实验的目的与要求。

（2）根据实验的具体任务，研究实验的做法及理论根据，分析应该测取哪些数据，并估计实验数据的变化规律。

（3）在教师指导下准备实验用试剂及设备装置，查看设备流程，主要设备构造，仪器仪表种类，安装位置，检查是否合适，了解它们的使用条件及方法。

（4）确定实验的内容、方法和步骤。

（5）准备好相关的试剂、药品及实验记录表格等。

（二）实验过程

（1）明确实验分工，做到责任明确、准确无误。水污染控制工程的实验一般是由几个人合作的，实验时必须做好组织工作，既有分工又有合作，既能保证实验质量，又得到全面训练。每个实验小组要有一个组长，组长负责实验方案的执行和指挥，实验方案应在组内讨论，知晓全组，每个组员各有专责（包括操作，读取数据和观察现象等），而且在适当时间进行轮换。

（2）实验开始前，指导教师应检查实验准备情况，使学生进一步明确实验目的要求。

（3）对特殊设备、仪器及其操作技术做详细讲解及示范。

（4）按实验步骤开始实验，观察实验现象，收集和记录实验数据。

（5）实验结束后，由指导老师审查记录，并按要求清洗设备和整理实验现场。

（三）数据整理和报告书撰写

（1）实验数据分析主要包括实验误差分析、有效数据的取舍、实验数据整理等，并依此判断实验结果的好坏，找出不足之处，提出完善实验的措施。

（2）实验报告是对实验的全面总结，必须写得简单明白，数据完整，交待清楚，结论明确，有讨论有分析，得出的公式或线图表要指明实验条件。

（3）实验报告应包含实验名称、实验目的、实验步骤、实验数据和分析讨论等。在分析讨论中，要根据实验结果做出估计，分析误差大小及原因，要运用所学知识对实验现象进行解释，对异常现象进行讨论，并提出改进思路和建议。

（4）实验报告由指导教师审阅并给出成绩，成绩不合格者要重做报告，或补做实验。

第二节　水污染控制的物理化学实验

物理化学处理是水处理技术中的一个重要组成部分。其中，物理处理的主要对象是悬浮或胶体物质，一般采用筛滤截留法（筛网、格栅、滤池与微滤机）、重力分离法（沉砂池、沉淀池、隔油池与气浮池）、离心分离法（离心机与旋流分离器等）与混凝沉淀法；化学处理则主要去除溶解性的有毒有害物质或难以生物降解的物质，常用的工艺有中和、化学沉淀、氧化还原、电解与活性炭吸附等。沉淀与过滤是水污染控制中常常用来去除水中悬浮或胶体物质的方法。

在传统水污染控制工程实验教学过程中面临着一些工程类专业实验教学的共性问题，以及由其专业本身特性所带来的技术难题，包括：①实验教学仅机械地完成理论配套实验，与社会需求脱节，难以建立有效的“理论-实践-应用”反馈机制；②实践教学体系培养模式较单一，设计性、综合性和创新型实验占比较少；③环境学科发展迅猛，新仪器、新方法不断涌现，传统实验手段难以同步适应；④课程综合实验仪器体积大、成本高，实验周期长，场地、学时和经费条件限制了学生对实验的参与度；⑤化学类实验项目涉及剧毒化学品，危险性高、管理难度大。这些技术难题一定程度上制约了实验教学的更新和发展，不符合现阶段环境工程人才培养目标的实际要求。因此，此章节针对部分实验项目，将虚拟仿真技术与实际实验教学相结合，能够有效地解决以上难题，获得与实际实验相符的实验现象、规律和结论，具有传统实验教学无法比拟的优势。

一、自由沉淀实验

依据水中悬浮颗粒的凝聚性能和浓度，通常把沉淀分成四种不同的类型：自由沉淀、混凝沉降、成层沉淀和压缩沉降。固体颗粒在沉砂池及初沉池内的初期沉降属于自由沉淀。自由沉淀的颗粒沉速可以用 Stokes 公式来描述。但由于水中颗粒的复杂性，颗粒粒径、密度很难准确地测定，因而其沉淀效果、特性无法通过公式求得而是通过静沉实验确定。

（一）实验目的

（1）加深对自由沉淀特点、基本概念及沉淀规律的理解。

（2）掌控颗粒自由沉淀的实验方法。

（3）分析、整理实验数据，然后绘制颗粒自由沉淀曲线。

（二）实验原理

非絮凝性或弱絮凝性固体颗粒在稀悬浮液中的沉淀属于自由沉淀，如图 3-1 所示。由于悬浮固体浓度低，而且颗粒之间不发生聚集，因此在沉降过程中颗粒的形状、粒径和密度都保持不变，互不干扰地各自独立地完成匀速沉降过程。

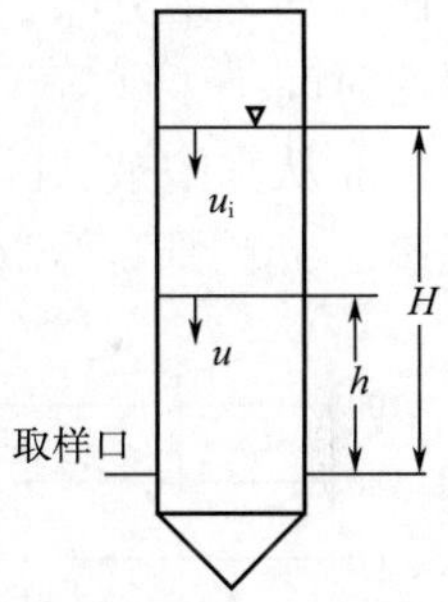

图 3-1　自由沉淀示意图

自由沉淀实验一般在沉淀柱里进行，其直径应足够大，一般应使 $D \geqslant 100$mm，以免颗粒沉淀受柱壁干扰。

在沉淀柱内，颗粒物的总沉淀效率按式（3-1）计算：

$$E = (1 - P_0) + \frac{1}{u_0}\int_0^{P_0} u\mathrm{d}P \tag{3-1}$$

式中　E——总沉淀效率

P_0——沉速小于 u_0 的颗粒在全部悬浮颗粒中所占的百分数

$1-P_0$——沉速大于或等于 u_0 的颗粒去除百分数

u_0——某一指定颗粒的最小沉降速度

u——小于最小沉降速度 u_i 的颗粒沉速

设在一水深为 H 的沉淀柱内进行自由沉淀实验。实验开始，沉淀时间为 0，此时沉淀柱内悬浮物分布是均匀的，即每个断面上颗粒的数量与粒径的组成相同，悬浮物浓度为 C_0（mg/L），此时去除率为 0。

实验开始后，不同沉淀时间 t_i，颗粒沉淀速度 u_i 如式（3-2）所示：

$$u_i = \frac{H}{t_i} \tag{3-2}$$

式中　u_i——t_i 时间内从水面下沉到池底（此处为取样点）的最小颗粒（粒径 d_i）所具有的沉速

此时，取样点处水样悬浮物浓度为 C_i，未被去除的颗粒（即 $d<d_i$）所占的百分比如式（3-3）所示：

$$P_i = \frac{C_i}{C_0} \tag{3-3}$$

因此，被去除的颗粒（$d \geqslant d_i$）所占比例如式（3-4）所示：

$$E_i = 1 - P_i \tag{3-4}$$

实际上，沉淀时间 t_i 内，由水中沉至池底的颗粒是由两部分颗粒组成，即沉速 $u \geqslant u_i$ 的那一部分颗粒能全部沉到池底。此外，颗粒沉速 $u<u_i$ 的那一部分颗粒，也有一部分能沉至池底。这是因为这部分颗粒虽然粒径很小，沉速 $u<u_i$，但是这部分颗粒并不都在水面，而是均匀地分布在整个沉淀柱的高度内。因此，只要在水面下，它们下沉至池底所需要的时间小于或等于具有沉速 u_i 的颗粒由水面沉至池底所需要的时间 t_i，那么这部分颗粒也能从水中被去除。

沉速 $u<u_i$ 的那部分颗粒虽然有一部分从水中去除，但各种粒径颗粒去除率并不相同。一般来说，粒径大的沉到池底的多，粒径小的沉到池底的少。因此，若能分别求出各种粒径的颗粒占全部颗粒的百分比，并求出该粒径颗粒在时间 t_i 内沉至池底的颗粒占本粒径颗粒的百分比，则两者的乘积即为各种颗粒在全部颗粒中的去除率。如此，分别求出 $u<u_i$ 的那些颗粒的去除率。相加后，即可得出这部分颗粒的去除率，如图 3-2 所示。

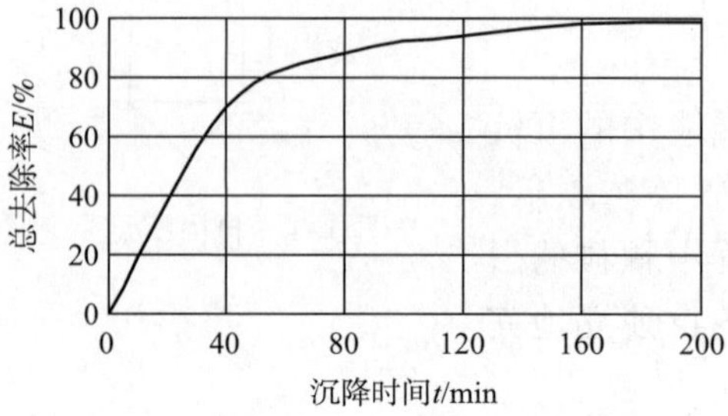

图 3-2　总去除率与沉降时间的关系

因为 t_i 内能被去除的部分占这种颗粒总量的分数如式（3-5）所示：

$$\frac{h}{H} = \frac{\frac{h}{t_i}}{\frac{H}{t_i}} = \frac{u}{u_i} \tag{3-5}$$

其中 h 为沉淀柱内某一高度位置。故这种粒子的去除率占全部粒子的分数如式（3-6）所示：

$$\frac{u}{u_i}\mathrm{d}P = \frac{h}{H}\mathrm{d}P \tag{3-6}$$

式中　dP——粒径小于 d_i 的某种颗粒占全部颗粒的百分比

则全部粒子中的 $u \leqslant u_i$，部分粒子的去除率如式（3-7）所示：

$$\int_0^{P_i} \frac{u}{u_i} \mathrm{d}P = \int_0^{P_i} \frac{h}{H} \mathrm{d}P \tag{3-7}$$

因此，全部固体中在 t_i 内可去除的分数（去除率）如式（3-8）所示：

$$E = (1 - P_0) + \frac{1}{u_i}\int_0^{P_i} u \mathrm{d}P \tag{3-8}$$

工程上常用式（3-9）计算：

$$E = (1 - P_0) + \frac{\sum \Delta P \cdot u}{u_0} \tag{3-9}$$

（三）实验设备、试剂

①自由沉淀实验装置见图 3-3；②有机玻璃沉淀柱的内径 D 为 140mm，高 1.5m。工作水深即由柱内液面至取样口的距离。取样口共有 6 个深度分别为 0.35、0.70、1.00、1.05、1.35 和 1.4m，一般选择 1.00m 和 1.35m 进行实验。每根沉淀柱上设进水管、放空管；③配水及投配系统包括钢板水槽、电动搅拌装置、水泵、配水管和高位水箱等；④计时用秒表（或用手机代替）；⑤悬浮物含量测定所需设备包括电子天平 1 台（精度 0.1mg），恒温烘箱 1 台，100mL 量筒 2 个，200mL 三角瓶 10 个，漏斗 10 个，玻棒 2 根，40mm×70mm 带盖称量瓶 18 个，干燥器 1 个，另需移液管、陶瓷托盘、定量滤纸、漏斗架等；⑥高岭土（用于配制水样）。

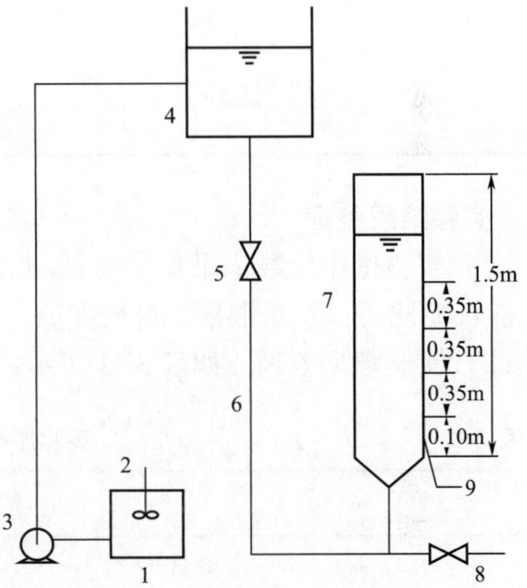

图 3-3　自由沉淀静沉实验装置

1—配水箱　2—搅拌机　3—水泵　4—高位水箱　5—进水管阀门　6—进水管　7—沉淀柱　8—取样口　9—放空管阀门

（四）实验步骤

（1）将定量滤纸编号放入称量瓶中，编号、烘干（100~105℃，烘 2~3h）至恒重，置于干燥器中冷却至室温称重后待用。

（2）先将一定量的高岭土和自来水投入配水箱中，然后启动搅拌装置使分散均匀。水样也可采用煤气洗涤污水、轧钢废水、天然河水等。

（3）配水箱中水质均匀后，启动水泵，将水抽到高位水箱中，同时打开进水管及沉淀杆底部的放空阀门，适当冲洗管路中的沉淀物。稍后，关闭放空阀门。进水至 1.45m 刻度线处，同时启动秒表记录时间，沉淀实验开始。

（4）当时间为 2、5、10、15、30、40、60 和 120min 时，用量筒在取样口处取水样 100mL（注意：取水样时，需先放掉一些水，以便冲洗取样口处的沉淀物），在每次取样前后读出水面高度 H。

（5）用定量滤纸分别过滤 9 个水样，待定量滤纸内没有明显水滴后将定量滤纸折叠并放入称量瓶。

（6）将称量瓶放在恒温烘箱中，调节温度至 100~105℃，干燥 2~3h。

（7）取出定量滤纸，放在干燥器中冷却至室温称重。

（8）将数据记入表 3-1 中。

表 3-1　　颗粒自由沉淀实验记录

静沉时间 t/min	称量瓶号	称量瓶+滤纸/g	水样体积/mL	瓶+滤纸+SS/g	水样 SS 质量/g	悬浮物浓度/(mg/L)	沉淀高度/m
0							1.00
…							
0							1.35
…							

（五）实验结果整理

（1）实验操作参数记录　①实验日期；②沉淀柱直径；③水温；④水样性质及来源；⑤沉淀柱高；⑥原水悬浮物浓度。

（2）实验数据整理　如表 3-2 所示。

表 3-2　　实验原始数据整理表

沉淀高度/m	1.00								
沉淀时间 t/min	0	2	5	10	15	30	40	50	60
水样 SS/(mg/L)									
SS 去除率/%									
未被去除颗粒百分比 P									
颗粒沉速/(mm/s)									
沉淀高度/m	1.35								
沉淀时间 t/min	0	2	5	10	15	30	40	50	60
水样 SS/(mg/L)									
SS 去除率/%									
未被去除颗粒百分比 P									
颗粒沉速/(mm/s)									

表中不同沉淀时间 t_i 时，沉淀柱内未被去除的悬浮物的百分比及颗粒沉速分别按式（3-10）和式（3-11）计算。

$$P_i = \frac{C_i}{C_0} \times 100\% \tag{3-10}$$

式中　C_0——原水中 SS 浓度值，mg/L

C_i——某沉淀时间后，水样中 SS 浓度值，mg/L

$$u_i = \frac{H}{t_i} \tag{3-11}$$

（3）以颗粒沉速 u 为横坐标，P 为纵坐标。在普通格纸上绘制 u-P 关系曲线。

（4）利用图解法列表（表 3-3）计算不同沉速时，悬浮物的去除率。

表 3-3　悬浮物去除率 E 的计算

序号	u_0	P_0	$1-P_0$	ΔP	u	$u \cdot \Delta P$	$\sum u \cdot \Delta P$	$(\sum u \cdot \Delta P)/u_0$	$E = (1-P_0) + \frac{\sum \Delta P \cdot u}{u_0}$

（5）根据上述计算结果，以 E 为纵坐标，分别以 u 及 t 为横坐标，绘制 u-E，t-E 关系曲线。

（六）注意事项

（1）向沉淀柱内进水时，速度要适中。既要较快完成进水，以防进水中一些较重物质沉淀，又要防止速度过快造成柱内水体紊动，影响静沉实验效果。

（2）取样前，一定要记录管中水面至取样口距离 H_0（cm）。

（3）取样时，先排除管中积水而后取样，每次取 100～150mL。

（4）测定悬浮物时，因颗粒较重，从烧杯取样要边搅边吸，以保证水样均匀。贴于移液管壁上的细小的颗粒一定要用蒸馏水洗净。

（七）问题与讨论

（1）绘制自由沉淀静沉曲线的方法和意义。

（2）比较取样口高分别为 1.00m 和 1.35m，两组实验结果是否一样，为什么？

附：自由沉淀虚拟仿真实验

（一）虚拟仿真软件

本虚拟仿真实验采用北京欧倍尔软件技术开发有限公司自由沉淀虚拟仿真实验 V1.0 版本，软件视图如图 3-4 所示：

（1）一个储水池，内装一定量的高岭土。

（2）一个有机玻璃的沉淀柱，主要参数：内径 0.2m，高 2m，深度为 1.8m，侧面有 3 个取样口，距溢流口的深度分别为上：h_1=0.2m，中：h_2=0.9m，下：h_3=1.6m。

（3）一台污水泵，污水泵的入口与储水池相连，两个出口分别与储水池以及沉淀

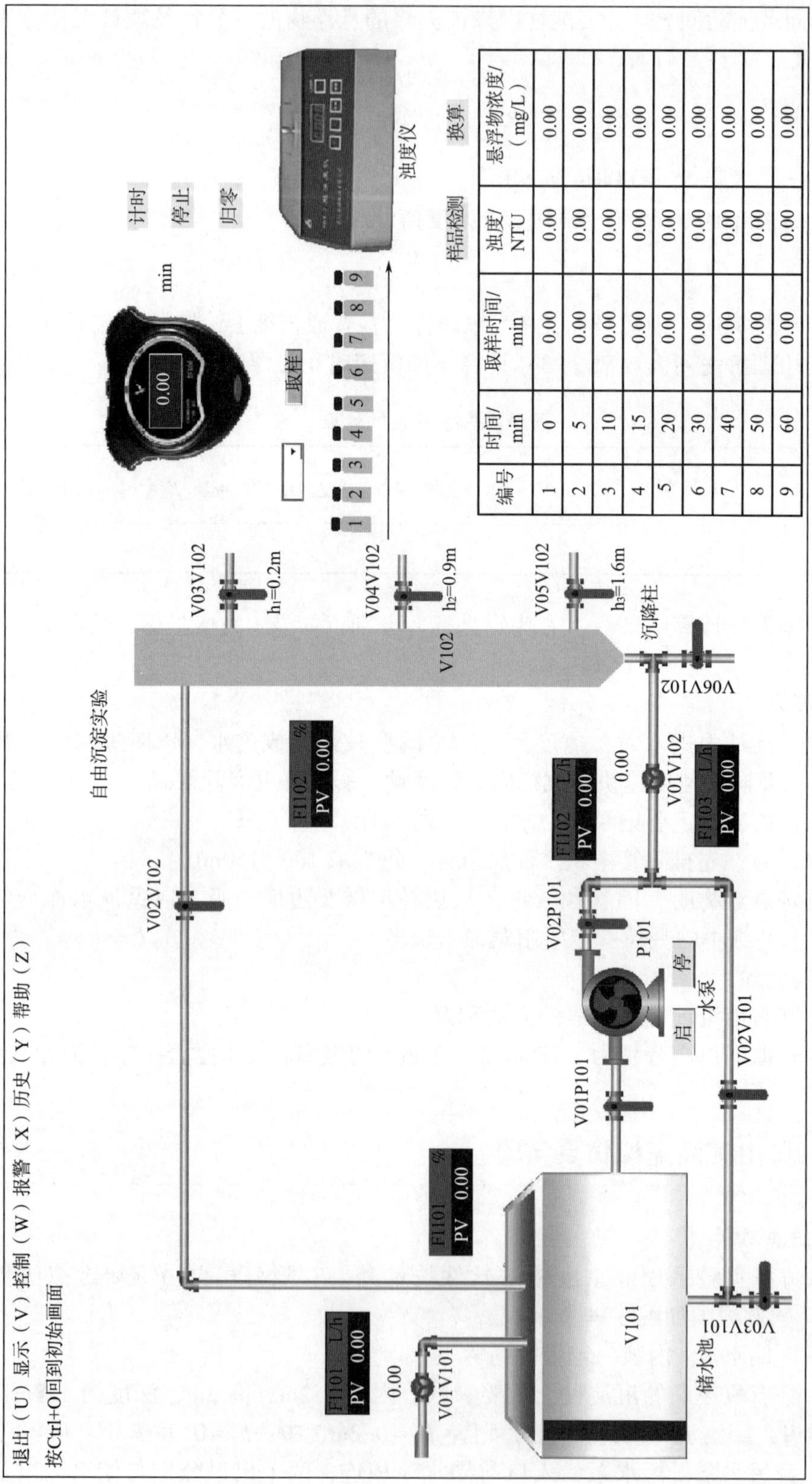

图 3-4 自由沉淀虚拟仿真实验界面图

柱的下端相连，启动污水泵，打开回流阀后，就能对储水池起到回流搅拌作用。

（4）浊度计，测量范围 0.00~1100 NTU，用悬浮物浓度为 640mg/L、浊度为 400 NTU 的标准液进行校正。

（5）计时秒表。

（二）实验操作方法

（1）打开储水池 V101 的进水阀 V01V101，调节开度使液位以合适的速度上升，对储水池 V101 进行注水配制待测水样。

（2）待储水池 V101 水位达到 80%以上时，可以关闭进水阀 V01V101，不要将储水池的水注满。

（3）分别依次打开泵的进水阀 V01P101，泵 P101，泵的出水阀 V02P101。

（4）打开回流搅拌阀 V02V101，对储水池 V101 进行回流搅拌一段时间。

（5）对储水池回流搅拌一段时间后，打开沉降柱 V102 的溢流阀 V02V102。

（6）同时打开沉降柱 V102 的进水阀 V01V102，对沉降柱进水，调节 V01V102 的开度，使液位以合适的速度上升，当液位快到溢流口时，调小开度，减小进水量。

（7）当沉降柱中的液位达到溢流管，开始溢流后，关闭沉降柱的进水阀 V01V102，关闭溢流阀 V02V102，关闭回流搅拌阀 V02V101，依次关闭泵 P101 的出水阀 V02P101、泵 P101 和进水阀 V01P101。

（8）点击“计时”按钮开始计时，同时打开沉降柱中部位置的取样口的阀门 V04V102 进行取样，作为“原水悬浮物浓度”的数据，取完样立即关闭阀门 V04V102。

（9）分别在第 5、10、15、20、30、40、50、60min 从中间取样口取样，作为计算“沉淀速率”和“沉淀效率”的数据。

（10）取完样品后，点击“样品检测”按钮，样品的浊度由浊度计检测后显示在数据记录表中。

（11）点击“换算”按钮，样品的浊度换算为悬浮物浓度显示在数据记录表中。

（12）最后分别打开储水池和沉降柱的排空阀 V03V101、V06V102，等储水池和沉降柱的水排净后，分别关闭排空阀 V03V101、V06V102。

（13）数据记录与处理可以点击左上方的工具栏进行记录和处理。

①点击“文件管理”，然后点击“另存”，输入文件名，例如“自由沉淀”。

②点击“数据处理”，然后点击“记录数据”，弹出数据记录框，分别输入“时间”“实验水深”“浊度”“初始悬浮物浓度”和“悬浮物浓度”，注意相应的单位。

③选中你所填好数据的栏，点击“ 数据处理”，会计算出相应的“沉淀速率”和“沉淀效率”。

④点击“查看图表”，可以看到“沉淀速率——沉淀效率”的曲线。

⑤点击“打印报告”，选择你保存的文件，列数最好选择 8 列，选择路径，点击“打印”，打印成功后会保存在相应文件夹下。

（三）实验结果整理

1. 数据记录与处理

数据记录与处理见表 3-4。

表 3-4　　自由沉淀实验数据记录与处理

编号	时间 t/min	浊度/NTU	悬浮物浓度/（mg/L）	沉淀速率 u/（mm/s）	沉淀效率/%
1	0				
2	5				
3	10				
4	15				
5	20				
6	30				
7	40				
8	50				
9	60				

2. 沉淀速率-沉淀效率曲线

沉淀速率-沉淀效率曲线见图 3-5。

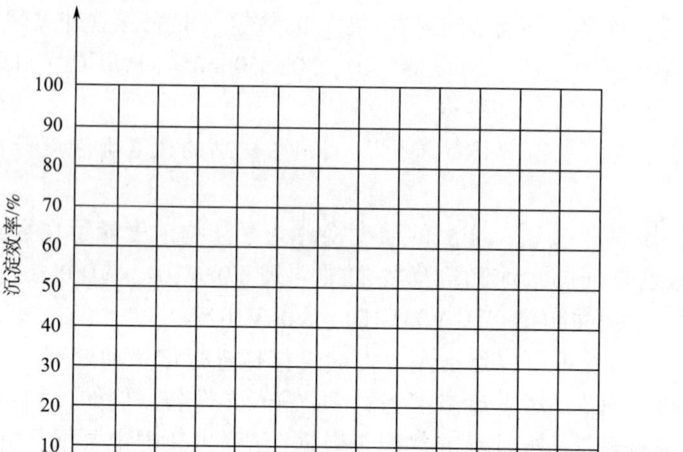

图 3-5　沉淀速率-沉淀效率曲线

二、过滤处理实验

过滤是具有孔隙的物料层截留水中杂质从而使水得到澄清的工艺过程。常用的过滤方法有砂滤、硅藻土涂膜过滤、烧结管微孔过滤、金属丝编织物过滤等。过滤不仅可以去除水中细小的悬浮杂质，而且可以降低水的浊度从而去除细菌、病毒和有机物。本实验按照实验滤池的构造结构，内装石英砂滤料或陶瓷滤料，利用自来水进行清洁砂层过滤和反冲洗实验。

（一）实验目的

（1）熟悉滤池实验设备和方法。

（2）了解滤料层膨胀与冲洗强度的关系，滤料层的水头损失与工作时间的关系。

（3）探求不同滤料层的水质，了解大部分的过滤效果是在顶部完成的。

（二）实验原理

为了取得良好的过滤效果，滤料应具有一定级配。不过，生产上有时为了方便，常采用0.5mm和1.2mm孔径的筛子进行筛选。这样就不可避免地出现细滤料（或粗滤料）有时过多或过少的现象。为此，应采用一套不同的筛子进行筛选，并选定d_{10}和d_{80}，从而决定滤料级配（d_{10}即有效粒径，指筛分滤料时，能使滤料总量的10%通过筛目粒径；d_{80}即滤料的不均匀分数，指能使80%滤料通过的筛目粒径与有效粒径的比）。在研究过滤过程的有关问题时，常常涉及孔隙度的概念，其计算公式如式（3-12）所示。

$$m = \frac{V_n}{V} = \frac{V - V_c}{V} = 1 - \frac{V_c}{V} = 1 - \frac{G}{V\gamma} \tag{3-12}$$

式中　m——滤料孔隙度（率），%

V_n——滤料层孔隙体积，cm^3

V——滤料层体积，cm^3

V_c——滤料层中滤料所占的体积，cm^3

G——滤料质量（在105℃下烘干），g

γ——滤料密度，g/cm^3

滤层截污量增加后，滤料孔隙度m减小，水流穿过砂层缝隙，流速增大，因此水头损失增大。均匀滤料的水头损失计算公式如式（3-13）所示。

$$H = \frac{K}{g}\gamma\frac{(1-m)^2}{m^3}\left(\frac{6}{\varphi d_0}\right)^2 Lv + \frac{1.75}{g}\frac{1-m}{m^3}\left(\frac{1}{\varphi d_0}\right)Lv^2 \tag{3-13}$$

式中　K——无因次数，通常取4~5

d_0——滤料粒径，cm

v——过滤滤速，cm/s

L——滤层厚度，cm

γ——水的运动黏滞系数，cm^2/s

φ——滤料颗粒球度系数，可取0.80左右

上式的第一项属于黏滞项，第二项为动力项，根据滤速的大小，各项所占的比例不同。

为了保证滤后水质和过滤速率，当过滤一段时间后，需要对滤层进行反冲洗，使滤料层在短时间内恢复工作能力。反冲洗的方式有很多种，其原理是一致的。反冲洗开始时，承托层、滤料层未完全膨胀，相当于滤池处于反向过滤状态，这时滤层水头损失可用上式计算。当反冲洗速度增大后，滤料层完全膨胀，处于流态化状态。根据滤料层膨胀前后的厚度便可求出膨胀度，如式（3-14）所示。

$$e = \frac{L - L_0}{L_0} \times 100\% \tag{3-14}$$

式中　L——砂层膨胀后的厚度，cm

L_0——砂层膨胀前的厚度，cm

膨胀度 e 的大小直接影响了反冲洗效果，而反冲洗的强度大小决定了滤料层的膨胀度。反冲洗强度可按式（3-15）计算：

$$q = 100\frac{d_e^{1.31}}{\mu^{0.54}}\frac{(e + m_0)^{2.31}}{(1 + e)^{1.77}(1 - m_0)^{0.54}} \tag{3-15}$$

式中　q——反冲洗强度，m/s

d_e——滤料的当量粒径，cm

μ——动力黏度，Pa·s

e——膨胀度，%

m_0——滤层原来的孔隙度，%

滤料的当量粒径 d_e 可用式（3-16）计算：

$$d_e = \frac{1}{\sum_{i=1}^{n}\frac{p_i}{d_i}} = \frac{1}{\sum_{i=1}^{n}\frac{p_i}{\frac{d_{i1} + d_{i2}}{2}}} \tag{3-16}$$

式中　d_{i1}、d_{i2}——相邻两层滤料的粒径，cm

p_i——d_i粒径的滤料占全部滤料的比例

对于不均匀的滤料，水头损失计算公式如式（3-17）所示：

$$H = \frac{K}{g}\gamma\frac{(1 - m)^2}{m^3}Lv\left(\frac{6}{\varphi}\right)^2\sum_{i=1}^{n}\left(\frac{p_i}{d_i^2}\right) + \frac{1.75}{g}\frac{1 - m}{m^3}\sum_{i=1}^{n}\left(\frac{p_i}{\varphi d_i}\right)Lv^2 \tag{3-17}$$

式中各符号意义同式（3-12）和式（3-13）。

（三）实验装置与设备

1. 实验装置

本实验采用如图 3-6 所示的实验装置，过滤和反冲洗水来自高位水箱。高位水箱的尺寸为 2m×1.5m×1.5m，高出地面 10m。

2. 实验设备和仪器仪表

过滤柱（有机玻璃，d=100mm，L=2000mm），转子流量计，测压板（3500mm×500mm），测压管（有机玻璃管，ϕ10m×1000mm），筛子（孔径 0.2~2.0mm，中间不少于 4 挡），量筒（1000mL，100mL），容量瓶，相对密度瓶，干燥器，钢尺，温度计等。

（四）实验步骤

1. 滤料筛分和孔隙度测定步骤

①称取滤料砂 500g，洗净后于 105℃恒温箱中烘干 1h，放在干燥器内冷却；②用孔径为 0.2~2.0mm 的一组筛子过筛，称出留在各筛子上的沙子质量；③分别称取孔径为 0.5mm、0.8mm 和 1.2mm 的筛上的沙子各 20g，置于 105℃恒温箱中烘干 1h，放在干燥器内冷却；④称取上述滤料各 10g，用 100mL 量筒测出堆体体积；⑤用带有刻度的容量瓶测出各滤料体积。

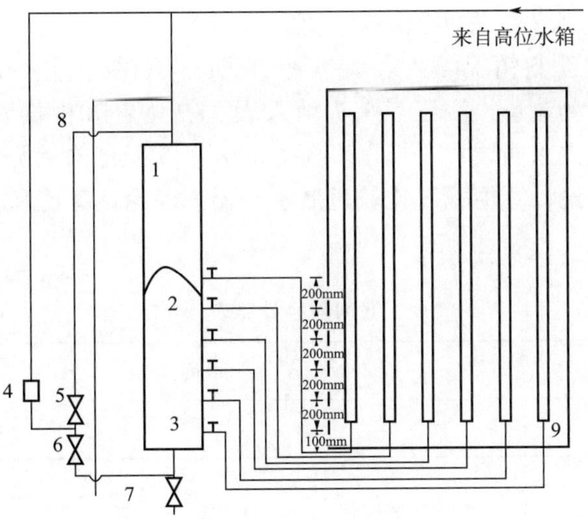

图 3-6　过滤实验装置

1—过滤柱　2—滤料层　3—承托层　4—转子流量计　5—过滤进水阀门
6—反冲洗进水阀门　7—过滤出水阀门　8—反冲洗出水管　9—测压板

2. 清洁砂层过滤水头损失实验步骤

①开启阀门 6，冲洗滤层 1min；②关闭阀门 6，开启阀门 5 和 7，快滤 5min，使砂面保持稳定；③调节阀门 5 和 7，使出水流量为 8~10mL/s（相当于 d=100mm 过滤柱中滤速约 4m/h），待测压管中水位稳定后，记下滤柱最高和最低两根测压管中的水位，记入表中；④增大过滤水量，使过滤流量依次为 13、17、21 和 26mL/s 左右，最后一次流量控制在 60~70mL/s，分别测出滤柱最高和最低两根测压管中的水位，记入表 3-4 中；⑤量出滤层厚度。

3. 滤层反冲洗实验步骤

①慢慢开启反冲洗进水阀门 6，使滤料慢慢膨胀起来，待滤层表面稳定后，记录反冲洗流量和滤层膨胀后的厚度；②开大反冲洗阀门 6，变化反冲洗流量，按步骤①测出反冲洗流量和滤层膨胀后的厚度；③改变反冲洗流量 6~8 次，直至最后一次砂层膨胀率达 100%为止，测出反冲洗流量和滤层膨胀后的厚度。

(五) 实验结果整理

1. 滤料筛分和孔隙度测定实验结果整理

①根据砂滤料筛分情况，按表 3-5 进行记录；②根据表 3-5 所列数据，取 d_{10} = 0.4mm，d_{80} = 1.2mm，绘制滤料筛分曲线，并求出原滤料砂筛去除的比例；③根据粒径为 0.5mm、0.8mm 和 1.2mm 的滤料质量、体积和密度，分别求出它们的孔隙度。

表 3-5　　滤料筛分记录表

筛孔/mm	留在筛上的砂量		通过该筛的砂量	
	质量/g	比例/%	质量/g	比例/%

2. 清洁砂层过滤水头损失实验结果整理

①将滤柱内所装滤料情况填入表 3-6 中，$\sum p_i = 100\%$，$\sum p_i/d_i =$ ____，$\sum p_i/d_i^2 =$ ____；②将过滤时所测流量、测压管水头填入表 3-7 中；③根据表 3-7 中数据绘出水头损失 H 与流速 v 的关系曲线；④根据表 3-6 和表 3-7 及滤料筛分和孔隙度测定实验数据，求出水头损失理论计算值；⑤比较过滤水头损失理论计算值和实测值的误差，记入表 3-6 中。

表 3-6　　滤料粒径计算表

平均粒径 d_i/cm	d_i/%	d_i^2/cm²	p_i/d_i	p_i/d_i^2	备注

表 3-7　　清洁砂层过滤水头损失实验记录表

序号	测定次数	流量 Q/(mL/s)	反冲洗强度/(cm/s)		实测水头损失			水头损失理论计算值 H/cm	误差 $(h-H)/h$/%	备注
			Q/W/(cm/s)	$36Q/W$/(m/h)	测压管水头/cm h_b	测压管水头/cm h_a	(h_b-h_a)/cm			
1	1									
	2									
	3									
	平均									
…	…									

注：h_b 为最高测压管水位值，h_a 为最低测压管水位值，W 为过滤柱的截面积，cm²。

3. 滤层反冲洗实验结果整理

①将反冲洗流量变化情况、膨胀后砂层厚度填入表 3-8 中；②求出滤层膨胀度 e'，记入表 3-7 中；③根据实测砂层膨胀度 e 和理论计算值 e' 计算出膨胀度误差。

表 3-8　　滤层反冲洗实验结果整理

序号	测定次数	反冲洗流量/(mL/s)	反冲洗强度/(cm/s)	膨胀后砂层厚度 L/cm	砂层膨胀度/%	砂层膨胀度理论计算值 e'	误差/% $(e-e')/e'$
1	1						
	2						
	3						
	平均						
…	…						

注：反冲洗前滤层厚度 $L_0 =$ ____ cm。

（六）注意事项

（1）用筛子筛分滤料时不要用力拍打筛子，只在过筛结束时轻轻拍打一次筛孔中的滤料即会脱离筛孔。

（2）反冲洗滤柱中的滤料时，不要使进水阀门开启度过大，应缓慢打开以防滤料冲出柱外。

（3）在过滤实验前，滤层中应保持一定水位，不要把水放空，以免过滤实验时测压管中积存空气。

（4）反冲洗时，为了准确地量出砂层厚度，一定要在砂面稳定后再测量，并在每一个反冲洗流量下连续测量 3 次。

（七）问题与讨论

（1）分析滤料为什么膨胀度过大？

（2）实验存在有什么问题，如何进行改进？

三、气浮分离实验

（一）实验目的

（1）气浮实验是研究相对密度近于 1 或小于 1 的悬浮颗粒与气泡黏附上升。

（2）进一步了解和掌握气浮净水方法的原理及工艺流程。

（3）掌握气浮法设计参数“气-固比”及“释气量”的测定方法及整个实验的操作技术。

（二）实验原理

气浮净水方法是水污染控制工程中广泛应用的一种水处理方法。该法主要用于处理水中相对密度小于或接近于 1 的悬浮杂质，如乳化油、羊毛脂、纤维以及其他各种有机或无机的悬浮絮体等。因此气浮法在自来水厂、城市污水处理厂以及炼油厂、食品加工厂、造纸厂、毛纺厂、印染厂和化工厂等的水处理中都有所应用。气浮法具有处理效果好、周期短、占地面积小以及处理后的浮渣中固体物质含量较高等优点，但也存在设备多、操作复杂、动力消耗大的缺点。

气浮法就是使空气以微小气泡的形式出现于水中并慢慢自下而上地上升，在上升过程中，气泡与水中污染物质接触，并把污染物质黏附于气泡上（或气泡附于污染物上）从而形成相对密度小于水的气-固结合物浮升到水面，使污染物质从水中分离出去。

气浮法依据气泡产生的方法分为布气气浮、加压溶气气浮和电解气浮几种。加压溶气气浮法就是使空气在一定压力作用下溶解于水，并达到饱和状态，然后使加压水表面压力减到常压，此时溶解于水中的空气便以微小气泡的形式从水中退出来。这样就产生了供气浮用的合格微小气泡。加压溶气气浮法根据进入溶气罐的水的来源，又分为无回流系统与有回流系统加压溶气气浮法，目前生产中广泛采用后者，其流程如图 3-5 所示。

影响加压溶气气浮的因素很多，加压空气在水中的溶解量、气泡直径的大小、气浮时间、水质、药剂种类与加药量、表面活性物质种类、数量等。因此，采用气浮法进行水质处理时，常需通过实验测定一些有关的设计运行参数。

本实验主要介绍加压溶气气浮法求设计参数“气-固比”以及测定加压水中空气溶

解效率的“释气量”的实验方法。

1. 气-固比实验

气-固比 A/S 是设计气浮系统时经常使用的一个基本参数，是空气量与固体物数量的比值，无量纲，定义为：$\frac{A}{S}=\frac{\text{减压释放的气体(kg/d)}}{\text{进水的固体物(kg/d)}}$。

对于上述的有回流系统的加压溶气气浮法，其气-固比可表示如下：

以质量浓度 C(mg/L) 表示时，如式（3-18）所示。

$$\frac{A}{S}=R\left(\frac{C_1-C_2}{S_0}\right) \tag{3-18}$$

以体积浓度 S_a（cm^3/L）表示时，如式（3-19）所示。

$$\frac{A}{S}=R\frac{1.2S_a(fp-1)}{S_0} \tag{3-19}$$

式中　C_1 和 C_2——系统 4、9 处气体于水中浓度，mg/L，见图 3-7

S_0——进水悬浮物浓度，mg/L

S_a——水中空气溶解量，cm^3/L

$C=S_a/\rho_a$，ρ_a 为空气密度。当 20℃ 和 1 个大气压时，$\rho_a=1.2mg/cm^3$

p——溶气罐内压力，MPa（表压）

f——比值因素，在溶气罐内压力 $p=0.2\sim0.4$MPa，温度为 20℃ 时，$f\approx0.5$

R——回流水量，L/d

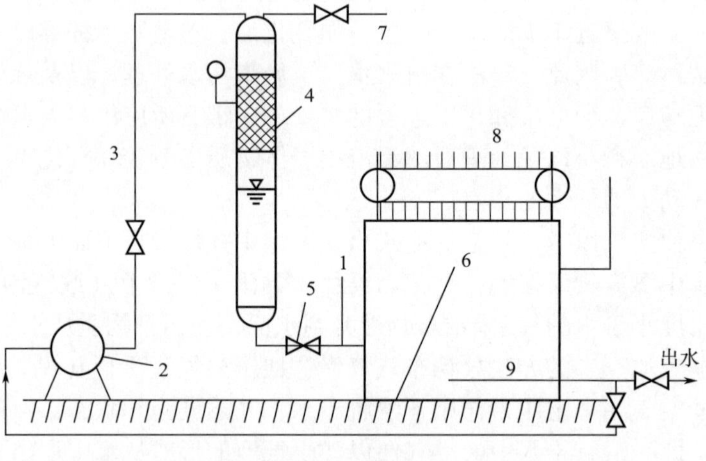

图 3-7　回流加压溶气方式流程

1—废水进入　2—加压泵　3—空气进入　4—压力溶气罐（含填料层）
5—减压阀　6—气浮池　7—放气阀　8—刮渣机　9—集水管及回流清水管

气-固比不同，水中空气量不同，不仅影响出水水质（SS 值），而且也影响成本费用。本实验是改变不同的气-固比 A/S，测出水 SS 值，并绘制 A/S-SS 关系曲线。由此

可根据出水 *SS* 值确定气浮系统的 *A/S* 值，如图 3-8 和图 3-9 所示。

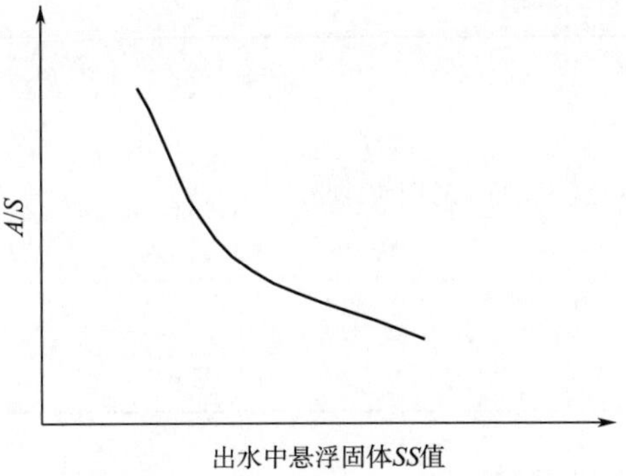

图 3-8　*A/S*~*SS* 曲线

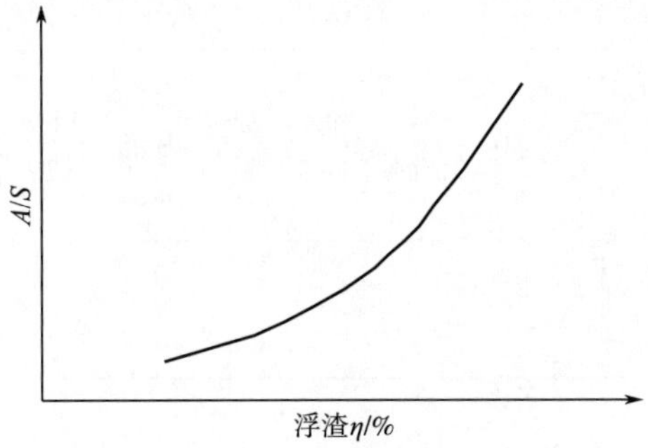

图 3-9　*A/S*~浮渣曲线

（1）实验装置、仪器设备如图 3-10 所示。

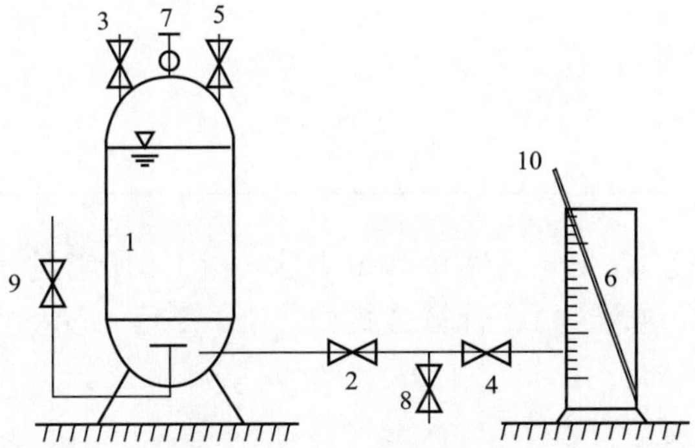

图 3-10　气-固比实验装置

1—压力溶气罐　2—减压阀或释放器　3—加压水进水口　4—入流阀　5—排气口
6—反应量筒　7—压力表　8—排放阀　9—压缩空气进气阀　10—搅拌棒

（2）实验步骤及记录　①将某污水加药混凝沉淀，然后取压力容器罐 2/3 倍体积的上清液加入压力容器罐；②开进气阀门使压缩空气进入加压溶气罐，待罐内压力达到预定压力时（一般为 0.3~0.4MPa）关进气阀门并静置 10min，使罐内水中溶解空气达到饱和；③测定加压溶气水的释气量以确定加压溶气水是否合格（一般释气量与理论饱和值之比为 0.9 以上即可）；④将 500mL 已加药并混合好的某污水倒入反应量筒（加药量按混凝实验定），并测原污水中的悬浮物浓度；⑤当反应量筒内已见微小絮体时，开减压阀（或释放器）按预定流量往反应量筒内加溶气（其流量可根据所需回流比而定），同时用搅拌棒搅动半分钟，使气泡分布均匀；⑥观察并记录反应筒中随时间而上升的浮渣界面高度并求其分离速度；⑦静置分离 10~30min 后分别记录清液与浮渣的体积；⑧打开排放阀门分别排出清液和浮渣，并测定清液和浮渣的悬浮物浓度（η）；⑨按几个不同回流比重复上述实验，即可得出不同的气-固比与出水水质 *SS* 值，记录见表 3-9

和表 3-10。

表 3-9　气-固比与出水水质记录表

实验号	原污水						压力溶气水					出水		浮渣		
	水温/℃	pH	体积 V_0/mL	加药名称	加药量/%	悬浮物浓度/(mg/L)	体积/mL	压力/MPa	释气量/mL	气固比 A/S	回流比 R	悬浮物/(mg/L)	去除率/%	体积 V_1/mL	体积 V_2/mL	悬浮物浓度/(mg/L)
1																
…																

表 3-10　浮渣高度与分离时间记录表

项目	记录
t/min	
h/cm	
$H-h$/cm	
V_2/mL	
V_2/V_1	

表中气-固比 g（气体）/g（固体）为每去除 1g 固体所需的气量。一般为了简化计算也可用 L（气体）/g（悬浮物），计算公式如式（3-20）所示。

$$\frac{A}{S}=\frac{W\cdot a}{SS\cdot Q} \tag{3-20}$$

式中　A——总释气量，L

S——总悬浮物量，g

a——单位溶气水的释气量，mL/L

W——溶气水的体积，L

SS——原水中的悬浮物浓度，mg/L

Q——原水体积，L

（3）数据整理　绘制气-固比与出水水质关系曲线，并进行回归分析，绘制气-固比与浮渣中固体浓度关系曲线。

2. 释气量实验

（1）实验设备及用具如图 3-11 所示。

（2）实验步骤与记录　①打开气体计量瓶的排气阀，将释气瓶注入清水至计量刻度，上下移动气量调节瓶。将气体计量瓶内液位调至零刻度，然后关闭排气阀；②当加压溶气罐运行正常后，打开减压阀和分流阀，使加压溶气水从分流口流出，在确认流出的加压溶气水正常后，开入流阀，关分流阀，使加压溶气水进入释气瓶内；③释气瓶内增加的水达到 100~200mL 后，关减压阀和入流阀并轻轻摇晃释气瓶，使加压溶气水中

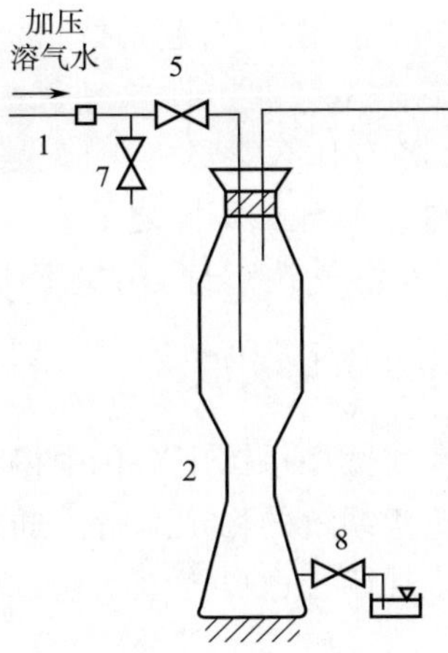

图 3-11　释气量实验装置示意图

1—减压阀或释放器　2—释气瓶　3—气体计量瓶　4—排气阀
5—入流阀　6—水位调节瓶　7—分流阀　8—排放阀

能释放的气体全部从水中分离出来；④打开释气瓶的排放阀，使瓶中液位降回到计量刻度，同时准确计量排出液的体积；⑤上下移动水位调节瓶，使调节瓶中的液位与气体计量瓶中的液位处于同一水平线上，此时记录的气体增加量即所排入释放瓶中加压溶气水的释气量。实验记录如表 3-11 所示。

其中，容器效率 $\eta/\% = \dfrac{释气量}{理论释气量} \times 100\%$ 。

表 3-11　　释气量实验记录

实验号	加压溶气水				释气	
	压力/MPa	体积/L	水温/℃	理论释气量/(mL/L)	释气量/mL	溶气效率/%
1						
…						

注：表中理论释气量 $V=K_t p$，释气量 $V_1=K_t pW$。

式中　p——空气所受的绝对压力，MPa

W——加压溶气水的体积，L

K_t——温度溶解常数，如表 3-12 所示

表 3-12　　不同温度时的 K_t 值

温度/℃	0	10	20	30	40	50
K_t 值	0.038	0.029	0.024	0.021	0.018	0.016

（3）数据整理　完成释气量实验，并计算溶气效率。有条件的话，利用正交实验法组织安排释气量实验，并进行方差分析，指出影响溶气效率的主要因素。

（三）问题讨论

（1）气-固比数据分析中的两条曲线各有什么意义？

（2）气浮法与沉淀法有什么相同之处？有什么不同之处？

（3）当选定了气-固比和工作压力以及溶气效率时，试求回流比 R 的公式。

四、超滤净化实验

作为一种压力驱动膜技术，超滤技术在饮用水深度净化中得到了广泛应用；但超滤过程中经常发生的膜污染现象，影响了超滤系统的稳定运行。通过超滤净化实验，可以研究超滤过程中膜处理效果及膜污染变化规律，也可为该工艺过程的模型模拟和实际超滤工艺的优化设计提供试验依据。

本实验使用国产中空纤维超滤膜组件，对自来水进行深度净化；并考察超滤膜对自来水中主要污染物指标（实验中主要考察浊度）的降低效果，研究超滤过程中的膜污染规律，为自来水的超滤净化工艺提供基础数据。

（一）实验目的

（1）考察超滤技术对自来水浊度的去除效果。

（2）掌握超滤过程中膜阻力的计算方法以及自来水超滤净化过程中膜阻力的变化规律。

（3）加深对超滤技术作用机理以及膜污染机理的理解。

（二）实验原理

以压力为驱动力的膜分离技术有反渗透（reverse osmosis，RO）、纳滤（nanofiltration，NF）、超滤（ultrafiltration，UF）和微滤（microfiltration，MF）。其中，超滤是介于微滤和纳滤之间的一种膜过程，膜孔径范围为0.05μm（接近微滤）至1nm（接近纳滤），操作压力为0.1~1.0MPa，可以去除相对分子质量为$300 \sim 3\times10^5$的大分子有机物及细菌、病毒、贾第虫和其他微生物。超滤膜可视为多孔膜，其对物质的截留取决于膜的过滤孔径和溶质的大小、形状，溶剂的传递正比于操作压力。通常认为超滤膜的作用机理主要有以下三种：①粒径大于膜孔的大分子被膜筛分、截留；②粒径和膜孔相近的溶质分子进入膜孔内部造成膜孔堵塞；③溶质在膜面及膜孔内部的吸附。

超滤过程中的膜污染是指处理物料中的微粒、胶体粒子或溶质大分子由于与膜发生物理化学相互作用或机械作用而引起的在膜表面或膜孔内吸附、沉积，造成膜孔径变小或堵塞，使膜产生透过通量与分离特性的不可逆变化。

总的来说，膜污染是分离膜性质、原水性质和膜分离操作条件共同作用的结果：膜的亲水性、疏水性、膜孔径大小、膜的结构、表面粗糙度等理化性质，都对膜的污染特性有一定程度的影响；对膜污染影响较大的原水性质主要有有机物性质、无机盐离子的种类及含量、原水pH和离子强度以及原水温度等；在膜分离操作条件中，跨膜压差以及膜表面流体流动状态是最主要的影响因素。

膜污染引起的危害很多，其中最为主要的是直接导致了膜通量下降。膜通量是单位时间内通过单位膜面积的液体体积，即式（3-21）：

$$J_v = \frac{V}{tA} \tag{3-21}$$

式中　J_v——膜通量，$m^3/(m^2 \cdot s)$

V——膜组件过滤水量，m^3

t——超滤时间，s

A——膜过滤面积，m^2

膜污染的发生导致膜通量衰减，而膜通量的衰减反映了膜过滤阻力的变化。根据Darcy定律，膜通量与过滤阻力之间满足如下关系式（3-22）：

$$J_v = \frac{\Delta P}{\mu(R_m + R_z)} \tag{3-22}$$

式中　ΔP——膜两侧的压力差，Pa

μ——溶液的黏度，Pa·s

R_m——膜组件本身的阻力，1/m

R_z——膜污染产生的总阻力，包括浓差极化、膜表面滤饼层和膜孔内堵塞等产生的阻力，1/m

对于某一特定的膜分离体系，膜组件本身的阻力可由式（3-23）求出：

$$R_m = \frac{\Delta P}{\mu J_0} \tag{3-23}$$

式中　J_0——膜过滤纯水时的初始膜通量，$m^3/(m^2 \cdot s)$

将式（3-23）代入式（3-22）可得：

$$R_z = \frac{\Delta P}{\mu J_v} - \frac{\Delta P}{\mu J_0} \tag{3-24}$$

在滤饼层过滤模型中，假定超滤过程中膜污染产生的阻力全部为滤饼层阻力，阻力可由下式求出：

$$R_z = \frac{a_c W}{A} \tag{3-25}$$

式中　a_c——滤饼层平均比膜阻，m/kg

W——膜表面滤饼层堆积量，kg

A——膜过滤面积，m^2

膜表面滤饼层堆积量 W 可表示为：

$$W = V_f C \tag{3-26}$$

式中　V_f——膜组件过滤水量，m^3

C——污染物颗粒浓度，kg/m^3

将式（3-26）代入式（3-25），可得：

$$R_z = \frac{a_c C V_f}{A} = a_c C q \tag{3-27}$$

式中　q——单位面积膜组件的过滤水量，m^3/m^2

$$K_z = a_c C \tag{3-28}$$

式中　K_z——滤饼层过滤阻力系数，表示单位面积微滤膜过滤单位体积原水时，膜表面堆积滤饼的过滤阻力，$1/m^2$

将式（3-28）代入式（3-27），可得：

$$R_z = K_z q \tag{3-29}$$

根据已知的实验数据，按照式（3-24）求得各个时刻的 R_z，再将 R_z 对相应时刻的 q 作图，所得图形应为一条直线，直线斜率即为 K_z。

（三）实验装置与设备

①超滤膜组件（视实验室条件确定种类和型号）2 套；②721 型分光光度计；③水压表 2 只；④原水槽 1 只；⑤自吸式水泵 2 台；⑥秒表、量筒、温度计等常用仪器。

（四）实验步骤

（1）连接两套平行的超滤装置 A 和 B，并将原水槽中注满自来水。

（2）根据膜供应商提供的参数，选择合适的管，跨膜压差，对自来水进行超滤。超滤过程中不断调整进出水阀门，使得进出水处压力基本维持恒定。

（3）对于装置 A，当跨膜压差调至设定值时开始计时，并将此时膜通量记为初始膜通量 J_0，其后每 15min 测定一次膜组件流量并计算膜通量，每 1h 取进、出水水样各 100mL，测定其浊度；对于装置 B，基本操作与装置 A 相同，但每隔 1h 需对超滤装置进行 30s 的水力反洗，反洗时跨膜压差与正常超滤时相同，同时记录每次反洗所耗费的自来水量。

（4）整个超滤过滤实验可连续进行 6h。当获取所有有效实验数据后，整理实验仪器与相关设备，结束实验。

（五）实验数据整理

1. 实验基本参数

超滤膜过滤面积，进水压力，出水压力，跨膜压差，水温，该温度下纯水黏度。

2. 超滤过程的通量衰减及对浊度去除效果的变化

将装置 A 或 B 所得实验数据整理如表 3-13 所示，并绘制超滤过程的通量衰减曲线及浊度去除率变化曲线。

表 3-13　超滤过程中的通量衰减及浊度去除率变化

累计运行时间/min	流量/(m^3/s)	膜通量/[$m^3/(m^2 \cdot s)$]	进水浊度/NTU	出水浊度/NTU	浊度去除率/%
15					
…					

3. 求 K_z

根据表 3-13 中的数据，求得相应时刻的膜污染阻力 R_z，并作 R_z 与 q 的关系曲线，求出滤饼层过滤阻力系数 K_z。其中，由于进水中污染物浓度较低，故以相应温度下纯水的黏度作为原水黏度 μ；单位面积膜组件的过滤水量 q 根据膜组件流量随时间的变化利用阶梯法数值求出。

4. 求净水量

利用阶梯数值法，分别求 A、B 装置整个超滤过程中的净水量，并进行比较（注意：B 的净水量等于其总产水量减去反洗耗水量）。

（六）注意事项。

（1）严格按照膜供应商提供的参数选择跨膜压差和进水压力，以防压力过大损坏膜组件。

（2）整个实验过程中应时刻注意对压力的控制，需不断调节阀门来控制进出水压力。

（3）注意实验过程中的变化，及时调整计算过程中使用的黏度 μ。

（七）问题与讨论

（1）阐述本次实验中超滤膜组件对自来水浊度的主要去除机理。

（2）根据滤饼层过滤模型，采用实验数据对 R_z 与 q 进行线性拟合。该拟合结果说明什么问题？

（3）请比较装置 A 和 B 的运行差异，并说明原因。

五、曝气充氧能力测定

（一）实验目的

（1）通过实验掌握测定曝气设备的氧总传递系数和充氧能力的方法。

（2）了解该试验数据整理方法的特点以及充氧全过程。

（二）实验原理

评价曝气设备的实验方法有两种：①不稳定状态下进行试验；②稳定状态下进行试验。本实验采用不稳定状态下测定。

用还原剂使曝气设备中水的溶解氧初始为零，然后再曝气，直至溶解氧升高到接近饱和水平，假定该过程液体是完全混合的，符合一级动力学反应水中溶解氧的变化可以用式（3-30）表示：

$$dC/dt = K_La(C_s - C) \tag{3-30}$$

式中　dC/dt——氧转移速率，mg/L·h

K_La——氧的总传递系数，1/h，K_La 可以认为是一混合系数，它的倒数表示水中的溶解氧由 C 变为 C_s 所需要的时间，是气液界面阻力和界面面积的函数

C_s——试验条件下水的溶解氧饱和浓度，mg/L

C——相应于某一时刻 t 的溶解氧浓度，mg/L

将式（3-30）积分可得式（3-31）：

$$\ln(C_s - C) = -K_La \cdot t + \text{常数} \tag{3-31}$$

通过试验测定 C_s 和相应于某一时刻 t 的溶解氧浓度 C 值后，绘制 $\ln(C_s - C)$ 与 t 的关系曲线，其斜率即为 K_La。

（三）实验装置及材料

①模型曝气池；②泵型叶轮，铜制；③电动机；④调速变压器；⑤溶解氧测定仪；

⑥秒表，卷尺。

（四）实验步骤

（1）测定曝气池容积。

（2）曝气池加入水，并进行曝气，0.5h 后，用溶解氧测定仪测定实验条件下水的溶氧饱和浓度 C_s 和水温，继续曝气。

（3）将 Na_2SO_3与 $CoCl_2$溶解后加入曝气池。

Na_2SO_3投加量如式（3-32）所示：

$$W(Na_2SO_3) = V \times C_s \times 7.9 \times (150\% \sim 200\%) \times 10^{-3}(g) \tag{3-32}$$

式中 V——曝气池有效体积，L

7.9——每去除 1mg 溶解氧需要投加 7.9mg Na_2SO_3

$CoCl_2$投加量如式（3-33）所示：

$$W(CoCl_2) = V \times 0.5 \times 129.9/58.9 \times 10^{-3}(g) \tag{3-33}$$

式中 V——曝气池有效体积，L

0.5——钴离子浓度维持在 0.5mg/L

（4）待溶解氧降到零时，定期测定曝气池中溶解氧浓度，0.5~1min 测定一次，直到溶解氧接近溶解氧饱和值后结束试验。

（五）实验结果

1. 基本参数

曝气池　内径 D ______ m　　高度 H ______ m

体积 V ______ L　　有效体积 V ______ L

室温______℃　水温______℃　气压______ kPa

试验条件下 C_s ______ mg/L

Na_2SO_3投加量______ g　$CoCl_2$投加量______ g

2. 数据记录

数据记录如表 3-14 所示。

表 3-14　数据记录表

t/min
C/(mg/L)
C_s-C/(mg/L)
$\ln(C_s - C)$

3. 绘制 $\ln(C_s - C)$ 与 t 的关系曲线，求出 K_{La}。

（六）问题与讨论

（1）Na_2SO_3与 $CoCl_2$的作用是什么？

（2）C_s 值偏大或偏小对实验结果的影响如何？

附：曝气充氧能力测定虚拟仿真实验

（一）虚拟仿真软件

本虚拟仿真实验采用北京欧倍尔软件技术开发有限公司曝气充氧能力测定虚拟仿真实验 V1.0 版本，软件视图如图 3-12 所示：

（1）溶解氧测定仪。

（2）模型曝气池。

（3）泵型叶轮。

（4）电动机。

（5）秒表。

（6）分析天平。

（7）直流稳压电源。

（二）实验操作方法

（1）打开泵 P101 前阀 V01P101，启动泵 P101 后打开泵 P101 后阀 V02P101，向模型曝气池 V101 中注入自来水（至曝气叶轮表面稍高处）。

（2）当自来水累积量达到 18.8L 时，关闭泵 P101 后阀 V02P101。

（3）停止泵 P101，关闭泵 P101 前阀 V01P101。

（4）点击“添加无水亚硫酸钠”按钮，加入脱氧剂无水亚硫酸钠 1.94g。

（5）点击“添加氯化钴”按钮，加入催化剂氯化钴 0.03g。

（6）启动曝气叶轮 M101，点击“低速”按钮，轻微搅拌进行脱氧。

（7）待低转速下溶解氧读数降低到 0 时，叶轮调至“高速”，加快叶轮转速（此时曝气充氧）。

（8）叶轮调至“高速”的同时及时点击“计时”按钮，开始计时。

（9）计时到 0.02~0.04h 时开始记录模型曝气池 V101 中高转速下溶解氧浓度，每隔 0.005h 记录一次，直至溶解氧浓度值达到 8.6mg/L（饱和）且不变时停止实验。(取实验中间的 15 组数据做曲线关系)

（10）实验结束后停止曝气叶轮 M101。

（11）打开模型曝气池 V101 排液阀 V01V101。

（12）当模型曝气池 V101 排液完成后，关闭排液阀 V01V101。

（三）实验结果整理

1. 记录实验设备及操作条件的基本参数

实验日期______年______月______日

水体积______ m^3　水温______℃　室温______℃　气压______ kPa

实验条件下自来水的饱和溶解氧值 C_s ______ mg/L

Na_2SO_3投加量（kg 或 g）______

$CoCl_2$投加量（kg 或 g）______

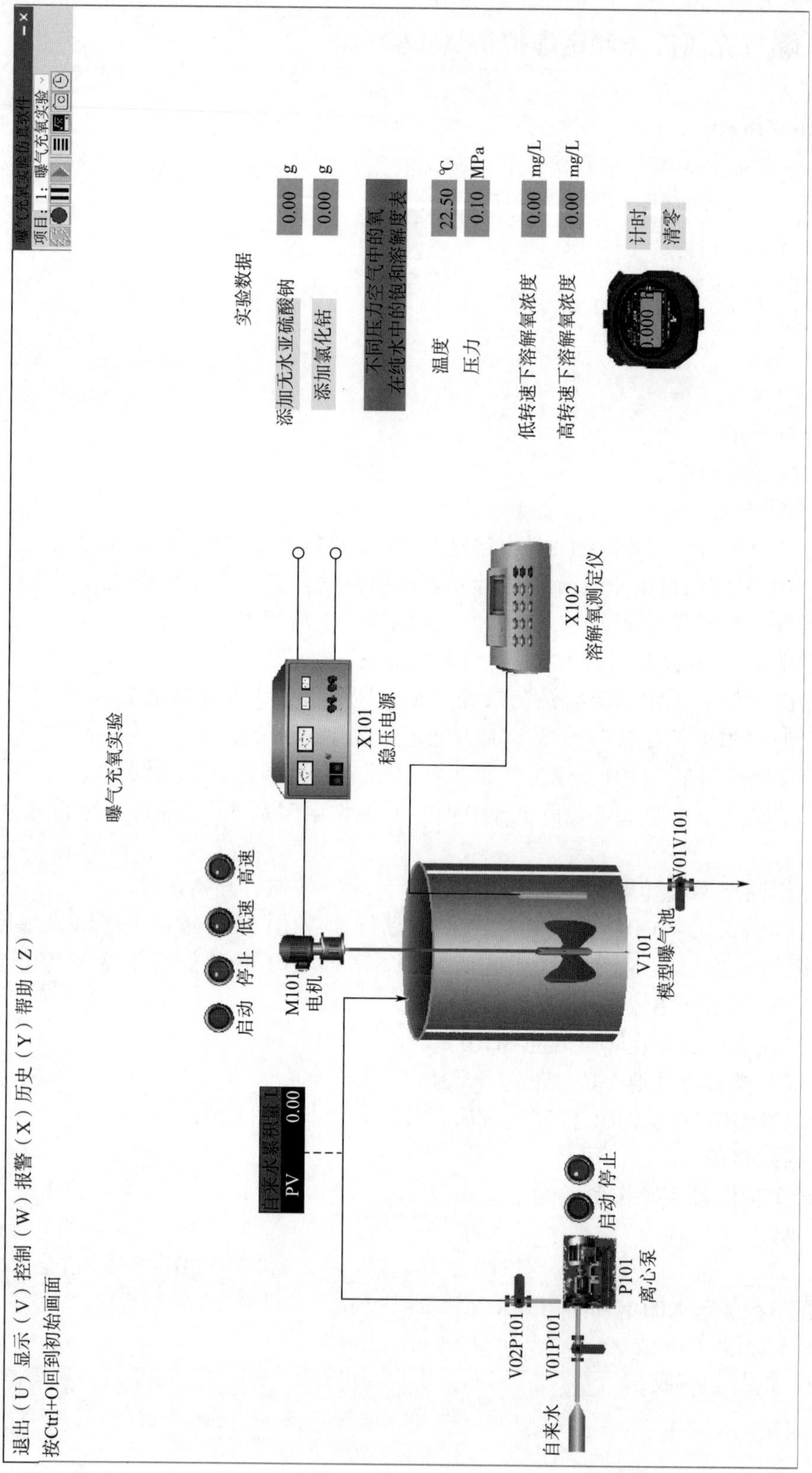

图 3-12 曝气充氧虚拟仿真实验界面图

2. 记录实验过程中测得的数据（表3-15）并进行数据整理。

表3-15　　　　曝气充氧能力测定虚拟仿真实验数据记录表

时间 t/h	溶解氧浓度 C_t/(mg/L)	C_s-C_t	$\ln(C_s-C_t)$

3. 以 $\ln(C_s-C_t)$ 为纵坐标、时间 t 为横坐标，绘制实验曲线。

4. 计算氧传质系数 K_La、充氧能力 Q_s、修正系数 α 和 β。

六、混凝沉淀实验

（一）实验目的

（1）掌握混凝沉淀的实验方法。

（2）通过实验加深对混凝沉淀概念及特点的理解。

（3）绘制絮凝沉淀曲线，并学会通过曲线求某一时间某一深度的颗粒总去除率。

（二）实验原理

水中的胶体颗粒均带负电，胶粒间的静电斥力、胶粒的布朗运动和胶粒表面的水化作用三种因素使胶粒不能相互聚结而长期保持稳定的分散状态，三者中的静电斥力影响最大。向水中投加混凝剂，能提供大量的正电荷，压缩胶团的扩散层，使电位降低，静电斥力减少。此时，布朗运动由稳定因素转变为不稳定因素，也有利于胶体颗粒的吸附凝聚。同时，由于双电层状态的存在而产生的水化膜，也会因投加混凝剂降低电位，而使水化作用减弱。混凝剂水解形成的高分子物质或直接加入水中的高分子物质一般具有链状结构，在胶粒与胶粒之间起着吸附架桥作用，即使电位没有降低或降低不多，胶粒不能相互接触，通过高分子链状物吸附胶粒，也能形成絮凝体。

消除或降低胶体颗粒稳定因素的过程称为脱稳。脱稳后的颗粒，在一定的水力条件下才能形成较大的絮凝体，俗称矾花。直径较大且较密实的矾花容易下沉。自投混凝剂直至形成矾花的过程称为混凝。

混凝过程中，不仅受水温、投加剂的量和水中胶体颗粒浓度的影响，还受水的 pH 的影响。如 pH 过低（小于 4），则所投混凝剂的水解受到限制，其主要产物中没有足够的羟基进行桥联作用，也就不容易生成高分子物质，絮凝作用较差。如果 pH 高（大于 9），它又会出现溶解，生成带电荷的络合离子，不能很好地发挥混凝作用。

另外，混凝过程中的水力条件对絮凝体的形成影响极大，整个混凝过程分为两个阶段：混合和反应。混合阶段要求使混凝剂迅速而均匀地扩散到全部水中，以创造良好的水解和聚合条件，因此，混合要求快速而剧烈的搅拌，在几秒钟内完成；而反应阶段则要求混凝剂的微粒通过絮凝形成大的、具有良好的沉降性能的絮凝体，因此，搅拌强度或水流速度应随絮凝体的增大而逐渐降低，以免大的絮凝体被打碎。

（三）实验装置、设备及仪器仪表

1. 实验装置

实验装置主要是实验搅拌机，如图 3-13 所示，搅拌机上装有电机，电源采用稳压电源。

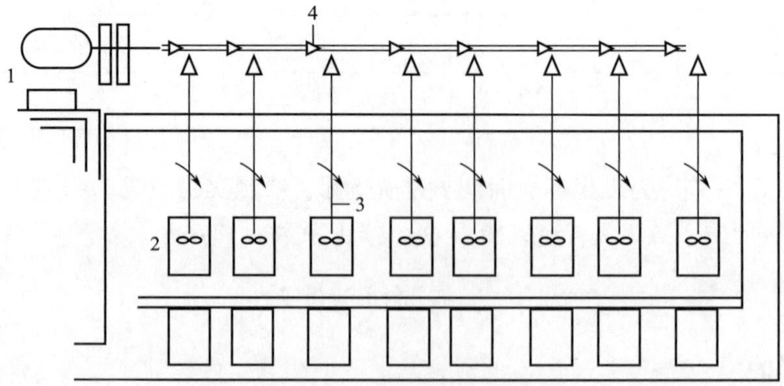

图 3-13　实验搅拌机

1—电机　2—烧杯　3—搅拌桨　4—传动齿轮

2. 实验设备及仪器仪表

混凝实验装置1台，光电浑浊度仪1台，酸度计1台，1000mL烧杯17个，200mL烧杯18个，100mL烧杯8个，1mL、2mL、5mL和10mL移液管各4支，50mL注射针筒2支，温度计2支。

（四）实验试剂

硫酸铝 $Al_2(SO_4)_3 \cdot 18H_2O$，10g/L；三氯化铁 $FeCl_3 \cdot 6H_2O$，10g/L；HCl（化学纯），10%；NaOH，10%；聚丙烯酰胺，0.5%。

（五）实验步骤

1. 三种混凝剂的最佳选择和最佳投加量的选择

（1）用9个1000mL烧杯，分别在6个烧杯中放入1000mL原水和3个烧杯加200mL原水置搅拌机上。

（2）确定原水特征，即测定水样浑浊度、pH和温度。

（3）确定能形成矾花的最小混凝剂量。其方法是：在用快速搅拌的3个200mL烧杯的原水中分别加入 $FeCl_3$、$Al_2(SO_4)_3$ 和聚丙烯酰胺，逐次增加1mL的混凝剂投加量，直至出现矾花，这时的混凝剂投加量作为最小混凝剂量，比较出三者中用量最少的一种混凝剂即为混凝剂的最佳选择。

将实验步骤（1）~（3）的实验结果填入表3-16。

表3-16 三种混凝剂的最佳选择

原水特征	$Al_2(SO_4)_3$			$FeCl_3$			聚丙烯酰胺		
	水样编号	加注量/mL	相当剂量/mg	水样编号	加注量/mL	相当剂量/mg	水样编号	加注量/mL	相当剂量/mg
浊度	1			1			1		
	2			2			2		
温度	3			3			3		
	4			4			4		
pH	5			5			5		
	6			6			6		

（4）确定实验的最佳混凝剂的最佳投加量。根据步骤（3）确定的最佳选择混凝剂的最少混凝剂投加量，取其1/4、1/2、3/4、5/4、3/2、7/4和2倍的剂量分别加入8个100mL原水的烧杯中。

（5）启动搅拌机，快速搅拌（约300r/min）0.5min，中速搅拌（约100r/min）10min，慢速搅拌（约50r/min）10min。若用污水进行混凝搅拌，速度可适当放慢。

（6）关闭搅拌机，静置沉淀10min，用50mL注射针筒抽出烧杯中的上清液（共抽三次，约100mL）放入200mL烧杯内，立即用浑浊仪测定水的浊度。每杯水样抽测三次。

将实验步骤（4）~（6）的实验结果记入表3-17中，由此可得出混凝剂投加量的最佳选择。

表3-17　　混凝剂投加量的最佳选择

水样编号		1	2	3	4	5	6	7	8	9
混凝剂加注量/mL										
相当剂量/mg										
剩余浊度	1									
	2									
	3									
	平均									

2. 最佳pH确定方法

（1）用8只1000mL的烧杯，分别放入1000mL原水，置搅拌机上。

（2）确定原水特征　测定原水浑浊度、pH和温度。本实验所用原水与最佳投药量实验时相同。

（3）调整原水的pH　用移液管依次在1、2、3和4装有1000mL原水的烧杯中分别加入2.5、1.5、1.2和0.7mL浓度为10%的HCl，在5、6、7和8装有1000mL原水烧杯中分别加入0.2、0.7、1.2和1.5mL浓度为10%的NaOH。

（4）启动搅拌机，快速搅拌0.5min，转速约300r/min，随后停机，从每只烧杯中取50mL水样放入三角烧杯中，依次测pH。

（5）用移液管依次向烧杯中加入相同剂量的混凝剂，投加剂量按上述混凝剂最佳选择和最佳投加量选择实验中得出的最佳投加量来确定。

（6）启动搅拌机，快速搅拌半分钟，转速约300r/min，中速搅拌10min，转速约100r/min，慢速搅拌10min后停机，转速约50r/min。

（7）关闭搅拌机静置10min后，用50mL注射针管抽出烧杯中的上清液（共抽三次约100mL）放入200mL烧杯中，立即用浑浊仪测定浊度（每杯水样测三次）。

将上述实验步骤（1）~（7）的实验结果记入表3-18中，由此可确定最佳pH。

（六）实验结果整理和分析

1. 最佳混凝剂和最佳投药量实验结果整理

以沉淀水浊度为纵坐标，混凝剂加注量为横坐标，绘出浊度与混凝剂投加量的关系曲线，并从图上求出最佳混凝剂投加量。

2. 最佳pH实验整理

以沉淀水浊度为纵坐标，水样pH为横坐标绘出浊度与pH的关系曲线，从图上求出所投加混凝剂的混凝最佳pH及其适用范围。

表 3-18　　最佳 pH 实验记录

原水特征	水样编号		1	2	3	4	5	6	7	8
浊度	投加 10%HCl/mL									
	投加 10%NaOH/mL									
	pH									
温度	混凝剂加注量/mL									
	相当剂量/mg									
	剩余浊度	1								
pH		2								
		3								
		平均								

(七) 注意事项

(1) 在最佳混凝剂加注量、最佳 pH 实验中，向各烧杯加混凝剂时尽量同时投加，避免因时间间隔较长各水样加混凝剂后反应时间相差太大而导致混凝效果悬殊。

(2) 在最佳 pH 实验中，用来测定 pH 的水样，仍倒入原烧杯中。

(3) 在测定沉淀水的浊度、用注射针筒抽吸清液时，不要搅动底部沉淀物，并尽量减少各烧杯的抽吸时间。

(八) 问题与讨论

(1) 根据最佳混凝剂加注量的实验曲线，分析沉淀水浊度与混凝剂加注量的关系。

(2) 实际工程中颗粒在哪些构筑物中属于絮凝沉淀?

(3) 絮凝沉淀曲线的含义及其用途。

附：混凝沉淀虚拟仿真实验

(一) 虚拟仿真软件

本虚拟仿真实验采用北京欧倍尔软件技术开发有限公司混凝沉淀虚拟仿真实验 V1.0 版本，软件视图如图 3-14 所示。

(二) 实验操作方法

(1) 启动混凝装置电源，点击参数设置开关，设置好烧杯加水量，混凝剂量，搅拌程序并提交，其中混凝剂的默认浓度为 10g/L，例如加水量均为 1000mL，混凝剂加入量分别为 21、23、25、27、29、31mg/L，搅拌程序为快速搅拌 0.25min，转速为 512r/min，中速搅拌 5min，转速约 266r/min，慢速搅拌 5min，转速约为 110r/min，上述搅拌速度可进行适当调整。

(2) 点击加混凝剂按钮，加入混凝剂，记录下当前的相关数值。

(3) 点击搅拌按钮，启动搅拌机。

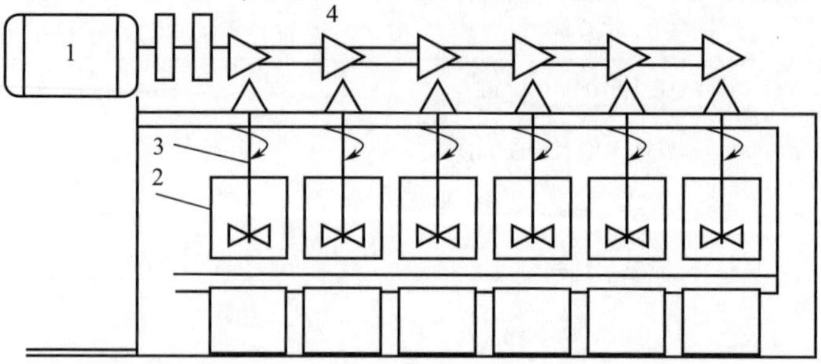

图 3-14　实验搅拌机示意图

1—电机　2—烧杯　3—搅拌桨　4—传动齿轮

（4）实验完成后，关闭搅拌机，静置，对测定结果进行纪录。

（5）关闭电源，实验结束。

（三）实验结果整理

原水水温______℃　　浊度______度　　pH ______

使用混凝剂种类、浓度____________________ g/L

表 3-19　　混凝沉淀虚拟仿真实验数据记录表

水样编号		1	2	3	4	5	6
混凝剂投加量/(mg/L)							
浊度/NTU	1						
	2						
	平均						
备注	1	快速搅拌　　min			转速　　r/min		
	2	中速搅拌　　min			转速　　r/min		
	3	慢速搅拌　　min			转速　　r/min		

七、吸附净化实验

（一）实验目的

（1）了解吸附净化工艺及性能。

（2）掌握用实验方法（含间歇法、连续流法）确定吸附净化处理污水的设计参数的方法。

（二）实验原理

活性炭具有良好的吸附性能和稳定的化学性质，是目前国内外应用比较多的一种非极性吸附剂。与其他吸附剂相比，活性炭具有微孔发达、比表面积大的特点。通常比表面积可以达到500~1700m^2/g，这是其吸附能力强、吸附容量大的主要原因。

活性炭吸附主要为物理吸附。吸附机理是活性炭表面的分子受到不平衡的力，而使其他分子吸附于其表面上。当活性炭在溶液中的吸附处于动态平衡状态时称为吸附平衡，达到平衡时，单位活性炭所吸附的物质的量称为平衡吸附量。在一定的吸附体系中，平衡吸附量是吸附质浓度和温度的函数。为了确定活性炭对某种物质的吸附能力，需进行吸附试验。当被吸附物质在溶液中的浓度和在活性炭表面的浓度均不再变化，此时被吸附物质在溶液中的浓度称为平衡浓度。活性炭的吸附能力以吸附量 q 表示，如式（3-34）所示。

$$q = \frac{V(c_0 - c)}{m} \tag{3-34}$$

式中　q——活性炭吸附量，即单位质量的吸附剂所吸附的物质的质量，g/g

V——污水体积，L

c_0和 c——吸附前原水及吸附平衡时污水中的物质的浓度，g/L

m——活性炭投加量，g

在温度一定的条件下，活性炭的吸附量 q 与吸附平衡时的浓度 c 之间关系曲线称为吸附等温线。在水处理工艺中，通常用的等温线有 Langmuir 和 Freundlich 等。其中 Freundlich 等温线的数学表达式为式（3-35）。

$$q = Kc^{\frac{1}{n}} \tag{3-35}$$

式中　K——与吸附剂比表面积、温度和吸附质等有关的系数

n——与温度、pH、吸附剂及被吸附物质的性质有关的常数

q，c 同前。

K 和 n 可通过间歇式活性炭吸附实验测得。将上式取对数后变换为式（3-36）。

$$\lg q = \lg K + \frac{1}{n}\lg c \tag{3-36}$$

将 q 和 c 相应值绘在双对数坐标上，所得直线斜率为 $1/n$，截距为 K。

由于间歇式静态吸附法处理能力低，设备多，故在工程中多采用活性炭进行连续吸附操作。连续流活性炭吸附性能可用博哈特（Bohart）和亚当斯（Adams）关系式表达，即式（3-37）。

$$\ln\left[\frac{c_0}{c_B} - 1\right] = \ln\left[\exp\left(\frac{KN_0H}{v}\right) - 1\right] - Kc_0t \tag{3-37}$$

因 $\exp\left(\frac{KN_0H}{v}\right) \gg 1$，所以上式等号右边括号内的 1 可忽略不计，则工作时间 t 由式（3-37）可得式（3-38）。

$$t = \frac{N_0H}{c_0v}\left[H - \frac{v}{KN_0}\ln\left(\frac{c_0}{c_B} - 1\right)\right] \tag{3-38}$$

式中　t——工作时间，h

v——流速，即空塔速度，m/h

H——活性炭层高度，m

K——速度常数，m^3/(mg/h) 或 L/(mg/h)

N_0——吸附容量，即达到饱和时被吸附物质的吸附量，mg/L

c_0——入流溶质浓度，mol/m³或（mg/L）

c_B——允许流出溶质浓度，mol/m³或（mg/L）

在工作时间为零的时候，能保持出流溶质浓度不超过 c_B 的炭层理论高度称为活性炭层的临界高度 H_0。其值可根据上述方程当 $t=0$ 时进行计算，即式（3-39）。

$$H_0 = \frac{v}{KN_0}\ln\left(\frac{c_o}{c_B} - 1\right) \tag{3-39}$$

在实验时，如果取工作时间为 t，原水样溶质浓度为 c_{01}，用三个活性炭柱串联，第一个柱子出水为 c_{B1}，即为第二个活性炭柱的进水 c_{02}，第二个活性炭柱的出水为 c_{B2}，就是第三个活性炭柱的进水 c_{03}，由各柱不同的进出水浓度可求出流速常数 K 值及吸附容量 N。

（三）实验装置及材料

1. 间歇式活性炭吸附装置

间歇式吸附用三角烧杯，在烧杯内放入活性炭和水样进行振荡。

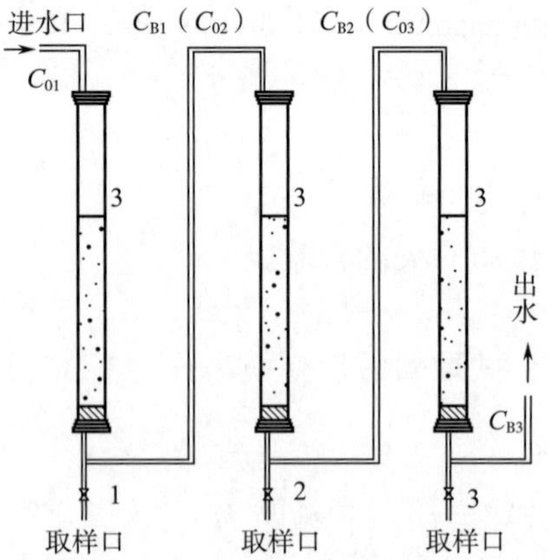

图 3-15　活性炭柱串联工作图

2. 连续式活性炭吸附装置

连续式吸附采用有机玻璃柱 D 25mm×1000mm，柱内 500~750mm 高烘干的活性炭，上、下两端均用单孔橡皮塞封牢。各柱下端设取样口。装置具体结构如图 3-15 所示。

3. 间歇与连续流实验所需的实验器材

①振荡器 1 台；②有机玻璃柱 3 根，D25mm×1000mm；③活性炭；④500mL 三角烧瓶 2 个；⑤COD 测定装置；⑥配水及投配系统；⑦酸度计 1 台；⑧温度计 1 只；⑨漏斗 6 个；⑩定量滤纸。

（四）实验步骤

1. 间歇式吸附实验

①将活性炭放在蒸馏水中浸泡 24h，然后在 105℃烘箱内烘 24h，再将烘干的活性炭研碎成能通过 270 目的筛子（0.053mm 孔眼）的粉状活性炭；②测定预先配制的废水水温、pH 和 COD；③在 5 个三角烧瓶中分别加入 100、200、300、400 和 500mg 粉状活性炭；④在每个烧瓶中分别加入同体积的废水进行搅拌。一般规定，烧瓶中废水 COD（mg/L）与活性炭浓度（mg/L）比值为 0.5~1.0；⑤将上述 5 个三角烧瓶放在振荡器上振荡，当达到吸附平衡时即可停止振荡（振荡时间一般为 30min 以上）；⑥过滤各三角烧瓶中废水，并测定 COD 值。上述原始资料和测定结果记入表 3-17 中。

2. 连续流吸附实验

①配制水样或取自实际废水，使原水样中含 COD 约 100mg/L，测出具体 COD、pH、水温等数值；②打开进水阀门，使原水进入活性炭柱，并控制为 3 个不同的流量（建议流速分别为 5、10 和 15m/h）；③运行稳定 5min 后测定各活性炭出水 COD 值；④连续

运行 2~3h，每隔 30min 取样测定各活性炭柱出水 COD 值一次。将原始资料和测定结果记入表 3-20。

(五) 实验数据及结果整理

1. 间歇式吸附实验

(1) 根据表 3-20 记录的数据以 $\lg\dfrac{c_0-c}{m}$ 为纵坐标，$\lg c_B$ 的为横坐标，得出 Freundlich 吸附等温线图，其截距为 $\lg K$，斜率为 $1/n$。或利用 q、c 相应数据经回归分析，求出 K、n 值。

表 3-20　　间歇式吸附实验记录表

编号	原水性状				出水性状			活性炭投加量 m/g	吸附量 (c_0-c_B)/mg
	水样体积/mL	COD 浓度 c_0/(mg/L)	水温/℃	pH	出水 COD 浓度 c_B/(mg/L)	pH			
1									
…									

(2) 求出 K、n 值代入 Freundlich 吸附等温线，则有 $q=\dfrac{c_0-c}{M}=Kc^{\frac{1}{n}}$。

2. 连续流吸附实验

(1) 实验测定结果按表 3-21 填写。原水 COD 浓度 c_0，水温，活性炭吸附容量 N_0=g/g 活性炭。

表 3-21　　连续流吸附实验记录表

工作时间 t/min	1#柱			2#柱			3#柱			出水 c_B/(mg/L)
	c_{01}/(mg/L)	H_1/m	v_1/(m/h)	c_{02}/(mg/L)	H_2/m	v_1/(m/h)	c_{03}/(mg/L)	H_3/m	v_1/(m/h)	
1										
…										

(2) 由表 3-21 中所得 $t\sim H$ 直线关系的截距，即为 $\dfrac{1}{Kc_0}\ln\left(\dfrac{c_0}{c_B}-1\right)$，应用 $\dfrac{1}{Kc_0}\ln\left(\dfrac{c_0}{c_B}-1\right)$ 关系式求出 K 值。然后推算出的 c_B=10m/L 时活性炭柱的工作时间。

(3) 根据间歇吸附实验所求得的 q 为 N_0 值，把上表的 c_0，V 代入下式中求得吸附容量下吸附时间与吸附层高度的关系为：

$$t=\frac{N_0}{c_0 v}H-\frac{1}{Kc_0}\ln\left(\frac{c_0}{c_B}-1\right) \tag{3-40}$$

（六）注意事项

（1）间歇吸附实验中所求得的 q，如出现负值，则说明活性炭明显地吸附了溶剂，此时，应调换活性炭或原水样。

（2）连续流吸附实验中，如果第一个活性炭柱出水中 COD 值很小，小于 20mg/L，则可增大流量或停止后继吸附柱进水。反之，如果第一个吸附柱出水 COD 与进水浓度相差甚小，可减少进水量。

（七）问题与讨论

（1）吸附等温线有何实际意义，做吸附等温线时为什么要用粉状活性炭？

（2）间歇式吸附与连续式吸附相比，吸附容量 q 是否一样？为什么？

（3）Freundlich 吸附等温线和 Bohart-Adams 关系式各有何实际意义？

八、芬顿氧化实验

（一）实验目的

掌握芬顿氧化有机物的原理，了解芬顿试剂的配制方法，明确影响芬顿氧化效果的主要因素，为今后独立开展芬顿处理污水打下基础。

（二）实验原理

由亚铁离子与过氧化氢组成的体系，称为芬顿（Fenton）试剂，它能生成强氧化性的羟基自由基（HO·），在水溶液中与难降解有机物生成有机自由基使之结构破坏，最终氧化分解。

$$Fe^{2+}+H_2O_2 \!=\!=\!= Fe^{3+}+OH^-+HO\cdot \tag{3-41}$$

$$Fe^{3+}+H_2O_2+OH^- \!=\!=\!= Fe^{2+}+H_2O+HO\cdot \tag{3-42}$$

$$Fe^{3+}+H_2O_2 \!=\!=\!= Fe^{2+}+H^++HO_2 \tag{3-43}$$

$$HO_2+H_2O_2 \!=\!=\!= H_2O+O_2\uparrow+HO\cdot \tag{3-44}$$

芬顿试剂通过以上反应，不断产生 HO·，使得整个体系具有强氧化性，可以氧化氯苯、氯化苄、油脂等难以被一般氧化剂氧化的物质。

根据上述 Fenton 试剂反应的机理可知，OH·是氧化有机物的有效因子，而 $[Fe^{2+}]$、$[H_2O_2]$、$[OH^-]$ 决定了 OH·的产量，进而决定了与有机物反应的程度。影响 Fenton 处理效果的因素主要包括溶液 pH、反应温度、H_2O_2 投加量及投加方式、催化剂种类、催化剂与 H_2O_2 投加量之比等。

（三）实验用品

①锥形瓶；②pH 计；③容量瓶；④烧杯；⑤可见分光光度计；⑥摇床振荡器；⑦1mmol/L $FeSO_4\cdot 7H_2O$（0.278g $FeSO_4\cdot 7H_2O$ 定容至 1L）；⑧0.0997mol/L H_2O_2（准确移取 10mL 30%的 H_2O_2 定容至 1L）；⑨亚甲基蓝印染废水样品；⑩1%稀硫酸；⑪1% NaOH；⑫蒸馏水。

（四）实验步骤

1. 配制 1g/L 亚甲基蓝母液

0.5g 定容至 500mL 容量瓶，分装至 4 个 125mL 试剂瓶。

2. 配制 20mg/L 亚甲基蓝溶液

实验室采用浓度为20mg/L的亚甲基蓝水溶液作为模拟有机废水。量取20mL 1g/L的亚甲基蓝母液，定容到1000mL的容量瓶即得所需浓度。操作液现配现用。

（1）标准曲线绘制

①分别移取亚甲基蓝操作液（20mg/L）0、1、5、10、25、50mL于50mL比色管中，定容，获得亚甲基蓝标准溶液。

②将标准溶液置于1cm的比色皿中，用分光光度计在波长665nm下测定吸光度。

③绘制标准曲线。

（2）最佳pH确定

①分别取50mL的模拟有机废水置于6个锥形瓶中，分别编号1~6。

②用1% H_2SO_4溶液和1% NaOH溶液调节1~5每个锥形瓶的pH，分别为2、3、4、5、6，6号锥形瓶作空白对照。

③分别向1~6号锥形瓶中均加入5mL $FeSO_4 \cdot 7H_2O$和1mL H_2O_2。

④将1~6号锥形瓶置于摇床反应10min后，迅速在吸收波长为665nm下，测定各锥形瓶的分光光度，数据记录在表3-23中。

表3-22　标准曲线

编号	1	2	3	4	5	6
亚甲基蓝浓度/(mg/L)						
分光光度						

表3-23　最佳pH

编号	1	2	3	4	5	6
H_2O_2投加量/(mol/L)						
$FeSO_4 \cdot 7H_2O$投加量/(mmol/L)						
初始pH						
分光光度						
降解后浓度/(mg/L)						
降解率/%						

⑤计算亚甲基蓝去除效率，绘制起始pH—降解率曲线。

（3）$FeSO_4 \cdot 7H_2O$投加量的影响

①分别取50mL的模拟有机废水置于6个锥形杯中，分布编号1~6。

②用1% H_2SO_4溶液和1% NaOH溶液调节每个锥形瓶中废水的pH为“（2）最佳pH确定”中的最佳pH。

③H_2O_2投加量为1mL。

④分别控制1~5号锥形瓶中$FeSO_4 \cdot 7H_2O$投加量为1、3、5、7、9mL，6号锥形瓶作空白对照。

⑤将 1~6 号锥形瓶置于摇床反应 10min 后迅速在吸收波长为 665nm 下，测定各锥形瓶的分光光度，数据记录在表 3-24 中。

表 3-24　$FeSO_4 \cdot 7H_2O$ 投加量

编号	1	2	3	4	5	6
H_2O_2投加量/(mol/L)						
初始 pH						
$FeSO_4 \cdot 7H_2O$ 投加量/(mmol/L)						
分光光度						
降解后浓度/(mg/L)						
降解率/%						

⑥计算亚甲基蓝去除效率，绘制 $FeSO_4 \cdot 7H_2O$ 投加量—降解率曲线。

（五）实验结果

吸光度采用分光光度计来测定。

降解率计算公式为式（3-45）。

$$\eta = (1 - C_1/C_0) \times 100\% \tag{3-45}$$

式中　η——降解率

C_0——初始溶液的亚甲基蓝浓度

C_1——氧化降解后溶液的亚甲基蓝浓度

通过不同反应条件下降解率的比较，绘制起始 pH—降解率曲线和 $FeSO_4 \cdot 7H_2O$ 投加量—降解率曲线。

（六）问题与讨论

（1）简述芬顿试剂在污染控制中的适用范围和应用特点。

（2）试简述芬顿试剂降解氧化甲基橙水溶液的基本原理。

（3）影响芬顿试剂降解有机物的因素有哪些？

九、加氯消毒实验

（一）实验目的

（1）了解氯消毒的基本原理。

（2）掌握加氯量、需氯量的计算方法。

（3）掌握氯氨消毒的基本原理。

（二）实验原理

所谓消毒是指通过消毒剂或其他消毒手段，杀灭水中的致病微生物的处理过程。消毒与灭菌是两种不同的处理工艺，在消毒过程中并不是所有的微生物均被破坏，它仅要求杀灭致病微生物，而灭菌则要求杀灭全部微生物。

氯化消毒主要采用液氯、漂白粉、次氯酸钠、氯片等消毒剂。这类消毒剂的杀菌机理基本上相同。以液氯为例，当其溶解于水中时，会发生式（3-46）和式（3-47）两个反应：

$$Cl_2+H_2O=HOCl+HCl \tag{3-46}$$

$$HOCl=H^++OCl^- \tag{3-47}$$

氯化消毒主要靠次氯酸接近带负电荷的菌体，穿过细胞膜进入菌体内部。氧化破坏细菌的某种酶的系统，从而导致细菌的死亡。

消毒时的水中加氯量，可以分为两部分，即需氯量和余氯量。需氯量是指用于杀死细菌氧化有机物和还原性物质等所消耗的部分。另外，为了抑制水中残存细菌再度繁殖，管网中尚需维持少量剩余氯。这部分余氯量对于再次污染的消毒并不足够，但可以作为预示再次受到污染的信号。

当向水中投加氯后，水中余氯量的变化可用图 3-16 表示。

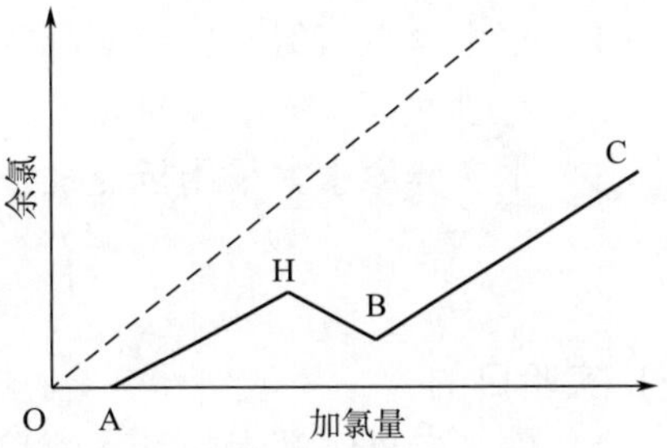

图 3-16　折点加氯示意图

曲线 OA 段表示水中的杂质把氯消耗掉了，余氯量为零。此时虽然也能杀死一些细菌但消毒效果不可靠。曲线 AH 段表示在加氯后，氯与水中的氨反应，有余氯存在，所以有一定的消毒效果，但余氯为化合性氯，其中主要成分为一氯胺。曲线 HB 段仍然产生的是化合性余氯，但随着加氯量的增加，开始下列化学反应（折点反应），如式（3-48）所示。

$$2NH_2Cl+HOCl \longrightarrow N_2\uparrow+3HCl+H_2O \tag{3-48}$$

反应的结果使氯胺被氧化成为一些不起消毒作用的化合物，余氯量反而逐渐减少，最后到达最低的折点 B。超过折点 B 后，余氯增加，此时余氯为自由性余氯。此时消毒效果最好。加氯量超过折点时称为折点氯化。

（三）实验装置与设备

①六联搅拌机；②普通光学显微镜；③余氯测定仪；④烧杯；⑤移液管；⑥盖玻片；⑦载玻片若干。

（四）实验步骤

（1）取受污染的天然河水 10kg，测定氨氮含量。

（2）配漂白粉溶液，测出含氯量。

（3）在 6 个 1000mL 烧杯中各装入受污染的河水 1000mL，置于混合搅拌机上。

（4）从 1 号烧杯开始，各烧杯依次加入漂白粉溶液 1、2、3、4、5 和 6mL。

（5）启动搅拌机快速搅拌 1min，转速为 300r/min；慢速搅拌 10min，转速为 100r/min。

（6）分别测定 1~6 号烧杯中水样的余氯量。

（7）用普通光学显微镜分别观察未加消毒剂的水样、投加不同剂量消毒剂的水样的生物相。

（五）实验注意事项

（1）在废水处理中，达到折点所需氯总是超过质量比 7.6∶1，当污水的预处理程度提高时，到达折点所需氯量就减少。

（2）折点加氯产生酸，当氧化 1mg/L NH_3-N 时，需 14.3mg/L 的碱度（以 $CaCO_3$ 计）来中和，实际上，由于氯的水解，真正需要的碱度为 15mg/L。大多数情况下，pH 将略有降低。

（3）为了达到折点反应所加入的氯剂，除形成次氯酸外，还增加废水中的总溶解固体含量。在废水复用情况下，溶解固体的含量可能成为影响回用的障碍。

（4）要保证化合余氯能够达到消毒的效果，即水的各项细菌指标不超标。为此须保证化合余氯的消毒时间在 2h 以上。

（六）问题与讨论

（1）水中含有氨氮时，投氯量-余氯量关系曲线为何出现折点？

（2）有哪些因素影响投氯量？

（3）本实验原水如采用折点加氯消毒，应有多大的投氯量？

十、紫外线消毒实验

（一）实验目的

（1）熟悉紫外线消毒的基本流程。

（2）加深对紫外线消毒方法工作原理的理解。

（3）掌握利用紫外线消毒方法对污水进行消毒的实验方法。

（二）实验原理

水的紫外线消毒，是通过紫外线对水的照射进行的，是一个光化学过程。光子只有通过系统中分子的定量转化而被吸收后，才能在原子和分子中产生光化学变化。换言之，若光没有被吸收则无效。

紫外线的杀菌机理是一个较为复杂的过程，目前看法还不一致，较为普遍的看法是：微生物体受到紫外线照射，吸取了紫外线的能量，实质是核酸对紫外线能量的吸收。核酸是一切生命体的基本物质和生命基础，分为核糖核酸（RNA）和脱氧核糖核酸（DNA）两大类。DNA 和 RNA 的紫外线吸收光谱的范围在 240~280nm，对波长为 260nm 的紫外线具有最大吸收。核酸吸收紫外线后发生突变，其复制、转录封锁受到阻碍，从而引起微生物体内蛋白质和酶的合成障碍；另一方面产生自由基可引起光电离，从而导致细胞死亡。

水消毒用的紫外线灯一般为低压汞灯，其中心辐射波长是 253.7nm。紫外线消毒器的消毒能力是指在额定进水量的情况下对水中微生物的杀灭功能。通常用辐照剂量来表示。杀灭不同的微生物需要不同的辐照剂量，确定合适的辐照剂量是确定消毒器能力的核心问题。一般来说，水消毒应该侧重于杀灭通过水传染疾病的肠道细菌，所以紫外线消毒器所能提供的辐照剂量最低应不小于 9000μW/(cm^2·s)。

（三）实验装置与设备

①紫外线消毒器；②进水泵；③流量计；④光学显微镜；⑤盖玻片；⑥载玻片；

⑦烧杯；⑧滴管。

（四）实验步骤

（1）收集生化处理系统出水作为紫外消毒系统原水，测定原水中原生动物数目。

（2）启动进水泵，将原水泵入紫外消毒系统，消毒开始。

（3）调整流量计，使进水流量为15L/h，出水稳定后，取100mL水样于烧杯中。

（4）将混合后的出水样制成标本，置于光学显微镜下观察，计算存活的原生动物数。

（5）调整流量计，使进水流量分别为100、200L/h，重复步骤3和步骤4。

（五）实验注意事项

采用紫外消毒处理时，应注意水的深度，水的深度对消毒效果有重要影响。

（六）问题与讨论

（1）根据我国饮用水标准，本实验装置出水是否可饮用？

（2）紫外线消毒有何利弊？

第三节　水污染控制的生物学实验

一、废水可生化性实验

（一）实验目的

（1）熟悉瓦呼仪的基本构造及操作方法。

（2）理解内源呼吸线及生化呼吸线的基本含义。

（3）分析不同浓度含酚废水的生物降解及生物毒性。

（二）实验原理

当微生物处于内源呼吸阶段时，耗氧的速率恒定不变。微生物与有机物接触后，其呼吸耗氧的特性反映了有机物被氧化分解的规律。一般地，耗氧量大、耗氧速率高，即说明该有机物易被微生物降解，反之亦然。

测定不同时间的内源呼吸耗氧量及与有机物接触后的生化呼吸耗氧量，可得内源呼吸线及生化呼吸线，通过比较即可判定废水的可生化性。

当生化呼吸线位于内源呼吸线上时，废水中有机物一般是可被微生物氧化分解的；当生化呼吸线与内源呼吸线重合时，有机物可能是不能被微生物降解的，但它对微生物的生命活动尚无抑制作用；当生化呼吸线位于内源呼吸线下时，则说明有机物对微生物的生命活动产生了明显的抑制作用。

瓦呼仪的工作原理：在恒温及不断搅拌的条件下，使一定量的菌种与废水在定容的反应瓶中接触反应，微生物耗氧将使反应瓶中氧的分压降低（释放的二氧化碳用氢氧化钾溶液吸收）。测定分压的变化，即可推算出氧消耗量。

（三）实验设备与试剂

①瓦呼仪一台；②离心机一台；③活性污泥培养及驯化装置一套；④测酚装置一套；⑤苯酚；⑥硫酸铵；⑦磷酸二氢钾；⑧碳酸氢钠；⑨氯化铁。

（四）实验步骤

（1）活性污泥的培养、驯化及预处理

①取已建污水厂活性污泥或带菌土壤为菌种，在间歇式培养瓶中以含酚合成废水为营养，曝气或搅拌，以培养活性污泥。

②每天停止曝气 1h，沉淀后去除去上清液，加入新鲜含酚废水，并逐步提高含酚浓度，达到驯化活性污泥的目的。

③当活性污泥数量足够，且对酚具有相当去除能力后，即认为活性污泥的培养和驯化已告完成。停止投加营养，空曝 24h，使活性污泥处于内源呼吸阶段。

④取上述活性污泥在 3000r/min 的离心机上离心 10min，倾去上清液，加入蒸馏水洗涤，在电磁搅拌器上搅拌均匀后再离心，反复三次，用 pH = 7 的磷酸盐缓冲液稀释，配制成所需浓度的活性污泥悬浊液。因需时间较长，此步骤由教师进行。

（2）含酚合成废水的配制　配制五种不同含酚浓度的合成废水，成分如表 3-25 所示。

表 3-25　不同浓度的含酚合成废水

苯酚/(mg/L)	75	150	450	750	1500
硫酸/铵(mg/L)	22	44	130	217	435
K_2HPO_4/(mg/L)	5	10	30	51	102
$NaHCO_3$/(mg/L)	75	150	450	750	1500
$FeCl_3$/(mg/L)	10	10	10	10	10

（3）取清洁干燥的反应瓶及测压管 14 套，测压管中装好 Brodie（布罗迪）溶液备用，反应瓶按表 3-26 加入各种溶液。

表 3-26　生化反应液的配制

反应器瓶编号	反应瓶内液体体积/mL							中央小杯中 10%KOH 溶液体积/mL	备注
	蒸馏水/mL	活性污泥悬浮液/mL	合成废水						
			75/(mg/L)	150/(mg/L)	450/(mg/L)	750/(mg/L)	1500/(mg/L)		
1，2	3							0.2	
3，4	2	1						0.2	
5，6		1	2					0.2	
7，8		1		2				0.2	温度压力对照内源呼吸
9，10		1			2			0.2	
11，12		1	2			2		0.2	
13，14		1	2				2	0.2	

注：①应先向中央小杯加入 10%KOH 溶液，并将折成皱褶状的滤纸放在杯口，以扩大对 CO_2 的吸收面积，但不得使 KOH 溢出小杯外。

②加入活性污泥悬浮液及其合成废水的动作尽可能快，使其反应瓶开始反应的时间不致相差太多。

（4）在测压管磨砂接头上涂上羊毛脂，塞入反应瓶瓶口，以牛皮筋拉紧使之密封，然后放入瓦呼仪的恒温水槽中（水温预先调好至 20℃）使测压管闭管与大气相通，振摇 5min，使反应瓶内温度与水浴一致。

（5）调节各测压管闭管中检压液的液面至刻度，在 150mm 处迅速关闭各管顶部的三通，使之与大气隔断，记录各测压管中检压液液面读数（此值应在 150mm 附近）再开启瓦呼仪振摇开关，此时刻为呼吸耗氧实验的开始时刻。

（6）在开始实验后的 0、0.25、0.5、1.0、2.0、3.0、4.0、5.0、6.0h，关闭振摇开关，调整各测压管闭管液面至 150mm 处，并记录开管液面读数，按表 3-27 记录。

（7）停止实验后，取下反应瓶及测压管，擦净瓶口及磨塞上的羊毛脂，倒去反应瓶中液体，用清水冲洗后用肥皂水浸泡，再用清水冲洗后以洗液浸泡过夜，洗净后置于 55℃烘箱内烘干后待用。

（五）实验结果整理

实验结果整理记录如表 3-27 所示。

表 3-27　数据记录

					记录											预处理条件
项目	反应编号	合成废水投量/mL	营养液投量/mL	污泥量/mg	测压管读数及 Δh 值	时间/h										
						0	0.25	0.5	1	2	3	4	5	6	7	
					压力计读数											
		2	1		压力差											
					实际压力差 Δh											
					压力计读数											
		2	1		压力差											
					实际压力差 Δh											
					压力计读数											
		2	1		压力差											
					实际压力差 Δh											
					压力计读数											
		2	1		压力差											
					实际压力差 Δh											
					压力计读数											

续表

项目	反应编号	合成废水投量/mL	营养液投量/mL	污泥量/mg	测压管读数及 Δh 值	记录 时间/h 0	0.25	0.5	1	2	3	4	5	6	7	预处理条件
		2	1		压力差											
					实际压力差 Δh											
					压力计读数											
		2	1		压力差											
					实际压力差 Δh											
					压力计读数											
		2	1		压力差											
					实际压力差 Δh											

（1）根据实验中记录下的测压管读数（液面高度）计算耗氧量。主要计算公式如式（3-49）至式（3-51）所示。

$$\Delta h_i = \Delta h_i' - \Delta h \tag{3-49}$$

式中 Δh_i——各测压管计算的 Brodie 溶液液面高度变化值，mm

Δh——温度压力对照管中 Brodie 溶液液面高度变化值，mm

$\Delta h_i'$——各测压管实验的 Brodie 溶液液面高度变化值，mm

$$X_i' = K_i \Delta h_i \text{ 或 } X_i = 1.429 K_i \Delta h_i X_i' \tag{3-50}$$

式中 X_i'，X_i——各反应瓶不同时间的耗氧量，μL、μg

K_i——各反应瓶的体积常数（已由教师事先测得，测定及计算方法从略）

1.429——氧的容重，g/L

$$G_i = \frac{X_i}{S_i} \tag{3-51}$$

式中 G_i——各反应瓶不同时刻单位质量活性污泥的耗氧量，mg/g

X_i——同前

S_i——各反应瓶中的清除污泥质量，mg

（2）上述计算按照列表进行，表格形式如表 3-28 所示。

（3）以时间为横坐标，G_i 为纵坐标，绘制内源呼吸线及不同含酚浓度合成废水的生化呼吸线，进行比较分析含酚浓度对生化呼吸过程的影响及生化处理可允许的最大含酚浓度。

表 3-28　　瓦呼仪实验记录表

实验日期　　年　　月　　日

项目	反应编号	$K\times1.429$	污泥量/mg	计算	时间/h											计算项目
					0.25	0.5	1	2	3	4	5	6	7	8	$\sum\Delta h$	
内源呼吸				Δh/mm												
				X_i												
				G_i												
				$\sum G_i$												
				Δh/mm												
				X_i												
				G_i												
				$\sum G_i$												
				Δh/mm												
				X_i												
				G_i												
				$\sum G_i$												
				Δh/mm												
				X_i												
				G_i												
				$\sum G_i$												
				Δh/mm												
				X_i												
				G_i												
				$\sum G_i$												
				Δh/mm												
				X_i												
				G_i												
				$\sum G_i$												

（六）注意事项

读数及记录操作应尽可能迅速，作为温度及压力对照的 2、1 两瓶应分别在第一个及最后一个读数，以修正操作时间的影响（即从测压管 2 开始读数，然后 3，4，5……最后是测压管 1）。读数、记录全部操作完成后迅速开启振摇开关，使实验继续进行，待测压管读数降至 50mm 以下时，需开启闭管顶部三通放气。再将闭管液位调至 150mm，并记录此时开管液位高度。

（七）思考题

（1）你认为利用瓦呼仪测定废水可生化性是否可靠？有何局限性？

（2）你在实验过程中曾发现哪些异常现象？试分析其原因及解决办法。

二、菌胶团微结构显微摄影实验

（一）实验目的

了解生物显微摄影的基本原理和装置，以及照相暗室工作的基本过程。

（二）实验原理

显微摄影是通过摄影装置拍摄显微镜视野中物体影像的过程，它是必备的一项常用显微技术。其基本原理是将标本的图像，通过显微镜投射到感光材料（胶卷）上而成为永久性记录。

（三）实验仪器、材料和试剂

材料和标本：染色的菌胶团标本片。

器材和仪器：显微镜、35mm 照相机、显微照明装置、自动曝光控制器、ASA100 黑白 135 胶卷、洗印和放大等成套的暗室设备。

试剂：D-72 式普通显影液、SB-1 式停影剂、F-5 酸性定影液。

（四）实验步骤

1. 拍摄前准备

（1）光路合轴　使光轴与光束处于同一轴线上。

（2）柯勒照明　使观察的视野获得均匀而又充分的照明；防止杂散光对照相系统产生影响；使被摄物体不受热，影像清晰。

（3）物镜与目镜合理组合　依标本的不同和显微摄影要求，物镜与目镜的组合有一定规范，如拍摄人类染色体影像，采用高分辨率的 100 倍物镜，配合 10 倍目镜，可获得良好分辨率的理想放大影像。

（4）调整视场光阑和孔径光阑　使两者与所用物镜的数值孔径（N. A.，镜口率）相等，所得的分辨率最高；视场光阑一旦调好，不要再动，而孔径光阑可随物镜数值孔径的更换，做相应的调整。一般来说，把孔径光阑的大小调成等于相应该物镜孔径像的 2/3 为宜，尽管丧失了少许的分辨率，却能提高影像的反差、焦点深度和清晰度。

总之，上述做法可调整显微镜至最佳状态。

2. 拍摄程序

拍摄是显微摄影系列操作中的关键环节，在镜检观察中，发现需要摄下的影像应即时拍照。

（1）开启相机后盖，安装胶卷于照相机内。

（2）打开显微镜照明装置的电源开关，将亮度调至适当。

（3）依个人的视力，调整摄影目镜调焦环至“井”字线较清晰。

（4）放一片需要拍摄的标本载玻片于载物台上。在低倍镜下选好要拍摄的核型或细胞结构，再转换到油镜下，聚焦标本细节，准备拍照。

（5）按下曝光按钮，曝光按钮亮表示曝光开始进行，熄灭表示曝光完毕。

（6）按下列项目进行拍摄记录：

编号＿＿＿＿＿＿＿＿＿＿单　位＿＿＿＿＿＿＿＿＿＿

课题＿＿＿＿＿＿＿＿＿＿负责人＿＿＿＿＿＿＿＿＿＿

倍数＿＿＿＿＿＿＿＿＿＿条　件＿＿＿＿＿＿＿＿＿＿

日期＿＿＿＿＿＿＿＿＿＿显微镜型号＿＿＿＿＿＿＿＿

3. 黑白胶片的冲印

感光胶片在拍摄完毕后，应尽快在暗室中冲洗和晒印，其方法和普通照相相似。其基本原理是显影液使胶片已感光的银盐潜影还原为可见的金属银影像；停影液使显影液失去显影能力，防止显影过度与斑痕出现；定影液把未被还原的卤化银溶去，晾干是便于胶片和相纸保存。

冲印的操作步骤如下所示：

（1）把胶片装入显影罐中（切勿黏在一起）先用清水冲洗，排除气泡。然后再把水倒掉，这有利于显影液的快速均一作用。

（2）从顶部罐口注入预先配好的约250mL D-72式显影液，20℃显影4~12min。

（3）显影过程中轻摇影罐，使胶片表面充分受显影液作用，显影完毕迅速倒出显影液。

（4）立即注入250mL预先配好的SB-I式停影液，停显时间为10s，倒出停影液，随之加入250mL的F-5式酸性坚膜定影液，20℃定影15min。取出胶片流水冲洗30min以上。

（5）将胶片挂起，用脱脂棉轻轻吸掉胶片表面过多的积水，晾干。

（6）晾干后用放大机的胶片夹子夹住胶片，药膜面朝下，聚焦取景，然后在红灯条件下，用压纸板压住所需号放大相纸，药膜面向上，进行曝光（适当的曝光时间要经试验后决定）。

（7）曝光后的像纸，浸入D-72显影液中，然后用竹镊子不时地夹住像纸翻动，直到显影适度为止。

（8）显影合适后立即移到SB-I式停影液中，漂洗10~20s，再浸入定影液中处理15min，取出在流水中冲洗60min左右。

（9）水洗后，放在电热上光机上烘干；裁边，装入有说明的纸袋内保存。

三、活性污泥法动力学系数、增长系数及内源呼吸系数的测定实验

（一）实验目的

活性污泥法是应用最广泛的一种生物处理方法。过去都是根据经验数据来进行设计和运行。近年来国内外对活性污泥法动力学方面做了不少研究，目的是希望通过对有机污染物降解和微生物增长规律的研究，能更合理地进行曝气池的设计和运行。

通过本实验希望达到下述目的：①深入对活性污泥法动力学基本概念的理解；②了解用间歇进料方式测定活性污泥法动力学系数 a、b 和 K 的方法。

（二）实验原理

活性污泥法去除有机污染物动力学模型有多种。在此以两个较常见的关系式［式

(3-52)、式（3-53)］来讨论如何通过实验确定动力学系数。

$$\frac{S_0 - S_e}{X_v t} = KS_e \tag{3-52}$$

式中 S_0——进水有机污染物浓度，以 COD 或 BOD 表示，mg/L

S_e——出水中有机污染物浓度，mg/L

X_v——曝气池内挥发性悬浮固体浓度，g/L

t——水力停留时间，h

K——有机污染物降解系数，1/d

$$\frac{1}{\theta_c} = a\frac{S_0 - S_e}{X_v t} - b \tag{3-53}$$

式中 θ_c——泥龄，d

a——污泥增长系数，kg/kg

b——内源呼吸系数也称衰减系数，1/d

其余符号同前。

活性污泥法动力学系数的测定，可以在连续进料生物反应器系统或间歇进料生物反应器系统中进行，方法如下：

（1）连续进料生物反应器系统试验　连续进料生物反应器系统的特点是，污水连续稳定地回流到生物反应器，经处理后连续排出，同时污泥也连续地回流到生物反应器内。这种实验系统可用以模拟完全混合型活性污泥系统和推流型活性污泥系统，缺点是实验设备略多些，实验期间发生故障的机率较间接进料实验装备略大些。

实验时，先将作为菌种的活性污泥加入反应器，使反应器内的 MLVSS 浓度约为 2.0g/L，然后按实验设计确定的进水流量、回流比回流污泥，并通过压缩空气，使系统开始运行。运行期间每天要测定 MLVSS，以便确定每日的排泥量，每日排去的污泥量应等于每日增殖的污泥量，使反应器内的 MLVSS 维持在恒定的水平。一般情况下，连续运行 2~4 周（3~5 倍的泥龄左右），系统便可处于稳定状态。判断实验系统是否稳定的方法是：①测定反应器内混合液的耗氧速率（即呼吸速率）；②测定出水 BOD，当二者的数据都稳定时，可认为实验系统已经稳定。

如果用 3~5 个生化反应器，在 S_0相同的条件下，按 3~5 个不同的水力停留时间进行实验。待实验系统稳定后，测定各反应器的 S_0、S_e、X 和 ΔX，连续测定 7~10d，便可得到 3~5 组实验数据。

式（3-53）表明，若将实验数据处理后点绘在以（S_0-S_e）/$X_v t$ 为纵坐标，S_e为横坐标的坐标纸上，便可得到一条通过原点的直线，该直线的斜率为有机污染物降解系数 K。根据式（3-53），将实验数据点绘在以 $1/\theta_c$为纵坐标，（S_0-S_e）/$X_v t$ 为横坐标的坐标纸上，所得直线的斜率即污泥增长系数 a，截距为内源呼吸系数 b。

（2）间歇进料生物反应器系统实验　间歇进料生物反应器系统的实验是将污水一次性投加到含有活性污泥的反应器内，然后进行曝气，曝气七小时后排去增殖的污泥，沉淀 0.5~1h 后排去上层清液。重新加入污水并曝气，如此周而复始运行 2~4 周，便可得到稳定的实验系统。间歇进料的实验系统可以较好地模拟推流型活性污泥法，若用以模拟完全混合型活动污泥法测定动力学系数有一定误差，不如连续进料的实验系统好。间歇进料的优点是实验装置较简单，有时管理操作也简单。如果用 3~5 个反应器，按 3~5 个不同的水力停留时间做实验，其实验操作的工作量将较大。若改为在 S_0 与水力停留时间 t 不变的条件下，按 3~5 个不同的泥龄进行实验，则各反应器的排泥、沉淀、排上清液及加污水可在同一时间进行，使实验操作集中，便于管理。具体方法见下述实验步骤。

（三）实验装置与步骤

1. 实验装置

实验装置由 5 个生物反应器和一台空气压缩机组成。为防止压缩空气机的油被带入反应器，减少反应器内水分蒸发损失，压缩空气输送管应先接入一个油蒸馏水瓶（或其他小口瓶）改装成的油水分离器后再接入反应器。

2. 实验设备与仪器仪表

①生物反应器：2500mL 小口瓶 5 个，或有机玻璃制反应器：高 $H=0.23$m，直径 $D=0.114$m；②测定 COD 或 BOD 仪器 1 套；③蒸馏水瓶（或 2500mL 小口瓶）1 个；④压缩空气机 1 台：Z-0.025/6；⑤烘箱 1 台；⑥分析天平 1 台；⑦马弗炉 1 台；⑧台秤 1 台；⑨古氏坩埚 20~40 个；⑩漏斗、漏斗架、100mL 量筒、250mL 烧杯等。

（四）实验步骤

（1）从城市污水厂取回性能良好的活性污泥。

（2）用清泌法弃去下层含泥沙的污泥，并取 200mL 污泥测定 MLSS（每个样品 100mL，做两个平行实验）。

（3）按反应器内混合液体积为 2L 投加活性污泥，使各反应器内的 MLSS 为 1.5~2g/L。

（4）加自来水至刻度 2L 处。

（5）每个反应器内加入 1g 谷氨酸钠。

（6）按表 3-29 投加无机盐。

表 3-29　　1L 混合液中无机盐含量

成分	含量/(mg/g)	成分	含量/(mg/g)
KH_2PO_4	50	$CaCl_2$	10
$NaHCO_3$	1000	$MnSO_4$	5
$MgSO_4$	50	$FeSO_4 \cdot 6H_2O$	2

（7）启动空气压缩机进行曝气。

（8）曝气 20~22h 后，按泥龄为 10、5、3、2、1.25d 排去混合液，即分别排去混合液 200、400、667、1000 和 1600mL。

（9）静置 0.5~1h。

（10）用虹吸法去上层清液。

（11）按实验步骤（4）至（10）进行重复操作，2~4 周实验系统可达到稳定。

（12）系统稳定后，测定进水 S_0、反应器内混合液的 *MLSS* 和 *MLVSS*、出水 *SS* 和 S_e，要求每天测定一次，连续测定1~2周。

（五）实验结果整理

（1）S_0和 S_e测定数据可参考表 3-30 进行处理。

表 3-30　　S_0与 S_e 的测定记录

日期	反应器序号	θ_c/d	空白				S_0				S_e				C/N	S_0/mL	S_e/mL
			后读数	初读数	差值	水样体积/mL	后读数	初读数	差值	水样体积/mL	后读数	初读数	差值	水样体积/mL			

（2）*MLSS* 和 *MLVSS* 测定数据可参考表 3-31 记录。

表 3-31　　*MLSS* 与 *MLVSS* 的测定数据记录

滤纸灰分________

日期	反应器序号	θ_c/d	坩埚编号	坩埚重/g	坩埚+滤纸/g	坩埚+滤纸+污泥/g	灼烧后重/g	*MLSS*/(g/L)	*MLVSS*/(g/L)

（3）将上述实验数据汇总于表 3-32 中。

表 3-32　　实验结果汇总表

反应器序号	θ_c/d	$1/\theta_c$/(1/d)	S_0/(mL/L)	S_e/(mL/L)	*t*/d	X_v/d	$\frac{S_0-S_e}{X_v t}$

（4）以 $(S_0-S_e)/X_v t$ 为横坐标，$1/\theta_c$为纵坐标作图求 *a* 和 *b*。

（5）以 $(S_0-S_e)/X_v t$ 为纵坐标，S_v为横坐标作图求 *K*。

（六）实验结果讨论

（1）评述本实验方法和实验结果。

（2）以双因素试验设计法拟定一个测定曝气池设计参数泥龄和负荷率的实验方法案。

（3）如果污水中存在不可生物降解的物质，实验曲线会发生什么变化？

附：活性污泥耗氧速率的测定

1. 目的和原理

活性污泥的耗氧速率（oxygen consumption rate，OUR）是评价污泥微生物代谢活性的一个重要指标，在日常运行中，污泥 OUR 值的大小及其变化趋势可指示处理系统负荷的变化情况，并可以此来控制剩余污泥的排放。活性污泥的 OUR 若大大高于正常值，往往提示污泥负荷过高，这时出水水质较差，残留有机物较多，处理效果亦差。污泥 OUR 值长期低于正常值，这种情况往往在活性污泥负荷低下的延时曝气处理系统中可见，这时出水中残存有机物数量较少，处理完全，但若长期运行，也会使污泥因缺乏营养而解絮。处理系统在遭受毒物冲击而导致污泥中毒时，污泥 OUR 的突然下降常是最为灵敏的早期警报。此外，还可通过测定污泥在不同工业废水中的 OUR 值的高低，来判断该废水的可生化性及污泥承受废水毒性的极限程度。

2. 材料与器皿

（1）电极式溶解氧测定仪。

（2）电磁搅拌器、充气泵、离心机。

（3）恒温室或恒温水浴。

（4）BOD 测定瓶、烧杯、滴管。

（5）0.025mol/L、pH7 磷酸盐缓冲液。

3. 方法与步骤

测定活性污泥的耗氧速率。

（1）取曝气池活性污泥混合液迅即置于烧杯中，由于曝气池不同部位的活性污泥浓度和活性有所不同，取样时可取不同部位的混合样。调节温度至 20℃并充氧至饱和。

（2）将已充氧至饱和的 20℃的污泥混合液倒满内装搅拌棒的 BOD 测定瓶中，并塞上安有溶氧仪电极探头的橡皮塞，注意瓶内不应存有气泡。

（3）在 20℃的恒温室（或将 BOD 测定瓶置于 20℃恒温水浴中），开动电磁搅拌器，待稳定后即可读数并记录溶氧值，整个装置如图 3-17 所示，一般每隔 1min 读数一次。

（4）待 DO 降至 1mg/1h 即停止整个试验，注意整个试验过程以控制在 10～30min 以内为宜，即尽量使每升污泥每小时耗氧量在 5～40mg 内较宜，若 DO 值下降过快，可将污泥适当稀释后测定。

（5）测定反应瓶内挥发性活性污泥浓度（MLVSS）。

4. 结果与分析

活性污泥耗氧速率的测定

根据污泥的浓度（MLVSS）、反应时间 t 和反应瓶内溶解氧变化率求得污泥的耗氧速率 OUR：

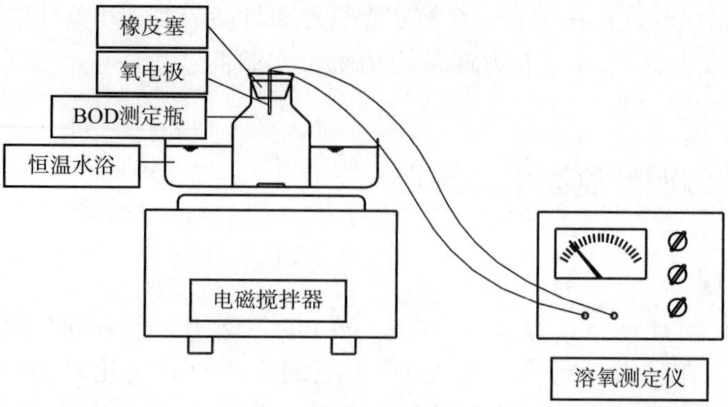

图 3-17　耗氧速率测定装置

$$\mathrm{OUR}(\mathrm{mgO_2/g\ MLVSS\cdot h}) = (DO_0 - DO_t)\mathrm{mg/L} \div t(\mathrm{h}) \div \mathrm{MLVSS}(\mathrm{g/L})$$

式中　DO_0——初始时 DO 值

DO_t——测定结束时的 DO 值

四、完全混合式活性污泥法处理系统的观测和控制运行实验

（一）实验目的

（1）通过观察完全混合式活性污泥法处理系统的运行，加深对该处理系统的特点和运行规律的理解。

（2）通过对模型实验系统的调试和控制，初步培养进行小型模拟实验的基本技能。

（3）熟悉和了解活性污泥法处理系统的控制方法，进一步理解污泥负荷、污泥龄、溶解氧浓度等控制参数及在实际运行中的作用和意义。

（二）实验原理

活性污泥法是污水处理的主要的方法之一。从国内对污水处理的现状来看，大多数的城市污水和几乎所有的有机工业废水都采用活性污泥法来处理。因此，了解和掌握活性污泥处理系统的特点和运行规律以及实验方法是很重要的。活性污泥处理系统的流程如图 3-18 所示，本实验的完全混合法模型如图 3-19 所示。对于特定的处理系统，在一定的环境条件下，运行的控制因素有污泥负荷、水力停留时间、曝气池中溶解氧浓度（可用气水比来控制）、污泥排放量等，这些参数也是设计污水处理厂的重要参考资料。

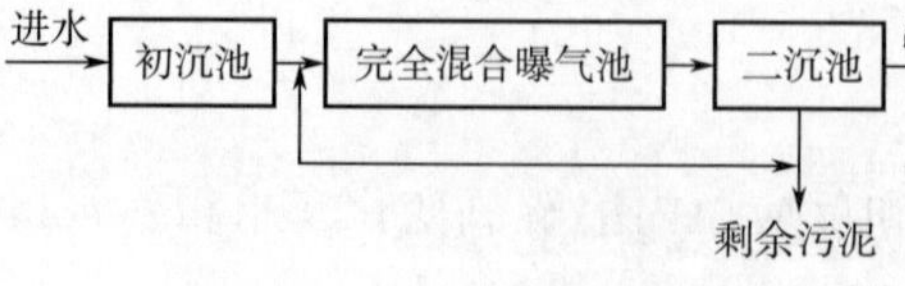

图 3-18　活性污泥法基本流程

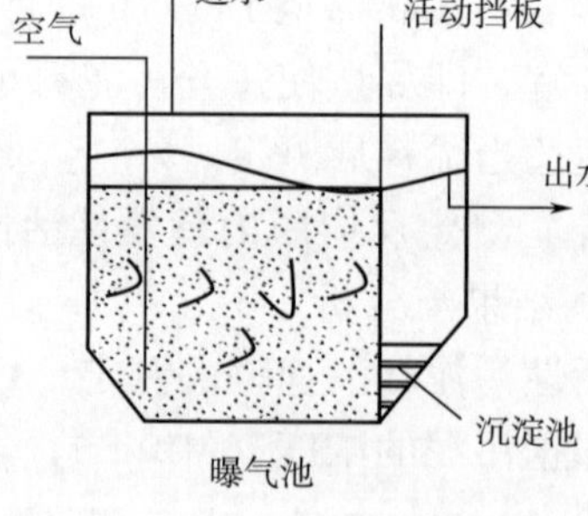

图 3-19　完全混合法模型

在活性污泥小型实验的运行中，必须严格控制以下几个参数：

1. COD 污泥负荷 N_s

计算如式（3-54）所示。

$$N_s = \frac{QL_a}{xV} \tag{3-54}$$

2. 曝气池时间 t

计算如式（3-55）所示。

$$t = \frac{V}{Q} \tag{3-55}$$

3. 污泥龄或生物固体平均停留时间 θ_c

计算如式（3-56）所示。

$$\theta_c = \frac{xV}{Q_w X_w + (Q - Q_w)} X_e \approx \frac{xV}{Q_w X_w} \tag{3-56}$$

式中　Q——污水流量，m^3/d

L_a——进水有机物（COD）浓度，mg/L

V——曝气池容积，m^3

x——混合液（即活性污泥）浓度，mg/L

Q_w——每天排放的污泥量，m^3/d

X_w——排放的污泥浓度，mg/L

X_e——随出水流失的污泥浓度，mg/L

（三）实验装置

（1）活性污泥处理小型设备，采用合建式曝气池系统，材料为有机玻璃。

（2）供气系统　空压机、储气罐、减压阀，转子流量计、输送管路。

（3）配水系统　集水池、配水箱、小型泵、配水管、排水管。

（4）温度控制仪、加热器。

（5）溶解氧测定仪。

（四）实验步骤及记录

（1）活性污泥的培养和驯化，可以采用生产和人工配制的合成污水先进行闷曝，然后采用连续培养驯化，有条件的可以从正在运行的活性污泥法处理厂引种。

（2）每套试验装置的污泥浓度或进水流量可以控制在不同的范围（以上工作由指导教师来完成）。

（3）认真观察曝气池中气水混合、二沉池中的絮凝沉淀以及污泥从二沉池向曝气池回流等情况。

（4）若曝气池中的气水液混合不充分，可通过流量计加大曝气量；若二沉池中的沉淀状态不佳，可以通过调节回流污泥的挡板来减小回流污泥量；若回流污泥不畅，则可提高挡板来增大回流缝的高度。

（5）进行如下项目的测定并记录

①进水容量，可用溶剂法计量。

②进出水的 COD（或 BOD）浓度，出水悬浮物（SS）的浓度。

③曝气池的混合液浓度。

④曝气池内的溶解氧浓度。

⑤每日排放的污泥浓度 X_w 和污泥流量 Q_w。

⑥对实验模型系统进行控制（每套系统的具体控制数值由教师定）。①溶解氧 DO 按 1.0~2.5mg/L；②COD—污泥负荷 N_s = 0.1~0.4kg COD/(kg MLSS · d)；③污泥龄 θ=2~10d。

⑦然后仍继续观察曝气池和二沉池的运行情况，其中包括曝气池的混合状态、二沉池的沉淀污泥的絮凝和沉淀情况、回流污泥是否畅通，发现问题时要进行调节和控制。

（五）注意事项

（1）出于实验模型设备规模小，必须准确地测定流量、容积等数据，以免引起较大的误差。

（2）防止进水管路和空气管路的堵塞，注意调节回流污泥挡板，时刻保证污泥回流畅通。

（3）排放的污泥量可用容积法计，其浓度则要在排放完毕后搅拌均匀再测定。

（4）正确使用和掌握溶解氧测定仪和其他仪器。

（六）实验结果分析和思考题

（1）根据实验中测定的结果，计算在一定条件下（污泥负荷、污泥龄及溶解氧浓度等）的 COD 去除率。

（2）通过本实验系统的观察和控制，阐述完全混合式活性污泥法的优缺点。

（3）控制 COD-污泥负荷对处理系统的运行有何影响？

五、生物挂膜及膜法水处理实验

（一）实验目的和要求

生物接触氧化池是生物膜法的一种主要设施，又称为淹没曝气式生物滤池。池内设置填料，填料淹没在废水中，池底放置曝气装置，空气来自鼓风机。通过本实验可以了解接触氧化池的内部构造，掌握接触氧化池的启动方法，观察到微生物生长情况，能看到气泡、水流、生物膜的状态。通过该装置进行有机废水动态实验，可确定废水的可生化性和工艺参数。

（二）实验原理

从实验模型可清楚地看到接触氧化池的构造，淹没在废水中的填料上长满生物膜，废水在与生物膜接触过程中，水中的有机物均被微生物吸附，氧化分解和转化为新的生物膜。从填料上脱落的生物膜，可以随水流到二次沉淀池，通过沉淀与水分离，废水得到净化。微生物所需要的氧气来自水中，空气来自池子底部的布气装置，在气泡上升过程中，一部分氧气溶解在水里。

实验模型主体包括池体、半软性填料、陶瓷微孔曝气器。配套装置包括水泵、配水箱、空气压缩机、木桌等。池体用有机玻璃制作，填料由化学纤维编结成束，呈绳状连接。

(三) 实验运行方法

首先必须熟悉实验模型的构造、管道的走向、各种装置的作用和使用方法。进而熟悉模型的工作原理。在此基础上开始反应器的启动和运行。

经清水试运行后，将污泥接入反应器，接种污泥量为反应器总体积的1/3。控制进水温度为（35±1）℃，pH 5~7，污水用人工配制的模拟高浓度有机废水（配制方法见表3-33），COD约400mg/L。控制柱塞泵的流量。

表3-33　　模拟高浓度有机废水配方表

材料名称	数量/g	材料名称	数量/g
淀粉	3	碳酸氢钠	0.06
葡萄糖	0.1	磷酸钠	0.006
蛋白胨	0.12	尿素	0.06
牛肉膏	0.06	硫酸铵	0.012
碳酸钠	0.99	水	5L

挂膜期间，COD浓度控制在500mg/L。逐步提高容积负荷，每次提高0.05kgCOD/(m^3d)左右，运行时间为10d，当运行稳定后（去除率稳定或提高）再提高负荷。

运行阶段使进水COD控制在300mg/L，每隔4h取样一次，在反应器中部取样口取样，测定COD_{Cr}、挥发性污泥浓度、颗粒污泥直径等参数。测定污水进水和出水的COD_{Cr}、挥发性污泥浓度、pH。反应器连续运行，测量记录各参数。

(四) 实验仪器设备和材料

①接触氧化池模型（410mm×410mm×940mm）；②721型可见分光光度计；③1mL和5mL移液管数根；④电热恒温鼓风干燥箱；⑤马弗炉；⑥电子天平。

(五) 实验运转记录

实验数据记录如表3-34所示。

表3-34　　实验数据记录

运转时间/h	2	4	6	8	10	12	14	16	18
进水COD/(mg/L)									
出水COD/(mg/L)									
COD去除率/%									
进水pH									
出水pH									
进水SS/(mg/L)									
出水SS/(mg/L)									
COD容积负荷/(kgCOD/m^3·d)									

（六）数据处理和方法

（1）COD 的测定见第二章。

（2）VSS 和 SS 的测定见第二章。

（3）绘制 COD 去除率和 COD 容积负荷的关系曲线。

六、生物滤池处理实验

（一）实验目的

生物膜法主要用于从废水中去除溶解性的有机污染物，而生物滤池是生物膜法的一种主要设施。本实验所用的普通和塔式滤池是生物滤池的演示模型。通过模型的实验，可达到以下目的：①通过对有机玻璃模型直接地观察，加深对滤床、布水设施和排水系统的认识；②掌握生物滤池的运转操方法，了解生物膜法净化污水的机理。

（二）实验原理

按生物滤池的构造，按水流顺序可以看到主要由布水器、滤床和排水系统三部分组成。污水通过布水器连续地、均匀地喷洒在滤床表面上，在重力作用下污水以水滴的形式向下渗沥，或以薄膜的形式向下渗流，最后污水到达排水系统，流出滤池。污水流经滤床时，污染物和细菌附着在滤料表面上，微生物便在滤料表面大量繁殖，形成生物膜。污水中的有机物被生物膜中的微生物吸附、降解，从而使污水得到净化。

（三）实验装置及材料

①圆形生物滤池一套；②塔式生物滤池一套；③滤料：聚丙烯球。

（四）实验步骤

（1）实验污水采用合成污水。

（2）取城市污水厂活性污泥在吸水池中和污水混合，用泵将上述混合液提升使其喷淋于生物滤池，出水回流到吸水池，再用水泵提升使其喷淋于滤池，反复循环。

（3）在小流量下运行生物滤池，经过几天或几个星期后，滤料表面便可以生长良好的生物膜。培养生物膜所需要的时间与污水的性质和温度有关。

（4）在不同的水力负荷条件下进行试验，在滤池底部取样分析。

（5）实验结束后，观察不同滤床深度处的微生物变化。

（五）实验结果

（1）记录实验基本参数：滤床体积、滤池面积。

（2）记录不同水力负荷条件下，滤池底部有机污染物的浓度。

（六）问题与讨论

（1）试述沿滤床深度微生物的变化。

（2）哪些因素会影响生物滤池的负荷率？如何影响？

七、废水的厌氧接触法处理实验

（一）实验目的

（1）掌握一般厌氧生物处理的实验方法。

（2）了解厌氧接触法处理过程中 pH、碱度、产气量、COD 去除率和 MLVSS 等的变化情况，并加深对厌氧处理的理解。

（二）实验原理

严格地讲，厌氧过程一般经历两个阶段：反应初期的水解酸化阶段和以后的产甲烷阶段。在水解酸化阶段中，难降解的高分子或固态有机物在胞外酶的水解作用下可转化为易降解或溶解性有机物；继而在产酸菌的酸化作用下转变为低分子的有机酸类（如乙酸、丙酸）和醇类（如乙醇）等物质，同时伴有一些如 H_2、CO_2以及可能的少量 NH_3 和 H_2S 产生。在第二阶段中，上述简单的有机物则在专性厌氧菌——产甲烷菌的进一步作用下转化为甲烷和 CO_2。由于厌氧过程中甲烷菌的繁殖速度慢、世代周期长，因而产甲烷阶段就控制了整个厌氧生物处理过程。

在进行厌氧生物处理时，保持有机酸的形成和甲烷的产生速度两者的平衡才能使整个厌氧过程得以正常地进行。为建立这一平衡，试验时应注意以下实验条件：

（1）绝对厌氧，尤其是产甲烷阶段。

（2）实验系统 pH 宜控制在 6.2～7.5，碱度维持在 1000～5000mg $CaCO_3$/L。当 pH 低于 6.2 时，可在系统中投加碳酸氢钠进行调节，工程应用中则可投加石灰。

（3）厌氧过程中，氮、磷营养元素的投加量可按 BOD_5 ∶ N ∶ P＝100 ∶ 1 ∶ 0.2 进行。如果试验废（污）水中含氮量不够，一般投加氯化铵作为氮源。

（4）温度和有机物的厌氧分解过程有着密切联系，不同类型的厌氧微生物适于在不同温度范围内活动。对于高温厌氧过程，其适宜温度为 50～55℃，中温厌氧过程为 30～35℃，低温厌氧为 5～15℃。

（5）适当的混合与足够的水力停留时间也是保持厌氧过程正常运行的重要条件。对于间歇进料的厌氧处理，35℃时的水力停留时间为 5～7d，每日混合 1～2 次。

（6）尽量消除有毒物质如重金属离子、NH_3、硫酸盐（SO_4^{2-}）、碱与碱土金属（如 Na^+、K^+、Ca^{2+}、Mg^{2+}）等的影响。

本实验为方便操作，拟采用间歇进料方式，在 35℃条件下，以谷氨酸钠和磷酸氢二钾配制的合成污水进行厌氧处理。在工程实践中，大多为连续进料方式。但两者对有机物的降解机制以及其他控制条件基本相同。

（三）实验装置与设备

1. 实验装置

实验装置主要由厌氧生物反应器、湿式气体流量计和恒温箱组成，如图 3－20 所示。生物反应器放在恒温箱内，用普通

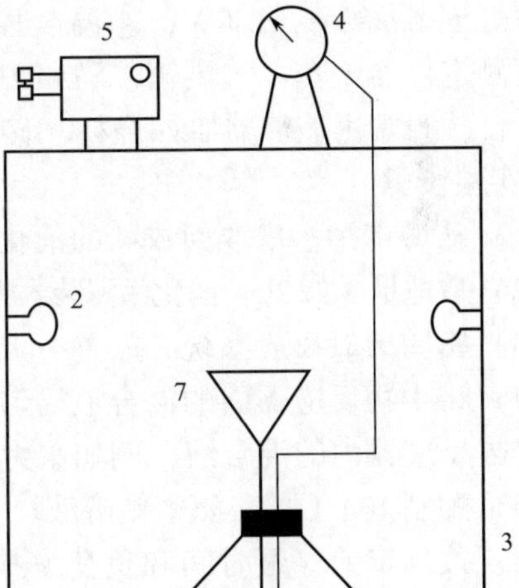

图 3－20　厌氧生物接触法处理实验装置示意图

1—生物反应器　2—白炽灯　3—恒温箱
4—湿式气体流量计　5—温度控制仪
6—排液口　7—进料漏斗

的白炽灯泡加热，并以温度控制仪控制恒温箱的温度。在没有气体流量计的情况下，用如图 3-21 所示的简易装置仍可进行大量厌氧处理实验（其中，恒温箱还可用恒温水浴锅代替）。

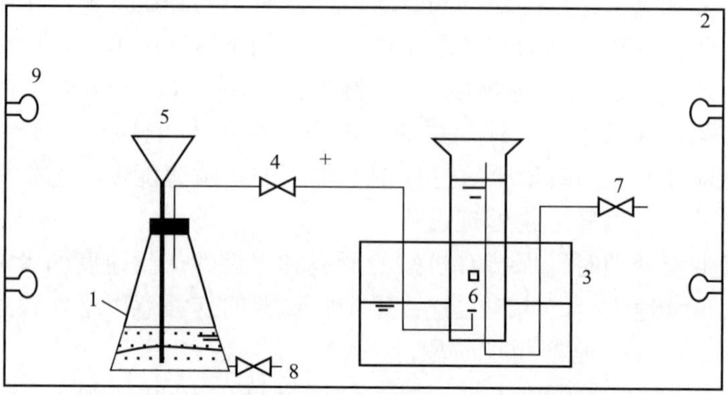

图 3-21　简易厌氧接触法处理实验装置示意图

1—500mL 锥形瓶　2—恒温箱　3—盛饱和 NaCl 溶液的器皿　4—集气管
5—进料漏斗　6—250mL 量筒　7—排气管　8—排液管　9—白炽灯

2. 实验仪器与设备

①生物反应器或 2500mL 的两口小口瓶；②湿式气体流量计 1 台，BSD-0.5 型；③白炽灯泡 6~8 个，100W；④温度控制仪 2 台，WMZK-01；⑤COD 测定仪器 1 套；⑥碱度测定仪器 1 套；⑦烘箱、马弗炉各 1 台；⑧分析天平、pH 计各 1 台；⑨气相色谱仪 1 台；⑩常用玻璃器皿如烧杯、移液管以及漏斗、螺丝夹等。

（四）实验步骤

（1）从城市污水厂取回成熟的消化污泥，并测定其 MLVSS。

（2）取适量（如 2L）消化污泥装入厌氧生物反应器内（控制污泥浓度为 5.0g/L 左右）。

（3）密闭厌氧反应系统，放置一天，以便兼性厌氧细菌消化掉反应器内的氧气。

（4）将生物反应器内的混合液摇匀，按确定的水力停留时间由螺丝夹 6 处（图 3-20）排去反应器内的混合液。例如水力停留时间为 5d 时，应排去混合液 400mL。

（5）配制 10g/L 的谷氨酸钠溶液。实验用进水根据所需 COD 浓度以此溶液进行配制。

（6）按确定的停留时间和负荷率投加谷氨酸钠和相应的磷酸二氢钾溶液，使反应器内混合液体积保持不变（如 2L）。①先倒少量谷氨酸钠溶液于进料漏斗，微微打开螺丝夹使溶液缓缓流入反应器，并继续加谷氨酸钠和磷酸二氢钾溶液。②当漏斗中溶液只剩下很少量时，迅速关紧螺丝夹，以免空气进入反应器。

（7）摇匀反应器内的混合液。

（8）第二天，记录湿式气体流量计读数，计算一天的产气量。

（9）以后每天重复步骤 4、6、7、8。一般情况下，运行 1~2 个月可以得到稳定的反应系统。

（10）实验系统稳定运行连续三天后测定 pH、气体成分与产气量、碱度、进水 COD、出水 COD、MLVSS 等。

(五) 实验数据整理

(1) 记录实验设备和操作基本参数

实验开始日期____________

实验结束日期____________

反应器容积____________实验温度____________泥龄________

谷氨酸钠投加量________磷酸二氢钾投加量________

(2) 产气量和 pH 可参考表 3-35 记录。

表 3-35　产气量和 pH 记录表

日期	水力停留时间 θ_i		
	湿式气体流量计读数	产气量/(mL/d)	pH

(3) 气相色谱仪测得的气体成分分析可参考表 3-36 记录。

表 3-36　厌氧过程气体成分分析

成分	CH_4/%	CO_2/%	H_2/%
标准样			
月　日			

(4) 碱度的测试数据可按表 3-37 记录，并计算碱度值（以 $CaCO_3$）。

表 3-37　碱度的测试数据

日期	θ_i/d	H_2SO_4的用量			H_2SO_4浓度/(mol/L)
		后读数	初读数	差值	

(5) COD 的实验数据可参考表 3-38 记录，并根据表 3-39 所列数据计算 COD 值。

表 3-38　COD 测定数据

日期	θ_i/d	空白				进水 COD				出水 COD				硫酸亚铁铵的浓度/(mol/L)
		后读数	初读数	差值	水样体积/mL	后读数	初读数	差值	水样体积/mL	后读数	初读数	差值	水样体积/mL	

表 3-39　　MLSS 和 MLVSS 测定数据

滤纸灰分________

日期	θ_i/d	坩埚编号	坩埚+滤纸/g	坩埚+滤纸+污泥/g	灼烧后/g

（6）MLSS 和 MLVSS 的测定数据可按表 3-39 记录，并根据其中所列数据计算 MLSS 和 MLVSS 值。

（六）问题与讨论

（1）试述污泥泥龄对厌氧生物处理的影响。

（2）根据实验结果讨论环境条件对厌氧过程的影响。

（3）你认为厌氧接触法处理工艺的主要设计参数有哪些？为什么？

第四节　污泥处理处置实验

一、污泥脱水性能实验

（一）实验目的

（1）进一步加深理解污泥比阻的概念。

（2）评价污泥脱水性能。

（3）选择污泥脱水的药剂种类、浓度、投药量。

污泥比阻的测定虽然是小型实验，但对工程实践却具有重要意义。通过这一实验能够测定活泥脱水性能，以此作为选定脱水工艺流程和脱水机机械型号的根据，也可作为确定药剂种类、用量及运行条件的依据。

（二）实验原理

污泥经重力浓缩或消化后，含水率大约在 97%，量非常大不便于运输。因此一般多采用机械脱水，以减小污泥体积。常用的脱水方法有真空过滤、压滤、离心等方法。

污泥机械脱水是以过滤介质两面的压力差作为动力，达到泥水分分离、污泥浓缩的目的。根据压力差来源的不同，分为真空过滤法（抽真空造成介质两面压力差）、压缩法（介质一面对污泥加压，造成两面压力差）。

影响污泥脱水的因素较多，主要有：①原污泥浓度，取决于污泥性质及过滤前浓缩程度；②污泥性质、含水率；③污泥预处理方法；④压力差大小；⑤过滤介质种类、性质等。

经过实验推导出过滤基本方程式如式（3-57）所示。

$$\frac{t}{V}=\frac{\mu\gamma\omega}{2PA^2}\cdot V \tag{3-57}$$

式中　t——过滤时间，s

V——液体体积，m^3

P——真空度，Pa

A——过滤面积，m^2或 cm^2

μ——滤液的动力黏滞度，Pa·s

ω——滤过单位体积的滤液在过滤介质上截留的固体重量，kg/m^3

γ——比阻，s^2/g 或 m/kg

公式给出了在压力一定的条件下，池液的体积 V 与时间 t 的函数关系，指出了过滤面积 A、压力 P，污泥性能 μ、γ 值等对过滤的影响。

污泥比阻 γ 值是表示污泥过滤特性的综合指标。其物理意义是：单位重量的污泥在一定压力下过滤时，在单位过滤面积上的阻力，即单位过滤面积上滤饼单位干重所具有的阻力。其大小根据过滤基本方程有式（3-58）。

$$\gamma = \frac{2PA^2}{\mu} \cdot \frac{b}{\omega} \tag{3-58}$$

由此可见比阻是反映污泥脱水性能的重要指标，但由于式（3-58）是由实验推导而来，参数 b、ω 均要通过实验测定，不能用公式直接计算，而 b 为过滤基本方程式（3-57）中 t/V-V 直线斜率。

$$b = \frac{\mu\omega\gamma}{2PA^2} \tag{3-59}$$

故以定压下抽滤实验为基础，测定一系列的 t-V 数据，即测定不同过滤时间 t 时滤液量 V，并以滤液量 V 为横坐标，以 t/V 为纵坐标，所得直线斜率即为 b。

根据定义，按式（3-60）可求得 ω 值。

$$\omega = \frac{(Q_0 - Q_v) \cdot C}{Q_v} \tag{3-60}$$

则由式（3-58）可求得 γ 值。

在污泥脱水中，往往要进行化学调节，即采用往污泥中投加混凝剂的方法降低污泥比阻 γ 值，达到改善污泥脱水性能的目的，而影响化学调节的因素，除污泥本身的性质外，一般还有混凝剂的种类、浓度、投加量和化学反应时间。在相同实验条件下采用不同药剂、浓度、投量、反应时间，可以通过污泥比阻实验选择最佳条件。

（三）实验设备、仪器与试剂

①实验装置如图 3-22 所示；②水分快速测定仪；③秒表，滤纸；④烘箱；⑤$FeCl_2$、$FeSO_4$、$Al_2(SO_4)_3$混凝剂。

（四）实验步骤及记录

（1）待测污泥——消化后的污泥。

（2）按表 3-40 所给出的因素水平表，利用 L（3^4）正交表安排污泥比阻实验。

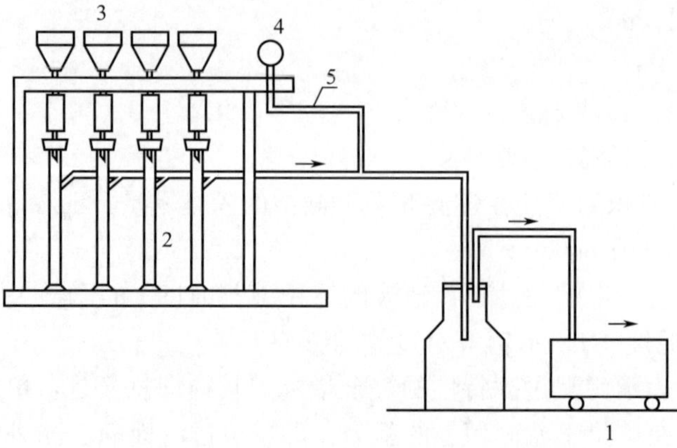

图 3-22　比阻实验装置图

1—真空泵或电动吸引泵　2—量筒　3—布氏漏斗　4—真空表　5—放气阀

表 3-40　　测定某消化污泥比阻的因素水平表

水平	因素			
	混凝剂种类	加药浓度质量分数/%	加药体积/mL	反应时间/s
1	$FeCl_3$	10	9	20
2	$FeSO_4$	5	5	40
3	$Al_2(SO_4)_3$	15	1	60

（3）按正交表给出的实验内容进行污泥比阻测定，步骤如下：

①测定污泥含水率，求出其污泥浓度；②布氏漏斗中放置滤纸，用水喷湿，开动真空泵，使量筒中成为负压，滤纸紧贴漏斗，关闭真空泵；③把 100mL 调节好的泥样倒入漏斗，再次开动真空泵，使污泥在一定条件下过滤脱水；④记录不同过滤时间 t 的滤液体积 V 值；⑤记录当过滤到泥面出现龟裂，或滤液达到 85mL 时，所需要的时间 t。此指标也可以用来衡量污泥过滤性能的好坏；⑥测定滤饼浓度；⑦记录如表 3-41 所示。

表 3-41　　污泥比阻实验记录

时间 t/s	计量管内滤液 V_i/mL	滤液量 $V=V_i-V_0$/mL	t/V/(s/mL)
0	V_0		
…			

（五）注意事项

（1）滤纸称重烘干，放到布氏漏斗内。要先用蒸馏水湿润，而后再用真空泵抽吸一下，滤纸一定要贴紧漏斗，不能漏气。

（2）污泥倒入布氏漏斗内有部分滤液流入量筒，所以在正常开始实验时，应记录量筒内滤液体积 V 值。

（六）实验结果整理

（1）将实验记录进行整理，t 与 t/V 相对应。

（2）以 V 为横坐标，以 t/V 为纵坐标绘图，求 b。或利用线性回归求解 b 值。

（3）根据 $\omega=\dfrac{C_0 \cdot C_b}{C_a-C_0}$ 求 ω 或 $\omega=\dfrac{(Q_0-Q_v) \cdot C_b}{Q_v}$。

式中　Q_0——过滤污泥量，mL

Q_v——滤液量，mL

C_b——滤饼浓度，g/mL

C_a——原污泥浓度，g/mL

（4）按上式求各组污泥比阻值。

（5）对正交实验结果进行直观分析与方差分析，找出影响的主要因素和较优条件。

（七）问题与讨论

（1）判断生污泥、消化污泥脱水性能好坏，分析其原因。

（2）在上述实验结果条件下，重新编排一张正交表，以便通过实验能得到更好的污泥脱水条件。

二、污泥浓缩实验

从一级处理或二级处理过程中产生的污泥在进行脱水前常需加以浓缩，而最常用的方式是重力浓缩。在污泥浓缩池里，悬浮颗粒的浓度比较高，颗粒的沉淀作用主要为成层沉淀和压缩沉淀。该浓缩过程受悬浮固体浓度、性质和浓缩池的水力条件等因素的影响。因此在有条件的情况下，一般需要通过相应的实验来确定工艺中的主要设计参数。

（一）实验目的

（1）加深对成层沉淀和压缩沉淀的理解。

（2）了解运用固体通量设计、计算浓缩池面积的方法。

（二）实验原理

浓缩池固体通量（G）的定义为单位时间内通过浓缩池任一横断面上单位面积的固体质量［$kg/(m^2 \cdot d)$ 或 $kg/(m^2 \cdot h)$］。在二沉池和连续流污泥重力浓缩池里，污泥颗粒的沉降主要由两个因素决定：①污泥自身的重力；②由于污泥回流和排泥产生的底流引起。因此，浓缩池的固体通量 G 应由污泥自重压密固体通量 G_i 和底流引起的向下流固体通量 G_u 组成。即

$$G=G_i+G_u \tag{3-61}$$

而

$$G_u=uC_i \tag{3-62}$$

$$G_i=v_iC_i \tag{3-63}$$

式中　u——向下流速度，即由于底部排泥导致产生的界面下降速度，m/h

v_i——污泥固体浓度为 C_i 时的界面沉速，m/h

若底部排泥量为 Q_u（m^3/h），浓缩池断面积为 A（m^2），则 $u=Q_u/A$。设计时 u 一般采用经验值，如活性污泥浓缩池的 u 取 0.25~0.51m/h。v_i 可通过同一种污泥的不同固体浓度的静态实验，从沉降时间与界面高度的关系曲线求得［图 3-23（1）］。例如，对于污泥浓度 C_i（设其起始界面高度为 H_0），通过该条浓缩曲线的起点作切线与横坐标相交，可得沉降时间 t_i；则该污泥浓度 C_i 时浓缩池的界面沉速 $v_i=H_0/t_i$（即为此污泥浓度下成层沉降时泥水界面的等速沉降速度）。C_i 为断面 i-i 处的固体浓度，kg/m^3。

G、G_u 与 G_i 随断面固体浓度 C_i 的变化情况可如图 3-23（2）所示。由于浓缩池各断面处固体浓度 C_i 是变化的，而 G 随 C_i 而变，且有一极小值即极限固体通量 G_L。由固体通量的定义可得浓缩池的设计面积 A 为：

$$A \geqslant \frac{Q_0 C_0}{G_L} \tag{3-64}$$

式中　Q_0、C_0——入流污泥流量和固体浓度，单位分别为 m^3/h 和 kg/m^3

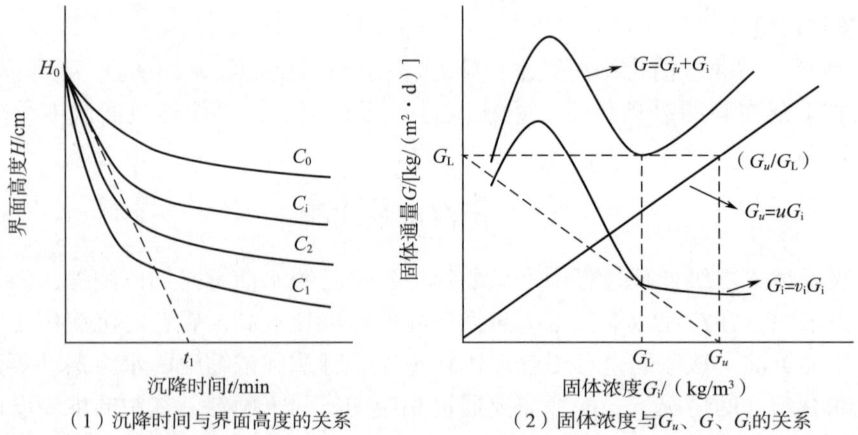

图 3-23　污泥静态浓缩实验中各物理量间的相互关系

可以看出，G_L 值对于浓缩池面积的设计计算是至关重要的。在实际工作中，一般先根据污泥的静态沉降实验数据作出 $G_i \sim C_i$ 的关系曲线，根据设计的底流排泥浓度 C_u，自横坐标上的 C_u 点作该曲线的切线并与纵轴相交，其截距即为 G_L。

（三）实验装置与设备

1. 实验装置的主要组成部分为沉淀柱和高位水箱，如图 3-24 所示。

2. 实验仪器与设备

①沉淀柱 1 根，有机玻璃制（柱身自上而下标有刻度），高 $H=1500 \sim 2000mm$，直径 $D=100mm$；②柱内搅拌器 4 根，不锈钢或铜制，长 $L=1200mm$，直径 $D=3mm$；③电动机 1 台：TYC 型同步电动机，220V，24mA；④高位水箱 1 个：硬塑料制，高 $H=300 \sim 400mm$，直径 $D=300mm$；⑤连接管：水煤气管，直径 $D=20mm$，若干；⑥分析 MLSS 用烘箱、分析天平、称量瓶、量筒、烧杯、漏斗等。

（四）实验步骤与数据整理

本实验采用多次静态沉淀实验的方法。具体操作如下：

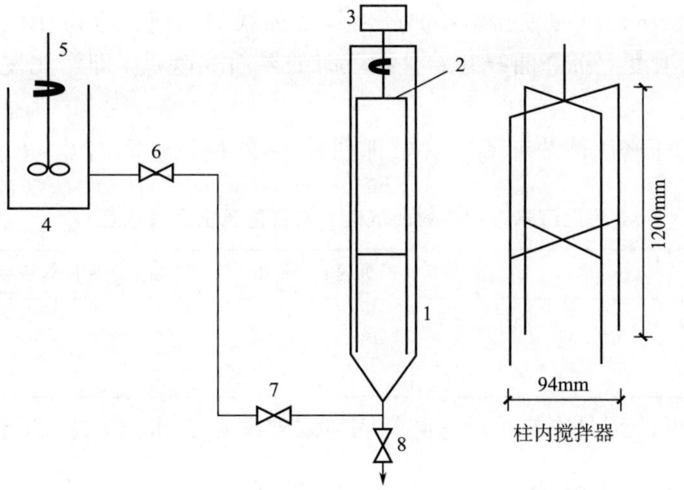

图 3-24　污泥的静态沉降实验装置示意图

1—沉淀柱　2，5—搅拌器　3—电动机　4—高位水箱　6，7—进泥阀　8—排泥阀

（1）从城市污水处理厂取回剩余污泥和二沉池出水。测取污泥的 SVI 与 MLSS。

（2）将剩余污泥用二沉池出水配制成不同 MLSS 的悬浮液，可以分别为 4、5、6、8、10、15、20、25 和 30kg/m^3等。然后进行不同 MLSS 浓度下的静态沉降实验。

（3）将已配好的悬浮液倒入高位水箱，并加以搅拌使其混合、保持均匀。

（4）把悬浮液注入沉淀柱至一定高度。启动沉淀柱的搅拌器（转速约 1r/min）搅拌 10min。

（5）观察污泥沉降现象。当出现泥水分界面时定期读出界面高度。开始时 0.5~1min 读取一次，以后 1~2min 读一次；当界面高度随时间变化缓慢时，停止读数。

（6）记录起始固体浓度、起始界面高度以及不同沉降时间对应的界面高度，可整理如表 3-42 所示。

表 3-42　　污泥的静态沉降实验记录

沉淀柱高 H=____ cm，直径 D=____ cm，搅拌器转速=____ r/min，污泥来源：____，污泥的 SVI：____

沉降时间/min	起始污泥浓度/(kg/m^3)		起始污泥浓度/(kg/m^3)		起始污泥浓度/(kg/m^3)		…	起始污泥浓度/(kg/m^3)	
	界面高度/cm	界面高度/cm	界面高度/cm	界面高度/cm	界面高度/cm	界面高度/cm	…	界面高度/cm	界面高度/cm
0									
0.5									
…									

（7）根据上述实验数据，可得到不同污泥浓度沉降时的平均界面高度与沉降时间的关系曲线（即 $H \sim t$）；通过起始界面高度作各曲线的切线，求得相应的沉降时间，从而求出不同污泥浓度下沉降曲线初始直线段时的界面沉速 v_i（即污泥发生成层沉降时的等速沉降速度）。

（8）求自重压密固体浓度 G_i，并整理如表 3-43 所示；画出 $G_i \sim C_i$ 关系图。

表 3-43　污泥沉降过程中界面沉速 v_i 与自重压密固体浓度 G_i

起始固体浓度 C_i/（kg/m³）	初始界面沉速 v_i/（m/h）	自重压密固体浓度 G_i/[kg/（m²·h）]
4.0		
…		

（9）根据设计污泥浓缩后需达到的固体浓度即 C_u，求出 G_L；即可计算出浓缩池的设计断面面积 A。

（五）问题与讨论

（1）本实验中污泥浓度的最低值应取多少？

（2）污泥浓缩池中污泥发生的是成层沉淀和压缩沉淀。阐述将泥水界面视为等速沉降来估算自重压密固体通量的优缺点。

（六）注意事项

（1）污泥的注入速度不宜过快过慢。过快会引起严重紊乱，过慢则会使沉降过早发生，二者均会影响实验结果。另外，污泥注入时应尽量避免空气泡进入沉降柱。

（2）重新进行下一污泥浓度的沉降试验时，应将原有污泥排去，并将沉淀柱清洗干净后再开始。

（3）整个实验可分成 6~8 个组进行。每组完成 1~2 个污泥浓度的沉淀实验，然后综合、整理所有的实验数据，完成实验报告。

三、污泥堆肥实验

（一）实验目的

（1）掌握堆肥化处理的基本原理及其工艺运作。

（2）熟悉好氧堆肥工艺中的有关控制参数和堆肥腐熟度的管理指标。

（二）实验原理

好氧堆肥的最适条件见表 3-44。实验中可参照如下条件对各控制参数进行调控。

表 3-44　好氧堆肥的最适条件

影响因素	最适条件
污泥大小	机械搅拌和强制通风时 10~15min；条垛式堆制和自然通风时 50min
含水率	40%~50%
温度	55~60℃

续表

影响因素	最适条件
通风量	空气与挥发性固体之比为 0.6~1.8m^3/(d·kg)，或维持氧气浓度 10% ~18%
废物 C/N 比	25：1~30：1
搅动	在简单堆肥系统中不搅动或阶段性搅动，有机械装置时可短暂地剧烈搅动
堆的大小	自然通风时高 1.5m、宽 2.5m 任意长度的堆，强制通风时堆可更大

堆肥的腐熟度是指堆肥物料中的有机质经过矿化、腐殖化过程所达到的稳定程度。影响堆肥腐熟度的因素有堆肥时间、物料中含水率、C/N 比、物质结构等。评价堆肥腐熟度的方法很多，在实验中可根据具体条件选取 1~2 种进行。

堆肥腐熟度的评价方法主要有物理法、化学法、生物法和光谱法。

物理法具体指标与判据是：①堆肥后期温度自然降低；②不再吸引蚊蝇；③不再有令人讨厌的臭味；④由于真菌生长，堆肥中出现白色或灰白色菌丝；⑤堆肥产品呈现疏松的团粒结构。

化学法的具体指标与判据是：①pH、温度、含水率等堆肥影响因素的周期性变化；②挥发性固体含量<65%；③固相或液相的 C/N 比=18：1~20：1；④阳离子交换容量（CMC）≥60cmol/kg 无机材料；⑤CO_2释放量<500mg/100g 有机质；⑥水溶性有机质（酸）含量<2.2g/L；⑦水溶性糖含量（SC）≤0.1%；⑧生化需氧量（BOD）：如为机械化堆肥产品，BOD=20~40g/kg 物料；⑨有机质腐殖化程度（可用腐殖化指数 HI=胡敏酸/富里酸≥1.4 表示）；⑩生物可降解指数 BI≤2（BI=3.166+0.039TOC+0.832SC-0.01days）；⑪铵盐含量≤0.04%。生物法中的植物毒性法是以种子的发芽指数来判断的，而微生物法是利用堆肥过程中的微生物群落的演替情况来判断的。红外和核磁共振法是利用有机质的结构变化来判断的。

（三）实验仪器与设备

①抽屉式堆肥器见图 3-25，1 套，内分三层，每层两格。每个抽屉底部均布设穿孔管、集水管；上有出气口；②增氧泵 2~3 台；③气体流量计 6 只；④水分测定仪 1 台；⑤温度计 6 根；⑥pH 计 1 台；⑦溶解氧测定仪 1 台；⑧元素分析仪 1 台；⑨相对密度计 1 根；⑩马弗炉 1 台；⑪分析天平 1 台；⑫常用玻璃器皿如烧杯、试管等。

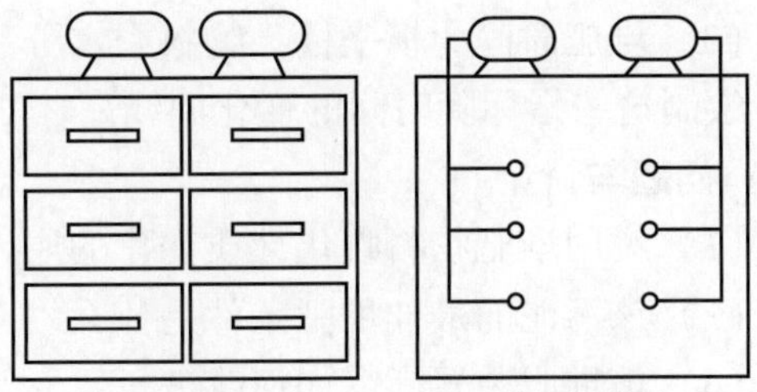

图 3-25　抽屉式堆肥器示意图

（四）实验步骤

1. 堆肥前准备

（1）污泥的运取　记录污泥来源与主要物理组成。

（2）预处理　除去污泥中的粗大物（粒径>100mm）和不可堆物如石块、塑料、纤维等废物，使污泥中的可堆有机物相对比例增加，提高发酵效率。

（3）污泥的物化性质分析　有选择地针对污泥的 pH、水分（%）、总固体（%）、挥发性固体（%）、热值、碳（%）、氮（%）、速效氮（%）、容重（kg/m^3）或空隙率等进行分析测定。

（4）堆肥物料的调节　主要为水分和 C/N 比的调节。通过喷水或与适量有机质拌匀等方式可调整，并使发酵前垃圾的总含水率控制在 55%~60%、C/N 比为 25：1 左右。

2. 堆肥

（1）将预处理好的垃圾分别装入 6 个抽屉中，保持一定的空隙率，并可用已经发酵、筛分好的堆肥成品覆盖一层（厚度 2~3cm）。开启增氧泵，向堆体内送入新鲜空气。同时，可根据实际情况进行一些对物料中的水分、C/N 比以及通风量等参数的最佳运行范围的摸索实验。

有两种具体做法。一种方法为：以一个参数为变量，其余参数均按经验值取定，摸索出该参数的适宜条件；然后换一个参数进行摸索，依次类推。另外，也可按照正交试验设计的基本思路，确定需要控制的基本参数以及控制水平，然后列出正交表来确认实验的具体组合。本实验用的抽屉式堆肥器可同时进行六个不同条件下的平行实验。

注意记录堆肥内的温度、pH、水分、C/N 比和耗氧速率、渗滤液产生量等随时间的变化情况。

（2）通风 7~12d 后，可将物料倒入贮料槽内，再次分析、记录堆肥后物料的物化性质以及一些感官特征等（色泽、恶臭等）。

（五）实验数据整理

（1）污泥的来源与主要物理组成。

（2）列表比较堆肥前后物料的物化性质。

（3）堆肥时间为横坐标，物料中水分、pH、温度或 C/N 比等堆肥物化性质为纵坐标，绘制这些指标随时间的变化曲线。

（六）问题与讨论

（1）说明堆肥物料物化性质变化的原因。

（2）该污泥的最佳堆肥条件是什么？

（3）该堆肥装置尚需如何改进？

（4）哪些指标可以用来表征堆肥物料的腐熟度？请阐述在具体的实验操作中，如何控制你所选取的指标变化来加快堆肥物料的腐熟进程。

四、污泥中挥发性脂肪酸的测定

（一）实验目的

一般来说，碳原子数在 10 以下的脂肪酸大部分具有挥发性，并且易溶于水。在它们中间，随着碳原子数的增加，挥发性逐渐下降。典型的挥发性脂肪酸的性质见表 3-45。

表 3-45　　低级脂肪酸的分子式及沸点

名称	分子式	沸点/℃	名称	分子式	沸点/℃
甲酸	HCOOH	100.8	丁酸	C_3H_7COOH	162.3
乙酸	CH_3COOH	117.5	戊酸	C_4H_9COOH	185.5
丙酸	C_2H_5COOH	140.0	已酸	$C_5H_{11}COOH$	205.0

挥发性脂肪酸易被微生物利用。在有机物的厌氧分解中，挥发性脂肪酸是作为生物代谢的中间或最终产物而存在。在厌氧发酵的液化产酸阶段，这一类低级脂肪酸是这一阶段的主要产物，其中以乙酸为主。在某种条件下，乙酸可以达到该类酸总量的 80%。在 CH_4形成过程中，甲酸和乙酸是形成甲烷的重要前体物质。据研究，自然界有机物产生的 CH_4中大约有 70%以上由乙酸中的甲基原子团形成的。丙酸、丁酸可以转化成甲酸。有机酸过多往往反映出发酵池的病态。因此可以认为，在微生物厌氧发酵过程中，挥发性脂肪酸不仅是一种不可缺少的营养成分，更重要的意义在于这类有机酸已是沼气发酵研究有机物降解工艺条件优劣的重要参数，在甲烷形成的研究和生产中，它们的含量也是重要的参数。

此外，近年来很多研究者采用剩余污泥进行厌氧发酵产 VFA 用于强化生物脱氮除磷的易降解碳源，以弥补当前部分污水处理厂进水中碳源不足的问题。

因此，污泥中 VFA 指标的测定非常重要，开展本实验可以实现以下目的：

（1）了解污泥挥发性脂肪酸指标的意义；

（2）掌握污泥中挥发性脂肪酸的测定方法。

（二）实验原理

污泥中 VFA 的测量主要有两种：

（1）VFA 总量测定，其中以乙酸作为基数进行计算；

（2）对甲酸、乙酸等各种低级脂肪酸分别定量分析，并计算出 VFA 的总量。对于各种低级脂肪酸的测定往往采用气相色谱法，而对于 VFA 总量的测定可以采用气相色谱法也可以采用化学滴定等方法。

本实验中采用化学滴定方法，其基本原理为，污泥 VFA 在酸性条件下，经加热蒸馏随水蒸气逸出，溜出液用水溶液吸收并用 NaOH 进行滴定；通过 NaOH 的消耗量计算出 VFA 的总量。

（三）实验仪器及试剂

1. 实验仪器

（1）500mL 蒸馏装置。

（2）250mL 锥形瓶。

（3）电炉。

（4）铁架台。

（5）碱式滴定管。

（6）离心机或抽滤装置。

（7）量筒。

（8）移液管。

2. 实验试剂及材料

（1）10%磷酸或15%硫酸。

（2）酚酞指示剂。

（3）0.1mol/L NaOH。

（4）蒸馏水。

（5）市政污泥。

（四）实验步骤

1. 样品制备

取150mL污泥采用离心处理（3000~4000r/min）约10min后取上清液，或者采用抽滤处理分离出滤液部分；移取50mL污泥离心上清液或抽滤液于500mL蒸馏烧瓶中，加50mL蒸馏水和几粒玻璃珠，再加2mL 10%磷酸或2mL 15%硫酸。接好玻璃导管，将橡胶塞塞严。导管一头接烧瓶口，另一头接冷凝管，冷凝管下面导管插入盛有25mL蒸馏水作为吸收液的250mL锥形瓶中。

加热蒸馏至烧瓶溶液剩余20mL左右，停止加热使其冷却。再加入50mL蒸馏水继续蒸馏至烧瓶剩余25mL左右。

2. 样品中VFA的测定

蒸馏过程结束后取下锥形瓶，加酚酞指示剂，用0.10mol/L的NaOH滴定至淡粉色不消失为止，记录NaOH用量。

3. 数据处理

污泥中挥发性脂肪酸含量（以乙酸量计），如式（3-65）所示：

$$C_{\mathrm{VFA}}(\mathrm{mg/L}) = \frac{cV_1}{V_2} \times 60 \times 1000 \tag{3-65}$$

式中　c——氢氧化钠溶液浓度，mol/L

V_1——滴定消耗氢氧化钠体积，mL

V_2——水样体积，mL

60——乙酸的分子质量

（五）注意事项

（1）在蒸馏前要打开冷凝水，保持下端进水、上端出水；冷凝管有水流即可，注意节约用水。

（2）本实验在蒸馏过程中在高温下进行，操作中注意安全，以免发生烫伤等安全事故。

（3）冷却时请将装吸收液的锥形瓶移开，以免发生馏出液的倒吸问题。

（六）思考与讨论

（1）请查资料了解气相色谱仪测定VFA中各种低分子脂肪酸的方法。

（2）该VFA总量测定方法中，馏出液中CO_2、H_2S、SO_2等会干扰测定，如何消除这些物质的干扰？

五、渗滤液组分的测定——渗滤液碱度的测定方法

(一) 实验目的

在渗滤液的厌氧处理工艺的运行实验中通常需要测定碱度。一般地，处理系统中保持一定的碱度有利于提高系统的缓冲能力，从而保证工艺的正常运行。本实验采用酸碱指示剂滴定法测定垃圾渗滤液中的碱度。

(二) 实验原理

用标准浓度的酸溶液滴定水样，用酚酞和甲基橙作指示剂，根据指示剂颜色的变化判断终点。根据滴定水样所消耗的标准浓度的酸的用量，即可计算出水样的碱度。

测定碱度也可以用点位滴定法。用酸标准溶液滴定水样至 pH=8.3 时，可得酚酞碱度；滴定至 pH=4.4~4.5 时，可得甲基橙碱度，对于工业废水或含有复杂成分的水样，可根据具体情况确定滴定终点时的 pH。

(三) 试剂和仪器

1. 实验仪器

(1) 25mL 酸式滴定管。

(2) 250mL 锥形瓶。

(3) 移液管若干。

2. 实验试剂

(1) 无二氧化碳水　配制试剂所用的蒸馏水或去离子水在使用前煮沸 15min，冷却至室温。pH 大于 6.0，电导率小于 2μS/cm。

(2) 酚酞指示剂　称取 1g 酚酞溶于 100mL 95%的乙醇中，用 0.1mol/L 的 NaOH 溶液滴至出现淡红色为止。

(3) 甲基橙指示剂　称取 0.1g 甲基橙溶于 100mL 蒸馏水中。

(4) 碳酸钠标准溶液（$1/2Na_2CO_3=0.0500$mol/L）　称取 2.648g（250℃烘干 4h）无水碳酸钠，溶于无二氧化碳的去离子水中，转移至 10000mL 容量瓶中，用水稀释至标线，摇匀。贮存于聚乙烯瓶中，保存时间不超过一周。

(5) 盐酸标准溶液（0.050mol/L 或 0.20mol/L）　用刻度吸管吸取 4.2mL 或 16.8mL 浓盐酸（密度 1.199/mL），并用蒸馏水稀释至 1000mL，此溶液浓度为 0.050mol/L 或 0.20mol/L。其准确浓度标定如下：

用 20.00mL 移液管吸取碳酸钠标准溶液于 250mL 锥形瓶中，加入无二氧化碳去离子水稀释至 100mL，加入 3 滴甲基橙指示剂，用盐酸标准溶液（C）滴定至由橘黄色刚变为橘红色，记录盐酸标准溶液的用量（V）。按式（3-66）计算其准确浓度：

$$C = 20.00 \times 0.05/V \tag{3-66}$$

式中　C——盐酸溶液的浓度，mol/L

V——消耗的盐酸标准溶液体积，mL（注意刻度值的估读）

(四) 实验步骤

1. 方法 1

(1) 用移液管或比色管准确吸取 100.0mL 水样于 250mL 烧杯中，加入 4 滴酚酞指

示剂，摇匀。若溶液无色，不需要盐酸标准溶液滴定，按步骤 2 进行。若加酚酞指示剂后溶液变为红色，用盐酸标准溶液滴定至红色刚刚褪为无色，记录盐酸标准溶液的用量 P。

（2）在上述锥形烧杯中，滴入 1~2 滴甲基橙指示剂，摇匀。用盐酸标准溶液滴定至溶液由橘黄色刚刚变为橘红色为止，记录盐酸标准溶液用量 M。

2. 方法 2

（1）用移液管或比色管准确吸取 100.0mL 水样于 250mL 烧杯中，用 pH 计测定并记录其 pH。若 pH>8.3，则采用盐酸进行滴定至 pH 为 8.3（用 pH 计进行不停的测定），记录盐酸消耗体积 P；如 pH<8.3，则进入以下第（2）步；

（2）在对上述溶液进行不断搅动中，采用盐酸进行滴定至 pH 为 4.4（用 pH 计进行不停的测定），记录盐酸消耗体积 M。

碱度测定记录如表 3-46 所示。

表 3-46 碱度测定数据记录表

参数	序号		
盐酸溶液的浓度/(mol/L)	1	2	3
消耗的盐酸标准溶液体积/mL			
盐酸标准溶液的浓度/(mol/L)（C）			
水样加酚酞指示剂滴定到红色褪去后盐酸标准溶液用量/mL（P）			
水样加酚酞指示剂滴定到红色褪去后，接着加甲基橙滴定到变色时盐酸标准溶液用量/mL（M）			
水样体积/mL（V_2）			
总碱度（以 CaO 计）/(mg/L)			
总碱度（以 $CaCO_3$ 计）/(mg/L)			

（3）计算：

①总碱度的计算

$$总碱度(以\ CaO\ 计,\ mg/L) = 28.04C(P+M)/V_2 \times 1000$$

$$总碱度(以\ CaCO_3\ 计,\ mg/L) = 50.05C(P+M)/V_2 \times 1000$$

②根据 $T=M+P$ 与 M、P 之间的关系计算氢氧化物、碳酸盐、重碳酸盐碱度。

（五）问题讨论

甲基橙碱度和酚酞碱度之间的区别。

第四章 水污染控制工程综合实验

第一节 引 言

高校环境工程专业的教育目标是培养既具有扎实理论基础，又具有较强实践能力的环境保护工程技术人才，尤其强调对学生理论联系实践能力、技术应用能力和科研创新能力的培养。环境工程专业是一门新兴的边缘性应用性技术科学，各门学科纵横交叉，相互渗透和相互融合的特征十分明显。综合实验是将学生已学的基础理论及实验方法有效地融合后开设的实验。为了适应当代环境类学科的发展要求，在环境工程实验教学中应该有意识地将各门学科相互渗透，开设综合实验。

一、开设水污染控制工程综合实验的意义

水污染控制工程综合实验是把水污染控制工程的理论知识和多种实验技能及方法加以归纳、分析、相互渗透的一种有效的实验形式，它在一定程度上弥补了传统验证性实验的缺点和不足。

（一）综合实验使所学理论知识和实验技能得以综合运用

水污染控制工程综合实验宜开设于专业基础课和专业课之后，即第7学期，不仅涉及水污染控制工程的理论基础知识，还要包括环境微生物学、环境监测、水分析等方面的基础知识。学生经过三年的学习已经初步掌握了专业方面的知识，同时也通过实习初步了解污水厂运行管理方面的知识，他们面临的是继续修读研究生课程，或走向社会面对实际工作岗位前的“磨合期”。学生的专业化实验手段和科学素质，以及分析问题和解决问题的能力的培养尤为重要。综合实验打破了单科实验只验证某一论点或测定某一数据或学习某一操作技能的缺陷，把几门课的基本理论、基本操作技能系统地综合在一起，大大促进了学生综合素质的提高。

（二）综合实验具有一定的科研性

在综合实验中，可以按科研的基本思路和方法要求学生。首先，学生在做实验的过程中，不仅练习了各种操作技能，培养了独立分析问题、解决问题的能力，而且还调动了他们的积极性、创造性，同时学生对如何研究增强了感性认识。另外，综合实验的实验报告不同于专业基础实验，要求学生写出较高水平的实验总结报告，写好实验总结报告，既是对实验课教学质量的基本检验，也是对学生综合分析和表达能力的有效锻炼，报告内容包括前言、主要实验材料与方法、实验结果与讨论和小结与体会等，促进和深化了第一课堂的学习，为今后的毕业论文设计和工作后从事科研活动打下了坚实的基础。

（三）可培养学生的创新意识和解决问题能力

例如，接触氧化法处理废水是一种新技术，在实验室规模运行面临许多问题，比如第一阶段存在的问题主要是曝气不均匀，使生物膜生长不均匀；又如，由于接触氧化采用的是池底部周边布置的管式曝气器，进气流量由流量计控制，开始阶段曝气量过大，使气流上方的软性填料受气流冲刷得剧烈，导致微生物在局部软性填料表面无法附着，从而生物膜无法形成。通过实验小组讨论，改进了曝气装置，从而使生物膜均匀形成，也保证了出水效果。学生也尝试通过在废水混合池内进行曝气后进入接触氧化反应池的做法，这样填料上的生物膜就不受曝气器气流的冲刷，保持生物膜的稳定。通过改进实验培养了学生研究和解决实际问题的能力，增强了创新意识。

二、水污染控制工程综合实验的基本要求

（1）明确课程的目的及与其他实验课的区别。综合实验的最大特点是系统性，以往的实验都是相互独立的，互相之间的联系不大，而本次实验是系统的有机联系，只有完成了前面的实验，根据实验结果才能进行后面的实验。

（2）要有主动性。要改变教师让做什么就做什么的习惯，要想我应该做什么和如何做。

（3）要问为什么。对每一个实验、每一种实验和测试方法都要想清楚为什么，是否有其他方法。如果有，为什么不用？

（4）要注意观察和记录实验过程中出现的现象。

（5）要注重实验数据。每个人要自己处理数据并分析实验结果。每一次实验都要解决下列问题：数据是如何得到的？数据的规律是什么？为什么是这样的规律？从数据中可以得到什么结论？下一步的实验应如何进行？

（6）要复习以前学过的知识，会应用所学知识分析和解决实际问题。

（7）要注意做到触类旁通，总结出规律，再遇到类似问题时知道如何解决。

（8）要全面了解实验工作，实验中可能有分工，但每个学生要了解实验的全面情况，不能只了解自己负责的部分。

（9）要有团队精神。每个人的工作都对全小组是否能完成实验和实验的结果有影响，因此，需要有明确的分工和密切的合作。

第二节　传统活性污泥法处理生活污水实验

一、实验原理

1. 污水好氧生物处理

污水好氧生物处理是指在有氧的条件下，利用好氧微生物氧化分解有机物，从而进行污水处理的过程。有机物好氧分解过程可用图 4-1 表示。

2. 活性污泥法

活性污泥法是处理生活污水、城市污水以及有机性工业废水最常用的方法，它以悬

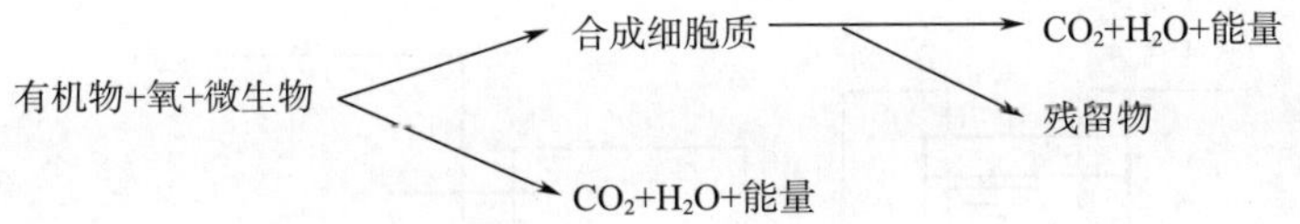

图 4-1　污水好氧生物处理原理示意图

浮在水中的活性污泥为主体，通过采取一系列人工强化、控制技术措施，使活性污泥微生物所具有的，以对有机物氧化、分解为主体的生理功能得到充分发挥，从而达到对污水净化的目的。活性污泥法对有机污染物及氮的去除主要通过以下几种过程：初期吸附过程、氧化分解过程、沉淀过程。

3. 活性污泥的构成

构成活性污泥法有三个基本要素，一是引起吸附和氧化分解作用的微生物；二是废水中的有机物，也是微生物的食料；三是溶解氧。作为一个有效的处理工艺，还必须使微生物、有机物和氧充分接触，只有密切的接触，才能相互作用。因而在充氧的同时，必须使混合液悬浮固体处于悬浮状态。充氧和混合是通过曝气设备来实现。曝气的好坏决定了活性污泥法的能耗和处理的效果。要达到好的效果，曝气设备的选择还必须和曝气池的构造相配合。

二、实验目的和要求

（1）熟悉活性污泥法的基本流程。

（2）加深对污水好氧生物处理和活性污泥法原理的理解。

（3）通过污泥性能指标的测定和生物相的观察，加深对活性污泥系统的了解。

（4）掌握利用完全混合系统处理生活污水的实验方案设计和运行方法。

三、教学重点与难点

1. 教学重点

巩固好氧生物处理原理，掌握完全混合活性污泥系统处理生活污水的实验方案设计方法和运行操作要点，熟练测定 SS、SV 等指标，学会计算 HRT、SVI 等设计或工艺参数。

2. 教学难点

如何掌握完全混合活性污泥系统处理生活污水的实验方案设计方法和运行操作要点，如何学会计算 HRT、SVI 等设计或工艺参数。

四、实验材料

1. 实验设备和仪器

圆形或方形曝气池（图 4-2），曝气泵，水泵，电热恒温鼓风干燥箱，DO 测定仪，电子显微镜，马弗炉，电子天平，量筒 100mL 若干，锥形瓶 250mL 若干，称量瓶 40mm×70mm 若干，烘箱等。

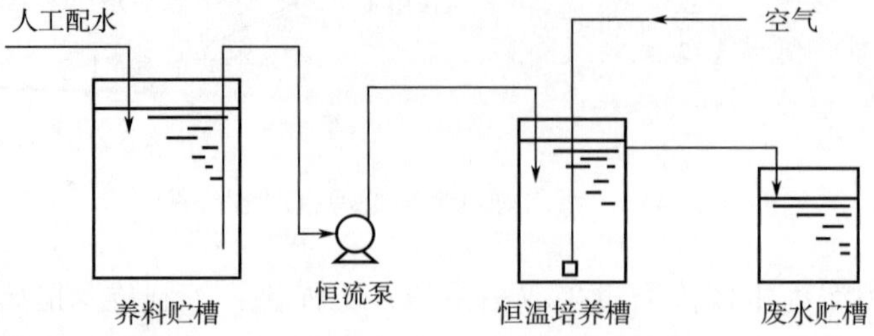

图 4-2　活性污泥法实验装置示意图

2. 模拟废水水质

好氧生物处理的模拟废水水质见表 4-1。

表 4-1　好氧生物处理的模拟废水水质

序号	试剂名称	添加量/g	序号	试剂名称	添加量/g
1	葡萄糖	3	6	磷酸二氢钾	0.06
2	蛋白胨	0.1	7	氯化钙	0.006
3	牛肉膏	0.12	8	尿素	0.06
4	碳酸铵	0.06	9	硫酸镁	0.012
5	碳酸氢钠	0.99	10	水	5L

五、实验内容及步骤

（一）设计普通活性污泥法反应器处理生活污水的启动方案

启动方案包括系统有机负荷，接种污泥来源及浓度，曝气量，污泥和水力停留时间等参数的确定。活性污泥的培养方法如下：

1. 传统的活性污泥驯化培养方法

（1）闷曝阶段　将浓粪便水过滤后投入曝气池，再用自来水稀释，使 BOD_5浓度控制在 500mg/L 左右，进行静态（闷曝）培养。

（2）活性污泥培养阶段　经过 1～2d 后，开始换水，一般先间歇换水，后连续换水。混合液溶解氧控制在 2mg/L 左右，氮元素控制在 25mg/L 以下，营养物投加控制在 BOD_5负荷率 0.3kgBOD_5/（kgMLSS · d）左右，随时可加。

（3）活性污泥驯化稳定阶段　当活性污泥培养成熟，即可在进水中加入并逐渐增加预处理废水的比重，使微生物在逐渐适应新的生活条件下得到驯化。开始时，预处理废水可按设计流量的 10%～20%加入，达到较好的处理效果后，再继续增加其比重。每次增加的百分比为设计流量的 10%～20%，并待微生物适应巩固后再继续增加，直至满负荷为止。传统的培菌驯化大约需 15d。

（4）注意事项　①在对活性污泥培养驯化实施过程中，一般考虑的因素有污水水质情况、曝气池混合液 BOD 或 COD 指标的控制、曝气池混合液污泥浓度（MLSS）、空气量，不同阶段应控制不同的混合溶解氧含量、污泥沉降比（SV_{30}）及污泥指数（SVI）等；②影响北方寒冷地区活性污泥培养驯化的 1 个重要指标是温度。活性污泥培养驯化的最佳温度应在 15℃以上，因此，对于北方寒冷地区活性污泥培养驯化要选择适宜的季节进行。实验室模拟实验及考察实践表明，6~9 个月是活性污泥培养驯化的最佳季节；③在活性污泥培养驯化过程中，应随时检测进水水质和曝气池混合液指标，并进行微生物的镜检观察，做好记录，为确定活性污泥的稳定运行方式及各项参数提供依据；④发生污泥膨胀时，应采取相应的措施，如加大空气量，保证 DO 在 2.0mg/L 以上；减少进水量，特别要控制预处理废水的排入量；向曝气池中投加液氯，抑制丝状菌的繁殖，镜检发现丝状菌消失后，即停止投加液氯。

2. 快速培菌法

（1）采用连续进水同步驯化法，先将浓粪水投入已加 2/3 塔体积污水的曝气塔中，再加自来水至塔满，使 BOD 浓度控制在 1500mg/L 左右，进行闷曝气。这时每隔 2h 监测一次混合液溶解氧。

（2）当混合液溶解氧达到 3~4mg/L 时，开始进水，第一天以 5 t/h 为基础，每 8h 增加 1 t/h，并在溶解氧为 4mg/L 时大量投加 BOD 营养物（如粪便水、淀粉类物质），把氮元素控制在 50~80mg/L，pH 控制在 6.5~7.5。

（3）第二天用显微镜镜检，可见纤毛类微生物出现，活性污泥由 2%增至 6%。第三天污泥结构日趋紧密，菌胶团良好，沉降性好，污泥增至 10%。第五天污泥增至 30%左右，镜检微生物活跃、数量众多，完成培菌驯化工作。

（4）注意事项　对不同水质需灵活掌握其溶解氧、氮元素浓度、BOD 负荷及营养物投加的时机。

（二）设计普通活性污泥法反应器处理生活污水的运行方案

包括取样时间，进/出水 pH、COD 及氨氮等水质指标的测定，曝气池中 SS、VS 及 SVI 等污泥指标的测定，COD 等污染物去除率及其容积负荷的关系曲线绘制，最终使系统处于稳定运行状态。具体操作方法如下：

（1）将驯化好的活性污泥静置沉淀 30min，与分批实验同样用水清洗，装入曝气池达到约 15%的容积，开始通气，通气量在 $0.2m^3/(m^3 \cdot min)$ 以下。

（2）用自来水将实验废水样稀释 5 倍（BOD 浓度在 280~300mg/L，pH 7.0~7.5），用此稀释排水注满曝气池直至处理水流出排水口（图 4-2）。

（3）检查污泥混合状态及混合液的溶氧浓度，将通气量调节至一定值。

（4）准备 4 个系列这种连续处理系统，将实验的混合液体积流量定为 2.00、1.33、1.00 及 0.67L/d，供试废水样以 1.0~1.2L/h 的速度流入实验装置（曝气池）进行实验，持续运转至稳定状态。

（5）关于曝气池水温，开始实验前，先将温度设定在 20~25℃的某一温度。

（6）此 4 个系列的处理系统的污泥滞留时间分别为 5、7.5、10 及 15d。每天 1 次或两天 1 次检测进水和出水的可溶性 COD 浓度、MLSS 浓度、曝气池中混合液的溶氧浓度等。若曝气池出水的可溶性 COD 浓度、可溶性 COD 除去率、MLSS 浓度等均为一定值，则表明处理系统已处于稳定状态。

（7）测定 SVI 及活性污泥的氧利用速度。

（三）改变运行条件重复试验

改变系统有机负荷等运行条件，重复步骤 2，考察污水处理效果。

六、实验数据记录与整理

1. 实验操作参数

①实验开始和结束日期；②实验温度；③污泥滞留时间；④水力停留时间（HRT）。

2. 曝气池中混合液的溶氧浓度和 pH 记录表

溶解氧浓度及 pH 记录见表 4-2。

表 4-2　溶解氧浓度及 pH 记录

日期	溶解氧浓度	pH

3. COD 浓度测定数据

COD 测定数据见表 4-3。

表 4-3　COD 测定数据

日期	空白				进水 COD				出水 COD			
	后读数	初读数	差值	水样体积/mL	后读数	初读数	差值	水样体积/mL	后读数	初读数	差值	水样体积/mL

4. MLSS 与 MLVSS 的测定数据记录

MLSS 与 MLVSS 的测定数据记录见表 4-4。

表 4-4　MLSS 与 MLVSS 的测定数据记录

滤纸灰分________

日期	污泥滞留时间/d	坩埚编号	坩埚重/g	坩埚+滤纸/g	坩埚+滤纸+污泥/g	灼烧后重/g	MLSS/(g/L)	MLVSS/(g/L)

5. 污泥沉降比和污泥体积指数记录表

SV%和SVI记录见表4-5。

表4-5　SV%和SVI记录

日期	所取曝气池混合液体积/mL	沉淀污泥体积/mL	SV%	SVI

七、实验注意事项

（1）实验时需先进行活性污泥驯化培养，将接种污泥加入曝气池，使污泥浓度在2g/L左右，开始运行系统。一般情况下，连续运行2～4周就能使系统达到稳定状态，后可进行废水处理的条件实验。

（2）若只运转1个系列，首先应将曝气池在混合液体积流量0.67L/d的状况下运转，得到稳态下的测定值后，逐渐增大体积流量，求得各个稳定状态下的测定值。抽出泵间歇运转。选用混合液抽出管时，注意要使污泥块顺利通过，不出现阻塞，每几分钟至2h左右运转泵，特别注意的是要抽取混合均匀的混合液。另外，实验废水的BOD浓度、混合液抽出速度以及泵的运转时间等，最好根据预实验来确定。SS浓度与可溶性COD浓度的测定使用新抽出的混合液，测定方法同分批活性污泥处理实验操作相同。

（3）每天1次向贮槽内供给实验用水。若有污泥附着于曝气池壁上或有沉淀污泥，可再曝气。

（4）将曝气池的活动隔离板上下活动，注意不要让污泥混入流出水中。若发现有污泥混入，测定此时污泥浓度，并将处理水贮槽的沉淀污泥返入浓缩后的曝气池中。每天检查废水的进水量、混合液的抽出量、通气量以及曝气池水温。

八、思考题

（1）影响污水好氧生物处理效果的因素都有哪些？

（2）通过本实验系统的观测和控制，阐述完全混合式活性污泥法的优缺点。

第三节　间歇活性污泥法处理生活污水实验

一、实验原理

序列间歇式活性污泥法（sequencing batch reactor activated sludge process，SBR）是一种非稳态的方法，其运行过程包括充水、反应、沉淀、排水（排泥）及闲置等五个阶段（图4-3）。从污水流入到闲置结束构成一个周期，在每个周期里，上述过程都是在一个设有曝气或搅拌装置的反应器内依次进行的。对各个阶段采用一些特殊的手段，又可以达到脱氮、除磷，抑制污泥膨胀等目的。SBR 法是早期充排式反应器（Fill-Draw）的一种改进，随着自动控制水平的提高，SBR 法又引起人们的重新重视。SBR 法一般具有投资费用少，运行灵活，沉积分离效果好，耐冲击负荷等优点，适合于水量较小的污水处理。

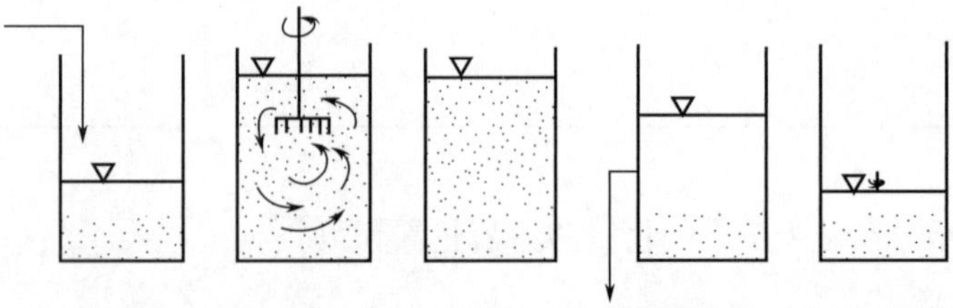

图 4-3　SBR 工艺的操作过程

应用莫诺特（Monod）方程式，可对 SBR 法进行动力学分析。

反应阶段基质降解规律见式（4-1）：

$$-\frac{dS}{dt} = r \times X = \frac{(r_{max} \times S_e \times X)}{(K_s + S_e)} \tag{4-1}$$

式中　$\frac{dS}{dt}$——基质降解速率，g/(L·d)

r——比基质利用速率，g/(g·d)

X——曝气池中微生物浓度，g/L

r_{max}——最大比基质利用速率，g/(g·d)

S_e——基质终浓度，g/L

K_s——饱和系数，g/m^3

反应阶段微生物增长规律见式（4-2）：

$$-\frac{dX}{dt} = \frac{(Y \times r_{max} \times S \times X)}{(K_s + S)} - K_d \times X \tag{4-2}$$

式中　$\frac{dX}{dt}$——微生物增长速率，g/(L·d)

Y——微生物（污泥）产率系数，g/g

S——瞬时基质浓度，g/L

K_d——微生物内源代谢作用的自身氧化率，又称衰减常数，1/d

在 SBR 实验中，一般进水和排水（排泥）时间极短，主要为反应与沉淀两个阶段。

上述的动力学方程式，理论上适用于瞬间的变化，但由于生化反应有吸附、水解、合成代谢、分解代谢等复杂阶段，瞬间的基质浓度和微生物浓度变化量不易测出，间歇式活性污泥法一般一个周期测一次基质浓度。从较长时间上看（大于这个周期），SBR 可近似看作混合式反应器。

基质降解规律见式（4-3）：

$$\frac{Q \times (S_0 - S_e)}{XV} = \frac{r_{max} \times S_e}{K_s + S_e} \tag{4-3}$$

式中　Q——废水流量，L/d

V——反应器容积，L

S_0——基质的初始浓度，g/L

其中，$\frac{V}{Q} = t$ 即为 HRT，对于 SBR 反应器为反应时间，所以如式（4-4）所示。

$$\frac{S_0 - S_e}{X_t} = \frac{r_{max} \times S_e}{K_s + S_e} \tag{4-4}$$

式中　X_t——曝气池中微生物的瞬时浓度，g/L

式（4-4）取倒数得式（4-5）：

$$\frac{X_t}{S_0 - S_e} = \frac{K_s}{r_{max} \times S_e} + \frac{1}{r_{max}} \tag{4-5}$$

上式中 $\frac{X_t}{(S_0 - S_e)}$ 与 $\frac{1}{S_e}$ 成直线关系，实测时，可以根据污水处理厂的进水水质，曝气池中的污泥浓度（SS），曝气池的水力停留时间，采用图解法求得动力学参数 r_{max} 和 K_s 。

微生物增长规律见式（4-6）、式（4-7）。

$$\frac{dX}{dt} = Y \times \frac{dS}{dt} - K_d \times X \tag{4-6}$$

$$\frac{1}{\theta_c} = \frac{Y \times (S_0 - S_e)}{X_t} - K_d \tag{4-7}$$

以 $\frac{1}{\theta_c}$ 为纵坐标，以 $\frac{S_0 - S_e}{X_t}$ 为横坐标，可以作图求解。

控制几组不同的进水浓度 S_0，或反应时间 t，或微生物浓度 X，可以根据方程式（4-6）和式（4-7）求出动力学系数 r_{max}、K_s、Y 和 K_d 。

二、实验目的和要求

（1）了解 SBR 系统的特点，主要组成部分和内部构造。

（2）掌握 SBR 工艺各工序的运行操作要点，了解 SBR 反应器的运行操作方法。

（3）加强对活性污泥法动力学基本概念的理解，掌握动力学参数的测定方法。

（4）就某种污水进行动态实验，以确定运行工艺参数。

三、教学重点和难点

1. 教学重点

加深对莫诺特方程的理解，学会活性污泥法中动力学参数 r_{max}、K_s、Y 和 K_d 等的计算，绘制有机负荷 $\left(\frac{S_0}{X_t}\right)$ 与去除率、有机负荷与表观产泥率的关系曲线。

2. 教学难点

如何掌握活性污泥法中动力学参数 r_{max}、K_s、Y 和 K_d 等的计算。

四、实验材料

1. 实验设备与仪器

自动控制和SBR反应器各一套（图4-4），水泵，空气泵，DO仪，COD和BOD测定仪，电热恒温鼓风干燥箱，分析天平，马弗炉，坩埚，漏斗，漏斗架，100mL量筒，250mL烧杯等。

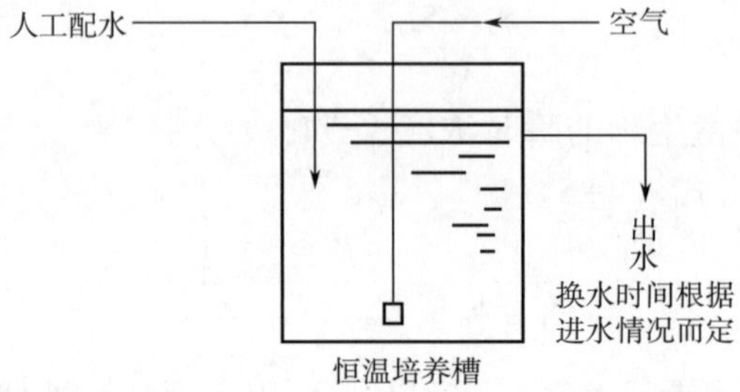

图4-4　间歇活性污泥法示意图

2. 模拟废水水质

模拟废水水质同本章第二节。

五、实验内容和步骤

1. 设计SBR反应器处理生活污水的启动方案

包括系统有机负荷、接种污泥来源及浓度、污泥驯化培养方法、曝气量、污泥停留时间、五个运行阶段的时间等参数的确定。

2. 设计SBR反应器处理生活污水的运行方案

包括取样时间，进/出水pH、COD及氨氮等水质指标的测定，曝气池和出水中SS、VS及SVI等污泥指标的测定，COD等污染物去除率及其容积负荷的关系曲线绘制，最终使系统处于稳定运行状态。具体方法如下：

（1）将驯化好的活性污泥静置沉淀30min，取沉淀物清洗2次，注意不要损坏污泥团。

（2）向曝气池中注入工业废水或合成的模拟废水，使处理装置中初始BOD浓度约500mg/L，加入污泥（MLSS浓度已知或能推定的情况下，初始浓度约为1000mg/L），然后加入自来水至所定的混合液体积，开始曝气。通气量为0.1~0.3m^3/(m^3·min)。

（3）曝气开始30min后，开始取样，以后每隔1h取样，测定污泥的MLSS浓度及处理后废水的可溶性COD浓度。处理运行时间为4h以上，视COD的减少状况决定是否结束。

3. 改变运行条件重复试验

改变系统运行周期等运行条件，重复步骤2，考察污水处理效果。

六、实验数据记录与整理

实验数据记录与整理参见本章第二节。

七、实验注意事项

（1）按反应器体积投放活性污泥，一般接种污泥浓度为 1.5～2g/L。污泥培养初期，每天闷曝 22h，静置 2h，排除 1/3 废水，再加入新鲜废水。培养数天后如发现污泥呈黄褐色，絮凝和沉淀性能良好，上清液清澈透明，泥水界面清晰，镜检菌胶团密实，生物相丰富，说明污泥已培养成功。

（2）S_0 和 S_e 测定可以用 BOD 或 COD 测定，S_e 为经过过滤的水样测定。

（3）若能运转多个曝气池，可采用不同的初始 SS 浓度进行实验。另外，关于曝气池水温，可设定在 20～25℃。

（4）通气程度可控制在混合液中溶氧浓度 1～2mg/L，污泥不沉积于曝气池底部。

（5）在采样时，应特别注意采集混合均匀的混合液 50mL，进行 SS 浓度的测定，测定时做 2 个平行样，然后求其平均值。

（6）将测定 SS 浓度时所得的上清液，或将废水样在 3000r/min 下离心 5min，取上清液用冰冷却 10min，静置后用玻璃纤维纸过滤，测定滤液的可溶性 COD 浓度。

八、思 考 题

（1）结合实验结果，你认为序列间歇式活性污泥法适用范围和局限是什么？

（2）S_0 和 S_e 分别用 BOD 或 COD 表示会对实验结果有影响吗？为什么？

（3）如果对脱氮除磷有要求，应怎样调整 SBR 各阶段的控制时间？

第四节　UASB 处理高浓度有机废水实验

一、实 验 原 理

厌氧生物处理过程又称厌氧消化，是在厌氧条件下由活性污泥中的多种微生物共同作用，使有机物分解并生成 CH_4 和 CO_2 的过程。这种过程广泛地存在于自然界，直至 1881 年法国报道了罗伊斯·莫拉斯（Louis Mouras）发明的“自动净化器”（automatic scavenger），人类才开始了利用厌氧消化处理废水的历史，至今已一百多年。

1979 年布利安特（Bryant）等提出了厌氧消化的三阶段理论，如图 4-5 所示。三阶段理论认为，厌氧消化过程是按以下步骤进行的。

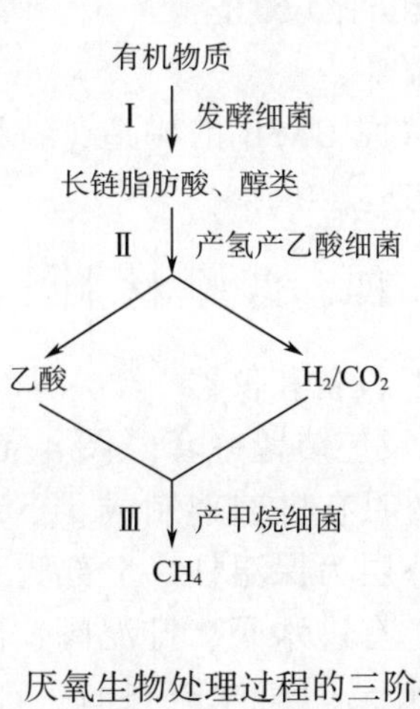

图 4-5　厌氧生物处理过程的三阶段理论

第一阶段，可称为水解、发酵阶段，复杂有机物在微生物作用下进行水解和发酵。例如，多糖先水解为单糖，再通过酵解途径进一步发酵成乙醇和脂肪酸，如丙酸、丁酸、乳酸等；蛋白质则先水解为氨基酸，再经脱氨基作用产生脂肪酸和氨。

第二阶段，称为产氢、产乙酸阶段，是由一类专门的细菌，称为产氢产乙酸菌，将丙酸、丁酸等脂肪酸和乙醇等转化为乙酸、H_2和CO_2。

第三阶段，称为产甲烷阶段，由产甲烷细菌利用乙酸和H_2、CO_2，产生CH_4。研究表明，厌氧生物处理过程中约有70% CH_4产自乙酸的分解，其余少量则产自H_2和CO_2的合成。

至今，三阶段理论已被公认为对厌氧生物处理过程较全面和较准确的描述。

UASB反应器处理高浓度有机废水的优势体现在：①具有相当高的有机负荷和水力负荷，因而反应器的容积比传统装置减少90%以上；②在不利条件下（低温、冲击负荷、存在抑制物等）仍具有很高的稳定性；③反应器建造简单，结构紧凑，从而投资小，占地面积少，并适合于各种规模和可作为运行单元被结合在整体的处理技术中；④处理低浓度废水的高效率已具备与好氧处理竞争的能力；⑤通常几乎不需要操作和管理费用，是能源净生产过程。

二、实验目的和要求

（1）熟悉UASB反应器的构造。

（2）加深对污水厌氧生物处理原理的理解。

（3）掌握利用UASB反应器处理高浓度有机污水的实验方案设计和实验方法。

（4）掌握UASB反应器处理废水的启动方法。

（5）掌握UASB反应器处理废水的操控方法，并学会解决过程中遇到的问题。

三、教学重点与难点

1. 教学重点

巩固厌氧生物处理原理及特点，熟悉UASB反应器的构造及其处理高浓度有机废水的实验方案设计。

2. 教学难点

如何掌握UASB的构造，特别是三相分离器的构造。

四、实验材料

1. 实验设备和仪器

UASB反应装置一套（图4-6）。反应器主体为透明有机玻璃制成。下部为双层圆柱体，外层为保温柱。上部为三相分离器。柱体上有进水阀、排泥阀、出水阀和气阀等。水泵，气体流量计，COD测定

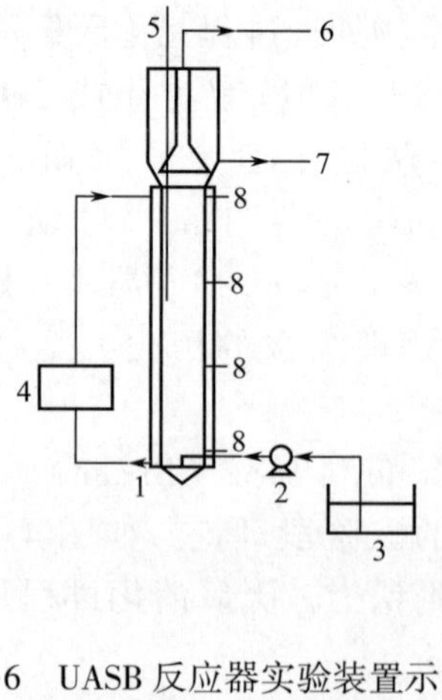

图4-6　UASB反应器实验装置示意图

1—UASB反应器　2—进水隔膜泵
3—配水桶　4—循环水浴　5—温度计
6—排气　7—出水　8—取样口

仪，BOD培养箱，电热恒温鼓风干燥箱，分析天平，马弗炉，坩埚，漏斗，漏斗架，100mL量筒，250mL烧杯等。反应器放在35℃恒温箱内。

2. 实验废水

（1）模拟废水水质（表4-6）

表4-6　　厌氧生物处理的模拟废水水质

序号	试剂名称	添加量/g	序号	试剂名称	添加量/g
1	葡萄糖	50	6	磷酸二氢钾	1.2
2	蛋白胨	2	7	氯化钙	0.12
3	牛肉膏	2.4	8	尿素	1.2
4	碳酸铵	1.2	9	硫酸镁	0.24
5	碳酸氢钠	19.8	10	水	5L

（2）微量元素液　$FeCl_3\cdot 4H_2O$ 2000mg/L；$CoCl_2\cdot 6H_2O$ 2000mg/L；$MnCl_2\cdot 4H_2O$ 500mg/L；$CuCl_2\cdot 2H_2O$ 30mg/L；$ZnCl_2$ 50mg/L；H_3BO_3 50mg/L；$(NH_4)_6Mo_7O_2\cdot 4H_2O$ 90mg/L；$Na_2SeO_3\cdot 5H_2O$ 100mg/L；$NiCl_2\cdot 6H_2O$ 50mg/L；EDTA 1000mg/L；HCl（36%）1mg/L；刃天青 500mg/L。

五、实验内容及步骤

1. 设计UASB反应器处理高浓度有机废水的启动方案

包括提高有机负荷的方式，接种污泥的来源及浓度，污泥和水力停留时间，进水pH等。一般取自城市污水处理厂成熟的消化污泥，接种污泥浓度约为5g/L。密闭消化反应系统，放置1d，以便兼性细菌消耗反应器内的氧气。初次启动操作的要点如表4-7所示。

表4-7　　UASB反应器初次启动要素的总结

1. 接种污泥
（1）污泥中存在的一些可供细菌附着的载体物质微粒，对刺激和启动细胞聚集是有益的。
（2）污泥的比产甲烷活性对启动影响不大。尽管浓度大于60gTSS/L的稠消化污泥的产甲烷活性小于较稀的消化污泥，前者却更有利于UASB的初次启动。
（3）部分颗粒污泥或破碎的颗粒污泥也可加快颗粒化进程。
2. 启动过程的操作模式
启动中必须相当充分地洗出接种污泥中较轻的污泥，保留较重的污泥，以推动颗粒污泥在其中形成。推荐的要点包括：
（1）洗出的污泥不再返回反应器。
（2）当进水COD浓度大于5000mg/L时，采用出水循环或稀释进水。
（3）逐步增加有机负荷。有机负荷的增加应当在可降解COD能被去除80%后再进行。
（4）保持乙酸浓度为800~1000mg/L。
（5）启动时稠密型污泥的接种量为10~15kgVSS/m^3；浓度小于40kgTSS/m^3的稀消化污泥接种量可以略小一些。

续表

3. 废水特征 （1）废水浓度　低浓度废水有利于污泥快速颗粒化，但浓度也应当足够维持良好的细菌生长条件，最小的COD浓度为100mg/L。 （2）污染物性质　过量的悬浮物阻碍污泥的颗粒化。 （3）废水成分　可溶性碳水化合物为主要基质的废水比以VFA为主要基质的废水颗粒化过程快；当废水中含有蛋白质时，应使其尽可能降解。 （4）高的离子浓度　（如 Ca^{2+}、Mg^{2+}）能引起化学沉淀，从而形成灰分含量高的颗粒污泥。 4. 环境因素 （1）在中温范围，最佳温度为38~40℃；高温范围为50~60℃。 （2）反应器内的pH应始终保持在6.2以上。 （3）N、P、S等营养物质和微量元素（如Fe、Ni、Co）应当满足微生物生长的需要。 （4）毒性化合物应低于抑制浓度或应给予污泥足够的驯化时间。

2. 设计UASB反应器处理高浓度有机废水的运行方案

包括取样时间，进/出水pH、COD及氨氮等水质指标的测定，反应器中产甲烷活性、SS、VS及SVI等污泥指标的测定，沼气产量的测定，COD等污染物去除率及其容积负荷的关系曲线绘制，最终使系统处于稳定运行状态。由沼气产量可估算最大比产甲烷速率，具体如下：

（1）最大比产 CH_4 速率的定义为单位重量的厌氧污泥在单位时间内的最大产 CH_4 量，以 $U_{max \cdot CH_4}$ 表示。常用的单位为每天每克挥发性固体厌氧污泥的产甲烷毫升数，即 $mLCH_4/(gVSS \cdot d)$。根据反应动力学，McCarty等指出，厌氧降解葡萄糖、丙酸、丁酸等有机物的COD去除速率可用Monod方程式，见式（4-8）：

$$\frac{dS}{dt} = -\frac{U_{max} \cdot S \cdot X}{K_s + S} \tag{4-8}$$

式中　S——基质浓度，mg/L

t——时间，h

U_{max}——最大比基质降解速率，1/d

X——微生物浓度，gVSS/L

K_s——饱和常数，mg/L

一般情况下，就可溶性基质的厌氧消化而言，产甲烷反应为整个系统的限速步骤，因而可认为产 CH_4 速率与基质降解速率成正比，于是有式（4-9）：

$$\frac{dV_{CH_4}}{dt} = -Y_g V_R \frac{dS}{dt} \tag{4-9}$$

式中　V_{CH_4}——累积 CH_4 产量，mL

Y_g——基质对 CH_4 的转化系数，$mLCH_4/gCOD$

V_R——反应区容积，mL

如果基质浓度高，即 $S \ll K_s$，则如式（4-10）：

$$\frac{dV_{CH_4}}{dt} = \frac{Y_g \cdot V_R \cdot U_{max} \cdot S \cdot X}{K_s + S} = Y_g \cdot V_R \cdot U_{max} \cdot X \tag{4-10}$$

在间歇反应器试验中，由于厌氧菌的倍增时间较长，厌氧发酵污泥的净产率系数很小（0.04~0.08gVSS/gCOD），所以较短时间内微生物的增量 ΔX 可忽略不计，X 近似为一常数；若令 $U_{max \cdot CH_4}=Y_g \cdot U_{max}$，则式（4-10）可写成式（4-11）：

$$U_{max \cdot CH_4}=\frac{1}{XV_R} \cdot \frac{dV_{CH_4}}{dt} \tag{4-11}$$

上式表明，对于同一基质，$U_{max \cdot CH_4}$值越大，表示该厌氧污泥的产甲烷活性越高，也就是厌氧污泥的活性高，由此可知，$U_{max \cdot CH_4}$值可用来比较不同厌氧污泥在同样环境条件下的产甲烷活性；也可以作为评价同一厌氧污泥降解不同基质的能力指标。$U_{max \cdot CH_4}$值越大，表示基质降解速率快，或者说易于生物降解；反之则慢或难以降解。

（2）检测方法　测定产甲烷速率的方法各有不同。推荐采用如图 4-7 所示的装置，主要由 25mL 的史氏发酵管（Smith fermentation tube）和 100mL 三角瓶组成。史氏管内盛有 NaOH 溶液作水封和 CO_2吸收剂。集气的乳胶管末端接上一小段内径约 1mm 的塑料管，以减少进入碱液的气泡尺寸，使吸收完全。

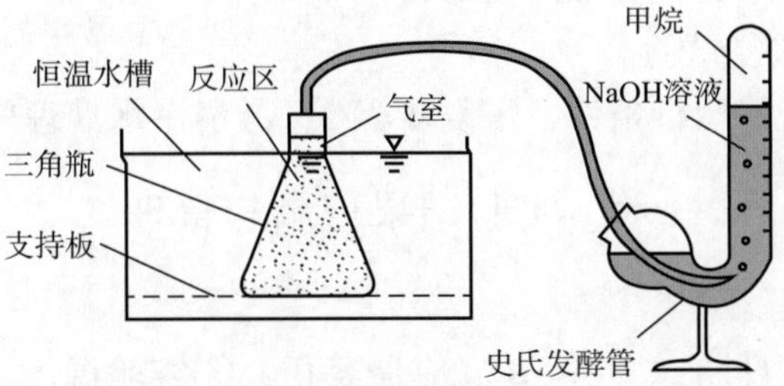

图 4-7　间歇试验装置

取一定数量的待测厌氧污泥离心分离（3000r/min），弃去上清液。量取 COD 约 5000mg/L 的基质培养液 100mL，洗下离心后的厌氧污泥并装入三角瓶，然后放入预先调制的 35℃恒温水浴；再将乳胶管、史氏发酵管如装置图接好，注意保证管路的畅通和密封。随后开始计时，每隔 1h 读一次数，读数后轻轻摇动培养瓶，使基质和污泥充分接触以利于反应。连续读数 10~12h 后，将三角瓶的混合液离心分离，测定 VSS 值和上清液 COD 值，最后计算结果。

（3）结果计算　设试验环境的大气压与标准状态的大气压一致；试验装置的集气管内气压与外界大气压近似一致，则如式（4-12）：

$$U_{max \cdot CH_4}=\frac{24K}{X \cdot V_R} \cdot \frac{T_0}{T_1} \tag{4-12}$$

式中　K——累积产 CH_4量曲线直线段的斜率，mL CH_4/h

T_0——室温，K

T_1——273K

测得 $U_{max \cdot CH_4}$值后，即可推算得出最大比 COD 去除率 $U_{max \cdot COD}$，后者的定义是单位质量的厌氧污泥单位时间内能去除的最大 COD 量，常用单位为 gCOD/(gVSS · d)。其推算方法有两种：

第一，先求出标准状态下 COD 对 CH_4 的转化系数 Y_g，如式（4-13）。

$$Y_g = \frac{V_{CH_4}}{(S_0 - S_e) \cdot V_R} \tag{4-13}$$

式中　S_0——基质培养液的起始 COD 浓度，mg/L

　　　S_e——基质培养液的最终 COD 浓度，mg/L

注意此式不考虑基质 COD 转化为细菌细胞。

$$U_{max \cdot COD} = \frac{U_{max \cdot CH_4}}{Y_g} \tag{4-14}$$

第二，根据理论计算，完全降解 1g 最终生化需氧量 BOD_5 可生成 350mL CH_4。处理易降解的废水，如制糖、啤酒和发酵等废水时，可用 COD 近似代替 BOD_5。设用于细菌细胞合成的 COD 为总 COD 的 10%~15%，则如式（4-15）：

$$U_{max \cdot COD} = \frac{1.17 U_{max \cdot CH_4}}{350} \tag{4-15}$$

上述两种方法中，第二种更加简便易行。

3. 改变运行条件重复试验

改变系统上升流速等运行条件，重复步骤 2，考察污水处理效果。

六、实验结果记录与整理

1. 实验操作参数

①实验开始和结束日期；②UASB 反应器容积；③实验温度；④污泥龄；⑤水力停留时间（HRT）。

2. 实验产气量和 pH 记录

实验产气量和 pH 记录见表 4-8。

表 4-8　　产气量及 pH 记录表

日期	湿式气体流量计读数	产气量/(mL/d)	pH

3. 实验碱度数据记录

实验碱度数据记录见表 4-9。

表 4-9　　实验碱度记录表

日期	HRT/d	H_2SO_4 的用量			H_2SO_4 的浓度/(mol/L)
		后读数	初读数	差值	

4. COD 浓度测定数据

COD 浓度测定数据见表 4-10。

表 4-10　　COD 测定数据

日期	HRT/d	空白				进水 COD				出水 COD			
		后读数	初读数	差值	水样体积/mL	后读数	初读数	差值	水样体积/mL	后读数	初读数	差值	水样体积/mL

5. MLSS 与 MLVSS 的测定数据记录

MLSS 与 MLVSS 的测定数据记录见表 4-11。

表 4-11　　MLSS 与 MLVSS 的测定数据记录

滤纸灰分＿＿＿＿＿＿

日期	反应器序号	θ_c/d	坩埚编号	坩埚重/g	坩埚+滤纸/g	坩埚+滤纸+污泥/g	灼烧后重/g	MLSS/(g/L)	MLVSS/(g/L)

七、实验注意事项

（1）Lettinga 建议对中温 UASB 反应器，接种稠密型污泥时，投加量以 12~15kgVS/m^3为宜；接种稀薄型污泥时，投加量以 6kgVS/m^3为宜；对高温 UASB 反应器，最佳接种量为 6~15kgVS/m^3。根据国内的经验，要缩短启动时间，一次投加足够量的接种污泥最为关键，污泥投加量可以为 40~60kgTSS/m^3，也可达到反应器体积的 1/3。

（2）对启动初期的目标应明确。初期的目标是使反应器进入“工作”状态，也即菌种的活化过程，因而不能有较大的负荷，启动开始时污泥负荷应低于 0.1kgCOD/(kgTSS·d)。

（3）当废水浓度低于 5000mgCOD/L 时，一般可直接进液；当废水浓度过高时，最好稀释到 5000mgCOD/L 以下。

（4）采用负荷逐步增加的操作方法，可通过增大或降低进液稀释比的方法进行。启动时乙酸浓度应控制在 1000mg/L 以下，若废水中原有的或在发酵过程中产生的各种挥发性有机酸浓度高时，不应提高有机容积负荷率。只有当可降解的 COD 去除率达到 80%左右时，才能逐渐增加有机物容积负荷率。

（5）启动前应了解废水的特征。废水特征对厌氧反应器的操作有重要影响，因此必须明确了解废水的有机物浓度、pH 缓冲能力（碱度）、维持细菌生长所必需的营养、悬浮物含量及废水中的有毒化合物等。启动过程中，悬浮物浓度控制在 2g/L 以下。实验证明，用未经酸化的废水作进水，污泥颗粒化的速度要比以 VFA 作进水快。对于可生化性较差的废水，启动中加入易生化物质是有益的。如北京市环保所处理醋酸生产废水和苯二甲酸生产废水时，分别添加了生活污水和淀粉，对 UASB 反应器的启动起到很好的加速作用。出水 VFA 浓度与容积有机负荷率对污泥颗粒化具有影响。

（6）二次启动的初始反应器负荷可以较高，进液浓度在开始时一般可与初次启动相当，但可以相对迅速地增大进液浓度，负荷与浓度增加的模式与初次启动类似，但相对容易。产气、出水 VFA 等仍是重要的控制参数，COD 去除率、pH 等也是重要的监测指标。

（7）液体上升流速对生物量在反应器中的存留有显著影响，而且由于选择压的作用可以使较轻的絮凝体被冲洗出反应器。有研究表明，系统启动时最适宜的进水 COD 浓度为 1000mg/L，此时允许有较高的液体上升流速，而且可以用减少 HRT 的方式增加负荷。颗粒污泥形成以后，COD 可以增加到 2000mg/L 以上。工业规模反应器的启动阶段最佳液体上升流速是 0.72～0.96m/d。有研究表明 NH_4^+-N 大于 1000mg/L 时会抑制颗粒污泥的形成。

八、思考题

（1）试说明三相分离器的作用。

（2）颗粒污泥与絮状污泥相比有何优点？

（3）好氧处理法与厌氧处理法各有什么特点？

第五节　EGSB 反应器处理高浓度有机废水实验

一、实验原理

高效厌氧处理反应器除了满足污泥和进水停留时间相分离外，还应满足的第二个条件是使进水和污泥之间维持良好的接触状态。为此，在反应器设计过程中，首先应该确保反应器中布水的均匀性，因为这样才可以最大程度地避免短流现象的发生。要达到这一目的，除了做好布水系统设计，还可采用塔式反应器结构或采用出水回流而获得良好的搅拌强度。从另一方面讲，厌氧反应器中液体的混合还依赖于进水的混合和产气的扰动两方面。但是当进水无法采用高的水力和有机负荷的情况下，例如反应器在低温条件下，或反应器的启动初期只能采用低负荷运行时，由于污泥床内的混合效果太差，常常出现短流现象，使得 UASB 反应器的处理效果不尽如人意。正是为了解决这一问题，20 世纪 90 年代初以 IC 反应器、EGSB 反应器和升流式厌氧流化床（upflow fluided bed，UFB）为典型代表的第三代厌氧反应器相继出现。

大量的研究和工程实践表明，在处理中等浓度废水的工业规模 UASB 反应器中，混合状况和效果难以达到最佳，而由于反应器中存在死体积，使得处理效能下降。为提高污泥和废水的混合程度，充分利用反应器的容积，需要更好的布水系统或操作方式。理论上可以分析发现，高效的布水装置、单位面积内设置更多的布水孔和反应器中废水很高的表面上升流速都是解决这些问题的办法。由此出现了高径比很大、出水回流的 EGSB 反应器。

20 世纪 80 年代后期，荷兰瓦格宁根大学首先进行了 EGSB 反应器的研究。EGSB 反应器设计思想是，在设有性能良好的布水系统的条件下，通过部分出水回流、采用高的高径比提高反应器中液体的上升流速（>2.5m/h），从而使颗粒污泥床膨胀，消除死区，保证污泥和废水相互接触得更好。因此，EGSB 实际是改进型的 UASB 反应器，但其运行方式与 UASB 有明显的不同。EGSB 反应器的主要特点有：

（1）与 UASB 反应器相比，上升流速（V_{up}）大（2.5～10m/h，UASB 一般 0.5～1.5m/h），有机负荷率高，大于 40kgCOD/(m^3·d)。

（2）反应器高径比大，污泥床处理膨胀状态。

（3）与 UASB 反应器（没有出水回流）相比，更适合于处理低浓度废水。

（4）以颗粒污泥接种。颗粒污泥活性高，沉降性能好，粒径较大，强度较好。

（5）由于 V_{up} 大，混合状态与 UASB 反应器中不同，导致污泥与废水间的接触状况较好。

（6）絮状污泥不断被洗出反应器。

（7）可应用于含有悬浮性固体和有毒物质的废水处理。

二、实验目的和要求

（1）熟悉 EGSB 反应器的构造。

（2）掌握利用 EGSB 反应器处理高浓度有机污水的实验方案设计和实验方法。

（3）掌握 EGSB 反应器处理废水的操作运行方法。

三、教学重点与难点

1. 教学重点

继续巩固厌氧生物处理原理及特点，熟悉 EGSB 反应器的构造及其与 UASB 反应器的区别，掌握 EGSB 反应器处理高浓度有机废水的实验方案设计和操作要点。

2. 教学难点

如何掌握 EGSB 反应器处理高浓度有机废水的实验方案设计和操作要点。

四、实验材料

1. 实验设备和仪器

EGSB 反应装置一套（图4-8）。反应器主体为透明有机玻璃制成。下部为双层圆柱体，外层为保温柱。柱体上有进水阀、排泥阀、出水阀和气阀等。

水泵，气体流量计，COD 测定仪，BOD 培养箱，电热恒温鼓风干燥箱，分析天平，马弗炉，坩埚，漏斗，漏斗架，100mL 量筒，250mL 烧杯等。

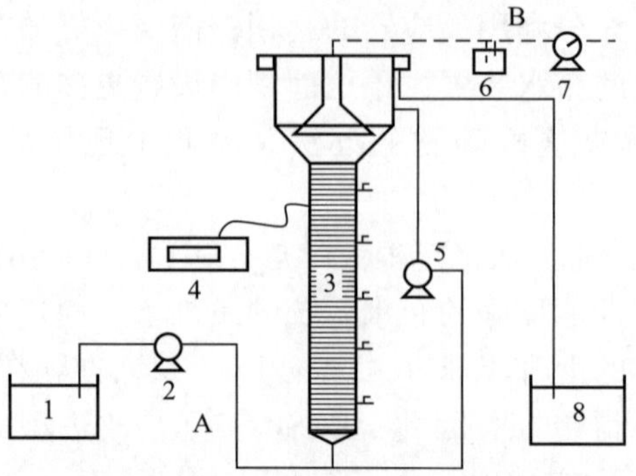

图 4-8　EGSB 反应器示意图

1—配水箱　2—进水泵　3—EGSB 反应器　4—温控仪　5—回流泵
6—水封瓶　7—气体流量计　8—出水计量水箱　A—水管　B—气管

2. 模拟废水水质

模拟废水水质及微量元素同本章第四节。

五、实验内容及步骤

1. 设计 EGSB 反应器处理高浓度有机废水的启动方案

包括提高有机负荷的方式，接种污泥的来源及浓度，污泥和水力停留时间，进水 pH 等。

2. 设计 EGSB 反应器处理高浓度有机废水的运行方案

包括取样时间，进/出水 pH、COD 及氨氮等水质指标的测定，反应器中颗粒大小、产甲烷活性、SS、VS 及 SVI 等污泥指标的测定，沼气产量的测定，COD 等污染物去除率及其容积负荷的关系曲线绘制，最终使系统处于稳定运行状态。

3. 改变运行条件重复试验

改变系统上升流速等运行条件，重复步骤 2，考察污水处理效果。

六、实验结果记录与整理

实验数据记录与整理参见本章第四节。

七、实验注意事项

（1）EGSB 反应器启动运行一般需 1～30d，此阶段结束时肉眼可见颗粒污泥形成。实验开始后，将反应器控制在低负荷状态进行，容积负荷开始为 1.4kg/(m^3 · d)，水力停留时间较长，为 25h。当 COD 去除率达 85%以上时，以 0.1kg/(m^3 · d) 左右的速度提高容积负荷，缩短水力停留时间。当负荷达到 3.7kg/(m^3 · d) 时，开始出现小颗粒污泥（从反应器底部取样），直径为 0.1～0.2mm，标志启动运行期的结束。此时的产气量为 1.1m^3/(m^3 · d)，污泥负荷（VS）达到 0.42kg/(kg · d)。

（2）EGSB反应器中肉眼见到小颗粒污泥后，为加快颗粒化进程，将反应器的容积负荷逐渐提高至4.5kg/(m^3·d)，此阶段污泥洗出量增大，其中大多为细小的絮状污泥，末期留下的污泥中开始产生颗粒状和沉淀性能良好的污泥。此时t（HRT）缩短至10~11.5h，产气量达1.2m^3/(m^3·d)。此阶段需30~50d。

（3）反应器的负荷超过4.5kg/(m^3·d)，絮状污泥迅速减少，而颗粒污泥加速形成，直到反应器内不再有絮状污泥存在。最终负荷达到9.2kg/(m^3·d)，产气量达到3.6m^3/(m^3·d)，出水水质较好。此阶段需51~75d。

（4）通过调节和控制EGSB反应器的运行条件，如污泥负荷率、水力负荷率、产气负荷率、碱度、温度和pH，可以加快厌氧颗粒污泥的形成速度。不同的废水水质、接种污泥，污泥颗粒化条件和进程不同。

（5）向厌氧反应器中投加絮凝剂、细微颗粒物和金属离子，可一定程度上加快厌氧颗粒污泥的形成速度。

（6）厌氧反应器处理难生物降解有机物废水时，通过投加经过驯化、筛选的优势菌，可以使形成的厌氧颗粒污泥更有针对性地高效、快速地降解废水中的难生物降解有机物。

八、思考题

（1）通过实验总结加快厌氧反应器中颗粒污泥形成速度的策略。

（2）比较EGSB反应器与UASB反应器在结构和运行方面的异同。

第六节 生物接触氧化法处理生活污水实验

一、实验原理

生物接触氧化法是生物膜法的一种主要设施，又称为淹没曝气式生物滤池，池内设置长满生物膜的填料，经过充氧的污水以一定的速度流经填料，水中的有机物被微生物吸附，氧化分解并转化为新的生物膜。从填料上脱落的生物膜随水流到二次沉淀池，通过沉淀与出水分离，废水得到净化。生物接触氧化池由池体、填料、布气设备和布水设备构成。生物接触氧化法在充分发挥生物膜法优点的基础上，兼具活性污泥法的净化特征。

二、实验目的和要求

（1）通过生物接触氧化实验，了解和掌握生物接触氧化的构造与原理。

（2）通过演示实验，初步理解和掌握生物接触氧化处理系统的特征。

（3）通过生物接触氧化实验，初步掌握生物接触氧化的运行管理和异常对策。

三、教学重点与难点

1. 教学重点

掌握生物接触氧化的构造与原理，熟悉生物接触氧化处理生活污水的运行管理要点。

2. 教学难点

如何掌握生物接触氧化处理污水的运行管理要点。

四、实验材料

1. 实验设备和仪器

生物接触氧化池一套（图 4-9），半软性填料，水泵，微孔曝气器，DO 仪，COD 和 BOD 测定仪，电热恒温鼓风干燥箱，分析天平，马弗炉，坩埚，漏斗，漏斗架，100mL 量筒，250mL 烧杯等。

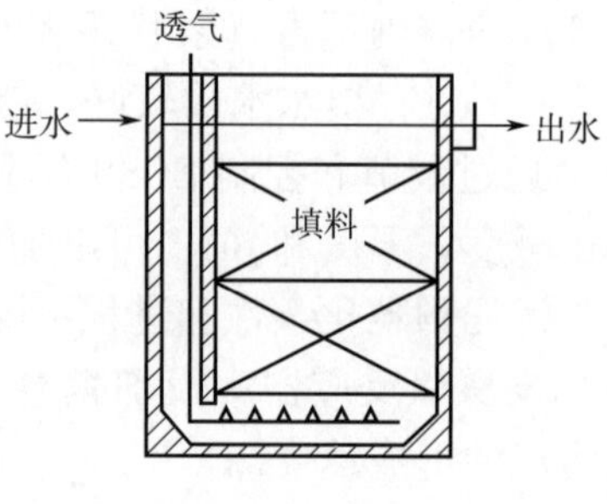

图 4-9 生物接触氧化装置示意图

2. 模拟废水水质

模拟废水水质同本章第二节。

五、实验内容和步骤

1. 设计生物接触氧化反应器处理生活污水的启动方案

包括系统有机负荷，接种污泥来源及浓度，挂膜方法，曝气量，水力停留时间等参数的确定。

2. 设计生物接触氧化反应器处理生活污水的运行方案

包括取样时间，进/出水 pH、COD 及氨氮等水质指标的测定，曝气池和出水中 SS、VS 及 SVI 等污泥指标的测定，COD 等污染物去除率及其容积负荷的关系曲线绘制，最终使系统处于稳定运行状态。

3. 改变运行条件重复试验

改变系统水力停留时间等运行条件，重复步骤 2，考察污水处理效果。

六、实验数据记录与整理

实验数据记录与整理参见本章第二节。

七、实验注意事项

（1）采用生物接触氧化法处理污水时应加强生物相观察。生物接触氧化池中生物膜上的生物相是很丰富的，起作用的微生物包括许多门类，由细菌、真菌、原生动物、后生动物组成比较稳定的生态系统。在正常运行和生物膜降解能力良好时，生物膜上的生物相相对稳定，细菌和原生动物之间存在着制约关系。在运行过程中，若有机物负荷或营养状况有较大变化，则原生动物中的固着性钟虫、等枝虫突然消失，丝状菌稀少，菌胶团结构松散，而游泳性草履虫、钟虫游泳体大量出现，出水水质变差。反之，若原有出水水质较差，一旦出现钟虫、等枝虫、丝状菌丛生，菌胶团结构紧密，而游泳性纤毛虫减少，则说明环境条件有了改善，出水水质变好。因此原生动物纤毛虫，特别是钟虫、等枝虫、盖纤虫是生物接触氧化系统运转良好的有价值的指示性生物。

（2）为防止填料堵塞，可采取以下措施：在运行过程中可定时加大气量对填料进行反冲洗。通常是每 8h 进行一次，每次反冲 5~10min。这对于填料上衰老生物膜的脱落，促进生物膜的新陈代谢，防止填料堵塞是有效的。

八、思 考 题

（1）通过监测的各项指标，综合评价生物接触氧化的运行状况。

（2）生物接触氧化的填料常用的有哪几类，需满足什么要求，为什么？

第七节　生物转盘处理生活污水实验

一、实 验 原 理

生物转盘又称转盘式生物滤池，是在生物滤池的基础上发展起来的。生物转盘主要由盘体、氧化槽、转动轴和驱动装置等部分组成。在水处理过程中，由于转盘的旋转，盘面时而在水中，时而暴露在空气中。当盘面浸没在污水中时，污水中有机物被生物膜吸附；当转盘夹带着污水薄膜离开液面后，接触空气中的氧气，便从空气中溶解了氧，氧从污水膜表层通过混合、渗透和扩散等作用输入液膜内部，附着水层中的溶解氧和有机物质进入生物膜中。生物膜中的微生物，可分解由水层送来的有机物，生物氧化的代谢产物同时排出。由于转盘在污水中不断旋转，盘面上各部分的生物膜便不断交换着与水、空气接触，使吸附-吸附溶解氧-分解氧化的过程不断进行。由于上述过程的反复进行，使氧化槽里的污水有机物浓度逐渐降低，净化了污水。

二、实 验 目 的

（1）通过生物转盘模型实验，了解和掌握生物转盘的构造与原理。

（2）通过模型演示实验，初步理解和掌握生物转盘处理系统的特征。

（3）通过生物转盘模型实验，了解和掌握生物转盘的影响因素和运行管理措施。

三、教学重点与难点

1. 教学重点

掌握生物转盘的构造与原理，熟悉生物转盘的运行管理要点及异常情况处理。

2. 教学难点

如何熟悉生物转盘的运行管理要点及异常情况处理。

四、实 验 材 料

1. 实验设备和仪器

生物转盘模型 1 套（图 4-10），蜂窝填料，水泵，空气泵，微孔曝气器，DO 仪，COD 和 BOD 测定仪，电热恒温鼓风干燥箱，分析天平，马弗炉，坩埚，漏斗，漏斗架，100mL 量筒，250mL 烧杯等。

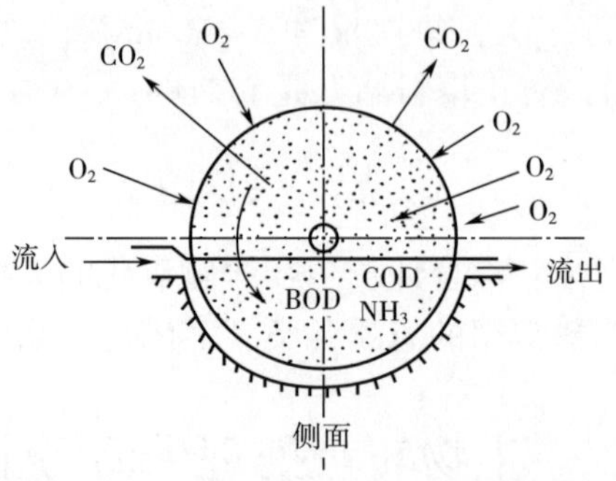

图 4-10　生物转盘实验装置示意图

2. 模拟废水水质

模拟废水水质同本章第二节。

五、实验内容和步骤

1. 设计生物转盘反应器处理生活污水的启动方案

包括系统有机负荷，接种污泥来源及浓度，挂膜方法，曝气量，水力停留时间等参数的确定。

2. 设计生物转盘反应器处理生活污水的运行方案

包括取样时间，进/出水 pH、COD 及氨氮等水质指标的测定，曝气池和出水中 SS、VS 及 SVI 等污泥指标的测定，COD 等污染物去除率及其容积负荷的关系曲线绘制，最终使系统处于稳定运行状态。

3. 改变运行条件重复试验

改变系统水力停留时间等运行条件，重复步骤 2，考察污水处理效果。

六、实验数据记录与整理

实验数据记录与整理参见本章第二节。

七、实验注意事项

（1）在生物转盘启动的两周内，盘面上生物膜大量脱落是正常的，当转盘采用其他水质的活性污泥接种时，脱落现象更为严重。

（2）进水 pH 发生急剧变化如 pH 小于 5 或大于 10. 5，会造成生物膜脱落，可投加化学药剂予以中和，使进水 pH 控制在 6. 0~8. 5。

（3）如生物膜呈白色，可能是进水发生腐败或含有高浓度的硫化物如硫化氢、硫化钠等，或负荷过高使氧化槽内混合液缺氧，生物膜中硫细菌大量繁殖。此时可采取以下措施：对原水进行预曝气；投加氧化剂如水、硝酸钠等，以提高污水的氧化还原电位；降低负荷。

（4）生物转盘不需要污泥回流，污泥漂浮现象不会影响转盘生化需氧量的去除率，但会严重影响出水水质。

八、思 考 题

（1）介绍生物转盘的工作原理和实验注意事项。

（2）通过三种生物膜处理工艺的监测指标，对它们的处理效果进行分析和对比。

第八节　分置式 MBR 反应器处理生活污水实验

一、实 验 原 理

membrane bioreactor（MBR）即膜分离生物反应器，是由膜组件与生物反应器组合在一起而构成的。在膜分离生物反应器中，膜组件相当于传统生物处理系统中的二沉池，利用膜组件进行固液分离，截流的污泥回流至生物反应器中，透过水外排。MBR 与传统废水生物处理工艺相比，具有出水水质好，出水可以直接回用，设备占地面积小，活性污泥浓度高，泥龄长，系统硝化效率高，剩余污泥产量低甚至达到零排放和便于自动控制等优点，所以该工艺在废水处理领域具有很广阔的前景。

根据生物反应器与膜组件的相对位置，MBR 可分为分置式 MBR 系统和一体式 MBR 系统。在分置式 MBR 中，膜组件独立于生物反应器之外，运行过程中，生物反应器的混合液由泵增压后进入膜组件，在压力作用下膜过滤液成为系统处理出水，活性污泥、大分子物质等则被膜截留，并回流到生物反应器内。分置式 MBR 通过料液循环错流运行，其特点是运行稳定可靠，操作管理容易，易于膜的清洗、更换及增设。但为了减少污染物在膜面积沉积，由循环泵提供的料液流速很高，为此动力消耗较高。

膜污染是膜技术应用中所面临的一个重要问题，对于膜生物反应器，要使其获得长期稳定的运行效果，必须研究其膜污染机理及防治办法。膜污染的“防”表现在三方面，即增加膜本身的抗污染能力，改变污泥混合液的特征以及优化膜过滤的水力条件；膜污染的“治”则体现为对膜的水力清洗和化学清洗。

二、实验目的和要求

（1）熟悉分置式 MBR 系统的工艺流程。

（2）加深对分置式 MBR 工作原理的理解。

（3）掌握运用分置式 MBR 系统处理生活污水的实验方案设计和运行控制要点。

（4）了解膜污染的产生原因及减缓方法。

三、教学重点与难点

1. 教学重点

熟悉膜通量的测定，掌握膜污染的判断方法、膜运行周期的确定和膜的清洗与保存方法。

2. 教学难点

如何判断膜污染的程度，并确定膜的运行周期。

四、实验材料

1. 实验设备和仪器

分置式 MBR 系统一套，由曝气池和膜池组成，其进出水由液位计自动控制。另需 DO 仪，COD 和 BOD 测定仪，电热恒温鼓风干燥箱，分析天平，马弗炉，烘箱，坩埚，漏斗，漏斗架，100mL 量筒，250mL 烧杯等。

2. 模拟废水水质

模拟废水水质同本章第二节。

五、实验内容和步骤

1. 设计分置式 MBR 反应器处理生活污水的启动方案

包括系统有机负荷，接种污泥来源及浓度，初始膜通量，曝气量，污泥及水力停留时间等参数的确定。活性污泥培养驯化方法参见本章第二节。

2. 设计分置式 MBR 反应器处理生活污水的运行方案

包括取样时间，进/出水 pH、COD 及氨氮等水质指标的测定，曝气池和出水中 SS、VS 及 SVI 等污泥指标的测定，膜通量及跨膜压差（TMP）的测定，污染膜的清洗方法和清洗周期，COD 等污染物去除率及其容积负荷的关系曲线绘制，最终使系统处于稳定运行状态。具体操作方法如下：

（1）曝气池操作方法：

①接种活性污泥经细格栅过滤后加入曝气池，与待处理的污水混合进行闷曝 2~3d。

②曝气池培养污泥期间不回流污泥，不排放剩余污泥，当测定的 MLSS 稳定高于 2.5g/L，SV 稳定高于 15%时，可向膜池排水，调试期间每天测定 SV 两次，MLSS 三次，镜检微生物两次。

③将池内的溶氧量控制在 2mg/L 左右。

④注意事项：如运行暂停，水位应保持在曝气管以上约 0.2m，并间歇曝气，防止沉淀物沉积在曝气管上；检修时将曝气池放空，放空后立即用高压水冲洗曝气管表面，避免长期使用可能导致的沉淀，并保留一定清水量淹没曝气管。曝气管需保持湿润。

（2）膜池操作方法

①膜池使用前不得进水，尤其严禁膜丝沾水，以免冬季气温低，膜丝冻裂。

②当曝气池 MLSS 稳定达到 2~3g/L 时，可以打开进水提升泵，将曝气池中的泥水混合物溢流入膜池。

③污水进入膜池前，确认开启曝气泵对膜池曝气，防止膜池中的曝气管堵塞。运行后，调整风量将池内溶氧量控制在 2mg/L 左右。

3. 改变运行条件重复试验

改变系统污泥停留时间等运行条件，重复步骤 2，考察污水处理效果。

六、实验数据记录与整理

实验数据记录与整理参见本章第二节。

七、实验注意事项

（1）一般来讲压力越大处理能力越高，过滤速度越快，那么污染速度也会快，污染速度越快，中间清洗的间隔越要短，要不断用药剂清洗，这样就会影响它的寿命，是互相制约的关系。因此多大的压力、多大的出水量以及跟膜之间的关系要综合考虑。如果膜的压力提得高，通量也比较高，但是膜污染发展并不快，那么这个时候是可以把压力提高一点。

（2）应控制 pH 2~12 条件下，膜清洗药液温度最高 45℃。化学清洗不要在 10℃以下进行，因为清洗效率很低。无机盐（$CaCO_3$、$CaSO_4$、$BaSO_4$）用 1%盐酸洗，金属氧化物（铁）用 0.5%磷酸或 1.0%亚硫酸氢钠洗，无机胶体（泥沙微粒）用 1%氢氧化钠（NaOH）或 30℃、0.025%十二烷基硫酸钠/0.1%NaOH 洗，生物膜用 30℃、2%氢氧化钠或 30℃、1.0%乙二胺四乙酸钠（EDTA 钠盐）和 0.1%NaOH 洗，有机物用 30℃、0.025%十二烷基硫酸钠/0.1% NaOH 洗，硅用 30℃、1%氢氧化钠洗。

（3）MBR 的膜不能使用含硅的消泡剂。含硅的消泡剂容易把膜堵住，可用醇系的消泡剂。

（4）MBR 对磷的去除效果较差，可采用在格栅和配水井处加药（聚合氯化铝 PAC）的化学除磷方法。

八、思　考　题

膜生物反应器在运行过程中如何减缓膜污染的发生？

第九节　一体式 MBR 反应器处理生活污水实验

一、实 验 原 理

将膜组件浸没于生物反应器中即构成一体式 MBR。一体式 MBR 利用曝气时气液向上的剪切力来实现膜面的错流效果，也有采用在一体式膜组件附近进行叶轮搅拌和膜组件自身的旋转（如转盘式膜组件）来实现膜面错流效应，主要是为减轻膜污染。与分置式相比，一体式 MBR 的最大特点是运行能耗低。一些学者认为，一体式 MBR 在运行稳定性、操作管理和膜清洗更换等方面不及分置式 MBR。

二、实验目的和要求

（1）熟悉一体式 MBR 系统的工艺流程。

（2）掌握运用一体式 MBR 系统处理各类污水的实验方法和操作要点。

（3）加深对一体式 MBR 工作原理的理解。

三、教学重点与难点

1. 教学重点

掌握一体式 MBR 系统的工艺流程，熟悉系统最佳的运行周期和操作条件的确定。

2. 教学难点

熟悉系统最佳的运行周期和操作条件的确定方法。

四、实验材料

1. 实验设备和仪器

一体式 MBR 反应器系统一套（图 4-11），其进出水由液位计自动控制。另需 DO 仪，COD 和 BOD 测定仪，电热恒温鼓风干燥箱，烘箱，分析天平，马弗炉，坩埚，漏斗，漏斗架，100mL 量筒，250mL 烧杯等。

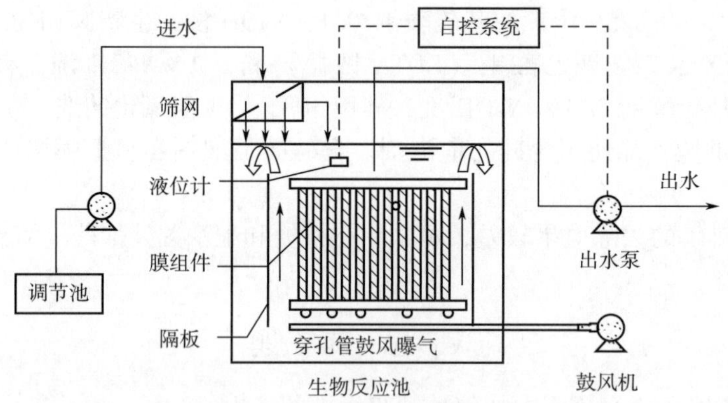

图 4-11 一体式 MBR 反应器装置示意图

2. 模拟废水水质

模拟废水水质同本章第二节。

五、实验内容和步骤

1. 设计一体式 MBR 反应器处理生活污水的启动方案

包括系统有机负荷，接种污泥来源及浓度，初始膜通量，曝气量，污泥及水力停留时间等参数的确定。活性污泥培养驯化方法参见本章第二节。

2. 设计一体式 MBR 反应器处理生活污水的运行方案

包括取样时间，进/出水 pH、COD 及氨氮等水质指标的测定，曝气池和出水中 SS、VS 及 SVI 等污泥指标的测定，膜通量及跨膜压差（TMP）的测定，污染膜的清洗方法和清洗周期，COD 等污染物去除率及其容积负荷的关系曲线绘制，最终使系统处于稳定运行状态。具体方法如下：

（1）接种活性污泥经细格栅过滤后加入曝气池，与待处理的污水混合进行闷曝 2~3d。

（2）调试期间每天测定 SV 两次，MLSS 三次，镜检微生物两次。

（3）将池内的溶氧量控制在 2mg/L 左右。

3. 改变运行条件重复试验

改变系统污泥停留时间等运行条件，重复步骤 2，考察污水处理效果。

六、实验数据记录与整理

实验数据记录与整理参见本章第二节。

七、实验注意事项

（1）为降低大曝气量带来的高能耗，对低浓度的生活废水，可以考虑缩短水力停留时间，提高装置容积负荷；也可以考虑膜组件的多层布置，这样减少消耗在膜组器上的曝气量降低总体能耗。

（2）其他注意事项同本章第八节。

八、思　考　题

（1）一体式 MBR 反应器和分置式 MBR 反应器各有什么特点？

（2）影响一体式 MBR 系统处理效果的因素有哪些？

第十节　UCT 生物脱氮除磷工艺实验

一、实 验 原 理

氮、磷是植物生长所必需的营养物质，但过量的氮、磷进入天然水体会导致水体富营养化，影响水源水质，增加给水处理的成本，并对人和生物产生毒害。

污水脱氮主要采用生物法。其基本机理是在传统二级生物处理中，在将有机氮转化为氨氮的基础上，通过硝化菌和反硝化菌的作用，将氨氮通过硝化转化为亚硝酸氮、硝酸氮，再通过反硝化作用将亚硝酸盐氮、硝酸盐氮转化为氮气，而达到从废水中脱氮的目的。

生物除磷是利用一种特殊的微生物种群——聚磷菌来完成污水除磷目的的。通常在厌氧——好氧交替变化的活性污泥系统中，会产生这种聚磷菌。在厌氧/缺氧条件下聚磷菌的生长会受到抑制，为了生存，它释放出其细胞中的聚磷酸盐（以溶解性的磷酸盐形式释放到溶液中），并利用此过程中产生的能量（以 ATP 形式）摄取污水中的低分子质量的脂肪酸以合成聚-β-羟基丁酸盐（PHB）颗粒贮存在其体内。此时表现为磷的释放。

当聚磷菌进入好氧环境后，它们的活力将得到充分的恢复。而此时水中有机物由于经过了厌氧环境下的降解其浓度已非常低，为了生存，它们将 PHB 降解为 LMFA 和能量（以 ATP 形式）。它们从污水中大量摄取溶解态正磷酸盐用于合成 ATP，并在其细胞内以多聚磷酸盐的形式贮存能量。这种对磷的积累作用大大超过微生物正常生长所需的磷量。这一阶段表现微生物对磷的吸收。最后将富含磷的污泥以剩余污泥的方式排出处理系统，从而降低处理出水中磷的含量。

UCT工艺是在A^2/O工艺基础上对回流方式做了调整以后提出的工艺，它兼具脱氮、除磷的功能。UCT工艺与A^2/O工艺不同之处在于沉淀池污泥回流到缺氧池而不是回流到厌氧池，这样可以防止由于硝酸盐氮进入厌氧池，破坏厌氧池的厌氧状态而影响系统的除磷率。增加了从缺氧池到厌氧池的混合液回流，由缺氧池向厌氧池回流的混合液中含有较多的溶解性BOD，而硝酸盐很少，为厌氧段内所进行的有机物水解反应提供了最优的条件。在实际运行过程中，当进水中总凯氏氮TKN与COD的比值高时，需要降低混合液的回流比以防止NO_3^-进入厌氧池。但是如果回流比太小，会增加缺氧反应池的实际停留时间，而实验观测证明，如果缺氧反应池的实际停留时间超过1h，在某些单元中污泥的沉降性能会恶化。

二、实验目的和要求

（1）熟悉UCT系统的基本流程。

（2）加深对污水生物脱氮、除磷原理的理解。

（3）了解污水生物脱氮、除磷工艺的运行控制要点。

（4）掌握利用UCT系统处理生活污水的实验方法。

三、教学重点与难点

1. 教学重点

掌握生物脱氮除磷原理、UCT工艺特点及维护要点，学会UCT处理生活污水实验方案的设计。

2. 教学难点

如何掌握UCT工艺特点及维护要点，如何设计UCT处理生活污水的实验方案。

四、实验材料

1. 实验设备和仪器

UCT系统一套（图4-12），水泵，空气泵，DO仪，COD和BOD测定仪，电热恒温鼓风干燥箱，分析天平，马弗炉，坩埚，漏斗，漏斗架，100mL量筒，250mL烧杯等。

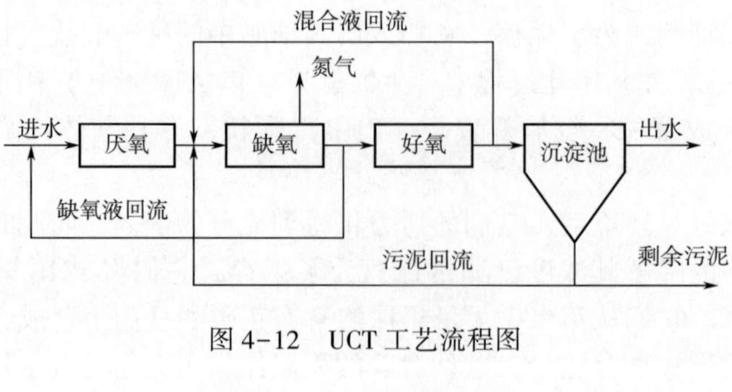

图4-12　UCT工艺流程图

2. 模拟废水水质

模拟废水水质同本章第二节。

五、实验内容和步骤

1. 设计 UCT 反应器处理生活污水的启动方案

包括系统有机负荷，接种污泥来源及浓度，二沉池污泥回流流量，好氧池向缺氧池回流的混合液流量，缺氧池向厌氧池回流的混合液流量，好氧池内溶解氧浓度，厌氧池、缺氧池及好氧池内 pH 等参数的确定。

2. 设计 UCT 反应器处理生活污水的运行方案

包括取样时间，进/出水 pH、COD、氨氮、总氮及磷浓度，厌氧池、缺氧池、好氧池中混合液悬浮固体浓度，COD、氨氮和磷等污染物去除率及其容积负荷的关系曲线绘制，最终使系统处于稳定运行状态。

3. 改变运行条件重复试验

改变系统污泥停留时间等运行条件，重复步骤 2，考察污水处理效果。

六、实验数据记录与整理

实验数据记录与整理参见本章第二节。

七、实验注意事项

（1）为了使进入厌氧池的硝态氮量尽可能少，保证污泥具有良好的沉淀性能，即回流比不能太小，一般高于 200%。

（2）提高生物系统的硝化功能　在调试第一阶段先培养活性污泥，以提高生物系统的硝化功能。硝化细菌基本上属于自养型专性好氧细菌，其生长速率慢，世代周期长，不需要有机碳源。为获得良好的硝化效果，必须保证好氧系统有较长的泥龄。调试初期生物系统的 SS 为 3000mg/L 左右，但由于进厂水大部分为工业废水，可生化性很差，并且不容易为处理普通生活污水的污泥所适应。因此，决定暂时关闭排泥，使污泥能在长泥龄下进行驯化以适应目前的进水水质。同时，为增加进水碳源的总量，将进水量提高至 $24\times10^4m^3/d$。

（3）投加化学药剂辅助除磷及除 SS 要同时实现脱氮除磷，必须兼顾脱氮和除磷对泥龄的要求，通常将系统控制在一个较窄的泥龄范围内运行。

（4）提高生物系统的反硝化功能　在厌氧环境中反硝化菌和聚磷菌会相互竞争小分子碳源，以满足各自的营养需求。由于在第二阶段采取了物化除磷措施，在缺氧段碳源主要集中供给反硝化菌。

（5）为改善处理效果，还可从以下方面入手：在厌氧池至缺氧池孔口安装导流板，以改善池内流态；调整沉砂池后跌水高度，减少进水复氧情况；调整内、外回流比例，以适应调试期间的污泥培养要求。

八、思　考　题

（1）试分析水力停留时间对总氮、总磷去除效率的影响。

（2）根据你的操作经验，简单介绍一下 UCT 系统运行的控制要点。

第十一节　城市污水处理 3D 虚拟仿真实验

一、工艺流程简介

1. 污水来源特点

城市污水是通过下水管道收集到的所有排水，是排入下水管道系统的各种生活污水、工业废水和城市降雨径流的混合水。

生活污水是人们日常生活中排出的水。它是从住户、公共设施和工厂的厨房、卫生间、浴室和洗衣房等生活设施中排放的水。这类污水的水质特点是含有较高的有机物，如淀粉、蛋白质、油脂等，以及氮、磷等无机物，此外，还含有病原微生物和较多的悬浮物。生活污水的水质一般比较稳定，浓度较低。

工业废水是生产过程中排出的废水，包括生产工艺废水、循环冷却水冲洗废水以及综合废水。由于各种工业生产的工艺、原材料、使用设备的用水条件等的不同，工业废水的性质千差万别。相比较于生活废水，工业废水水质水量差异大，具有浓度高、毒性大等特征，不易通过一种通用技术或工艺来治理，往往要求其在排出前在厂内处理到一定程度。

降雨径流是由降水或冰雪融化形成的。对于分别敷设污水管道和雨水管道的城市，降雨径流汇入雨水管道，对于采用雨污水合流排水管道的城市，可以使降雨径流与城市污水一同加以处理，但雨水量较大时由于超过截留干管的输送能力或污水处理厂的处理能力，大量的雨污水混合液出现溢流，将造成对水体更严重的污染。

2. 处理工艺

（1）AAO 工艺　AAO 法又称 A^2O 法，是 anaerobic-anoxic-oxic 简称（厌氧-缺氧-好氧法），是一种常用的污水处理工艺，可用于二级污水处理或三级污水处理，以及中水回用，具有良好的脱氮除磷效果。AAO 同步除磷脱氮机制由两部分组成，污水中的磷在厌氧状态下（DO<0.3mg/L），释放出聚磷菌，在好氧状况下又将其更多吸收，以剩余污泥的形式排出系统。缺氧段要控制 DO<0.5mg/L，由于兼氧脱氮菌的作用，利用水中 BOD 作为氢供给体（有机碳源），将来自好氧池混合液中的硝酸盐及亚硝酸盐还原成氮气逸入大气，达到脱氮的目的。

首段厌氧池，流入原污水及同步进入的从二沉池回流的含磷污泥，本池主要功能为释放磷，使污水中 P 的浓度升高，溶解性有机物被微生物细胞吸收而使污水中 BOD 浓度下降；另外，NH_3-N 因细胞的合成而被去除一部分，使污水中 NH_3-N 浓度下降，但 NO_3^--N 含量没有变化。

缺氧池中反硝化菌利用污水中的有机物作碳源，将回流混合液中带入的大量 NO_3^--N 和 NO_2^--N 还原为 N_2 释放至空气，因此 BOD_5 浓度下降，NO_3^--N 浓度大幅度下降，而磷的变化很小。

在好氧池中，有机物被微生物生化降解，而继续下降；有机氮被氨化继而被硝化，

使 NH_3-N 浓度显著下降，但随着硝化过程使 NO_3-N 的浓度增加，P 随着聚磷菌的过量摄取，也以较快的速度下降。所以，AAO 工艺可以同时完成有机物的去除、硝化脱氮、磷的过量摄取而被去除等功能，脱氮的前提是 NH_3-N 应完全硝化，好氧池能完成这一功能，缺氧池则完成脱氮功能。厌氧池和好氧池联合完成除磷功能。在好氧池的活性污泥中能积累磷的微生物，可以大量吸收溶解性磷，把它转化成不溶性多聚正磷酸盐在体内贮存起来，最后通过二次沉淀池排放剩余污泥达到系统除磷的目的。

（2）AB 工艺　AB 工艺是将曝气池分为高低负荷两段，各有独立的沉淀和污泥回流系统。高负荷段（A 段）以生物絮凝吸附作用为主，同时发生不完全氧化反应，生物主要为短世代的细菌群落，去除 BOD 速率高。B 段与常规活性污泥法相似，负荷较低，泥龄较长。

本项目 AB 工艺中 B 段应用 T 形氧化沟工艺：三沟式氧化沟（又称 T 形氧化沟）是氧化沟的一种典型构造型式，目前采用的三沟式氧化沟工艺，是丹麦在间歇式运行的氧化沟基础上开创的，它实际上仍是一种连续流活性污泥法，只是将曝气、沉淀工序集于一体，并具有按时间顺序交替轮换运行的特点，其运转周期可根据处理水质的不同进行调整，从而使其运行操作更趋于灵活方便。这种工艺流程简单，无需另设一次、二次沉淀池和污泥回流装置，使氧化沟工艺的基建投资和运行费用大为降低，并在一定程度上解决了以往氧化沟占地面积大的缺点。

三沟式氧化沟工艺主要按下面六个阶段轮换运行。

阶段 A：污水经配水井进入沟Ⅰ，沟内转刷以低速运转，转速控制在仅能维持水和污泥混合，并推动水流循环流动，但不足以供给微生物降解有机物所需的氧。此时，沟Ⅰ处于缺氧状态，沟内活性污泥利用水中的有机物作为碳源，活性污泥中的反硝化菌则利用前一段产生的硝酸盐中的氧来降解有机物，释放出氮气，完成反硝化过程。同时沟Ⅰ的出水堰自动升起，污水和污泥混合液进入沟Ⅱ。沟Ⅱ内的转刷以高速运行，保证沟内有足够的溶解氧来降解有机物，并使氨氮转化为硝酸盐，完成硝化过程。处理后的污水流入沟Ⅲ，沟Ⅲ中的转刷停止运转，起沉淀池的作用，进行泥水分离，由沟Ⅲ处理后的水经自动降低的出水堰排出。

阶段 B：进水改从处于好氧状态的沟Ⅱ流入，并经沟Ⅲ沉淀后排出。同时沟Ⅰ中的转刷开始高速运转，使其从缺氧状态变为好氧状态，并使阶段 A 进入沟Ⅰ的有机物和氨氮得到好氧处理，待沟内的溶解氧上升到一定值后，该阶段结束。

阶段 C：进水仍然从沟Ⅱ注入，经沟Ⅲ排出。但沟Ⅰ中的转刷停止运转，开始进行泥水分离，待分离完成，该阶段结束。阶段 A、B、C 组成了上半个工作循环。

阶段 D：进水改从沟Ⅲ流入，沟Ⅲ出水堰升高，沟Ⅰ出水堰降低，并开始出水。同时，沟Ⅲ中转刷开始低速运转，使其处于缺氧状态。沟Ⅱ则仍然处于好氧状态，沟Ⅰ起沉淀池作用。阶段 D 与阶段 A 的水淹方向恰好相反，沟Ⅲ起反硝化作用，出水由沟Ⅰ排出。

阶段 E：类似于阶段 B，进水又从沟Ⅱ流入，沟Ⅰ仍然起沉淀池作用，沟Ⅲ中的转刷开始高速运转，并从缺氧状态变为好氧状态。

阶段 F：类似于阶段 C，沟Ⅱ进水，沟Ⅰ沉淀出水。沟Ⅲ中的转刷停止运转，开始泥水分离。至此完成整个循环过程。

通常一个工作循环需 4~8h，在整个循环过程中，中间的沟始终处于好氧状态，而外侧两沟中的转刷则处于交替运行状态，当转刷低速运转时，进行反硝化过程，转刷高速运转时，进行硝化过程，而转刷停止运转时，氧化沟起沉淀池作用。不难看出，若调整各阶段的运行时间，就可达到不同的处理效果，以适应水质、水量的变化。目前运行的这种工艺，大部分是预先将各阶段的运行时间，根据具体的水质、水量，编入运行管理的计算机程序中，从而使整个管理过程运行灵活、操作方便。

3. 工艺流程

本实验工艺流程如下：

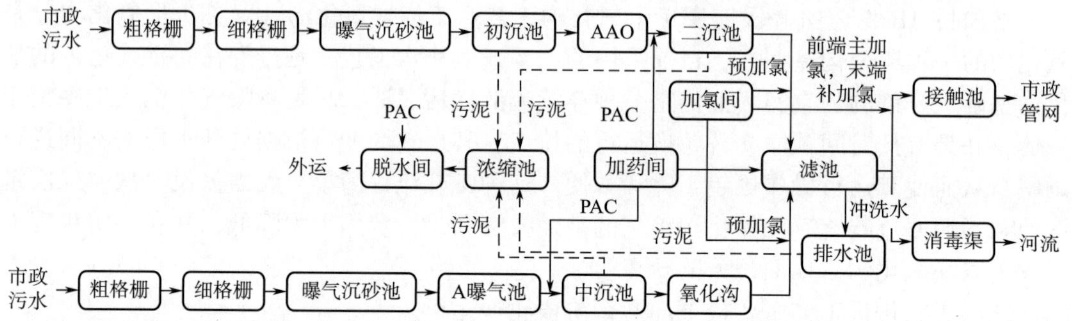

图 4-13　城市污水处理虚拟仿真实验工艺流程

二、工 艺 卡 片

本虚拟仿真实验采用北京欧倍尔软件技术开发有限公司典型污水处理厂 3D 虚拟仿真实验 V1.0 版本进行操作。

1. 设备列表

（1）AAO 工艺+滤池（表 4-12）

表 4-12　　AAO 工艺+滤池设备明细

序号	名称	位号	说明
1	1#粗格栅	F101A	
2	2#粗格栅	F101B	AAO 工艺出格栅
3	3#粗格栅	F101C	
4	1#提升泵	P101A	
5	2#提升泵	P101B	AAO 工艺提升泵（两用一备）
6	3#提升泵	P102C	
7	4#提升泵	P102D	

续表

序号	名称	位号	说明
8	粗格栅渠	V101	AAO 工艺格栅渠
9	栅渣输送机	M101	AAO 栅渣输送机
10	曝气沉砂池风机	C201A/B	AAO 曝气沉砂池风机
11	细格栅渠	V201	AAO 细格栅渠
12	曝气沉砂池	V202	AAO 曝气沉砂池
13	1#细格栅	F201A	AAO 细格栅
14	2#细格栅	F201B	
15	3#细格栅	F201C	
16	4#细格栅	F201D	
17	1#吸砂桥	M201A	AAO 吸砂桥
18	2#吸砂桥	M201B	
19	1#砂水分离器	M202A	AAO 曝气沉砂池沙水分离
20	2#砂水分离器	M202B	
21	1#压榨机	M203A	AAO 曝气沉砂池浮渣压榨机
22	2#压榨机	M203B	
23	细格栅栅渣输送机	M204	AAO 栅渣输送机
24	1#吸砂泵	P201A	AAO 曝气沉砂池吸沙泵
25	2#吸砂泵	P201B	
26	初沉池	V301	AAO 初沉池
27	1#刮泥机~10#刮泥机	M301~M310	AAO 初沉池刮泥机
28	1#排泥渠刮泥机	M311	AAO 初沉池排泥渠刮泥机
29	2#排泥渠刮泥机	M312	
30	1#撇渣管~10#撇渣管	M313~M322	AAO 初沉池撇渣管
31	1#渣水分离器	M323	AAO 初沉池渣水分离器
32	2#渣水分离器	M324	
33	1#风机	C401A	生物池曝气风机
34	2#风机	C401B	
35	3#风机	C401C	

续表

序号	名称	位号	说明
36	1#内回流泵	P401	生物池混合液回流泵
37	2#内回流泵	P402	
38	3#内回流泵	P403	
39	4#内回流泵	P404	
40	5#内回流泵	P405	
41	6#内回流泵	P406	
42	7#内回流泵	P407	
43	8#内回流泵	P408	
44	9#内回流泵	P409	
45	10#内回流泵	P410	
46	11#内回流泵	P411	
47	12#内回流泵	P412	
48	1#外回流泵	P413	生物池污泥回流泵
49	2#外回流泵	P414	
50	3#外回流泵	P415	
51	4#外回流泵	P416	
52	5#外回流泵	P417	
53	6#外回流泵	P418	
54	1#剩余污泥泵	P501	剩余污泥泵
55	2#剩余污泥泵	P502	
56	3#剩余污泥泵	P503	
57	4#剩余污泥泵	P504	
58	1#搅拌机~8#搅拌机	M402~M409	1#生物池潜水搅拌机
59	1#搅拌机~8#搅拌机	M410~M417	2#生物池潜水搅拌机
60	1#搅拌机~8#搅拌机	M418~M425	3#生物池潜水搅拌机
61	1#搅拌机~8#搅拌机	M426~M433	4#生物池潜水搅拌机
62	1#立式搅拌机	M434	1#生物池立式搅拌机
63	2#立式搅拌机	M435	2#生物池立式搅拌机
64	3#立式搅拌机	M436	3#生物池立式搅拌机
65	4#立式搅拌机	M437	4#生物池立式搅拌机

续表

序号	名称	位号	说明
66	1#生物池	V401	AAO 池
67	2#生物池	V402	
68	3#生物池	V403	
69	4#生物池	V404	
70	二沉池	V501	二沉池
71	1#刮泥机～24#刮泥机	M501～M524	AAO 二沉池刮泥机
72	1#撇渣管～24#撇渣管	M525～M548	AAO 二沉池撇渣管
73	1#2#渣水分离器	M549、M550	AAO 二沉池渣水分离器
74	V 形滤池	V601	V 形滤池
75	加氯接触池	V602	加氯接触池
76	1#二次提升泵～6#二次提升泵	P601～P606	二次提示泵
77	空压机	M601	气动阀气源
78	1#反洗水泵	P607	滤池反冲洗水泵
79	2#反洗水泵	P608	
80	1#鼓风机	C601	滤池气洗气源
81	2#鼓风机	C602	
82	1#配水泵	P609	回用水配水泵
83	2#配水泵	P610	
84	3#配水泵	P611	
85	排水池	V603	排水池
86	1#排水泵～4#排水泵	P612～P615	排水池排水泵
87	1#排泥泵～4#排泥泵	P616～P619	排水池排泥泵
88	1#加氯泵～7#加氯泵	P701～P707	加氯间加氯泵
89	1#加氯泵～9#加氯泵	P708～P716	加药间加药泵
90	储氯池	V701	储氯池
91	储药池	V702	储药池
92	1#加药泵～5#加药泵	P801～P805	脱水机加药泵
93	1#污泥泵～5#污泥泵	P806～P810	脱水机进泥泵
94	1#脱水机～5#脱水机	F801～F805	脱水机
95	1#泥饼泵～5#泥饼泵	P811～P815	脱水机泥饼外运
96	消毒渠	V901	紫外消毒渠
97	1#紫外灯～3#紫外灯	M901～M903	紫外灯

（2）AB 工艺（表 4-13）

表 4-13　AB 工艺设备明细

序号	名称	位号	说明
1	1#粗格栅	F1001A	AB 工艺粗格栅
2	2#粗格栅	F1001B	
3	3#粗格栅	F1001C	
4	1#提升泵	P1001A	AB 工艺提升泵
5	2#提升泵	P1001B	
6	3#提升泵	P1001C	
7	4#提升泵	P1001D	
8	粗格栅渠	V1001	AB 工艺格栅渠
9	栅渣输送机	M1001	栅渣输送机
10	曝气沉沙池风机	C2001A/B	AAO 曝气沉砂池风机
11	细格栅渠	V2001	细格栅渠
12	曝气沉砂池	V2002	曝气沉砂池
13	1#细格栅	F2001A	AB 细格栅
14	2#细格栅	F2001B	
15	3#细格栅	F2001C	
16	4#细格栅	F2001D	
17	1#吸砂桥	M2001A	AB 吸砂桥
18	2#吸砂桥	M2001B	
19	1#砂水分离器	M2002A	AAO 曝气沉砂池沙水分离
20	2#砂水分离器	M2002B	
21	1#压榨机	M2003A	AAO 曝气沉砂池浮渣压榨机
22	2#压榨机	M2003B	
23	细格栅栅渣输送机	M2004	AB 栅渣输送机
24	1#吸砂泵	P2001A	AB 曝气沉砂池吸沙泵
25	2#吸砂泵	P2001B	
26	A 段曝气池	V3001	A 段曝气池
27	1#鼓风机	C3001A	A 曝气池鼓风机
28	2#鼓风机	C3001B	
29	3#鼓风机	C3001C	

续表

序号	名称	位号	说明
30	1#污泥回流泵	P3001A	A 曝气池污泥回流泵
31	2#污泥回流泵	P3001B	
32	1#刮泥机~4#刮泥机	M4001~M4004	AB 中间沉淀池刮泥机
33	1#撇渣管~4#撇渣管	M4005~M4008	AB 中间沉淀池撇渣管
34	1#2#渣水分离器	M4009~M4010	AB 中间沉淀池渣水分离器
35	中间沉淀池	V4001	AB 中间沉淀池
36	东氧化沟	V5001	AB 氧化沟
37	西氧化沟	V5002	
38	1#污泥泵	P5001A	东沟剩余污泥泵
39	2#污泥泵	P5001B	
40	1#污泥泵	P5002A	西沟剩余污泥泵
41	2#污泥泵	P5002B	
42	氧化沟运行程序	S5001A/B	氧化沟运行程序

2. 阀门列表

（1）AAO 工艺+滤池（表 4-14）

表 4-14　　AAO 工艺+滤池阀门明细

序号	名称	位号	说明
1	1#进水阀	V01V101	AAO 进水阀
2	2#进水阀	V02V101	
3	1#阀	V03V101	水位平衡阀
4	2#阀	V04V101	AAO 提升泵集水井入口阀
5	3#阀	V05V101	
6	4#阀	V06V101	
7	5#阀	V07V101	AAO 格栅渠出水阀
8	6#阀	V08V101	
9	7#阀	V09V101	
10	8#阀	V10V101	AAO 格栅渠进水阀
11	9#阀	V11V101	

续表

序号	名称	位号	说明
12	1#阀	V01V202	AAO 细格栅渠出水阀
13	2#阀	V02V202	
14	3#阀	V03V202	
15	4#阀	V04V202	
16	1#砂水分离器进水阀	V01M202A	AAO 1#砂水分离器进水阀
17	2#砂水分离器进水阀	V01M202B	AAO 2#砂水分离器进水阀
18	1#进水阀	V01V301	AAO 初沉池进水阀
19	2#进水阀	V02V301	
20	3#进水阀	V03V301	
21	4#进水阀	V04V301	
22	5#进水阀	V05V301	
23	6#进水阀	V06V301	
24	7#进水阀	V07V301	
25	8#进水阀	V08V301	
26	9#进水阀	V09V301	
27	10#进水阀	V10V301	
28	1#排泥阀	V11V301	AAO 初沉池排泥阀
29	2#排泥阀	V12V301	
30	3#排泥阀	V13V301	
31	4#排泥阀	V14V301	
32	5#排泥阀	V15V301	
33	6#排泥阀	V16V301	
34	7#排泥阀	V17V301	
35	8#排泥阀	V18V301	
36	9#排泥阀	V19V301	
37	10#排泥阀	V20V301	
38	11#排泥阀	V21V301	
39	12#排泥阀	V22V301	
40	13#排泥阀	V23V301	
41	14#排泥阀	V24V301	

续表

序号	名称	位号	说明
42	15#排泥阀	V25V301	AAO 初沉池排泥阀
43	16#排泥阀	V26V301	
44	17#排泥阀	V27V301	
45	18#排泥阀	V28V301	
46	19#排泥阀	V29V301	
47	20#排泥阀	V30V301	
48	1#调节阀	V01M401A	生物池曝气风机调节阀
49	2#调节阀	V02M401B	
50	3#调节阀	V03M401C	
51	1#池厌氧内回流阀	V01V401	AAO 1#池混合液回流至厌氧区阀门
52	1#池厌氧进水阀	V02V401	AAO 1#池进水阀（设置在厌氧区）
53	1#池外回流阀	V03V401	AAO 1#池污泥回流阀
54	1#池缺氧内回流阀	V04V401	AAO 1#池混合液回流至缺氧区阀门
55	1#池缺氧进水阀	V05V401	AAO 1#池进水阀（设置在缺氧区）
56	2#池厌氧内回流阀	V01V402	AAO 2#池混合液回流至厌氧区阀门
57	2#池厌氧进水阀	V02V402	AAO 2#池进水阀（设置在厌氧区）
58	2#池外回流阀	V03V402	AAO 2#池污泥回流阀
59	2#池缺氧内回流阀	V04V402	AAO 2#池混合液回流至缺氧区阀门
60	2#池缺氧进水阀	V05V402	AAO 2#池进水阀（设置在缺氧区）
61	3#池厌氧内回流阀	V01V403	AAO 2#池混合液回流至厌氧区阀门
62	3#池厌氧进水阀	V02V403	AAO 2#池进水阀（设置在厌氧区）
63	3#池外回流阀	V03V403	AAO 2#池污泥回流阀
64	3#池缺氧内回流阀	V04V403	AAO 2#池混合液回流至缺氧区阀门
65	3#池缺氧进水阀	V05V403	AAO 2#池进水阀（设置在缺氧区）
66	4#池厌氧内回流阀	V01V404	AAO 3#池混合液回流至厌氧区阀门
67	4#池厌氧进水阀	V02V404	AAO 3#池进水阀（设置在厌氧区）
68	4#池外回流阀	V03V404	AAO 3#池污泥回流阀
69	4#池缺氧内回流阀	V04V404	AAO 3#池混合液回流至缺氧区阀门

续表

序号	名称	位号	说明
70	4#池缺氧进水阀	V05V404	AAO 3#池进水阀（设置在缺氧区）
71	1#进水阀~24#进水阀	V01V501~V24V501	AAO 段二沉池进水阀
72	1#排泥阀~48#排泥阀	V25V501~V72V501	AAO 段二沉池排泥阀
73	1#进水阀~18#进水阀	V01V601~V18V618	滤池进水阀
74	1#出水阀~18#出水阀	V19V601~V36V618	滤池出水阀
75	1#排水阀~18#排水阀	V37V601~V54V618	滤池冲洗水排水阀
76	1#气冲洗阀~18#气冲洗阀	V55V601~V72V618	滤池气冲洗阀
77	1#水冲洗阀~18#水冲洗阀	V73V601~V90V618	滤池反冲洗阀
78	1#进水阀~4#进水阀	V01V603~V04V603	滤池冲洗水排水池进水阀
79	1#排水阀~4#排水阀	V05V603~V08V603	滤池冲洗水排水池出水阀
80	1#排泥阀~4#排泥阀	V09V603~V12V603	滤池冲洗水排水池排泥阀
81	1#加药阀~4#加药阀	V01V701~V04V701	1#~4#生物池出水口加药
82	5#加药阀、6#加药阀	V05V701、V06V701	A 曝气池出水口加药
83	7#加药阀~9#加药阀	V07V701~V09V701	滤池前混合池加药
84	1#加氯阀	V01V701	AAO 段二沉池出水预加氯
85	2#加氯阀	V02V701	AB 段氧化沟出水预加氯
86	3#加氯阀	V03V701	加氯接触池主加氯
87	4#加氯阀	V04V701	接触池出水补加氯
88	1#调节阀	V01P801	1#脱水机加药阀
89	2#调节阀	V01P802	2#脱水机加药阀
90	3#调节阀	V01P803	3#脱水机加药阀
91	4#调节阀	V01P804	4#脱水机加药阀
92	5#调节阀	V01P805	5#脱水机加药阀
93	1#污泥泵前阀、后阀	V01P806、V02P806	污泥泵前后进料阀
94	2#污泥泵前阀、后阀	V01P807、V02P807	污泥泵前后进料阀
95	3#污泥泵前阀、后阀	V01P808、V02P808	污泥泵前后进料阀
96	4#污泥泵前阀、后阀	V01P809、V02P809	污泥泵前后进料阀
97	5#污泥泵前阀、后阀	V01P810、V02P810	污泥泵前后进料阀

续表

序号	名称	位号	说明
98	1#进水阀	V01V901	消毒渠进水阀（滤池出水）
99	2#进水阀	V02V901	消毒渠进水阀（二沉池出水超越管来水）
100	东氧化沟进水阀	V01V5001	东氧化沟进水阀
101	西氧化沟进水阀	V01V5002	西氧化沟进水阀
102	东氧化沟运行程序	S5001	东氧化沟运行程序
103	西氧化沟运行程序	S5002	西氧化沟运行程序
104	脱水絮凝剂调节阀	V01P801	脱水絮凝剂调节阀
105	脱水絮凝剂调节阀	V01P802	脱水絮凝剂调节阀
106	脱水絮凝剂调节阀	V01P803	脱水絮凝剂调节阀
107	脱水絮凝剂调节阀	V01P804	脱水絮凝剂调节阀
108	脱水絮凝剂调节阀	V01P805	脱水絮凝剂调节阀

（2）AB 工艺（表 4-15）

表 4-15　　AB 工艺阀门明细

序号	名称	位号	说明
1	1#进水阀	V01V1001	AB 进水阀
2	2#进水阀	V02V1001	
3	1#阀	V03V1001	水位平衡阀
4	2#阀	V04V1001	AB 提升泵集水井入口阀
5	3#阀	V05V1001	
6	4#阀	V06V1001	AB 格栅渠出水阀
7	5#阀	V07V1001	
8	6#阀	V08V1001	
9	7#阀	V09V1001	AB 格栅渠进水阀
10	8#阀	V10V1001	
11	9#阀	V11V1001	
12	1#阀	V01V2002	AAO 细格栅渠出水阀
13	2#阀	V02V2002	
14	3#阀	V03V2002	
15	4#阀	V04V2002	

续表

序号	名称	位号	说明
16	1#砂水分离器进水阀	V01M2002A	AB 1#砂水分离器进水阀
17	2#砂水分离器进水阀	V01M2002B	AB 2#砂水分离器进水阀
18	A 曝气池进水阀	V01V3001	A 曝气池进水阀
19	1#进水阀	V01V4001	中间沉淀池进水阀
20	2#进水阀	V02V4001	
21	3#进水阀	V03V4001	
22	4#进水阀	V04V4001	
23	1#排泥阀	V05V4001	中间沉淀池排泥阀
24	2#排泥阀	V06V4001	
25	3#排泥阀	V07V4001	
26	4#排泥阀	V08V4001	
27	5#排泥阀	V09V4001	
28	6#排泥阀	V10V4001	
29	7#排泥阀	V11V4001	
30	8#排泥阀	V12V4001	

三、控制规程

1. 正常运行

（1）AAO 工艺

①粗格栅间：点击粗格栅控制面板打开 1#粗格栅 F101A、2#粗格栅 F101B 和 3#粗格栅 F101C；点击闸板阀控制面板打开 1#~9#阀门 V03V101~V11V101；打开 1#进水阀 V01V101 和 2#进水阀 V02V101 到最大进水开度；打开 1#~3#提升泵 P101A-P101B。

②粗格栅和曝气沉砂池：点击格栅控制面板打开 1#~4#细格栅 F201A~F201D；打开细格栅栅渣输送机 M204；打开 1#压榨机 M203A 和 2#压榨机 M203B；点击进水阀控制面板打开 1#~4#进水阀门 V01V202~V04V202；打开 1#风机 C201A 和 2#风机 C201B；打开砂水分离器进水阀 V01M202A 和 V01M202B 和砂水分离器开关 M202A 和 M202B；打开 1#吸砂桥运行开关 M201A 和 1#吸沙泵 P201A，打开 2#吸砂桥运行开关 M201B 和 2#吸沙泵 P201B。

③初沉池：打开 1#~10#进水阀 V01V301~V10V301；打开 1#~10#池刮泥机 M301~

M310 和 1#、2#排泥渠刮泥机 M311、M312；打开 1#~10#撇渣管阀门 M313~M322；打开 1#2#渣水分离器开关 M323 和 M324；打开 1#~20#排泥阀 V11V301~V30V301。

④生物池：打开 1#~4#生物池的厌氧进水阀 V02V401~V02V404；打开 1#~3#风机 C401A~C401C 调节风机总风量为 54000m^3/h；打开 1#~4#生物池的缺氧内回流阀 V04V401~V04V404；打开内回流泵 P401、P402、P404、P405、P407、P408、P410、P411；打开 1#~4#生物池的潜水搅拌机 M402~M433；打开 1#~4#立式搅拌机 M434~M437；打开加药泵 P708、P709；调节加药阀 V01V702~V04V702 开度，加药量为 2250L/h；打开 1#~6#外回流泵 P413~P418；打开 1#~4#生物池的外回流阀 V03V401~V03V404；

⑤二沉池：打开二沉池 1#~24#进水阀 V01V501~V24V501；打开 1#~24#二沉池刮泥机 M501~M524；打开 1#~2#渣水分离器开关 M549~M550；打开 1#~24#撇渣管 M525~M548；打开 1#~48#排泥阀 V25V501~V72V501；打开 1#~4#剩余污泥泵 P501~P504；打开加氯泵 P701、P703，调节 1#加氯阀 V01V701 开度，使加药量为 750L/h。

（2）AB 工艺

①粗格栅间：打开 1#进水阀 V01V1001 和 2#进水阀 V02V1001 到最大进水开度；点击粗格栅控制面板打开 1#粗格栅 F1001A、2#粗格栅 F1001B 和 3#粗格栅 F1001C；点击闸板阀控制面板打开 1#~9#阀门 V03V1001~V11V1001；打开 1#~3#提升泵 P1001A~P1001B。

②粗格栅和曝气沉砂池：点击格栅控制面板打开 1#~4#细格栅 F2001A~F2001D；打开细格栅栅渣输送机 M2004；打开 1#压榨机 M2003A 和 2#压榨机 M2003B；点击进水阀控制面板打开 1#~4#进水阀门 V01V2002~V04V2002；打开 1#风机 C2001A 和 2#风机 C2001B；打开砂水分离器进水阀 V01M2002A 和 V01M2002B 和砂水分离器开关 M2002A 和 M2002B；打开 1#吸砂桥运行开关 M2001A 和 1#吸沙泵 P2001A，打开 2#吸砂桥运行开关 M2001B 和 2#吸沙泵 P2001B。

③A 曝气池：打开进水阀门 V01V3001；打开 1#~3#鼓风机 C3001A~C3001C；打开加药泵 P711，调节加药阀 V05V702 开度，使加药量为 6000L/h。

④中沉池：打开 1#~4#进水阀 V01V4001~V04V4001；打开 1#~4#池刮泥机 M4001~M4004；打开 1#~4#撇渣管阀门 M4005~M4008；打开 1#2#渣水分离器开关 M4009 和 M4010；打开 1#~8#排泥阀 V05V4001~V12V4001。

⑤氧化沟：打开氧化沟进水阀 V01V5001、V01V5002；打开氧化沟运行控制程序 S5001、5002；打开剩余污泥泵开关 P5001A 和 P5002A；调节 2#加氯阀 V02V701 开度，使加药量为 500L/h。

（3）深度处理　打开絮凝剂搅拌机 M602~M604；打开加药泵 P713~P715，调节加药阀 V06V702 开度，使加药量为 10000L/h；打开滤池 1#~18#进水阀 V01V601~V18V601；打开 1#~6#提升泵 P601~P606 开关；打开 1#~18#出水阀 V19V601~V36V601；打开主加氯泵 P705，调节 3#加氯阀 V03V701 开度，使加氯量为 3333L/h；打开补加氯泵 P707，调节 4#加氯阀 V04V701 开度，使加氯量为 833L/h；打开消毒渠紫外灯电源 M901～M903，打开进水阀 V01V901。

（4）污泥处理

启动1#脱水机 F801；启动1#泥饼泵 P811；打开加药泵 P801，调节阀门 V01P801，使加药量为 2183L/h；打开 1#污泥泵前阀 V01P806，启动 1#污泥泵 P806，打开 1#污泥泵后阀 V02P806；

启动2#脱水机 F802；启动2#泥饼泵 P812；打开加药泵 P802，调节阀门 V01P802，使加药量为 2183L/h；打开 2#污泥泵前阀 V01P807，启动 2#污泥泵 P807，打开 2#污泥泵后阀 V02P807；

启动3#脱水机 F803；启动3#泥饼泵 P813；打开加药泵 P803，调节阀门 V01P803，使加药量为 2183L/h；打开 3#污泥泵前阀 V01P808，启动 3#污泥泵 P808，打开 3#污泥泵后阀 V02P808；

启动4#脱水机 F804；启动4#泥饼泵 P814；打开加药泵 P804，调节阀门 V01P804，使加药量为 2183L/h；打开 4#污泥泵前阀 V01P809，启动 2#污泥泵 P809，打开 4#污泥泵后阀 V02P809。

2. 多点进水倒置 AAO 运行方式

打开缺氧池进水阀 V05V401、V05V402、V05V403 和 V05V404；打开厌氧内回阀 V01V401、V01V402、V01V403 和 V01V404；关闭缺氧内回阀 V04V401、V04V402、V04V403 和 V04V404。

3. 调节混合液回流比

打开内回流泵 P401、P404、P407、P410；关闭 P402、P403、P405、P416、P408、P409、P411、P412。

4. 1#滤池反冲洗

打开 1#2#鼓风机 C601、C602；打开 1#气冲阀 V55V601；打开 1#反洗水泵 P607；打开 1#排水阀 V37V601；关闭 1#2#鼓风机 C601、C602；关闭 1#气冲阀 V55V601；打开 2#反洗水泵 P608；打开排水池 1#～4#进水阀 V01V603～V04V603；打开 1#～4#排水泵 P612～P615；打开 1#～4#排水阀 V05V603～V08V603；打开 1#～4#排泥泵 P616～P619；打开 1#～4#排泥阀 V09V603～V12V603。

5. 出水余氯过低

调节 3#加氯阀 V03V701 开度，使加氯量为 3333L/h；调节 4#加氯阀 V04V701 开度，使加氯量为 833L/h。

6. 总磷超标

调节加药阀 V06V702 开度，使加药量为 10000L/h。

7. 生物池溶解氧异常

关闭 1#、2#、3#、4#生物池内回流泵 P403、P406、P409、P412。

四、仿真画面

虚拟仿真实验画面如图 4-14 所示。

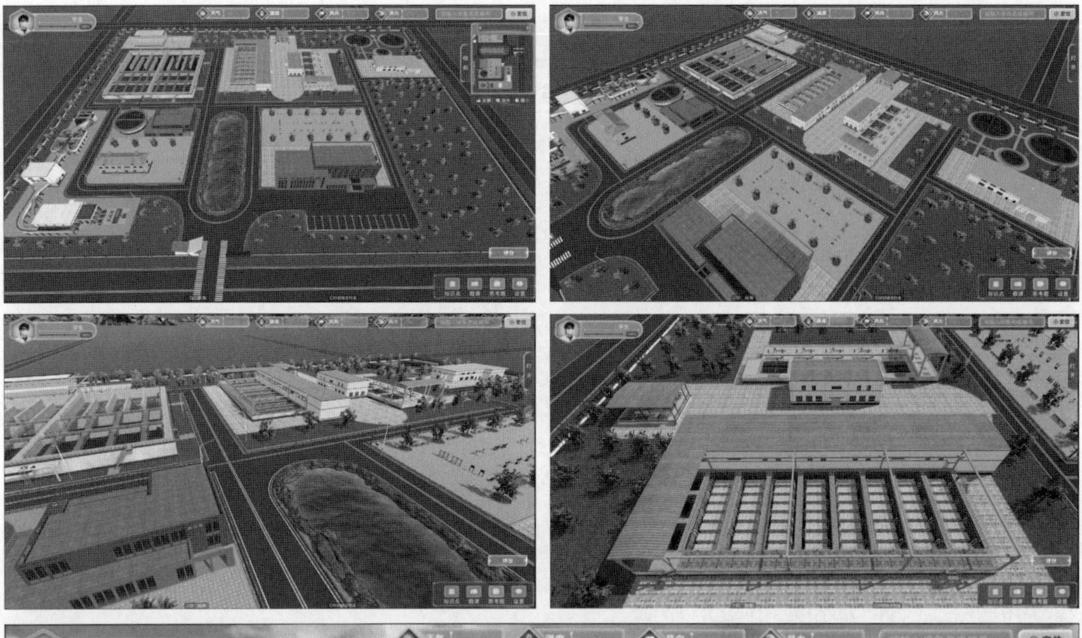

图 4-14　虚拟仿真实验画面

第五章　水污染控制工程创新实验

近年来，教育部每年组织申报大学生创新性实验计划项目、大学生实践创新训练计划项目等，旨在促进高校人才培养模式和教学方法的创新，鼓励和支持大学生尽早参与科学研究、技术开发和社会实践等创新活动，不断提高大学生的创新精神、创业精神和实践能力。通过该类项目的立项实施，可弥补基础实验、综合实验等受时间限制的不足，为学生提供可自由设计、选择实验方案并独立从事小型课题研究的平台，为提高学生的科研创新、创业能力提供了良好的环境。本科学生从第四学期开始从事科研活动，3~4 人形成小组，利用课余时间，绝大多数学生都参与到教师主持的各项国家及部省级科研课题中，一批同学参与了国家高技术研究发展计划（973 或 863 计划）项目、国家自然科学基金、国家科技攻关计划等项目的基础性或探索性研究工作。由于本科生提前进入实验或进入专业科研领域的研究，使学生的学习兴趣和创新能力得到很大提高，部分学生在本科阶段就可做出突出成绩。

第一节　引　　言

一、创新实验的目的和任务

（一）改革环境工程专业本科生培养模式和教学方法

结合国内外水污染控制工程的发展趋势，更新教育教学理念，加强环境工程实践教学环节，促进理论教学、实践训练和科学研究的有机结合，提高整体教育教学水平与质量。

（二）提高学生的科学素质和综合素养

结合导师所在课题组承担的纵向、横向科研课题实施各级实践训练计划项目，激发学生对环境工程专业及废水处理技术的兴趣和创新意识，提高学生的创新思维与实践能力。同时，充分利用课题组的仪器设备平台，使实验教学条件得到延伸。

（三）培养学生的团队协作精神

通过创新实验的实施，使学生了解一个人的力量是有限的，而团队力量是无穷的。锻炼学生与人交往、分工协作、共同进步、同喜同悲的团队协作精神和能力。

二、创新实验的基本要求

了解创新实验研究的基本思路和步骤，掌握科研文献资料的收集、整理和分析方法，学会实验方案的合理、科学设计，熟悉实验结果的表达、分析和评价，掌握研究报告或论文的基本框架和撰写技巧，最终培养学生从事科学研究的兴趣和综合素质。

三、创新实验研究的基本步骤

创新实验课题研究的过程就是科学地解决问题的过程，包括选定课题、制订研究计划、查阅文献资料、文献资料的整理和分析、实验方案的设计、实验结果的分析和评价以及撰写研究报告等7个环节（图5-1）。

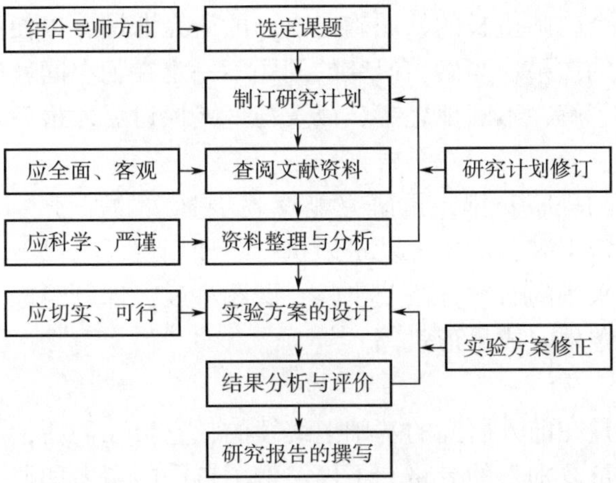

图5-1 创新实验研究的基本步骤及内在关系

（一）选定创新实验课题

课题研究从选题开始，由于选题就规定了科研的工作方向和一定的范围，因此应当慎重。一般选题，一方面要考虑个人兴趣，因为只有有兴趣才能使研究怀着满腔热情，才能孜孜不倦地投身于研究工作之中。另一方面选题要有价值，即所选课题要符合促进社会发展，提高教育质量，促进学生综合素质全面发展的目的。三是选题要新颖，要有独创性，虽然，任何科学研究都是在前人的基础上进行的，但研究者也必须在广泛进行文献查阅和调查研究的基础上，确定自己研究的着眼点，使自己的研究有新的突破和创新，才有意义。四是选题要符合指导教师的研究方向，只有这样，才具有一定的研究条件和成果积累。我国科研工作从中央到地方各级组织都是有一定的计划，因此最好在有关部门提供的课题指南中选题。选题还要考虑自己面临的条件，为课题研究提供的设备、时间、研究资料，研究者本人或者同一课题组成员的能力和水平。最初研究的课题最好是范围窄且比较具体的，本科生的研究性学习的课题选择尤其要注意这一点。

1. 专业知识的延伸

课题就是在教师的指导下由学生自己对在专业学习中感兴趣的问题做进一步的探究。这些题目未必有一定的正确研究结论，但它重在培养学生的科学精神和科学态度及科学方法，培养学生的严谨作风和合作精神。

2. 现代社会生活中的热点问题

现代科学技术飞速发展，科学技术对社会的渗透与影响越来越大，科学社会化和社会科学化成为当前科学与社会关系的真实写照。教育是培养人的社会实践活动，教育的发展必须体现社会发展的要求，符合社会发展的需要。选取与社会发展相联系的热点问题作为课题研究的内容，可以帮助学生理解科技发展与社会发展的相互作用，培养科学的态度和价值观，培养社会责任感。

在研究性学习的实施过程中，我们时常发现学生选题不当的情况。一是范围太大，无从下手；二是问题太小，范围太窄，意义不大；三是在现有的条件下，课题太难，缺乏资料；四是研究的问题不明确。选择好合适的问题等于提出了好的问题，学生可以密切联系某个学科或某个教师擅长的领域确定自己的研究课题，以便能够有效地得到教师的指导，并取得一定的效果。当然，研究的问题不一定在朝夕间就确定下来，也可能通过对问题进行全面的了解，不断地思考，以及与他人探讨后才最后定下来。

（二）制订研究计划

计划是研究工作的程序安排，是研究能够逐步落实的保证，计划要尽量详细、周密、切合实际，一旦定下来，应按部就班地执行。计划主要有以下内容：明确所要研究的问题及其范围，要采用的研究方法及步骤，课题进度，课题组成员及分工，研究工作所需要的设备及资金条件，成果形式等。

（三）查阅文献资料

任何科学研究都是在前人研究的基础上继续的，它贵在创新，不了解前人已有的成绩而贸然行事，势必重复别人的老路，不仅浪费了自己的精力和财力，也不会研究出什么新东西。选题之初，就要对所选的题目进行了解，主要途径就是查阅与本课题有关的重要文献，查阅文献一方面可以了解本研究领域的研究现状，了解前人在这个方面已经做了哪些工作，解决了什么问题，还有什么问题尚待解决，另一方面可以学习他们的研究思路和方法，使自己的研究能够从中得到启迪，形成和拓展自己的研究思路。同时，查阅资料还可以把握研究中出现的错误，并对选题是否合适提出修改意见。只有这些问题搞清楚了之后才能开始新的研究。这部分将在后面详细介绍。

在进行查阅文献的基础上，针对所获得的材料重新整理，发现尚缺少的应立即补上，多余的要剔除掉。为下一步研究节省了时间，提高了效率。在整理的过程中，有可能还会发现一些有用的信息。

（四）文献资料的整理与分析

达尔文说“科学就是整理事实，以便从中得出普遍的规律和结论”。在已经搜集并整理文献资料的基础上，再对科研资料做进一步的脑力加工，通过偶然的、凌乱的现象去看清事物的面貌，发觉和研究被掩盖了的规律，认识和掌握事物的本质。同时，要把收集的文献资料和事实资料进行深入的研究和理性思考，提出可能的具体研究课题，这是至关重要的。

（五）实验方案的设计

通常所说的实验设计是以概率论、数理统计和线性代数等为理论基础，科学地安排实验方案，正确地分析实验结果，尽快地获得最优化方案的一种数学方法。实验通常要选择一种或几种实验设计方案，实验设计的方法各有其适用范围和优缺点，实验者应根据实际需求进行适当选择，明确实验目的和目标，确定变量关系并选择实验方法，确定实验内容，编排实验过程。设计实验要遵循以下原则：

1. 科学性原则

指实验目的要明确，实验原理要正确，实验材料和实验手段的选择要恰当，整个设计思路和实验方法的确定都不能偏离水污染控制工程基本知识和基本原理以及其他学科领域的基本原则。

2. 对照原则

在实验中，为了排除无关条件的干扰，常要设立对照/对比实验。所谓对照/对比实验是指有一个关键条件不同，而其他实验条件都相同的情况下所进行的一组实验，以此了解条件和结果之间的关系，增强实验结论的可靠性。其中，直接用于论证结果的一组称之为实验组，用于对比的一组称之为对照组。

3. 单一变量原则

控制其他因素不变，只改变其中一个因素（要研究的因素），观察其对实验结果的影响。遵循单一变量原则，既有利于对实验结果进行科学的分析，又增强了实验结果的可信度和说服力。

4. 重复原则

在实验设计中，为了避免实验结果的偶然性，必须对所做实验在同样条件下进行足够次数的重复，不能只进行1~2次便得出结论。

5. 可操作性原则

所涉及的实验过程要具有可操作性，一些条件比较高或不能实现的过程不能在实验过程中体现。

6. 安全性原则

实验方案的实施要安全可靠，不会对人或器材造成危害，设计实验时应尽可能避免使用有毒药品和一定危险性的实验操作。

（六）实验结果的分析、评价

在实验过程中，会获得大量数据，观察到许多现象，必须科学地分析这些实验结果才能得出正确结论。主要包括：实验数据的技术处理和理论分析，并对实验中所得数据或误差逐个加以研究，由此做出科学判断；以已知的假说和理论为依据，对实验结果进行解释和评价，做出正确的科学发现和实验结论。

（七）撰写研究报告

研究报告是对研究过程和结果的概括和总结，不一定要固定格式，但要包括以下内容：研究目的、研究对象、研究方法、研究结果与讨论、结论等。研究报告要简洁明确，数据要准确无误，必要时可采用一些图表说明问题，可以给读者更深刻清晰的印象。

第二节　科研文献资料收集、整理和分析

水污染控制工程创新实验课题的确定，一般由指导教师根据其研究方向、研究条件及学生的专业基础和综合素质完成。创新研究课题是一个不断地提出问题并解决问题的过程，离不开科研文献资料的收集、整理和分析，收集科研资料也是研究者的主要任

务，只有科学全面地收集相关文献资料，并进行周密细致地整理和分析，去粗取精，才能提出研究问题和假设，进而解释和解决研究问题，或从中受到启发，从而迸发出自己的思维灵感。此外，收集科研资料的过程有助于学生逐渐养成敏感的信息意识，形成收集利用信息的能力，为进一步深造奠定基础。

事实上，文献资料在水污染控制工程创新实验中的地位举足轻重。制定实验方案时，要求资料“全”而“新”，做实验时，要求资料“全”而“精”，分析实验结果时，要求资料“全”而“准”，撰写研究报告时，要求资料“全”而“可靠”。做好科研文献资料的收集、整理和分析工作，有助于高效、高质量地完成创新实验。

一、收集科研文献资料在创新实验中的作用

在教师指导下创新实验课题确定后，随着实验研究工作的展开，需要补充和完善相关资料。收集资料与分析资料是进行研究的一项基础性工作。资料不充分，创新实验难以为继，论点站不住脚跟。资料不可靠，创新实验就失去了意义，没有了价值。然而，要从各种不同的文献资料中获得大量有用的信息绝不是一件轻松的事。它是一个需要认真、透彻了解并注意细节的系统阅读过程。

（一）“聚沙成塔”

文献资料蕴含着前人或他人的实践与认识，是人们认识、思考及其推断的依据。文献资料工作贯穿于整个科学研究的全过程，从选题、设计方案，到调查、撰写论文或者报告，都离不开文献资料的支撑和利用。没有一定数量和一定质量的文献资料作为基础，科研从选题这一步就无法进行。因此我们课题研究人员必须把阅读大量的与科研课题有关的文献资料作为一种自觉的理性认识活动。

（二）“触类旁通”

文献资料在课题研究中的作用还表现在：它能使课题研究人员了解相关研究领域的已有成果、发展历史、当前研究动态；能够启发研究者的思维、激发研究者的灵感；可以帮助研究人员选择和确定研究课题，还可为论证课题提供理论依据和事实依据，起到触类旁通的作用。

（三）“站在巨人的肩膀上”

古今中外，一切有贡献的教育家都是在广泛吸取前人成果的基础上，即运用文献资料法对前人的成果加以吸收、运用和创新而取得成功的。我们进行的课题研究也不是从零开始的，必须从已有的有关文献资料中吸取营养，批判地继承他人已有的研究成果，从而开阔眼界，扩展思路，受到启发，当我们查阅了某一研究课题的适量的文献之后，就能了解到前人或者他人对于该课题已经做了哪些研究，解决了哪些问题，还有哪些问题没有解决。这样就可在前人研究的基础上进行新的研究。否则，也许我们忙忙碌碌了好一阵子，结果只是做了别人早已做过的重复性工作。所以，在教育这个特殊的领域，文献资料法更具特殊重要的意义。

（四）明确创新实验课题的地位

通过资料的查找，学生可以了解到将要做的课题在国内甚至国外同行业中处于怎样的水平，是对某一知识的介绍或某一概念的进一步的论证，还是有集成创新，可以了解

在这一领域中已做过哪些工作，取得哪些成就，还存在什么问题，问题的关键何在，从而使学生的课题探究站在一个比较高的起点上。

（五）提供如何进行研究的信息

通过资料的查找，可以了解到本领域研究的一些基本事实和思想，以及其他研究者在本问题上的研究思路和研究方法。借鉴别人的方法，或者从别人的研究思路和研究方法中获得启示，从而发展并形成自己的新的研究思路和方法。

（六）提供修改意见

收集的资料有可能针对研究方案提出一些适当的修改意见，使研究更为完善有效。

（七）酝酿出新的课题

通过收集和查阅资料，学生的视野一定大为开阔。学生会惊讶，这世界上还有那么多自己不知道的事情，这些事情可能就会成为新的研究课题。

二、科研文献资料的收集

（一）科研文献资料的来源

获取科研文献资料一般有两个途径，一是已经出版的各种文献资料；二是影视媒体、电子出版物（光盘资料）和网络。

1. 已出版文献资料的查阅

“文献”一词，最早见于《论语·八佾》，朱熹注：“文，典籍也；献，贤也。”古人以“文”为典记录，“献”就是贤者及其学识，后来发展为专指著述。广义的文献指文字和数字记载的资料。文献资料的类型很多。

按内容性质，文献资料可分为一级文献、二级文献和三级文献。一级文献即原始文献，是由亲自经历事件的人所提供的各种形式的材料和各种原著。如图书类的专著、期刊、学位论文、专利文献、研究报告、政府出版物、产品样本、报纸、政府出版物、档案材料、会议文献等出版物和非出版物。这种文献是从事研究的第一手资料，对研究工作有很大的价值。二级文献是指对一级文献加工整理而成的系统化、条理化的文献资料。如索引、书目、文摘以及类似内容的各种数据库等。具有报告性、汇编性和简明性的特点。这种文献是十分重要的检索工具，可以帮助我们在短时间内找到自己研究所需要的资料。三级文献是指在二级文献的基础上对一级文献进行分类后，经过加工、整理而成的带有个人观点的文献资料。如数据手册、年鉴、动态综述述评等。这类文献综合性强，具有浓缩性和参考性等特点。在水污染控制工程创新实验过程中，学生查找得最多的可能是图书（包括名著、一般性专著、教科书、科普通俗读物、资料性工具书等）和期刊。

对于查阅文献资料而言，最理想的场所是图书馆。

2. 查找网络资料

网络资料查找也是资料查找的重要来源。然而网络信息良莠不齐，教师在指导学生查找网络资料时要指导学生理性地处理信息。

（二）科研文献资料的收集方法

1. 查找文献资料的步骤

（1）分析研究课题　在检索之前先要分析检索的课题，一要分析主题内容，弄清课题的关键问题所在，确定检索的学科范围；二要分析文献类型，不同类型的文献各具特色，根据自己的检索需要确定检索文献类型范围；三要确定检索的时间范围；四要分析已知的检索线索，逐步扩大。

（2）确定检索工具　正确地确定检索工具，能使我们在浩瀚的文献海洋中畅游无阻，从而以最简捷的方法，迅速、准确地获得研究所需的文献信息。下面介绍几种检索工具。

①索引：把文献的一些特征，如书目、篇名、作者以及文献中出现的人名、地名、概念、词语等组织起来，按一定的顺序（字母或笔画）排列，供人检索。许多图书馆都建立了馆藏书查询系统，读者可以通过人名索引和关键词索引很方便地进行查询。

②文摘：指论文摘要。它概括地介绍原文献的内容，简短的摘要，使人们不必看全文就可以大致了解文章的内容，如感兴趣也可据此查找全文，是一种使用广泛的检索工具。

③书目：它是将各种图书按内容或不同学科分类所编制的目录，不但可以帮助读者选购、检索图书，还可以指点读书门径，如《全国总书目》《中国丛书综录》。

④参考性与资料性工具书：它的范围很广，除以上三类外，均可属此类。如辞典、百科全书、年鉴等，内容丰富，可靠性实效性强，观点新颖，具有很大的参考价值。

⑤计算机和互联网。

（3）确定检索方法　下面介绍几种常用的检索方法。

①顺序查找法：从课题研究的起始年代开始往后顺时查找，直到近期为止，这种方法查全率高，但费时。

②回溯查找法：这是利用某一篇论文（或专著）后面所附的参考资料为线索，按图索骥，跟踪追查的方法。这种查找方法在检索工具不齐全、对课题不熟悉或不需做深入研究的情况下是可取的，是一种针对性更强、更直接、效率更高的文献查阅方法。但应注意要查阅权威性的标准参考源。

③循环查找法：利用现有工具书查出这一段时间内的一批文献，再利用回溯查找法，查出没有检索工具的那一段时间的文献方法。中学教师因图书检索条件有限，适合利用这种方法。

④即期积累法：为尽可能及时全面地掌握文献，教师要引导学生除了在研究课题的前后突击查找文献外，还应注意平时的日积月累，养成经常阅读的好习惯。即从现刊中查找与自己课题有关的信息，也能够使学生懂得科学研究要把握最新的动态，及时了解别人在做什么、有什么新的发现，使自己少走别人已经走过的弯路，保证自己的研究处于比较领先的水平。

⑤计算机检索：计算机以其强大的数据处理和存储能力成为当今最为理想的信息检索工具。20 世纪 50 年代末出现了最早的计算机信息检索系统。随着计算机技术的突飞猛进，计算机信息检索也迅速发展，如今已成为广泛使用的信息检索手段。检索形式有光盘、Internet 检索等。

与传统的手工检索相比，计算机检索有诸多优点，如检索速度快，检索范围大，检索途径多，可以同时检索多个数据库，有时可以立刻得到原文。由于早期的检索系统大多提供索引、文摘等二级文献，有时我们不得不再去寻找原文即一级文献。现在使用计算机全文检索系统，当场就能看到全文，并且根据需要还可以打印出来。

（4）确定检索途径　目前常用的检索途径主要有以下几种。

①书名或篇名途径：是专业人员把文献的名称按照一定的排检方法组织起来后形成的检索系统。用户只要知道文献的名称，就可以查找到原始文献。

②作者途径：是专业人员把文献的作者按照一定的排检方法组织起来后形成的检索系统。它比较适合对于某一特定作者所著文献的查找。

③分类途径：是专业人员把文献的名称按照学科自身的体系组织起来的检索系统。它比较适合对某一特定学科中特定类别文献的查找。

④主题途径：这是专业人员根据文献的主题词组织起来的检索系统。由于文献主题词有一个或几个，因此这就为用户提供了较为宽阔的检索途径，尤其是使用计算机检索文献的时候，利用搜索引擎，按照主题词去查找特定的文献，其效益更加明显。

⑤获取原始文献：按照利用检索工具查找的文献线索，获取到原始文献。

⑥建文献目录：这是查阅文献的最后一步。把阅读参考过的材料按照一定的顺序排列，称为文献目录。文献目录一般是附在文章最后，包括作者姓名、书刊（论文）名、出版社、出版时间、地点等。

2. 文献资料的积累和整理形式

资料的积累有两种形式，一是笔记式，二是卡片式。笔记式即对原文进行的摘录或摘要。相比较而言，卡片式便于携带、分类、归纳、查找和使用。

3. 引文注释和参考文献目录的建立

撰写研究报告引用别人的材料、数据、论点文章要注明出处，这既反映研究者的严肃的科学态度，体现研究报告的科学依据，同时也是尊重别人劳动的表现。引文注释分为页末注（脚注）、段落后注或篇后注、文内注和书后注四种。页末注是在本页文章的下端，与正文之间划一横注线，线下方的注释；段落后注或篇后注是在段或篇后编一个顺序，使用“注 1”“注 2”加以注释；文内注一般用小号字体，穿插在引文后边；书后注，就是把注释安排在全书的最后。注释内容包括作者姓名、文献标题（加书名号）、书刊名称、卷数、册数、出版社名、出版日期、地点、页码。

重要论文后还附有参考文献，每一个参考文献要注明作者姓名、文献标题（加书名号）、书刊名称、出版社名、出版日期、地点。

三、文献资料的整理

在创新实验课题研究中，可以收集到大量科研文献资料，但是如果不进行整理，它们只能是原始的事实、粗糙的材料，并不能说明任何问题。把原始材料中潜在的有用信息挖掘出来，并运用到自己的研究中去，须将收集到的信息运用统计的方法、逻辑思维的方法去粗取精、去伪存真，由表及里地整理、分析和研究。这是整个创新实验研究过程中非常重要的环节。指导教师必须为学生提供一些分析和处理文献资料的参考方法，因为这方面能力如何不仅决定着其创新研究成果的质量，更重要的是对其创造力的培养有着重要意义。

（一）资料整理的必要性

其中有些不是解决研究问题的关键材料，或与该问题关系不大；另一些则属于缺乏代表意义。此外，有些材料，特别是未经亲自检查核对的第二手材料，不一定都是准确的，其中有些可能是不可靠的，或者是有疑问的。如果不一一加以整理、分类排队，加以筛选，以致把材料中重要的和不重要的、主要和次要的、关键的和非关键性的、可靠的和不可靠的、确定的和有疑问的，都混在一起，或者放在同等地位，将会妨碍理论分析，甚至影响科研结论的正确性。由此可见，在收集材料之后，开始理论分析之前，对所得材料认真加以整理是很有必要的。

（二）资料整理的步骤

1. 资料的分选

首先，先按照材料对课题的需要程度和材料的详细程度是否达到要求，分级排队，过筛分选。凡不合课题需要或不足以说明问题的材料，首先分出，另外保存，以备他用。然后，依材料的准确性、可靠性和代表性分级排队，过筛分选。凡经证明为不可靠的或不准确的材料，首先去掉。对于一些有疑问的、精确度略差的或有不足之处的材料，或者是没有代表性的材料，则宜放在一边，留供参考。必要时还应重做实验、鉴定、分析，或重到现场观测、考察，重新收集可靠的、精度较高的、有代表性的材料，并补足所欠缺的部分材料。特别应注意的是，切勿把不可靠的、不准确的材料，或者不明显的、不典型的、缺乏代表意义的材料作为下一步理论分析的依据。再者，进一步把余下的材料依其对课题的作用和所具有的重要性的大小，分级排队，加以筛选。凡属于解决本项研究课题的关键材料，应特别重视；而那些非关键性材料，应放在次要地位，作为辅助之用。最后，在可用的材料中，如果其中有些是意义重复而又无全部采用必要的，宜作比较，选用那些代表性最好的、说服力最强的材料，这是需认真阅读的材料。

判断自己所收集的材料，特别是第二手材料的可靠性，需要一定的工作经验、思考能力和本专业知识。有时，遇有不易确定其可靠性时，不要急于判断，而必须亲到现场观测和检查。对于无法观测、检查而又必须引用的间接材料，则应在撰写科研报告、论文时，加以注明。

2. 写评语做记号

在认真阅读粗选文献资料的基础上，写出自己的看法、解释或质疑，这就是写评语。读者在资料上对重点、难点、妙处及感兴趣的地方做上各种标记，如直线、波浪线、双直线、双波浪线、圆圈、问号、括号、惊叹号等自己约定意义的符号。日后根据符号可方便查询。如果书是自己的，评语和记号可直接写在书上；如果书不是自己的，评语和记号只可写在复印件或电脑中。

3. 做简要记录

对资料上重点、难点、妙处及感兴趣的地方及时做好简要记录。这样可为后期研究报告的撰写提供论证、引证之用。做简要记录时，不得改动原文，也不得断章取义。还要标明书名或论文题目、作者姓名、出版单位、出版时间、版本、页码等。

4. 编写摘要

把原文的基本内容、主题思想、观点、独到之处或其他数据，用自己的话或引用原文的话进行简明扼要的总结。编写要求如下：摘要是以提供文献内容梗概为目的，不加评论和补充解释，简明、确切地记述文献的重要内容的短文，应包括目的、方法、结果、结论，字数一般在400字以内。

（1）中文摘要　编写时要客观、如实地反映一次文献，切不可加进文摘编写者的主观见解、解释或评论；要着重反映文稿中的新观点；不要重复本学科领域已成常识的内容；不要简单地重复题名中已有的信息；书写要合乎语法，尽量同文稿的文体保持一致；结构要严谨，表达要简明，语义要确切。一般不分段落；要用第三人称的写法。

（2）英文摘要　英文摘要应是中文摘要的转译，字数以250个实词为宜。尽量使用短句子，但要避免重复单调；应用过去时态描述所进行的工作，用现在时态叙述结论；尽量避免使用长系列形容词或名词来修饰名词；适当地应用主动语态代替被动语态；应用重要的名词开头，避免使用短语或从句开头；尽量避免使用第一人称（We，I）的形式为主语的句子。

5. 写文献综述

按分类对收集的某一类别所有资料进行归纳、分析后，对他人的观点或方法可能认同，也可能产生一些自己的想法，从而对自己正在研究的专题提出新的方案。这样写成的类似研究报告的文章称为文献综述。通过写文献综述，可将这一类资料的精髓内化为自己知识体系的一部分。长期坚持，你可能博古通今，可为自己和他人的研究提供有价值的东西。开始学写文献综述时，可能会感到很难，故可以写得简单些，不要面面俱到。写得越多，也就会写得越好。

四、文献资料的分析和假设提出

（一）科研文献资料的分析和假设提出

科学研究的任务是从表面上杂乱无章的现象中，通过偶然的、凌乱的现象去看清事物的面貌。发掘和研究被掩盖了的规律，认识和掌握事物的本质。为了完成这一任务，就需要对整理后的文献资料进行分析研究，并在此基础上，提出创新实验研究课题的有关假设。

1. 科研文献资料分析的步骤

（1）阅读资料　研究者首先通读整理过的文献资料，在阅读的过程中应该保持一种“投降”的态度，即把自己的前设和价值判断暂时搁置起来，一切从资料出发，以事实为依据。在阅读过程中还要努力寻求“意义”，即寻找资料所表达的主题和统率资料的主线，在对资料产生整体认识的基础上，进一步寻找各部分资料间的区别和关系。

（2）筛选资料　就是从大量的资料中抽取出能说明研究问题的核心内容。筛选不是为证明自己“想当然”的结论而对资料进行任意取舍，而要依据两个标准，一是必须能够说明或证明所研究的问题；二是要考虑资料本身所呈现的特点，如出现的频率、反应的强度和持续的时间，以及资料所表现出的状况和引发的后果等。

（3）解释和价值判断　在确定资料核心内容和主要概念的基础上，建构用来解释资料整体内容的理论框架。

2. 科研文献资料的分析方法

（1）分析和综合　分析和综合是方向相反的两种思维形式。分析是在思维中把研究对象分解为不同的方面、因素、层次、部分，然后进行分别考察的思维方法。由于科学实验现象本身的复杂性，很难一开始就能从整体上对它有深刻的把握，而必须在把研究对象逐步分解的基础上进行“各个击破”，力求把握部分对象的本质及其之间的联系。

（2）归纳和演绎　归纳是从个别事实和直接经验分析开始，推演出有关事物的一般属性和本质特征的思维方法。归纳法可分为完全归纳法和不完全归纳法，由于实验现象本身的复杂性、多样性，完全归纳法在其中的应用极少。不完全归纳法又分为枚举法和科学归纳法两种。枚举法是通过列举有代表性的事实来证实研究结论的方法。科学归纳法就是对某一门类的部分对象本质属性和因果关系进行分析，得出研究结论的推理方法。它所得出的结论可靠性程度较高，但仍然是具有或然性的，还需进一步证明才能确定变量之间是否存在因果关系。

（3）内插法和外推法　内插法是在文献资料分析过程中，在一系列已经确定的事实中间填补空档，常常是在图表上把实验结果数据连成曲线，呈现一个总体发展趋势。外推法是在假定具有相同的发展趋势情况下，把结论推广到一系列观测的事实之外，把有关概念和特征加以推广的一种方法。由于这两种方法都将研究结论应用到了研究对象本身以外，结论可靠性会受到怀疑，因此在应用时也要慎重小心。必须要保证：严格审查用以推理的前提和依据的正确性；结论要接受进一步的检验。

（二）运用文献资料应注意的问题

关于科研文献资料的运用，以下几个问题值得注意。

1. 及时性

资料的搜集与整理，是时间性很强的工作。研究专题一经确定，即应立即着手资料工作，甚至早在确定课题以前就可以先期进行资料工作。很多资料往往过目即逝，时过境迁，再想搜集，事倍功半，甚至失而不得。平时工作中发现有用的资料要及时整理入档，避免遗忘或丢失。

2. 全面性

无论横向还是纵向，要使占有的资料具有一定的广度。资料既要有一定数量，更要有一定质量、有典型意义。从效率观出发，争取以尽可能少的资料，包容尽可能多的内容，提高资料的利用效率，为研究工作提供坚实的基础。

3. 批判性

任何文献资料，都是一定社会条件下的产物，在不同程度上反映了作者的立场、观点和学识水平。因而，搜集资料的过程，同时也应是一个判识资料的过程。教育科研工作伊始，就应该用分析批判的眼光，对占有资料的真伪、正误进行鉴别，在这个基础上，认识它们的学术价值，以便在自己的研究中加以妥当运用。尤其是上面提到的通过网络查阅的一些文献资料，大家一定要准确地加以识别，使自己保持一个清醒、健康和纯洁的头脑，始终坚持正确的思路和方向。

4. 真实性

不真实的资料是没有生命、无价值的。出处确实的第一手资料是最可靠的。间接资料应与原文核对，以鉴别真伪，审查可靠程度。

5. 新颖性

对于同一论题观点相似的资料，有新有旧，应去旧取新。因为新资料是在旧资料的基础上创造产生出来的，对问题的认识有新的水平，体现新方法。这是文献资料的主要价值所在。这样的资料对自己的课题研究更有用。事实上，我们现在能够查阅到的丰富的文献资料是若干年来人们不断地去旧取新积累下来的。

第三节　实验方案的设计

实验设计是指为节省人力、财力，迅速找到最佳条件，揭示事物内在规律，根据实验中不同问题，在实验前利用数学原理科学编排实验的过程，其宗旨是最大限度地提高实验效率和最大限度地提高实验精度。实验通常要选择一种或几种实验设计方案，实验设计的方法各有其适用范围和优缺点，学生应根据实际需求进行适当选择。实验方案的设计不单是实验设计，还应包括课题的提出、实验假设的陈述、实验目的和目标的确定、变量关系的确定、选择实验对象和实验方法、形成成果的设想以及组织、人员、设备和经费等的安排。

一、实验分类及设计的基本要素

（一）实验分类

水污染控制工程的实验很多，从教学的角度来分有演示实验、验证实验、模拟实验、探究实验、定性和定量分析实验；从科学研究的角度来分有观察实验、析因实验、定性实验、定量实验、对照实验和探索性实验等。

以概率论与数理统计学为理论基础，为获得可靠实验结果和有用信息，科学安排实验的一种方法论，亦是研究如何高效而经济地获取所需要的数据与信息的方法。正确的实验设计不仅节省人力、物力和时间，并且是得到可信的实验结果的重要保证。即经过设计的实验，效果大大提高，与不经过设计的实验相比，情况大不相同。

（二）实验设计的基本要素

实验设计由指标、因素和水平三个基本要素组成。

1. 指标

指标是用来衡量实验效果好坏的特征值，分为：①定量指标即数量指标，如比基质降解速率、污泥浓度、污泥沉降比、COD 去除率、氨氮去除率等；②定性指标即非数量指标，如污泥颜色、味道等。研究过程中，应选择客观性强、易于量化即经过仪器测量而获得、灵敏度高和精确性强的参数作为指标。

2. 因素

因素是对实验指标有影响的原因或要素。因素也称为因子，它是在进行实验时重点考察的内容。选择因素时，抓住主要因素（将影响较大的因素选入实验），还要考虑因素之间的交互作用，同时找出非主要因素，并使其在实验中保持不变，以消除其干扰作用。

3. 水平

因素在实验中所处的不同状态。多因素实验的水平宜取三个水平为宜，而单因素实验则宜取五个及以上水平，以便将实验结果作图或列表格，同时遵循等间隔的原则，也应是具体的，水平的选择必须在技术上现实可行。

二、实验设计方法

（一）常用实验设计方法

1. 单因素实验设计

单因素的完全随机化设计是用随机化的方法处理指派实验序号和实验对象的实验设计。在此种实验设计中仅有一个实验因素，分处 K 个水平（$K>2$），用随机化的方法经被试分为 K 组，每个实验组被随机地指派接受一种实验处理。完全随机化设计具有如下缺点：在完全随机化设计（单因素）中，是将实验数据的总变异分解为由处理不同造成的组间变异和由误差因素造成的组内差异。在此，实际上是把组内差异理解为实验误差，而忽视了实验组内被试内的个别差异。因此，完全随机化实验设计把可以控制的个别差异作为随机误差而不加以控制，增大了实验误差。随机区组实验设计（单因素）就是要从实验误差中将被试的个别差异区分出来，增加实验数据的有效信息，降低实验误差。

2. 正交实验设计

正交实验设计（orthogonal design experimentation）是以概率论数理统计知识和实践经验为基础，利用标准化正交表安排实验方案，并对结果进行计算分析，最终迅速找到优化方案的一种科学计算方法。它是处理多因素优化问题的有效方法，正交表是正交设计的基本工具，具均匀分散性和整齐可比性。其特点：（1）有一套表格，便于多因素实验的设计与数据分析；（2）由于有正交性，易于分析出每个因素的主效应；（3）数据点分布均匀且具有整齐可比性，因此可应用方差分析对实验数据进行分析。经过对实验结果进行分析，能清楚各个因素对实验指标的影响程度，确定因素的主次顺序，找出较好的实验条件或最优参数组合。

3. 均匀实验设计

均匀实验设计（uniform design experimentation）的基本思想是抛开正交设计中“整齐可比”性的特点而只考虑实验点的“均匀分散”性，即让实验点在所考察的范围内尽量均匀地分布。由于不再考虑“整齐可比”性，那些在正交设计中为整齐可比而设置的实验点可不再考虑，因而可大大减少实验次数，且实验次数与各因素所取的水平数相等。用均匀设计可适当增加实验的水平数而不必担心导致像正交设计那样其实验次数呈平方次增长的现象。其特点就是除了有一套简易的表格外，它能以最少的实验次数、最短的实验周期得到一个回归方程，该方程能定量地描述各因素对目标函数的影响，得到最佳工艺条件。

4. 球面对称实验设计

球面对称实验设计（spherical symmetric design experimentation）是考虑到任一因素对指标的影响作用均有一定范围，将这些范围以一定的代码予以统一，从而只要在这些范围内考虑它们的作用和影响。球面对称设计就是在一个球面上确定实验点的设计，实验点分布在球面各卦限内的中心点和球面与坐标轴的交点上，而球心作为中心对照点。实验所考察的因素个数为空间维数，因素个数的平方根为球半径，各实验点的坐标就是对应因素的水平。这样，实验点的坐标有$-r$、-1、0、1 和 r 共 5 个，即各因素有 5 个水平，故球面对称设计是 5 水平的实验设计。

球面对称设计的实验次数为 2^l+2l+1（其中 l 为因素个数），这里 5 个水平的安排是以任 2 个水平间差的比值与对应坐标差的比值相等为原则。取 3 因素为例：$l=3$，$r=\sqrt{3}$，若安排某一因素的水平，水平应在 1∶10，故该因素的水平代码在 $-\sqrt{3}:\sqrt{3}$ 之间。

x 的计算式如式（5-1）所示：

$$(1-x)/[(-\sqrt{3})(-1)] = (10-x)/[\sqrt{3}-(-1)] \tag{5-1}$$

从而得到 $x=2.902$，即该因素的第二水平是 2.902，依次可求 $y=5.6$，$z=8.098$。同样，求出第二、三个因素的水平值，设计就此完成。球面对称设计的目的是寻求考察的指标同所选的因素某种相关关系，将这种关系以函数形式表达出来，其特点为：实验次数较少、精度较高，并且由此得到的关系式可确定任何在范围内的实验点的预测值。对于需要控制指标的实验，效果尤为显著，但缺点是设计较复杂，必须有丰富的专业知识来确定各因素的范围，所以要求较高。

5. 二次通用旋转实验设计

凡与实验中心点距离相等的球面上各点回归方程预测值的方差是相等的回归实验设计，称为旋转设计（rotation design）。二次通用旋转实验设计（second order generalized rotation design experimentation）能使回归预测值 y 的方差是在球心为原点，半径为 r 的球内的一个常数。该设计具一致精度和需要实验次数较少等优点，广泛应用于科学实验中。

二次通用旋转实验设计是通过组合设计来实现的，它的 n 个实验点由三类实验点组合而成式（5-2）：

$$n = m_c + m_r + m_0 = m_c + 2f + m_0 \tag{5-2}$$

式中　f——因素个数

m_c 个实验点分布在规范变量（z）空间中半径为 $r_c=\sqrt{f}$ 的球面上，$m_r=2f$ 个实验点分布在半径 $r_r=r$ 的球面上，m_c 个点集中在 $r_0=0$ 的球面上（即原点）。组合中用 m_c、r、m_0 的互相调整来满足设计要求。①用 m_c 确定 r，满足旋转性要求。$r=\sqrt[4]{m_c}$。②使用适当的 m_0，使设计具有一定的正交性，由于 m_c、f、r 都已确定，为了保证二次回归系数 b_{jj} 间的正交性，m_0 必须满足式（5-3）：

$$\frac{n(m_0 f + 2r^4)}{(f+2)(m_c+2r^2)\wedge 2} = 1 \tag{5-3}$$

由此得二次通用旋转实验设计的参数（表 5-1）。

表 5-1　　二次通用旋转实验设计参数

f	m_c	m_r	r	n	m_0
2	4	4	1.414	13	5
3	8	6	1.682	20	6
4	16	8	2.000	31	7
5	32	10	2.378	52	10

二次通用旋转设计的最大特点是克服了二次回归的预测值的方差强烈地依赖于实验点在因子空间中的位置这个缺点，由于实验误差的干扰，就不易由预测值直接寻找最优区域。而采用回归旋转设计实验方法，使得在与实验中心点距离相等的点上，也就是分布在同一球面上实验组合的预测值具有相同的方差，这样可使实验次数大大缩减，工作量大为减轻，再借助于计算机统计分析，模拟寻优，即可找出多因素的最佳组合及变化趋势。

6. 实验设计方法的评价与比较

（1）评价标准　评价一种实验设计方法的优劣主要从两个方面考虑：该方法的精度和对实验数据的处理。我们选取某种设计方法，首先要看它的精度，即运用该方法得到的结论是否与实际相吻合。这就牵扯到了实验的次数，经验表明，样本容量越大，得到的估计值越可靠。而上面几种设计方法的实验次数不尽相同，正如均匀设计，所需实验次数较少，自然精度也就不是很高。但对于一些比较昂贵的实验来说，实验人员需要节省大量的人力、物力和财力，他们会相对选取一种实验次数较少的方法。

除此之外，选取了合适的设计方法后，如果对实验数据处理不当，依然很难得到预期的目的。因为每种设计方法都要选取一种较优的数据处理，而常用的实验设计方法都有相应的一种或几种数据处理方法，实验者应该根据自身实验的特点择优选择。

（2）几种实验设计方法的比较　由表 5-2 可知，正交设计是一种直观的方法，它所需的实验次数为 l^2，即为因素水平的平方。它对实验数据的分析也是采用直观分析法（方差分析），即只需分析各水平的极差，极差最大者为最优，但它只能确定哪个因素为主要因素，而因素对指标的影响有多大是不能控制的。

表 5-2　　四种设计方法比较

实验方法	实验次数	数据分析	适用范围
正交设计	l^2	方差分析	多因素多水平实验
均匀设计	l	多元回归分析或逐步回归分析	多因素多水平实验
球面对称设计	$2^f + 2f + 1$	多元回归分析	多因素五水平实验
二次通用旋转设计	$m_c + 2f + m_0$	多元回归分析	多因素五水平实验

对一些多因素多水平的工艺过程进行考察时，用正交实验需要较多的实验次数，而用均匀设计只需做与水平数相同的实验次数，这样大大减少了实验的人力、物力和财

力，尤其是对一些比较昂贵的实验。然而，由于均匀设计的实验次数较少，因此它的实验精度也就不够。均匀设计舍弃了整齐可比性，因此，对所得实验数据的处理不能用方差分析，应采用多元回归分析或逐步回归分析的方法，建立一个定量的回归模型。回归分析中可对模型中因素进行回归显著性检验，根据因素偏回归平方和的大小确定该因素对回归的重要性，这样也就优化出了主要因素及最佳工艺条件。

而球面对称设计的实验次数与正交相当，为 2^f+2f+1，f 为因素个数，但它的实验精度要比正交实验精度高，并且由此得到的关系式可以确定任何范围内的实验点的预测值，对于需要控制指标的或多指标的实验，效果尤为显著，它对数据的处理也是采用多元回归的方法。

由于二次通用旋转设计是一个组合设计，它所需的实验次数由式（5-4）计算：

$$n = m_c + m_r + m_0 = m_c + 2f + m_0 \tag{5-4}$$

在二次通用旋转设计中，依旧采用多元回归分析，但由于回归系数之间的相关性没有完全消除，因此，回归系数的计算、方差分析及显著性检验就不同于其他设计，也不便于直接在表上进行，这也是实验者需要注意的地方。

可见，实验设计优化法必须完成两方面的工作：正确描述结果或指标与各考察因素的关系，即建立合适的数学模拟方程，依据数学方程选取较佳工艺，建立准确的数学模型是解决问题的关键，除了要求实验者尽量准确地控制实验条件之外，还需选择合适的数学模型。以前多采用线性模型，但大多数情况下，各因素对结果的影响并非线性，选用二项式或更高次多项式往往会得到较好的效果。

（二）正交试验设计

1. 正交试验设计方法

在生产实践和科学实验中，为了实现高产、优质、低消耗，往往要通过试验来寻找最优工艺条件，这就有一个合理的安排试验的问题。实际问题往往是比较复杂的，通常包含许多因素，正交试验设计就是用所谓的正交表来安排少量的试验，通过试验，从多个因素中分析出哪些是主要的，哪些是次要的，以及它们对试验的影响规律，从而找出较优的工艺条件。下面以一实例来进行简单说明。

［例］表 5-3 为采用污泥厌氧消化方法提高污泥脱水性能实验中的主要因素和相应的水平值。如何进行实验设计以寻找最佳条件、提高污泥的脱水性能呢？

表 5-3　　污泥厌氧消化与脱水性能实验的因素水平

因素及符号	温度 T/℃	污泥浓度 C/(g/L)	外加营养物投量 F/(g/L)
水平及取值	T_1（20）	C_1（10）	F_1（0）
	T_2（40）	C_2（20）	F_2（1.0）
	T_3（60）	C_3（40）	F_3（2.0）

注：假定此实验中只投加一种营养物。

这里有三种方案可供选择。

第一种为全面搭配方案。该方案的数据点分布均匀性极好，因素和水平间的搭配十分全面，其缺点是实验次数多达 27 次（即 3^3，指数 3 代表 3 个因素，底数 3 代表每因素有 3 个水平）。

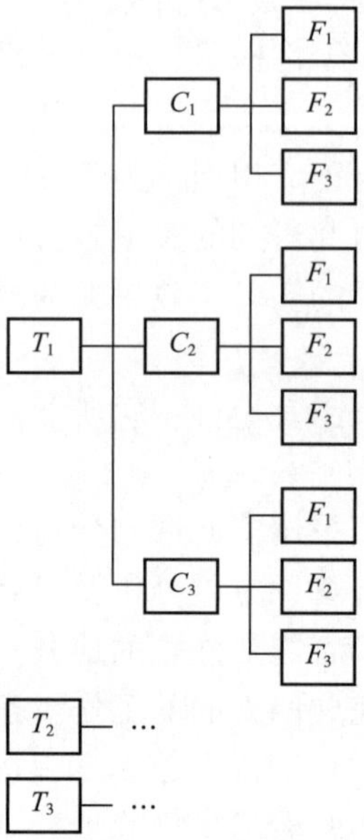

第二种为简单比较方案，也是大多数节省费用和时间的人经常采用的一种方案。先固定 T 和 C，只改变 F，观察因素 F 的不同水平的影响，即做如下 3 次实验：

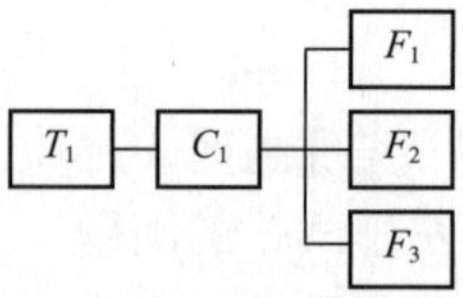

实验结果表明，当 $F=F_1$ 时的脱水性能最好。因此确定以后的实验中因素 F 应取 F_1 水平。然后固定 T 和 F，进行只改变 C 的如下 3 次实验：

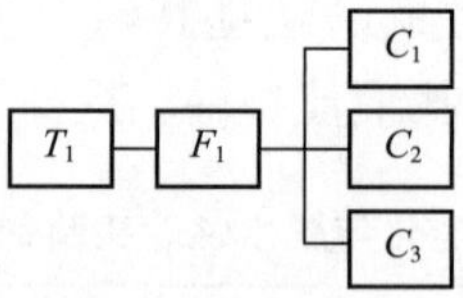

实验结果发现，$C=C_2$ 时污泥的脱水性能最佳。因此确定因素 C 宜取 C_2 水平。最后固定 C 和 F，改变 T 进行下面 3 次实验：

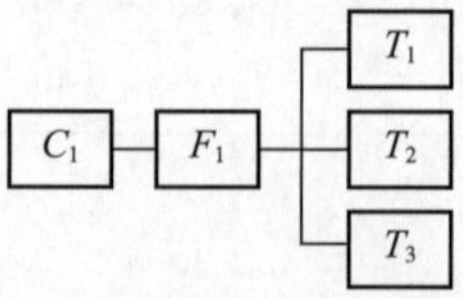

结果表明，因素 T 宜取 T_2 水平。即通过第二种简单比较方案的 9 次实验，确定了提

高污泥脱水性能的最佳厌氧消化条件为 $T_2C_2F_1$。

从第二种方案与第一种方案的比较可以看出，第二方案的明显优点是实验次数少，只需做 9 次实验。但必须指出的是，第二种方案得到的实验结论是不可靠的。一方面，数据点的均匀性没有保障，在改变某一因素的水平实验时的假定存在明显的人为因素。另外，这种方法只是对单个因素不同水平间实验数据的简单比较，并没有考虑不同因素之间的相互影响，也没有排除实验数据中必然存在的误差的干扰。

第三种方案是采用正交试验设计方法，即用正交表来安排实验。对于上表 5-3 中所列的 3 因素和 3 水平实验，比较适用的正交表为 L_9（3^4）。按正交试验设计法的实验安排如表 5-4 所示。

表 5-4　　用正交表安排污泥消化与脱水性能实验例子

实验次数	列号与因素、符号			
	1 温度/℃ T	2 污泥浓度/(g/L) C	3 外加营养物投量/(g/L) F	4
1	1	1	1	1
2	1	2	2	2
3	1	3	3	3
4	2	1	2	3
5	2	2	3	1
6	2	3	1	2
7	3	1	3	2
8	3	2	1	3
9	3	3	2	1

注：该正交表可以安排 4 因素 3 水平实验。

不难看出，运用正交试验设计方法得出的第三种方案，不仅实验次数少，而且各因素、水平间的搭配均衡，数据点分布的均匀性极好，兼有第一和第二种方案的优点。因此，对第三种方案的全部数据进行数理统计分析引出的结论应该具有较高的可靠性。

另外，所有正交表像 L_9（3^4）一样，都具有以下两个特点：

（1）在每一列中，各个不同的数字出现的次数相同。在正交表 L_9（3^4）中，每一列有 3 个水平；水平 1、2、3 都是各出现 3 次。

（2）表中任意两列并列在一起形成若干个数字对，不同数字对出现的次数也相同。在正交表 L_9（3^4）中，任意两列并列在一起形成的数字对共有 9 个：（1，1）、（1，2）、（1，3）、（2，1）、（2，2）、（2，3）、（3，1）、（3，2）和（3，3），每个数字对各出现 1 次。

以上两点也称为正交表的正交性。

2. 正交表的种类

使用正交试验设计方法进行实验设计时必然要用到正交表。它是正交试验设计法中合理安排实验，并对实验数据进行统计分析的一种特殊表格。它可以是各列水平数均相同的单一水平正交表，也可以是各列水平数不相同的混合水平正交表。

常用的正交表有 L_4（2^3）、L_8（2^7）、L_9（3^4）、L_8（4×2^4）和 L_{18}（2×3^7）等。表 5-5 即为 L_4（2^3）正交表。

表 5-5　　L_4（2^3）正交表

实验次数	列数		
	1	2	3
1	1	1	1
2	1	2	2
3	2	1	2
4	2	2	1

如图 5-2 所示，“L”代表正交表，L 下角的数字表示表中的行数（简称行），即要做的实验次数；括号内的指数表示表中的列数（简称列），即最多允许安排的因素个数；括号内的底数表示表中每列即因素的水平数。

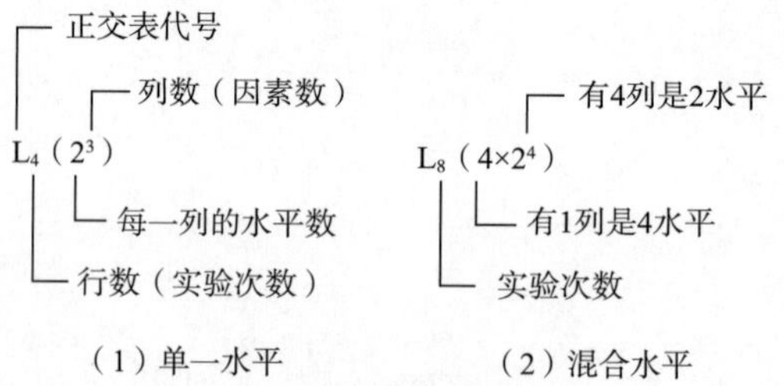

图 5-2　正交表符号含义

3. 正交试验设计法的一般步骤

利用正交表进行实验方案设计时的一般步骤如图 5-3 所示。

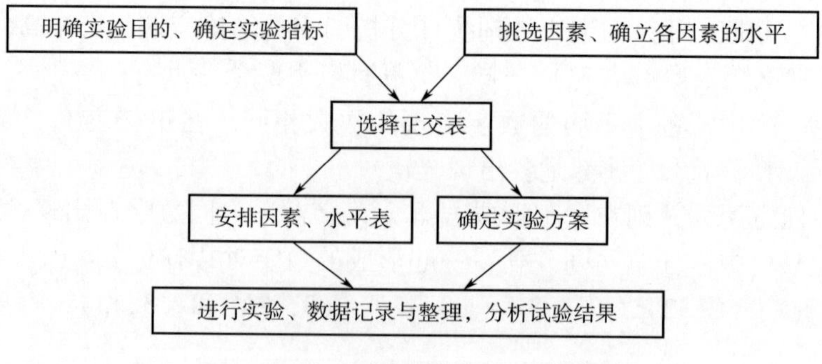

图 5-3　正交试验设计法的一般步骤

在挑选因素时，可能起作用或情况不明以及看法不一的因素均可入选；并按照经验或已有条件确定水平个数和各水平的取值。在挑选正交表时，应综合考虑因素与水平的多少、实验工作量大小和允许实验条件以及有无重点因素等，然后再进行合理的选择。

除此之外，还应注意以下几方面的问题：①对于一批实验，如果要用几台不同的仪器设备、几个人或要采用几种材料来进行，为避免因仪器、人或材料不同可能带来的误差，一般应在开始实验之前，将其作为一个因素来考虑。②在安排因素水平表中各数值排列和实验进行的先后顺序上应注意其随机化。即不应简单地按照因素数值大小顺序来排列因素水平表或完全按照正交表上实验号码顺序来进行实验。③在确定每一实验的实验条件时，只需考虑所确定的几个因素及其取值范围，不要考虑因素之间的相互作用和误差问题。这两个问题由实验本身的客观规律来确定，它们对试验指标的影响可通过方差分析得到。④进行实验时，应严格控制实验条件，尤其是在同一因素各水平下数值差别不大时。否则就可能失去正交试验设计法的特点，从而失去了极差分析或方差分析法应用的前提条件。

4. 正交试验结果分析

对正交试验结果进行相应的分析，可以引出许多有价值的结论。通过分析，可以解决的问题有：①哪些因素影响大，哪些因素影响小，因素的主次关系如何；②各影响因素中，哪个水平能得到满意的结果，从而找出最佳的生产运行条件。

下面以表 5-6 正交表 L_4（2^3）为例，简单介绍极差分析法在正交试验设计中的应用。

表 5-6　　　　正交表直观分析

实验次数及分析	因素（列号）与水平			实验结果（评价指标）y
	1	2	3	
1	1	1	1	y_1
2	1	2	2	y_2
3	2	1	2	y_3
4	2	2	1	y_4
I_j	$I_1=y_1+y_2$	$I_2=y_1+y_3$	$I_3=y_1+y_4$	
II_j	$II_1=y_3+y_4$	$II_2=y_2+y_4$	$II_3=y_2+y_3$	
k_j	$k_1=2$	$k_2=2$	$k_3=2$	
I_j/k_j	I_1/k_1	I_2/k_2	I_3/k_3	
II_j/k_j	II_1/k_1	II_2/k_2	II_3/k_3	
极差 R_j	max｛　｝−min｛　｝	max｛　｝−min｛　｝	max｛　｝−min｛　｝	

注：I_j—— 第 j 列“1” 水平所对应的试验指标的数值之和；

II_j—— 第 j 列“2” 水平所对应的试验指标的数值之和；

k_j—— 第 j 列同一水平出现的次数，等于试验次数之和除以第 j 列的水平数；

I_j/k_j—— 第 j 列“1” 水平所对应的试验指标的平均值；

II_j/k_j—— 第 j 列“2” 水平所对应的试验指标的平均值；

R_j—— 第 j 列的极差，数值上等于第 j 列各水平所对应的试验指标的平均值中最大值减去最小值，即

$$R_j = \max\left\{\frac{I_j}{k_j}, \frac{II_j}{k_j}\cdots\right\} - \min\left\{\frac{I_j}{k_j}, \frac{II_j}{k_j}\cdots\right\}$$

通过极差分析法可以得到如下有价值的结论：

（1）通过比较各因素的极差 R 值的大小，即可排出各因素间的主次关系。其中，不同水平所对应指标间差异大的因素，即对实验结果影响大的因素，其极差 R 值也大；极差 R 小的则为次要因素。

（2）比较同一因素下各水平的试验指标均值 I_j/k_j，II_j/k_j 等，找出能达到比较满意和理想的指标值的水平值（最大或最小值），从而可以确定最佳的实验运行条件。

（3）通过作因素和试验指标均值的关系图，即以各因素的水平值为横坐标，各因素水平相应的试验指标均值 I_j/k_j，II_j/k_j 等为纵坐标，在直角坐标纸上绘图，可以更直观地反映出诸因素及水平对实验结果的影响。

以下用一实例来说明正交试验设计法与极差分析法的应用。

［例］某污水厂欲进行污泥的厌氧消化实验。经分析后决定对温度、泥龄、污泥投配率三因素进行考察，并确定了每个因素均为 2 水平和每个水平的数值（表 5-7）。

表 5-7　　污泥厌氧消化实验因素水平表

水平	因素		
	温度/℃	泥龄/d	污泥投配率/%
1	25	5	5
2	35	10	8

解：

（1）列出因素水平表（表 5-7）。

（2）通过表 5-7，可以选择 L_4（2^3）正交表。将表 5-6 中列号 1、2、3 分别对应因素温度、泥龄和污泥投配率；1、2、3 列中的水平值 1 和 2 换成表 5-7 所给定的相应水平，即得试验方案（表 5-8）。

表 5-8　　污泥厌氧消化试验方案

实验次数	因素（列号）			试验指标：产气量/（L/kg COD）
	A 温度/℃ （1）	*B* 泥龄/d （2）	*C* 污泥投配率/% （3）	
1	25（1）	5（1）	5（1）	
2	25（1）	10（2）	8（2）	
3	35（2）	5（1）	8（2）	
4	35（2）	10（2）	5（1）	

（3）按实验方案进行试验，将实验数据填入表 5-9 中　计算 I_j、II_j和 R_j值并填入表 5-9 中。如第 1 列中与水平 1 和水平 2 对应的试验指标分别为 627、682 和 817、728，

那么：

I_1（第 1 列）＝627+682＝1309（L/kg COD）

II_j（第 1 列）＝817+728＝1545（L/kg COD）

由于表 5-9 中第 1 列中水平 1 和水平 2 的重复次数均为 2，所以有：

$$\frac{I_1}{k_1}(\text{第 1 列}) = \frac{I_1}{2} = \frac{1309}{2} = 654.5(\text{L/kg COD})$$

$$\frac{II_1}{k_1}(\text{第 1 列}) = \frac{II_1}{2} = \frac{1545}{2} = 772.5(\text{L/kg COD})$$

$$R_1(\text{第 1 列}) = 772.5 - 654.5 = 118(\text{L/kg COD})$$

（4）绘制因素与试验指标均值间的关系图　以 A、B 和 C 三因素为横坐标、试验指标均值为纵坐标，绘制因素与试验指标的关系如图 5-4 所示。从图中可以很直观地看出，三因素中对产气量影响最大的是温度，影响最小的是泥龄。

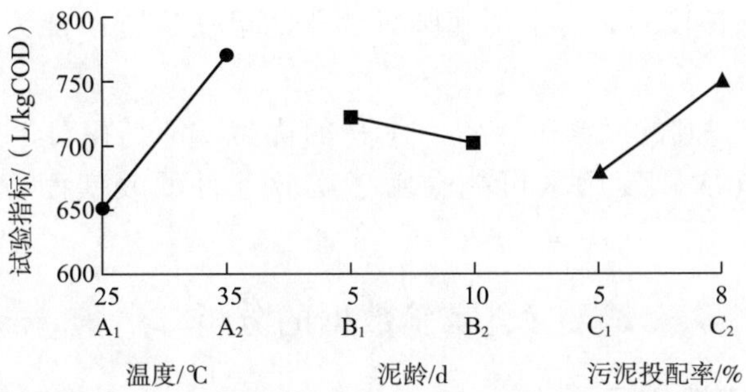

图 5-4　试验指标与三因素 A、B、C 的关系

（5）比较各因素的极差 R，排出因素的主次顺序　根据表 5-9，厌氧消化过程中影响产气量大小的三因素的重要性程度由大到小顺序为：温度>污泥投配率>泥龄。

表 5-9　　**污泥消化试验结果与分析**

实验次数	因素（列号）			试验指标产气量/（L/kg COD）
	A 温度/℃ （1）	*B* 泥龄/d （2）	*C* 污泥投配率/% （3）	
1	25（1）	5（1）	5（1）	627
2	25（1）	10（2）	8（2）	682
3	35（2）	5（1）	8（2）	817
4	35（2）	10（2）	5（1）	728
I_j	1309	1444	1355	
II_j	1545	1410	1499	

续表

实验次数	因素（列号）			试验指标产气量/（L/kg COD）
	A 温度/℃ （1）	B 泥龄/d （2）	C 污泥投配率/% （3）	
$\frac{I_j}{k_j}$	654.5	722	677.5	
$\frac{II_j}{k_j}$	772.5	705	749.5	
R_j	118	17	72	

（6）从表5-9还可以看出，第3号试验的产气量（817L/kg COD）为最高，它的试验条件是$A_1B_1C_2$。即该试验条件下污泥厌氧消化的最佳运行条件为温度35℃、泥龄5d和污泥投配率8%。

当然，试验分析得到的因素的主次、水平的优劣，都是相对于某具体条件而言的。在一次试验中的主（次）要因素可能会由于实验条件的改变而变成另一次试验的次（主）要因素。

三、实验数据的分析

（一）实验数据的真实性分析

实验数据的真实值在实验中常常由于一些主、客观条件的限制而无法得到，在很多情形下可以用平均值来代替。平均值是指对某物理量或参数多次测量、计算出的平均结果，其表达方式主要有算术平均、均方根平均、几何平均等。

假设x_1、$x_2\cdots x_n$代表各次测量值，n为测量次数，则上述几种平均值的计算方法分别为：

算术平均值式（5-5）：

$$\bar{x}=\frac{x_1+x_2+\cdots x_n}{n}=\frac{\sum_{i=1}^{n}x_i}{n} \tag{5-5}$$

均方根平均值式（5-6）：

$$\bar{x}_{均}=\sqrt{\frac{x_1^2+x_2^2+\cdots x_n^2}{n}}=\sqrt{\frac{\sum_{i=1}^{n}x_i^2}{n}} \tag{5-6}$$

几何平均值式（5-7）：

$$\bar{x}_{几}=\sqrt{x_1x_2\cdots x_n} \tag{5-7}$$

这些平均值在不同的实验场合、所得实验数据分布不同时，在一定程度上可对真实值进行量度。当实验测试次数n足够大时，平均值与真实值非常接近。在环境工程学实验中，通常情况下的实验数据呈正态分布，所以也较多地采用算术平均值。

（二）实验数据的精确性分析

由于实验方法和实验设备的不完善，周围环境的影响，以及人的观察力、测量程序等限制，实验观测值和真值之间，总是存在一定的差异。人们常用绝对误差、相对误差或有效数字来说明一个近似值的准确程度。为了评定实验数据的精确性或误差，认清误差的来源及其影响，需要对实验的误差进行分析和讨论。由此可以判定哪些因素是影响实验精确度的主要方面，从而在以后实验中，进一步改进实验方案，缩小实验观测值和真值之间的差值，提高实验的精确性。

实验数据的精确性与精确程度通常从数据的误差分析来得到。误差是对实验测量值与真实值之间不符合程度大小的度量。由于误差存在的绝对性和随机性，加上真实值具有的未知性，通常情形下在进行误差分析时，都是以平均值代替真实值，即以计算实验数据的偏差来分析实验数据的准确性程度。

根据产生的原因不同，误差主要有系统误差、随机误差；根据对实验数据准确性表达方式不同，误差有绝对误差和相对误差。

假定在某组测量中对同一指标获得了 n 个测量值 x_1、$x_2 \cdots x_n$，则对于任一测量值 x，其对应于该组测量的真实值 X 和算术平均值 $\bar{x}$ 的绝对误差 $D(x)$ 和绝对偏差 $d(x, \bar{x})$ 分别为式（5-8）、式（5-9）：

$$D(x) = |x - X| \tag{5-8}$$

$$d(x, \bar{x}) = x - \bar{x} \tag{5-9}$$

而相对误差 $Er(x)$ 和相对偏差 $e_r(x)$ 分别为式（5-10）、式（5-11）：

$$E_r(x) = \frac{D(X)}{|X|} \tag{5-10}$$

$$e_r(x) = \frac{d(x, \bar{x})}{|\bar{x}|} \tag{5-11}$$

因当测量次数 n 足够大时，有 $\bar{x} \approx X$；此时，该数据组的总误差和总偏差之间的关系为式（5-12）：

$$\sum D(x) = \sum |d(x, \bar{x})|, \ \sum E_r(x) = \sum |e_r(x)| \tag{5-12}$$

可以看到，实验数据的相对误（偏）差更能表明测量数据的准确程度；当相对误（偏）差确定后，测量值 x 可表示为：$x = X[1 \pm E_r(x)] \approx \bar{x}[1 \pm e_r(x)]$。

在进行数据分析时，为了衡量多次测量值的重复性、离散程度以及随机误差的大小，通常还需要计算算术平均误（偏）差 Δx 和标准误（偏）差 σ。所得的 Δx 和 σ 越大，表明这些测量值之间的重复性越差、离散程度和随机误差也越大。显而易见，增加测量次数是一种减小误差的有效方法。虽然在通常情况下，我们将算术平均值代替真实值进行计算，获取的是偏差；但如果测量的次数越多，算术平均值越接近于真实值。因而工程中一般也不去区分误差与偏差的细微区别。

对于上述的 n 次测量值 x_1，$x_2 \cdots x_n$，若 $\bar{x}$ 为其算术平均值，则算术平均误（偏）差 Δx 为式（5-13）：

$$\Delta x = \frac{\sum_{i=1}^{n}(x_i - \bar{x})}{n} \tag{5-13}$$

其标准误（偏）差 σ 为式（5-14）：

$$\sigma=\sqrt{\frac{\sum_{i=1}^{n}(x_i-\bar{x})^2}{n-1}} \tag{5-14}$$

这样，测试结果的精确程度可表示为式（5-15）：

$$x\pm\Delta x \text{ 或 } x\pm\sigma \tag{5-15}$$

（三）实验数据的分散特征分析

对于实验数据的分散特征和分散程度，通常可采用极差、方差等参数来表示。

例如，对于上述的一组测量数据 x_1，$x_2\cdots x_n$，其极差 R 的计算公式为式（5-16）：

$$R=\max\{x_1,\ x_2\cdots x_n\}-\min\{x_1,\ x_2\cdots x_n\} \tag{5-16}$$

极差 R 可以度量数据波动的大小。该参数计算简便，但由于过分依赖于个别实验数据，且没有充分利用全部数据提供的信息，所以其代表性较差。极差分析方法在实验数据中的应用可参见正交试验结果的分析。

与极差相比，方差、标准差和相对方差可以更好地表明实验数据的分散程度。标准差的计算可参见前已述及的标准误（偏）差计算方法［式（5-14）］。方差和相对方差的计算分别为：

方差：$\sigma^2=\frac{1}{n-1}\sum_{i=1}^{n}(x_i-\bar{x})^2$，相对方差：$\sigma_r=\frac{\sigma}{x}$。

方差或标准差越大，表明实验数据与平均值之间的差距越大、实验数据越分散；反之表明实验数据越集中。对于方差或标准差相等的两组实验数据，相对方差才能反映数据的相对波动性大小。

（四）实验数据的相关性分析

实验数据的相关性通常采用相关系数 r 和显著性检验来确定。

相关系数 r 是说明两个变量（如 x，y）线性关系密切程度的一个数量性指标，其计算公式为式（5-17）：

$$r=\frac{\sum(x_i-\bar{x})(y_i-\bar{y})}{\sqrt{\sum(x_i-\bar{x})^2\sum(y_i-\bar{y})^2}} \tag{5-17}$$

r 的几何意义可用图 5-5 表示。当 $|r|=0$ 时，数据点的分布有两种情况，如图 5-5 中的（1）和（6），即 x 和 y 之间要么完全没有关系，要么存在某种特殊的非线性关系。当 $0<|r|<1$，表示 x 与 y 存在一定的线性关系。当 $|r|=1$ 时，即所有的数据点都在一条直线上，即 x 和 y 完全线性相关：$r=1$ 时为完全正相关，$r=-1$ 时为完全负相关。这样，对于 x、y 的任何数值，其相关系数 r 的取值范围为式（5-18）：

$$0\leqslant r^2\leqslant 1 \text{ 或 } 0\leqslant |r| \leqslant 1 \text{ 或} -1\leqslant r\leqslant 1 \tag{5-18}$$

因此，相关系数 r 表示了 x 与 y 两变量之间线性相关的密切程度。r 越接近于 0，说明 x、y 之间的线性相关程度很小，可能存在着非线性的其他关系。

从上面可知，相关系数 r 的绝对值越接近于 1，x、y 间越线性相关。但只有当 $|r|$ 达到一定程度才能采用后面提到的回归直线来近似表示 x、y 之间的关系；这种接近程度的判断可通过对相关系数进行显著性检验来获取。

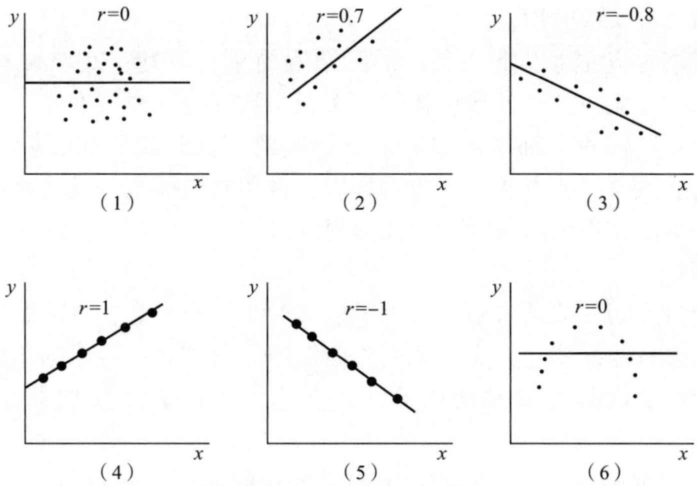

图 5-5　相关系数 r 的几何意义

一般地，只有当 $|r|>r_{min}$（r_{min} 值可查阅相应的相关系数检验表）时，才说明 x 与 y 为显著线性相关，此时才能用线性关系式来描述两变量之间的关系。r_{min} 值与实验数据点个数 n 和显著性水平 α 相对应；其中 α 越小，表明显著程度越高，一般可取显著性水平 $\alpha=1\%$ 或 $\alpha=5\%$。如当数据点 $n=10$ 时，则 $n-2=8$，查阅相关系数检验表，得式（5-19）、式（5-20）：

$$\alpha=0.05 \text{ 时，} r_{min}=0.632 \quad (5-19)$$

$$\alpha=0.01 \text{ 时，} r_{min}=0.765 \quad (5-20)$$

如果实际数据的 $|r|\geq 0.765$，则可以说明 x 和 y 的线性相关关系在 $\alpha=0.01$ 水平上显著；当 $0.765>|r|\geq 0.632$ 时，说明 x 和 y 的线性关系在 $\alpha=0.05$ 水平上显著。而当实际数据的 $|r|<0.632$ 时，则可认为 r 不显著；此时可以认为 x、y 线性不相关。在处理和统计这些数据的关系时，可改用其他线性化的数学公式进行数据处理。

除了采用上述的分析手段外，通常还需要对所获取的实验数据进行必要的数据处理，才能发现实验过程和现象中蕴含的某些规律性实质。经常采用的实验数据处理方法有列表法、作图法、经验公式法和线性回归法等。

四、实验数据的处理

处理实验数据的目的是充分利用实验所得的信息，利用数据统计知识，分析各个因素对实验结果的影响及影响的主次，寻找各变量间相互影响的规律。

整理实验数据最常用的方法是列表法和作图法，也就是将实验所得结果制成各种表格，或将数据绘在坐标图上，以直观地表现实验结果各个因素之间的关系。

（一）列表法

将实验记录表中的原始记录数据，经过分析、整理、归纳和计算列成表格，即为列表表示法。实验记录表应根据实验时考虑因素的多少，制成不同类型的空格表，并注明时间、记录人、变量的单位，固定因素的量（如温度、pH、时间、浓度等），环境条件等，并装订成册，供实验时用。

制定各种表格时应注意以下几点：①标题应简单、清楚；②单位写在表格名称栏内；③表内记录数字应注意有效数字相同；④表中数字要清晰、准确，不能随意涂改。

实验所测量的数据一般都是离散的、不连续的，有时需要的数据可能在其中查不到，这时需用内插或外延的方法求得所需数据，常用的内插或外延法有线性插值法和拉格朗日多项式插值法，需要时可参考有关资料。

（二）作图表示法

在作出各变量之间的关系表格后，为了使实验结果更直观、更清楚，还需要作出各变量之间的依从关系曲线图。由实验数据作曲线图必须遵守一些原则，才能得到与实验点位置的偏差最小，而且光滑贴切的曲线。在用作图法表示实验结果时应注意以下几点。

（1）坐标轴要准确、完整、能清楚地表示变量间的变化规律，设计坐标时，做到：①图形标题尽可能完全，并说明实验条件；②坐标轴上注明标度尺寸的单位，标尺上注明的数据应与测量值精确度对应。

（2）作图方法　①选择合适坐标，坐标有直角坐标，对数坐标等，根据研究变量间的关系及要表达的图线形式进行选择；②一般横轴为自变量，纵轴为因变量；③坐标分度划分得当，与测量的有效数字对应；④为使绘图线在坐标图居中位置，纵横轴两个变量的变化范围在长度上应相差不大；⑤将自变量与因变量一一对应的数据点在坐标图内，不同关系的图线应有不同的符号，并注明符号定义；⑥根据实验点的分布，连成直线或光滑曲线，连线一定要使实验点均匀分布于图线的两侧。

（三）实验数据的回归分析

列表法只有简单易做、使用方便的优点，但对客观规律表示不明确，不便于理论分析；作图法具有简明直观、便于比较、变化规律易显示等优点，但也不便理论分析和计算。为了理论分析和计算的方便，也经常对变量之间的关系进行数学回归分析，用数学表达式反映变量之间的关系。

（1）一元线性回归　一元线性回归处理的是两个变量之间的关系。线性相关，那么就可以通过一组观测数据（x_i，y_i）（$i=1$，$2\cdots n$），用最小二乘法算出，参数 a 和 b，建立回归直线方程如式（5-21）：

$$y=a+bx \tag{5-21}$$

（2）二元线性回归　如果影响因素不止一个，这类问题的回归就是多元线性回归，多元线性回归的原理与一元线性回归分析相同，只是计算比较复杂。在多元线性回归中，常用的二元线性回归表达式为式（5-22）：

$$y=a+b_1x_1+b_2x_2 \tag{5-22}$$

式中　y——因变量

x_1，x_2——自变量

b_1，b_2——回归系数

a——常数

实验数据的分析处理是从大量实验数据中，用数学的方法求得其中的规律，所以一个实验完成后，都要经过实验误差分析，数据整理、处理与分析等过程，特别是实验数据的分析处理常用到一些数学原理与方法，需要时注意参考其他文献。

五、实验方案设计的步骤

以验证实验为例，实验方案设计的内容包括：课题名称；课题的提出；实验假设的陈述；实验目的、实验目标的确定；变量关系的确定；选择实验方法；确定实验内容；编排实验过程；形成成果的设想；组织、人员、设备、经费等的安排。

（一）课题名称

课题名称的要求有以下两点：一是要切题，课题名称应体现课题研究宗旨，与研究内容、研究目标相一致，使人一看便知道课题研究的是什么内容。二是简明，课题名称应鲜明简练，不能冗长；但简明不是笼统，太笼统的课题名称让人困惑。

课题名称的确定须认真考虑，反复推敲，一般可同时列出几个题目，进行比较、选择。有时随着实验研究的进展，对题目做出相应修改。例如，一个课题名称原为“沉积型微生物燃料电池运行特性研究”，经论证，质疑课题没有新意，太笼统，而且看了研究内容后，感觉与题目不符。由于课题研究对象为蓝藻水，且研究首先要构建微生物燃料电池体系，最后，课题题目改为“沉积型微生物燃料电池的构建及处理蓝藻的可行性”。

（二）课题的提出

1. 课题提出的背景

课题背景与课题的价值和意义相关。课题提出的背景大到国际、国内的发展现状及趋势，即该课题研究的问题在国际国内的现状如何，包括过去、现在以及将来的发展趋势，是否有人涉足、涉足到什么程度等，小到地方政府以及学校的学科总体布局和发展方向，该学科的发展现状等。

2. 课题研究的价值取向和意义

即课题研究的完成做出的理论贡献和应用价值、实践意义。实际点明了课题研究的目的、意义和价值取向。

3. 完成课题的条件分析

（1）课题研究单位的学科优势、师资队伍和学术氛围等条件。

（2）实验仪器、设备等硬件设施。

（三）理论假设（实验假设）

如果说，选题是课题研究的第一次定向。假设是课题研究的初步认识产物，又是后续研究的起点。所谓理论假设是在现有理论的基础上，对研究课题提出的问题所做的假想性回答，也就是对研究课题需要揭示的因果关系所做的有一定根据的推测。

1. 假设的特点

（1）是一种认识，是理性思维的产物；是以一定的理论和事实材料为基础的一种猜测，但不是凭空猜测。

（2）是一种研究方法，使课题研究沿着提出假设—验证假设—理论转化的途径发展。

（3）假设待验证，又是能被验证的。

2. 假设的作用

（1）提高课题研究的目的性和自觉性。假设使实验目标明确，研究范围确定，研究的自觉性和效率得到提高。

（2）由假设明确实验变量的假想性关系，实验自变量与因变量的因果关系。

（3）在假设的基础上，收集资料、分析资料和处理资料。

3. 假设陈述的要求

说清自变量与因变量的因果关系；这种因果关系是假想性的、推测性的；这种推测是有理论与事实依据的；这种推测是能被验证的。

（四）实验目标的确定

实验目标是理论假设的具体化，是理论假设推测的因果关系的“果”的具体化。它与理论假设相一致。因此，由理论假设确定实验目标。那些与理论推测结果无直接关系的成果，如以学生为实验对象的课题，实验教师的提高不能定为实验目标。

实验目标不同于实验目的，实验目的的表述一般比较笼统；而实验目标的表述须明确、具体、可行和可测。

（五）实验变量的确定与操作

实验变量就是在实验研究过程中，需要进行操纵、控制和测量的诸因素。理论假设的验证也常以有关变量的操纵、控制和测量予以具体化、操作化。

1. 实验变量分为自变量、应变量和干扰变量。

（1）自变量　就是由研究者确定，人为进行操作控制，按实验要求变化的因素。例如研究不同类型的多媒体教学软件对教学效率的影响，各种类型的多媒体教学软件就是自变量。

（2）应变量　应变量又称原因变量（因变量），是随着自变量的变化而变化的变量。自变量与应变量密切相关，存在因果关系。自变量是变化的原因，应变量是变化的结果。实验的结果是应变量。

（3）干扰变量　除了研究者操纵的自变量对应变量发生影响外，另外一些非实验因素也影响应变量，干扰研究者的正确判断，这类干扰因素称为干扰变量（非实验因素）。例如，研究者对实验对象的明示、暗示、诱导等；实验对象本身的态度、动机等；实验环境、设备的技术、操作问题等。

2. 实验变量的操作

课题就是确定自变量与应变量的因果关系，并探求应变量随自变量的变化而变化的规律。实验方案设计，应全面考虑各种实验变量的关系，即如何去有意操纵自变量的变化，如何测评应变量随之发生的变化，如何控制、排除干扰变量，以使实验研究达到预期的实验目标。

（1）自变量的操纵　实验研究中操作自变量，一要从引起实验对象变化的原因变量蕴含的几种因素中选择一个或几个因素作为自变量。例如，应用污泥性质变化提高或促进实验对象（膜通量）发生变化的一类课题，“污泥性质”包括污泥停留时间、污泥沉降比、污泥中胞外聚合物的含量等，笼统地将“污泥性质”作为自变量是不妥的，应选其一项（如污泥停留时间）或几项作为自变量。二要使自变量在实验中进行系统变化，变化差异应尽可能大。通常选择几个具有代表性的最佳值（最好包括两个极端值）作为实验条件。例如，污泥停留时间取不排泥即污泥停留时间为无限长和10d，应有比较显著的效果差异。

(2) 干扰变量的控制　实验研究中控制干扰变量的方法有：①排除法：在实验设计时已可预见的干扰变量，如废水水质问题、学生操作不熟练等，可采取措施予以排除。②恒定法：在实验设计时将可能影响实验的干扰因素保持恒定，使之在几次实验中完全一样。例如采用模拟废水等。③循环法：不同的实验对象，分别同样接受几种不同的实验刺激，使干扰变量的影响一样。例如轮组实验采用的是循环法。④纳入法：把某种无法控制的干扰因素也作为自变量对待。例如，实验温度的影响，可按时间年龄段，将实验分组进行，这样，实验的温度因素就纳入自变量。⑤盲试法：实验对象不被告知，这样，利于消除学生的“实验心理”等主观态度因素的干扰因素。

(3) 应变量的测评　应变量的测评方法有测验、观察、测量工具测量等。应在设计和实施中，提高信度和效度，减少测量误差，减少误差对实验结果的干扰。

(六) 实验内容的确定

实验内容是课题实验研究的具体操作项目，为验证课题的理论假设、达到实验目标服务。它是变量操作的载体，通过它实施自变量的操纵、应变量的操纵、应变量的测评、干扰变量的控制，最终达成实验目标，验证理论假设。因此，实验内容与实验目标、理论假设相一致。实验设计时，一般根据理论假设和实验目标确定实验内容。当然，先有了实验内容，再确定恰当的实验目标也可，但这多数是属于课题调整的情况。

实验电教教材的研制，与课题研究配套的教育技术设施、设备的建设等也可作为实验内容。

(七) 实验方法的选择

根据实验内容和实验目标要求的不同，选择不同的实验方法。例如，实验目标的达成，要求在严格、规范的控制下进行实验和对实验结果测评，实验方法采用实验法。各种实验方法都有它的局限性，例如，实验法因要求控制的条件复杂，进行实验困难大，一般进行的是准实验。其他实验方法也各有一定的局限性，实验方法往往采用几种方法，以其中的一种方法为主。

(八) 实验过程（实验步骤）的展开

实验过程大致分为准备、实施、结题三个阶段。

1. 准备阶段

准备阶段有以下几项工作：

(1) 立题　选题、设计实验方案、专家论证、课题申报。

(2) 组织建设　建立课题组（有必要还可成立领导小组），聘请顾问。

(3) 制度建设　指定课题管理制度，理顺课题内部管理以及课题与外部（课题所在校领导及学校常规管理；课题所在地教育行政主管部门及政府）的关系。

(4) 培训　对实验研究人员进行理论、教科研、教育技术等业务培训，提高课题研究的认识水平和业务水平。

（5）物质和经费准备　包括课题研究所必需的设施、设备的建设；课题研究经费的筹措等。

2. 实验阶段

实验阶段主要包括以下几项工作：

（1）档案和资料工作　在实验实施过程中按课题管理规范，收集、整理实验档案和过程资料。

（2）课题组例会　按课题管理规范履行课题组例会，并做好会议记录。

（3）交流、参观、培训　课题研究顾问、专家咨询，参观，培训，使课题研究水平在研究过程中得以不断提高。

（4）调整和完善实验设计。

3. 结题阶段

结题阶段主要工作有：

（1）鉴定和验收　撰写实验报告和实验工作总结；专家组鉴定；上级主管部门验收。

（2）形成成果　成果包括课题研究报告或论文，硬件及技术等。

（3）总结和推广　课题研究的经验和成果的宣传推广。

（九）实验结果的分析

1. 分析实验结果的意义

在实验过程中，会获得大量数据，观察到许多现象，必须科学地分析这些实验结果才能得出正确结论。为此，应做好以下两项工作。

（1）正确处理实验数据　实验数据处理包括技术处理和理论分析。技术处理就是正确地掌握和实施处理技术，把各种数据转化为一目了然的实验资料；理论分析就是运用理论思维和数学工具，对实验中所得数据或误差逐个加以研究，做出科学判断。

（2）深入分析实验结果　分析实验结果就是以已知的假说和理论为依据，对实验结果进行解释和评价，做出正确的科学发现和实验结论。

2. 实验结果的分析方法

（1）分析与综合　分析就是把客观研究对象分解成较简单的组成部分，找出这些部分的本质属性和彼此之间关系的一种思维方式。如细胞是复杂的结构体，可以把一个完整细胞区分为细胞壁、细胞膜、细胞质和细胞核等，并分别对各部分进行考察和研究，从而认识各部分的特点和功能。分析方法在生物学研究中起着十分重要的作用。

综合就是把分析得到的各种事物的关系，按其固有的内在联系结合成为一个统一整体，从而认识事物的整体面貌及其发展。如细胞虽然可分为许多部分，但作为生命活动的基本单位，它是整体发挥作用。因此，只有分析与综合相结合才能正确地认识实验的结果。

（2）比较与分类　在研究生命现象时常用比较法，有比较才能鉴别。比较就是把两种或两种以上的事物或现象加以对照，找出它们的异同点。

根据事物和现象之间异同的比较，就可以把它们归纳成类，这就是分类。经过科学家的鉴定和统计，自然界中动物种类约有 150 多万种，植物种类约有 50 多万种，微生物的种类有记载的有 20 多万种，根据它们的形态结构特点，按一定的标准，把每种动植物都可以归到界、门、纲、目、科、属、种的类别下。这种等级分类不仅说明不同生物之间的差别，同时也反映它们之间的亲缘关系，比较与分类是分析实验数据的重要方法之一。

第四节　研究报告的撰写

课题研究报告是反映一项创新实验研究的过程及结果并将其公布的文字材料，是对课题研究理论与实践的概括与总结，是课题研究成果的重要表现形式。课题研究报告的写作过程是对研究课题进行理性思考和理论建构的过程。课题研究报告可以在实践与理论之间建立必然的逻辑联系，也是研究者与实践者、研究活动与实践活动相互交流沟通的桥梁。

一、撰写研究报告的目的和意义

（1）科学地总结自己的研究工作，反映自己的研究结果，进而得到鉴定、评价和承认，有时也可以取得一定的社会效益。

（2）向本学科领域提供科研信息，促使研究深化，成果的扩展以及进一步发现新问题和新事物，利于提高研究的科学化水平。

（3）好的创新实验结果不仅可提供科研信息，而且可提出新的观点和见解，甚至可在一定程度上丰富本学科领域的有关理论。

（4）对创新实验进行总结、分析并形成研究报告，还有助于提高学生的分析综合能力、逻辑思维能力和表达能力，进而提升学生的综合素质。

二、研究报告的基本结构

研究报告的主体结构包括前言、实验部分、实验结果与分析和实验结论等（图 5-6）。

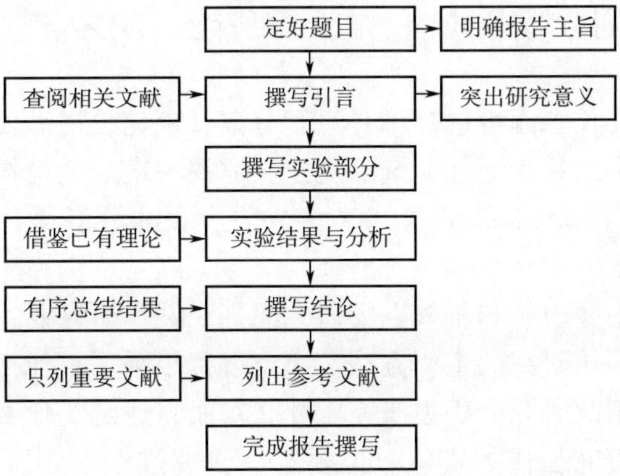

图 5-6　研究报告的基本框架

（一）题目及署名

课题研究报告标题就是“课题名称”与后缀“研究报告（或阶段性研究报告）”的组合。最好点明研究内容、研究对象和研究方法等。标题要简练、明确，一般不超过24个字。如“膜生物反应器处理电镀废水的研究报告”。署名一般为xxx学校xxx课题组，xxx执笔。

（二）摘要和关键词

摘要是对研究报告的内容所做的简明扼要的介绍，通常作为一个独立的部分放在研究报告的开头，一般不超过300字，包括目的，方法，获得的结论和研究成果（突出论文的新见解），结论或结果的意义等，要求高度概括、简洁明了。如：“以一体式膜生物反应器（MBR）处理模拟生活污水为研究体系，探讨累积胞外聚合物（EPS）的组成、含量及其分布对污泥特性的影响。结果表明，EPS经历一个低谷后，在35d时出现明显累积，污泥比基质降解速率和污泥体积指数（SVI）也出现相应变化。体系中EPS总量及污泥中蛋白质与多糖比值的增加有利于污泥活性及其沉降性能的改善，EPS累积期大部分EPS存在于污泥中，从另一个角度证实了EPS与污泥活性及其降解性能之间的相关关系。”

关键词是为了文献标引工作，从论文中选取出来，用以表示全文主要内容信息款目的单词或术语。一篇论文可选取3~8个词作为关键词。

（三）前言

前言又称引言，属于整篇论文的引论部分。一般要扼要写明，主要包括：①本课题的来源。②为什么要研究该课题，即研究目的和意义。不要把毫无思想准备的读者拉进你的问题或理论之中，要一步一步地把一般性的读者引入对特定问题的理论陈述中；尽可能用例子说明理论观点。③对相关文献进行述评，介绍目前国内外相关研究的主要成果、现状以及本研究所要解决的问题和理论框架。要根据自己所研究的变量及理论框架寻找相关文献，要寻找近期的有影响的文献；在阅读文献的同时，要找到那些与你的研究密切相关的关键点，然后作出恰当的评价，从而为自己的研究找到切入点和突破口，让你的研究和已有的理论成果建立有机的联系。④本课题的研究成果将产生的作用和价值，介绍研究的基本框架，研究的内容和目标有哪些，明确研究假设是什么，主要的自变量和因变量是什么，描述研究模型，定义主要概念，为转入研究方法和过程的写作提供自然而平滑的过渡。

前言的文字不可冗长，内容选择不必过于分散、琐碎，措辞要精练，要吸引读者读下去。前言的篇幅大小，并无硬性的统一规定，需视整篇论文篇幅的大小及论文内容的需要来确定，长的可达700~800字或1000字左右，短的可不到100字。

（四）研究方法与步骤

①本研究的主要指导思想和所依据的研究原则。②本研究要达到的预定目标。③研究的主要内容和重点。④研究的主要方法：研究过程中采用了什么研究方法。对所采用的研究方法，要说明用此研究方法去研究了什么东西，达到了什么目标，得到了什么结论。⑤研究的进程与研究工作的实施。扼要写出研究过程中各阶段研究工作的实施情况；着重写出各项主要研究内容的研究思路和实施情况。⑥对实验研究的实施，要着重

交代：实验的目的、内容及实验的基本思路；实验假设及有关的理论依据；怎样选择被试与对照，被试的条件、取样方式、数量、实验时间及研究结果的适用范围；实验的组织类型，及采取这种组织类型的依据；实验的具体步骤；实验因果共变关系的验证，即所施加的实验因子与实验的结果是否存在因果关系，是否符合逻辑；对无关因子的控制情况。

（五）研究的主要结果与分析

①实验所得的数据尽量以图表形式列出，实验所得到的结果（列出实验前后的结果并进行比较，比较时要做差异性检验），对实验结果做初步的分析，写出实验的初步结论。②在研究过程中总结出的科学的、系统的、有效的实验方法，要注意方法的系统性。也就是不要局限于“我是怎样做的”，而要从“应该怎样做”来进行归纳总结。③在研究过程中所形成的新理论、新观点、新见解、新认识、新做法。

（六）问题和讨论

①应研究而由于其他原因未进行研究的问题。②已进行研究但由于各种条件限制而未取得结果的问题。③与本课题有关但未列入本课题研究重点的问题。④值得与同行商榷的有关问题。

（七）附件

包括参考文献、引文注释、与正文有关的附件材料。

三、研究报告的评价标准

高质量的研究报告应具备以下特点：理论构建的完备，对实践的指导作用，鲜明的创新性，切合实际，针对性强，研究方法科学规范，对研究结果的解释合理，结构严谨、完整，论证深刻有力，文字精练，简洁流畅，具有可读性。

（一）科学性

科学性主要是指正确性，即是否符合水污染控制工程有关理论，遵循科学规律。具体体现为以下几点：

（1）论题（中心论点）必须正确，即具有真理性。

（2）论据必须正确。要使论题或论点科学，作为立论依据的资料必须具有准确性和可靠性。研究结果应真实可靠，经得起科学检验和重复验证，所用资料、数据属实、准确，研究成果的概念、含义符合科学理论。

（3）论证必须正确。主要指论证必须符合逻辑，具有说理性，令人信服。

（二）创造性

研究成果应反映研究的新颖性和独创性，具备以下一条以上。

（1）独　人家没有独我有，即常说的“填补了空白”。

（2）特　大家都有的，但我有自己的特色。

（3）新　在别人的基础上有所创新，得到新论题、新观点、新见解、新看法、新技术、新结论等。

（三）学术性

（1）是否反映了当前水污染控制工程学科发展的最高水平（即科学前沿）。

（2）是否发展了当代水污染控制工程学科的最新成果。

（3）是否探求了该领域发生、发展和变化的规律性。

（四）理论性

（1）从创新实验和研究中建立（或总结）新理论。

（2）创新实验研究过程必须有理论作为指导，有理论作依据。

（3）总结出的理论必须用来指导新的实践（成果推广）。

（五）可读性

研究报告的语言、文字风格归纳起来为：表达准确、用词恰当、客观求实、意思清楚、文句简练、平实朴素。

四、撰写研究报告应注意的几个问题

（一）紧扣主题

要围绕研究课题所涉及的研究对象、研究内容和研究目标来写，注意回答预定研究目标所设定的问题。

（二）预先整理好实验数据与素材

做好材料的选取。要选用最有价值的材料，与论题无关的材料、不能说明问题的材料要坚决去掉；确定正文材料和附件材料。做好材料的加工。实验数据等材料要采用科学的方法进行加工、提炼，使之条理化、规范化、系统化，才能从中找出规律，得到正确的结论。

（三）行文前先拟好三级提纲

提纲要思路清晰，层次分明，头尾连贯，符合逻辑，形成整体；提纲要经过反复讨论，减少行文时走弯路；不同的研究题目，文章的结构、格式、栏目可有差别，不要死套格式。

（四）动笔前与指导教师沟通

研究报告的题目和三级提纲确定后，与指导教师沟通，讨论论文主题和结构是否得当，提高论文整体质量。一方面，帮助学生进一步明确主题，理清思路，提高研究报告的撰写效率，另一方面，使指导教师了解学生的数据信息和撰写意图，提高修改效率。

（五）难以动笔时从实验数据开始

①拿出相关实验数据，对每组数据进行分析讨论，并尽量利用看过的文献及观点对实验现象进行解释、说明。②确定每组数据所反映的问题，据此给每组数据一个小标题。③把小标题列成目录仔细端详，对比并确定先后顺序，据此确定主题及论文题目。④围绕上述主题再次查阅文献，展开分析，进而衬托出所做实验的价值，即完成了前言部分。⑤根据自己确定的主题返回，重新审视每组数据的分析讨论，理顺相互关系，完善讨论。⑥完成论文的其他部分，尤其要重视摘要。

（六）如何应对病句和口语化现象

初次撰写研究报告的学生的通病之一是病句和口语化现象严重，如“挥发性固体是指污泥中在600摄氏度的燃烧炉之中能够被燃烧，并以气体逸出的那部分固体”，显然规范的写法是“挥发性固体是指污泥中在600℃的燃烧炉中燃烧，并以气体逸出的那部分固体”。为此，可从阅读文献资料开始，多读规范化的好论文。

（七）主观描述实验结果的性质类似于篡改结果

主观描述实验结果无异于篡改结果。实验数据要可靠真实，重要的造假总会被发现，不重要的不过是欺骗自己，同时也会失去他人的根本信任和自我尊重。

（八）抹煞前人成果，自我夸张宣传

这是指故意贬低前人工作而抬高自己。尽量避免使用“国际上首次”“国内首创”“填补国内空白”之类的词语，多用“提供有益……”“充实了……”。

（九）学会从已有实验结果挖掘重要信息

首先，要学会比较和总结，与文献资料比较、与师兄/姐比较、与自己不同时间完成的其他内容比较，最后概括总结。再者，要学会提炼、升华，透过现象看本质，并结合排除法用实验和文献证明，实验结果就升华为知识。最后，学会读好文章，读好的文章才能为你所用。

第五节 实例——A^2/O-MBR处理高COD和高氨氮餐厨废水试验研究

一、实验原理

（一）实验背景

1. 餐厨废水来源

将餐厨垃圾中固体有机物分离出来后，即为富含油脂的餐厨废水。废水中高浓度的油脂会对其后续的处理带来一定的困难，如果将其中的废弃油脂分离出来，可进行资源化利用产生一定的经济效益。所以对这种富含油脂的餐厨废水进行处理时，一般会采取相关的技术方法将废水中废弃油脂进行分离。去除油脂后的餐厨废水属于高浓度有机废水。废水中含有粗蛋白、粗纤维、碳水化合物等，有机物含量高，富含N、P、K、Ca及各种微量元素，具有较大的再利用价值。同时餐厨废水容易腐烂变质，散发恶臭气味，容易孳生蚊虫、病菌，引起各种疾病的传播。且餐厨废水中含有5%左右的悬浮固体，其中难降解物质较少，可生化性较好，现阶段针对此类去油脂餐厨废水一般采用混凝法、电化学法和生物处理技术进行处置。

餐厨废水经厌氧发酵处理后，去除大量的有机物，厌氧出水仍具有高COD、高TN、高NH_4^+-N等特性，需要进一步深度处理，达到纳管要求。

2. 生物脱氮原理

废水中的总氮一般以凯氏氮（TKN）为主。生物脱氮主要依靠微生物的硝化与反硝化作用。微生物通过硝化过程将NH_4^+-N转化为NO_2^--N及NO_3^--N，再通过反硝化过程将NO_2^--N、NO_3^--N转化为N_2，从而实现氮素去除的过程。

（1）氨化反应　污水中含有机氮的化合物在好氧细菌、氨化细菌共同作用下被转化为氨氮。举个例子，氨基酸（$RCHNH_2COOH$）的氨化反应如下反应式所示：

$$RCHNH_2COOH+O_2 \xrightarrow{\text{好氧菌、氨化菌}} RCOOH+CO_2+NH_3$$

（2）硝化反应　硝化过程是指将 NH_4^+-N 转化为 NO_2^--N 和 NO_3^--N 的过程。硝化反应是氨氧化细菌和亚硝酸盐氧化细菌完成的，包括两步过程：第一步是由氨氧化细菌将 NH_4^+-N 氧化成 NO_2^--N，称为亚硝化反应；第二步则由亚硝酸盐氧化细菌将 NO_2^--N 进一步氧化为 NO_3^--N，称为硝化反应，硝化细菌属于化能自养的专性好氧细菌[8]。硝化细菌以无机含碳化合物为碳源，并将 NH_3、NH_4^+、NO_2^-氧化来获取能量。

硝化反应的两步过程的生化反应如下所示：

①第一步过程：

$$1/6NH_4^+ + 1/4O_2 \xrightarrow{\text{氨氧化细菌}} 1/6NO_2^- + 1/3H^+ + 1/6H_2O$$

$$\Delta G_0' = -45.79\text{kJ}/e^-\text{eq}$$

注：e^-是电子、eq 是当量，kJ/e^-eq 为千焦每电子当量，余同。

通常认为完成第一步反应的细菌种类主要是亚硝化单胞菌属（*Nitrosomonas*），还有其他菌属如亚硝化弧菌属（*Nitrosovibrio*）、亚硝化球菌属（*Nitrosococcus*）、亚硝化叶菌属（*Nitrosolobus*）和亚硝化螺菌属（*Nitrosospira*）。

②第二步过程：

$$1/2NO_2^- + 1/4O_2 \xrightarrow{\text{亚硝酸盐氧化细菌}} 1/2NO_3^-$$

$$\Delta G_0' = -37.07\text{kJ}/e^-\text{eq}$$

硝化细菌（Nitrobacter）是氧化 NO_2^- 的最主要细菌种属。而硝化刺菌属（*Nitrospina*）、硝化螺菌属（*Nitrospira*）、硝化囊菌属（*Nitrocystis*）和硝化球菌属（*Nitrococcus*）也能够通过第二步的硝化反应维持自身生长。从 $NH_4^+ \rightarrow NO_2^-$ 的反应过程如表 5-10 所示。

表 5-10　硝化过程中氮素转化规律

价态	氮素的氧化还原态
-Ⅲ	铵离子 NH_4^+
-Ⅱ	
-Ⅰ	羟胺 NH_2OH
0	
-Ⅰ	硝酰基 NOH
-Ⅱ	
-Ⅲ	亚硝酸根 NO_2^-
-Ⅳ	
-Ⅴ	硝酸根 NO_3^-

硝化菌在进行氧化 NH_4^+-N 代谢的同时，也在进行细胞合成，细胞合成使微生物得以增长。生化反应式如下所示：

$$15CO_2 + 13NH_4^+ \xrightarrow{\text{亚硝酸菌}} 10NO_2^- + 3C_5H_7NO_2 + 23H^+ + 4H_2O$$

$$5CO_2+NH_4^++10NO_2^-+2H_2O \xrightarrow{\text{硝酸菌}} 10NO_3^-+C_5H_7NO_2+H^+$$

(3) 反硝化反应　反硝化反应主要是指由一群异养型微生物将 NO_2^- 和 NO_3^- 还原为 N_2 的生物化学过程。反硝化现象在自然界中比较普遍，比如产碱菌属（*Alcaligenes*）、假单胞菌属（*Pseudomonas*）、硫杆菌属（*Thiobacillus*）及副球菌属（*Paracoccus*）等。革兰氏阳性菌包括嗜盐蛛菌属（*Archaea*）、芽孢杆菌属（*Bacillus*）等也能进行反硝化。反硝化菌多数是兼性细菌，只有零溶氧（DO）状态时，反硝化菌才利用 NO_3^--N 或 NO_2^--N 作为电子受体并以有机碳源作为电子供体及能量供体，反应产生 N_2。

NO_2^--N、NO_3^--N 通过反硝化细菌的同化和异化作用转化完成。异化作用将 NO_2^--N 和 NO_3^--N 还原为 N_2、N_xO_x 等气体，绝大部分是 N_2。同化作用是反硝化菌将 NO_2^--N 和 NO_3^--N 还原成 NH_3^--N 合成新细胞的过程，氮素（N）变成细胞的组成部分，这个过程称为同化反硝化，反硝化过程氮素（N）的转化规律如下表 5-11 所示。反硝化反应式（以甲醇作为碳源时）为：

$$6NO_3^-+5CH_3OH \longrightarrow 5CO_2+3N_2\uparrow+7H_2O+6OH^-$$

表 5-11　　反硝化过程中氮素的转化规律

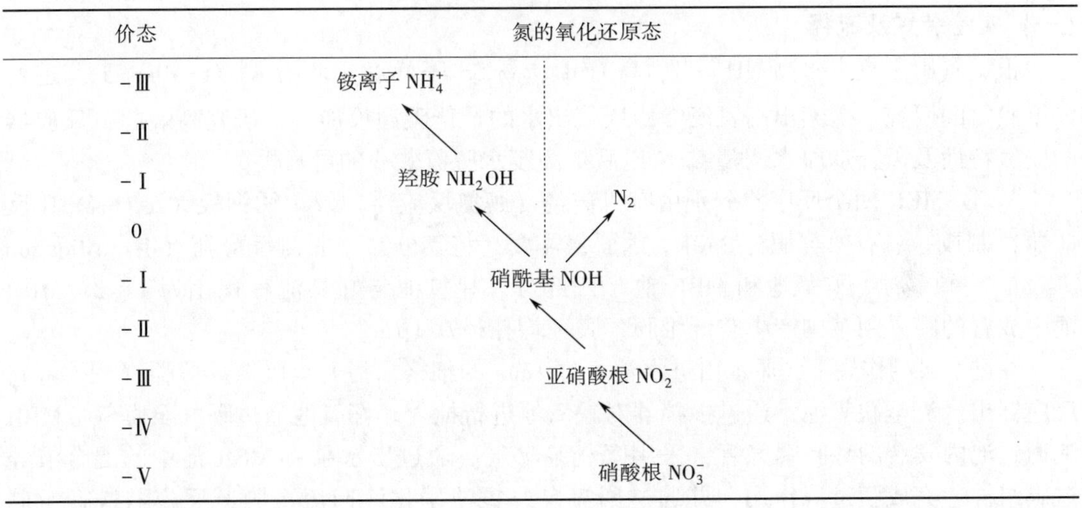

当污水 C/N 偏低，碳源不足时，反硝化菌可利用无机物如 H_2 等作为电子供体，并以微生物自身有机质作碳源发生内源反硝化作用，如下反应式所示。

$$C_5H_7NO_2+4NO_3^- \xrightarrow{\text{反硝化菌}} 5CO_2+NH_3+2N_2+4OH^-$$

（二）研究目标及内容

1. 研究目标

本实验着重研究了餐厨废水厌氧出水的好氧处理工艺，特别是针对餐厨废水中高浓度氮素的有效去除工艺，以期为餐厨废水的处理提供一种成熟可靠的方式，为餐厨垃圾处理中后续废水处置提供借鉴。最终实现餐厨垃圾整个处理过程的资源化、无害化与减量化，获得最大的经济效益、生态效益与社会效益。

2. 研究内容

膜生物反应器是将膜分离技术与传统的活性污泥法组合而形成的污水处理新工艺。该工艺具有占地面积小，处理效率高，出水水质好和产泥率低等优点而在污水处理领域发挥着越来越重要的作用，但是随着废水排放要求的提高，单一的膜生物反应器很难满足对高氮、磷废水去除率的要求，所以组合式膜生物反应器的应用越来越普遍，具有较好的发展前景和空间。

A^2/O-MBR 工艺为前置反硝化脱氮工艺与膜分离技术结合而产生的具有高效脱氮除碳功能的组合工艺。一方面，膜生物反应器可截留世代周期较长的硝化细菌，使硝化细菌在反应器中得以富集，硝化进程较为完全，另一方面，硝化产生的硝态氮可通过前置反硝化转变成氮气，使高氨氮废水中的氨氮得到很好的去除，提高出水中总氮的去除率。

本实验采用 A^2/O-MBR 工艺处理餐厨废水厌氧出水，探索餐厨厌氧出水中 COD 及高浓度氨氮的去除机制，论证这种工艺在处理餐厨废水方面的可行性，为餐厨废水深度脱氮处理提供借鉴。

二、实验设计及材料方法

（一）实验装置及流程

根据餐厨厌氧出水高 NH_4^+-N、高 COD、高 SS 等特点，采用 A^2/O-MBR 工艺进行深度脱氮的研究，探索出高氨氮餐厨厌氧出水的最佳碳源投加量，研究高效脱氮反应器的脱氮特性及以补加原水调整 C/N 比后提高废水脱氮效率的可行性。

A^2/O-MBR 两个反应器分别由有机玻璃（脱氮反应器）及不锈钢板（A/O-MBR 反应器）制成，总有效容积为 240L。因脱氮需要，将其分为“脱氮反应器（denitrification reactor）、缺氧池、好氧池和 MBR 池”四部分。缺氧池与好氧池容积比为 1：3。MBR 池中放置的膜采用某国产中空纤维膜，膜平均孔径 0.1μm。

在进水泵的作用下，原水由进水池经过 1mm 的细格栅提升至脱氮反应器（图 5-7），反应器出水流至缺氧池，通过搅拌器对缺氧池进行搅拌。好氧池通过曝气泵曝气，MBR 池通过池内安装的穿孔曝气管，采用曝气泵曝气。通过出水泵将 MBR 池中的混合液经过膜组件，完成膜过滤作用，并通过回流泵好氧池硝化液回流至脱氮反应器进行反硝化。出水泵通过继电器控制出水，MBR 出水方式为抽 8min，停 2min。在整个试验期间，定期排泥，MLSS 控制在 9~13g/L，通过投加 $NaHCO_3$ 调节 pH 在 6.5~8.0。

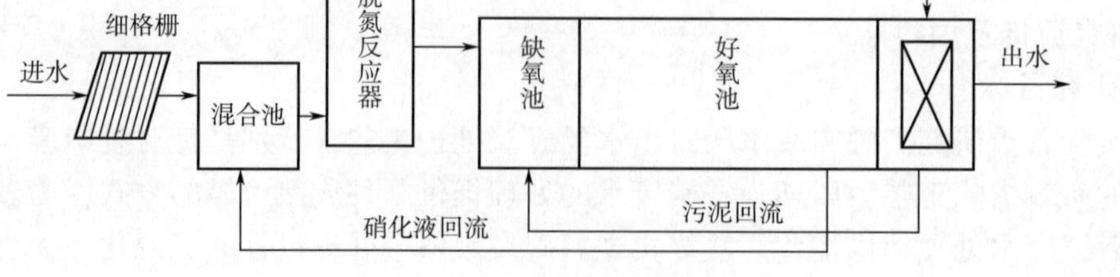

图 5-7　A^2/O-MBR 工艺流程

(二) 实验材料及方法

1. 试验用水

试验用水为实际餐厨废水经厌氧处理后的出水，其水质指标如表 5-12 所示。

表 5-12　　　　餐厨废水水质

项目	COD/(mg/L)	NH_4^+-N/(mg/L)	NO_3^--N/(mg/L)	TN/(mg/L)	pH	颜色
餐厨废水	5.0×10^3~8.0×10^3	800~1100	46~85	1006~1700	7.78~8.16	黑色

由表 5-12 可以看出，试验水质偏碱性，且具有较高的 COD、NH_4^+-N 及 TN。COD/TN 在 3~6 范围。

2. 测定项目及方法

COD 的测定采用重铬酸钾法；氨氮采用纳氏试剂光度法；硝态氮采用紫外分光光度法；总氮采用过硫酸钾氧化-紫外分光光度法；MLSS 采用重量法；DO、温度测定采用 METTLER TOLEDO 便携式溶氧仪。

3. 实验方法

为了优化该工艺对餐厨厌氧出水中高 COD 及高氨氮的去除效果，本试验共设计了 7 个工况，具体的试验方法如表 5-13 所示。

表 5-13　　　　试验运行条件

工况	时间/d	HRT/d			SRT/d	回流比/%	好氧 DO/(mg/L)
		缺氧池	好氧池	总 HRT			
1	1~16	3	12	15		200	2
2	17~36	2.5	10	12.5	30	200	2
3	37~57	2	8	10	30	300	2
4	58~78	1.5	6	7.5	30	300	2
5	79~99	1.2	4.8	6	30	300	2
6	100~120	0.9	3.6	4.5	30	300	2
7	121~140	0.6	2.4	3	30	300	2

注：回流比为 MBR 池子回流到缺氧池的回流比，溶解氧为好氧池的溶解氧

三、实验结果与讨论

(一) A^2/O-MBR 组合工艺对 COD 去除效果

图 5-8 显示了 A^2/O-MBR 工艺对 COD 的去除效果。在运行反应器的 140d 中，对 MBR 上清液及出水的 COD 进行连续监测。反应器进水 COD 在 5.0×10^3~8.0×10^3mg/L 波动。平均进水 COD 为 6693mg/L。尽管进水 COD 呈现波动的趋势，但是出水 COD 稳

定在较低水平。

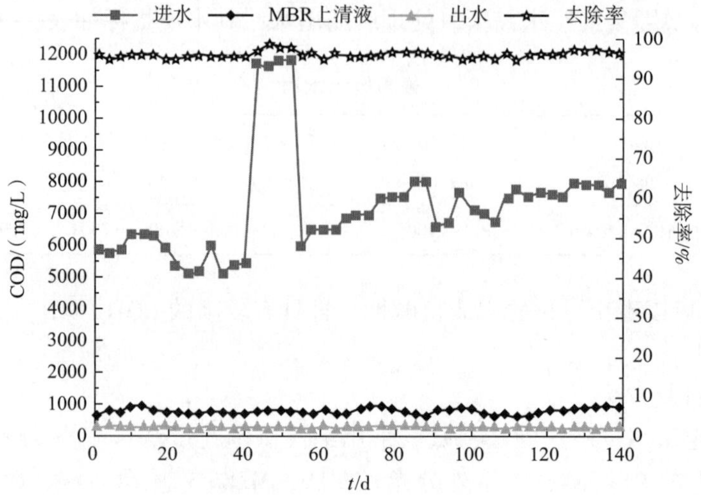

图 5-8　COD 的去除效果

研究表明，组合工艺出水的平均 COD 为 277mg/L，平均 COD 去除率达到 95.68%。HRT 和 SRT 的调整对 COD 去除效果影响不大，这表明 MBR 内较高的污泥浓度增强了反应器抗冲击负荷的能力。

由图 5-8 可知，MBR 上清液的 COD 均值为 760mg/L，这个值要比膜出水 COD 均值高很多。分析原因可能是废水中含有较多的难降解大分子有机物质，在膜的截留作用下滞留于反应器内，使反应器上清液 COD 维持在较高的水平。由于膜的高效截留，保证了出水水质的稳定。膜的截留作用对 COD 去除的平均贡献率为 7.58%。

在反应器运行的第 43~52 天，在进水中投加了较多的甲醇作为碳源，使得这段时间进水的 COD 比较高（12000mg/L 左右），投加碳源的主要目的是增强反硝化效果，消除反应器中积累的硝酸盐。

（二）A^2/O-MBR 组合工艺的硝化与反硝化效果

1. pH 的变化

在反应器运行的 140d 中，对反应器的 pH 进行了连续的监测。进水 pH 从总体上看还是比较稳定的，pH 在 7.80~8.05 的小范围内波动，进水的平均 pH 为 7.91。但是 MBR 出水及上清液的 pH 则出现较大的波动。

在反应器运行的前 25 天，由图 5-9 可知，pH 呈现不断下降的趋势，反应器出现酸化，这主要是硝化作用与反硝化作用失衡所致。由于硝化作用是产酸的过程，而反硝化作用产生的碱度可以中和硝化作用产生的酸度。反应器前 25d pH 的不断下降正说明了系统反硝化作用不强的现实。

在反应器运行的第 25 天，pH 降到了 6.7，为了保持 pH 稳定在 6.5~8.0 的比较合适的 pH 范围，防止反应器继续酸化对硝化和反硝化产生影响，故在随后的几天对反应器投加 $NaHCO_3$调节 pH。在投碱的情况下，pH 逐步回升。

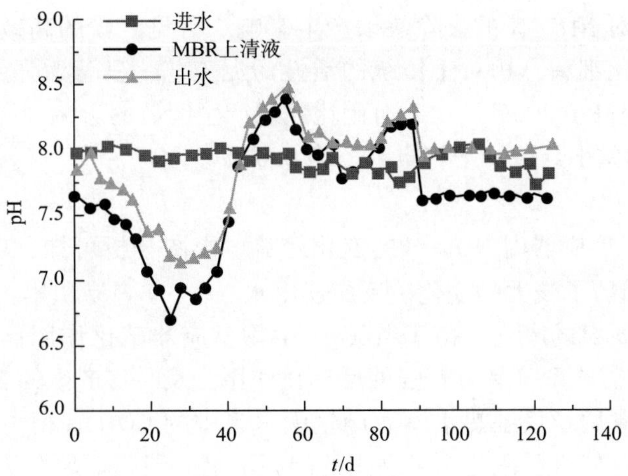

图 5-9　pH 的变化

为了增强整个系统的反硝化效果，提升系统产生碱度的能力，综合考虑各种因素，对反应器进水投加碳源进行了试验。在反应器运行的第 43~52 天，对反应器投加碳源甲醇，发现投加甲醇后反硝化池气泡明显增多，pH 回升迅速。在第 55 天 pH 回升到 8.36，为防止其 pH 继续升高，对反应器投加 $NaHCO_3$ 进行调节。持续对反应器进水投加适量的碳源，最后反应器的 pH 可稳定在 7.6 左右。

2. 对 NH_4^+-N 的去除效果

A^2/O-MBR 对 NH_4^+-N 的去除效果如图 5-10 所示。由图 5-10 可知，该工艺在 140d 的运行中获得了较好的硝化效果。系统进水的 NH_4^+-N 浓度在 800~1100mg/L 波动。系

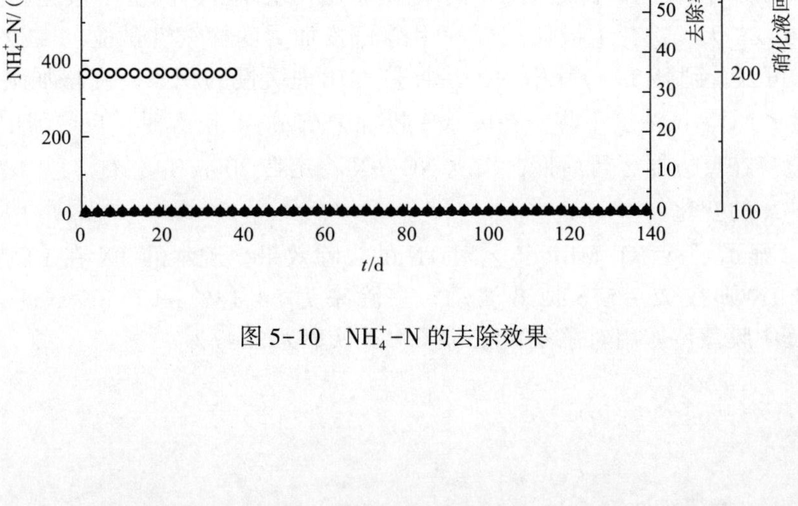

图 5-10　NH_4^+-N 的去除效果

统出水 NH_4^+-N 的平均浓度为 2.16mg/L，平均 NH_4^+-N 去除率为 99.78%。在 HRT 不断减小的情况下，未对 NH_4^+-N 的去除效果产生影响。可见，膜的高效截留作用使反应器内富集了大量的硝化细菌，相对于传统的活性污泥工艺，显著增强了系统的硝化效果。将回流比由 200%提高至 300%，也未对硝化效果产生明显的影响。同时膜的截留作用对 NH_4^+-N 的去除作用微乎其微，平均贡献率为 0.03%。

3. NO_3^--N 的变化

图 5-11 显示了反应器内 NO_3^--N 的变化趋势。由图分析可知，反应器 MBR 上清液及出水的 NO_3^--N 经历了较大的变化。反应器出水 NO_3^--N 容易积累，分析原因，主要是由于餐厨废水是高氨氮的废水，由于 A/O 膜生物反应器硝化作用比较强，必然会产生大量的 NO_3^--N，这需要系统具有较强的反硝化作用，及时将产生的 NO_3^--N 转化为 N_2 而从系统去除。但是餐厨垃圾湿热水解后产生废水当中的 COD 有相当部分是可生化性比较差的有机物质，这使得反硝化菌可利用的碳源不足，碳源不足严重削弱了系统的反硝化效果，使得 NO_3^--N 积累。

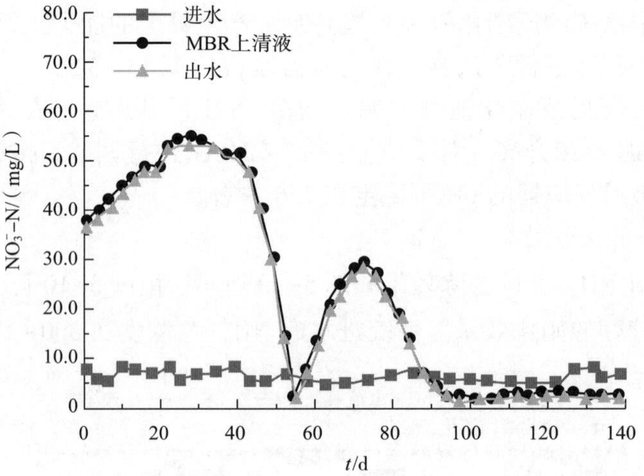

图 5-11　NO_3^--N 的变化

在反应的前 25 天，出水的 NO_3^--N 不断上升，在第 25 天，出水 NO_3^--N 浓度高达 542mg/L。投加甲醇作为碳源之后，出水的硝态氮在富碳源的情况下被迅速消耗。

在第 58~88 天，进行了最佳碳源（甲醇）投加量的探索性试验。在投加少量碳源的情况下，可以看到第 58~73 天，NO_3^--N 依然出现缓慢的积累。在增加碳源投加量的情况下，出水 NO_3^--N 浓度下降。在废水中投加 1500mg/L 甲醇时，反应器中基本上没有 NO_3^--N 积累。在反应器运行后期，出水 NO_3^--N 稳定在 20mg/L 左右。

4. NO_3^--N 的变化

图 5-12 显示了 A^2/O-MBR 工艺对 TN 的去除效果。进水的 TN 在 1027~1527mg/L 波动。出水 TN 则在 25~576mg/L 波动，去除率为 54.14%~97.46%，平均去除率为 78.88%，其中膜截留作用对总氮去除的平均贡献率为 2.47%。

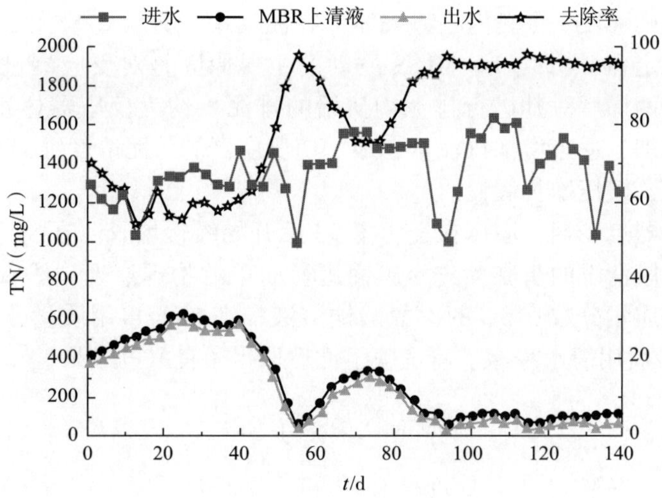

图 5-12　TN 的去除效果

由图 5-11 和图 5-12 分析可知，出水总氮的变化趋势和出水硝态氮的变化呈现一致性，且出水总氮的大部分是由 NO_3^--N 的积累引起的，只有少量的凯氏氮（TKN）。所以提高出水总氮去除率的方法是增加系统对 NO_3^--N 的去除效果，即增强系统的反硝化效果。

（三）反应器内 MLSS 的变化和膜污染

试验期间，膜出水方式为"抽 8min 停 2min"的间歇式出水方式。A/O 膜生物反应器内 MLSS 和 TMP 的变化如图 5-13 所示。MBR 池子的跨膜压差在经历了刚开始 9d 的缓慢增长后，在第 10 天开始快速上升，第 28 天膜压达到 22kPa，此时取出膜组件进行第一次清洗及药剂浸泡。随后，当反应器在维持较高的污泥浓度（9~13g/L）时，膜压增长缓慢，在 100 多天的运行中未进行膜清洗。

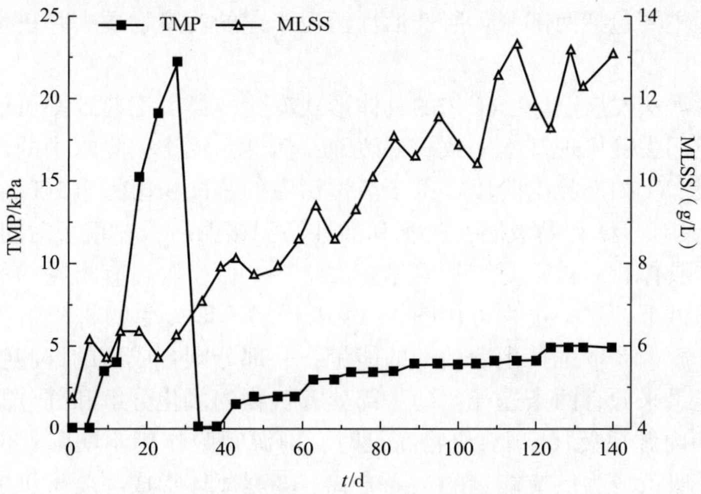

图 5-13　MLSS 及跨膜压差的变化

膜生物反应器内 MLSS 的变化趋势大体上在波动中上升。MLSS 由最初的 4.727g/L 逐步上升，最终稳定在 9~13g/L。MLSS 波动的主要原因是对反应器进行了排泥操作。在反应器大约运行两周后对其进行排泥，初始的排泥量约为反应器体积的 1/20，之后随着进水负荷的增加，适当增加排泥量，最后使反应器的污泥浓度维持在 9~13g/L，在较高的污泥浓度下，膜压增长缓慢。

在膜生物反应器启动期，膜压在经历了 9d 后开始缓慢增长。在反应器运行的第 28 天进行了膜清洗，膜清洗的步骤为先对膜面进行简单的物理清理，然后进行化学清理。化学清理时，先用质量分数 0.5%的次氯酸钠溶液浸泡 5h，再用质量分数 2%的柠檬酸钠溶液浸泡 4h，最后用清水浸泡。清洗膜组件后取得了良好的效果。

四、实验结论

本研究应用 A^2/O-MBR 工艺处理高 COD 和高氨氮餐厨废水进行了试验研究，探索了该工艺对餐厨废水中高 COD 及氮素的去除机制，同时考察了膜污染的情况及减缓膜污染的方法。得出结论如下：

（1）在为期 140d 的运行中，采用 A^2/O-MBR 工艺处理餐厨废水，出水 COD、NH_4^+-N、TN 的平均浓度分别为 277、2.16、271mg/L，平均去除率分别为 95.68%、99.78%和 79.43%，系统对 TN 去除效果的不理想与反硝化可利用碳源不足及 C/N 偏低有关。

（2）当将 MBR 池的 MLSS 控制在 9~13g/L 相对比较高的污泥浓度时，膜压增长缓慢。

第六节　实例——污水处理工艺模拟与设计实验

一、活性污泥模型原理

本实验原理主要包括两部分：所选活性污泥工艺的污染物质去除机理和相对应的活性污泥模型。

尽管活性污泥法发展至今，工艺的具体形式变化多样，工艺效率可能有些差异，但它们对污染物质的去除机理基本一致。一般地，活性污泥法去除水中的污染物质主要经历如下三个阶段。①初期吸附阶段：由于活性污泥的表面积很大（2000~10000m^2/m^3混合液），且表面具有多糖类黏液层，污水和活性污泥接触后，在很短时间内（5~30min）污水中的悬浮和胶体物质被吸附和絮凝迅速去除。②微生物对有机物的氧化分解或代谢过程：在有氧条件下，这一过程可用图 5-14 来描述，即微生物将吸附阶段吸附的有机物一部分氧化分解、获取维持生命活动的能量；一部分则合成新的细胞物质。维持微生物生命活动的能量来源有两条途径，即一部分有机物的氧化分解和部分微生物细胞物质的氧化分解（即内源呼吸）。当有机物充足时，内源呼吸作用不明显；但当有机物近乎耗尽时，内源呼吸就成为供应能量的主要方式。③絮凝体形成与凝聚沉淀阶段：氧化分解或代谢阶段合成的菌体细胞絮凝形成絮凝体，通过重力沉淀从水中分离出来，使污水得到净化。

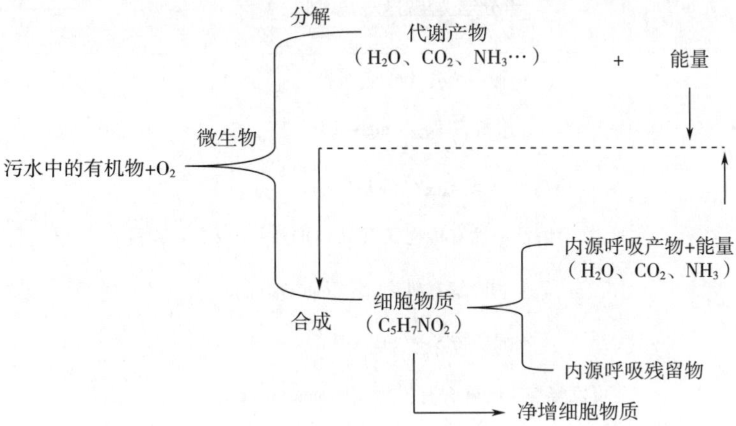

图 5-14　有氧条件下微生物对有机物的代谢过程

国际水协会（International Water Association，IWA）的活性污泥模型（activated sludge model，ASM）系列问世后，在实际的污水处理工程和研究中得到了充分肯定。它们也是目前国内外活性污泥模型研究的主流。在实验研究中，可根据反应器及其工艺特征，选定可供采用的模型。模型的具体过程与形式、涉及的变量与参数等请参考 IWA 课题组发表的原始报告和相关文献。这里仅对应用较多的 ASM1、ASM2、ASM2d 和 ASM3 作一简单比较，以便在实验研究中更快地理解和选取。

ASM 系列模型的主要特征为：均采用矩阵形式来展示污水生物处理过程中的化学计量和动力学信息，易于看懂和理解。

ASM1 描述了污水中好氧、缺氧条件下所发生的水解、微生物生长、衰减等 8 种反应。模型中包含 13 种组分、8 种反应过程、5 个化学计量系数和 14 个动力学参数。ASM1 自推出以来得到了广泛应用，但 ASM1 中未包含生物除磷。

ASM2 包括了生物除磷，增加了厌氧分解、酵解以及与聚磷菌有关的 4 个反应过程。因为生物除磷机理很复杂，包含了更多的组分，所以 ASM1 比 ASM2 庞大，但是 ASM2 中的聚磷菌只能在好氧条件下生长。它包含 19 种物质、19 种反应过程、22 个化学计量系数及 42 个动力学参数。ASM2 扩展模型（ASM2d）的提出则解决了 ASM2 中有关聚磷菌的反硝化问题；它比 ASM2 增加了 2 个生物过程，用以描述聚磷菌利用细胞内贮存物质进行的反硝化过程。

ASM3 则在总结和修正 ASM1 模型缺陷的基础上，提出和采用了内源呼吸理论。ASM3 中同样包括有机物氧化、硝化和反硝化，也不包括生物除磷；它共有 13 种组分，12 种反应过程，15 个化学计量系数及 21 个动力学参数。

表 5-14 示出了 ASM 模型系列中的组分差异，表 5-15 和表 5-16 则以 ASM1 为例分别列出了模型中的反应过程及其速率方程，模型中化学计量系数和动力学参数及其典型值，可供具体实验和模型模拟研究时参考。

表 5-14　**ASM 系列模型中组分差异及相关定义**

类别	组分定义及符号、单位	活性污泥模型 ASM			
		1	2	2d	3
溶解性组分	溶解氧 S_{O_2}/(mgO_2/L)①	√	√	√	√
	溶解氮 S_{N_2}/(mgN/L)	×	√	√	√
	污水碱度 S_{ALK}/($molHCO_3^-$/L)	√	√	√	√
	溶解性惰性有机物 S_I/(mgCOD/L)	√	√	√	√
	溶解性易生物降解有机物 S_S/(mgCOD/L)②	√	√	√	√
	发酵产物 S_A/(mgCOD/L)	×	√	√	×
	可发酵易生物降解有机物 S_F/(mgCOD/L)	×	√	√	×
	铵加氨氮 S_{NH}/(mgN/L)③	√	√	√	√
	溶解性易生物降解有机氮 S_{ND}/(mgN/L)	√	×	×	×
	硝酸盐氮加亚硝酸盐氮 S_{NO}/(mgN/L)④	√	√	√	√
	溶解性无机磷（主要为正磷酸盐）S_{PO_4}/(mgP/L)	×	√	√	×
颗粒性组分	颗粒性惰性有机物 X_I/(mgCOD/L)	√	√	√	√
	颗粒性可生物降解有机物 X_s/(mgCOD/L)	√	√	√	√
	颗粒性可生物降解有机氮 X_{ND}/(mgN/L)	√	×	×	×
	异养微生物 X_H/(mgCOD/L)⑤	√	√	√	√
	自养微生物 $X_{B.A}$/(mgCOD/L)⑥	√	√	√	√
	聚磷菌 X_{PAO}/(mgCOD/L)	×	√	√	×
	细胞内贮能物质 X_{STO}/(mgCOD/L)	×	×	×	√
	聚磷菌胞内贮能物质 X_{PHA}/(mgCOD/L)	×	√	√	×
	聚磷菌胞内无机聚磷酸盐 X_{PP}/(mgP/L)	×	√	√	×
	微生物衰亡产物 X_P/(mgCOD/L)	√	×	×	×
	总悬浮固体 X_{TSS}/(mgTSS/L)⑦	×	√	√	√
	金属氢氧化物 X_{MeOH}/(mgTSS/L)	×	√	√	×
	金属磷酸盐 X_{MeP}/(mgTSS/L)	×	√	√	×
合计	组分个数	13	19	19	13

注：①ASM2、ASM2d 中以 S_{O_2} 表示；②ASM2、ASM2d 中被 S_A+S_F 代替；③ASM2、ASM2d 中用 S_{NH_4} 表示；④ASM2、ASM2d 中用 X_{NO_3} 表示；⑤ASM1 以 $X_{B.H}$ 表示；⑥ASM2、ASM2d 以 X_{AUT} 表示，ASM3 以 X_A 表示；⑦ASM3 中以 X_{TS} 表示。

表 5-15 ASM1 中的反应过程及速率方程（部分）

序号（j）	反应过程	反应速率方程（ρj）
1	异养菌好氧生长	$\hat{\mu}_H\left(\frac{S_S}{K_S+S_S}\right)\left(\frac{S_{O_2}}{K_{O.H}+S_{O_2}}\right)X_{B.H}$
3	自养菌好氧生长	$\hat{\mu}_A\left(\frac{S_{NH}}{K_{NH}+S_{NH}}\right)\left(\frac{S_{O_2}}{K_{O.A}+S_{O_2}}\right)X_{B.A}$
4	异养菌衰减	$b_H X_{B.H}$
5	自氧菌衰减	$b_A X_{B.A}$
6	溶解性有机氮的氨化	$k_a S_{ND} X_{B.H}$
7	颗粒性有机物的水解	$k_h\frac{X_S/X_{B.H}}{K_X+(X_S/X_{B.H})}\left[\left(\frac{S_{O_2}}{K_{O.H}+S_{O_2}}\right)+\eta_h\left(\frac{K_{O.H}}{K_{O.H}+S_{O_2}}\right)\left(\frac{S_{NO}}{K_{NO}+S_{NO}}\right)\right]X_{B.H}$
8	颗粒性有机氮的水解	$\rho_7\left(\frac{X_{ND}}{X_S}\right)$

表 5-16 ASM1 中的化学计量参数、动力学参数及其典型值

序号	参数符号及定义	单位	pH 中性、20℃生活污水典型值
化学计量参数			
1	Y_H异养菌产率系数	gCOD/gCOD	0.46~0.69
2	Y_A自氧菌产率系数	gCOD/gN	0.07~0.28
3	f_P生物量中颗粒性组分比例	无量纲	0.08
4	i_{XB}生物量中 N 与 COD 比例	gN/gCOD	0.086
5	i_{XP}生物产物中 N 与 COD 比例	gN/gCOD	0.06
动力学参数			
1	$\hat{\mu}_H$ 异养菌最大比增长速率	d^{-1}	3~13.2
2	K_S异养菌半饱和常数	mgCOD/L	10~180
3	$K_{O.H}$异养菌的氧半饱和常数	mgO_2/L	0.01~0.15
4	K_{NO}异养菌反硝化过程中硝酸盐半饱和常数	mg（NO_3-N）/L	0.1~0.2
5	b_H异养菌衰减系数	d^{-1}	0.09~4.38
6	η_g异养菌缺氧生长的修正因子	无量纲	0.6~1.0
7	$\hat{\mu}_A$ 自氧菌最大比增长速率	d^{-1}	0.34~0.65
8	K_{NH}自氧菌的氨半饱和系数	gNO_3-N/L	0.6~3.6

续表

序号	参数符号及定义	单位	pH 中性、20℃生活污水典型值
9	$K_{O,A}$自氧菌的氧半饱和常数	gO_2/L	0.5~2.0
10	b_A自氧菌衰减系数	d^{-1}	0.05~0.15
11	K_a氨化速率	L/(mgCOD·d)	0.016
12	K_h最大比水解速率	mgCOD/(mgCOD·d)	2.2
13	K_X颗粒性可生物降解有机物水解半饱和常数	mgCOD/mgCOD	0.15
14	η_h缺氧条件下水解修正因子	无量纲	0.4

二、实验设计及材料方法

（一）污水处理模拟软件 GPS-X

GPS-X 是由加拿大 Hydromantis 公司开发、可用于城市和工业（废）污水处理厂的一种模块化、多用途的模拟工具，也是目前国内外主要的（废）污水处理厂模拟器之一。GPS-X 采用先进的图形用户界面、方便用户进行动态模拟和建立模型，可以让使用者交互式地、动态地检验所设计的污水处理厂中不同单元处理工艺间复杂的相互作用；GPS-X 也采用了工艺模型、模拟技术、图形学和许多提高模拟速度方法的最新成果，以简化模型创建、模拟和对结果的诠释，从而对污水处理厂的优化设计、有效运行和管理起到积极的指导作用。

1. GPS-X 对使用者的基本要求

为了更好地应用 GPS-X，使用者需要具备污水处理的基本知识，包括典型污水处理设施的单元工艺以及这些工艺的运作。如果能具备一些模型和模拟的基础知识，则能更好地发挥 GPS-X 的作用，并更好地诠释和理解模拟结果。

2. GPS-X 的主要功能和应用

运用 GPS-X，可以对污水处理厂进行动态模拟。它主要应用在：

（1）确定已有污水处理设施能够达到的最大处理能力。

（2）通过评价老厂的改造和升级方案使投资预算最小化。

（3）通过对不同运行控制实施方案（工艺调整、低成本翻新等）的评价，对已有污水处理厂的运行进行优化管理。

（4）辅助设计新的污水处理厂。

（5）在满足出水质量达标的前提下减少运行费用。

（6）预测维修期间某些单元工艺不运作时对整体工艺的影响。

（7）对污水处理厂的运行、操作和管理人员进行高级培训。

（8）获得可靠的设计等。

3. GPS-X 软件包括的数学模型

（1）活性污泥工艺模型　如完全混合式活性污泥法、推流式活性污泥法、滴滤池、曝气生物滤池、接触氧化反应池、序批式反应池、投加悬浮或固体介质的混合反应池等。

(2) 污泥处理工艺模型 污泥浓缩池、污泥脱水工艺、污泥溶解气浮分离工艺、好氧消化、厌氧消化等。

(3) 生物模型 如 ASM1、ASM2、ASM2d、ASM3 等。

(4) 污水特征模型 包括建立在 BOD/TSS/TKN 和 COD/TSS/TKN 以及 COD 组分基础上的各种模型；还有投加各种基质的模型，如投加污泥、醋酸或甲醇的污水特征模型。

(5) 其他模型 如砂滤池、膜过滤、沉砂池、氧化塘、脱水等模型。

4. GPS-X 软件使用的基本步骤和操作内容

在计算机上安装 GPS-X，注册后即可进行后续操作内容。

(1) 按照 GPS-X 的安装要求与提示进行安装 计算机最低配置为 400MHz 奔腾兼容 PC、128Mb RAM、500Mb 硬盘空间和 CD-ROM 光驱，而 800MHz 奔腾兼容 PC 和 256Mb RAM 为推荐配置。

(2) 建立污水处理厂模型 包括构建污水处理的工艺流程基本信息、单元工艺与目标分布的定位、模型建立、产生交互式控制器和图示化结果输出等。

(3) 编辑工艺流程图和拟定模拟方案 包括采用 GPS-X 工艺流程图编辑以及按步骤建立模拟方案等。

(4) 设定进水数据 即检验进水数据的输入方法，并利用进水顾问软件来减少进水数据中可能的问题。

(5) 设置数据的输入和输出方式 即检查运行模拟程序时、存储模拟数据和输入文件中数据的读取方法，并了解输入报告的特征。

(6) 采用自动控制器 运用自动控制的标准算法（P，PI，PID）有针对性地选取控制变量、操纵变量、参数设定点和调试参数等。

(7) 定义变量或参数 根据工厂模型中各单元工艺的布局或配置和变量特征，定义多个主要变量，如固体停留时间和负荷率等。

(8) 灵敏度分析 即分析模型输入（独立变量或自变量）对模型输出（非独立变量或因变量）的影响；同时对稳定和动态灵敏度分析的建立进行指导。

(9) 参数优化 定义优化的模型参数及优化过程的目标函数形式，采用优化程序自动地建立模型与实际数据进行拟合。

(10) 模型用户化 即在 GPS-X 工艺流程中加入使用者自己编写的模型方程和新变量。

(11) 动态参数评估 GPS-X 中可采用动态参数评估器，运用动态参数评估器的指令，通过在线数据或历史数据，对随时间变化的参数进行合理评价。

5. 模块与库

GPS-X 是由一些分散的程序模块和模型库组成。GPS-X 提供的模块包括如下几方面：模拟器、优化器、程序链接器高级工具、分析器多终端的许可证。

所有版本的 GPS-X 程序包中都附带有模拟器模块，程序链接器模块一般也需要，其他模块的选择则取决于 GPS-X 的版本。这些模块随时都可以购买。

在上述操作内容中的（2）至（6）只需要 GPS-X 模拟器模块；对于没有程序链接器的 GPS-X 使用者可以跳过后续内容，仅打开 Window 中“Start”（开始）菜单中预先已建立的 GPS-X 模型即可。其他内容则另外需要相应的模块，即操作内容（7）（8）（9）（10）和（11）需要程序链接器模块，同时操作内容（7）还需要分析器模块，（8）需要优化器模块，（11）需要高级工具模块。

软件 GPS-X 简要说明可参考上述全部内容，具体使用方法见加拿大 Hydromantis 公司提供的《GPS-X 技术参考手册》和《GPS-X 用户指南》；或访问该公司网站 www. hydromantis. com 来获取。

（二）实验步骤

（1）查阅国际水协会（IWA）活性污泥模型（activated sludge model，ASM）系列以及拟订模拟活性污泥工艺模型，理解并整理。

（2）实验室实验条件（反应器、分析设备及器材）准备，并根据具体的实验目的进行实验设计。

（3）按拟订工况，在实验室内运行并维持选定活性污泥反应器。根据模型需要，测定和记录每个工况稳定后的工艺参数和运行条件等。模型组分或参数等测定和数据收集视实验室条件而定；在没有条件的情况下，可根据模拟软件提供的默认值进行恰当地选取。

（4）待实验数据收集完毕、整理后，运用模拟软件 GPS-X 对选定工艺进行符合设计要求的工艺模拟和参数率定实验。

①构建工艺流程图，并确定进水模型和所涉及活性污泥工艺各单元模型。

②参数确定与输入，如进水组分与化学计量系数，反应器物理尺寸、工艺特征以及采用的模型参数（如化学计量系数、动力学参数、污泥沉淀参数）等。

③确定模拟控制和输出变量，如出水中悬浮固体浓度、COD、BOD_5、氨氮、硝态氮、碱度或反应器内有机氮、一些复合变量或微生物量及种群变化等。

④设定控制与输出窗口，运用选定模型进行模拟，并观察各输出变量的变化情况。

⑤根据模拟值和实验室实测结果，参照模拟过程中各参数的取值范围和对活性污泥工艺的理解对工艺主要参数进行模拟和优化；对影响输出变量较大的 3~4 个参数进行参数的敏感性分析。

⑥根据自己感兴趣的实验内容，进行补充实验设计，并在模拟软件中进行相应的验证实验。

（5）整理全部实验内容，并对所得结果进行合理解释和分析，完成实验报告。

三、实验结果与讨论

根据实验和模拟研究的具体内容，可针对以下几方面分别进行讨论和分析。

（1）对选定活性污泥模型（ASM1、ASM2、ASM2d 或 ASM3 等）的理解和掌握情况，主要讨论包括组分与过程划分及相关的反应速率方程、化学计量系数和动力学参数的选定和影响因素等。

（2）对选定活性污泥工艺过程的理解和掌握，主要讨论包括工艺组成、反应器运行方式及主要设计参数、运行条件选择、工艺原理和效果表征等。

（3）运用所学知识，对模拟结果以及出现的异常现象进行合理分析。

（4）根据敏感性分析，对所选定活性污泥工艺的优化设计和管理提出合理化建议。

（5）试分析所用模型对模拟该工艺过程的适用性。

四、实验结论

分析该模拟实验并结合张发根等发表在《环境工程》2018 年全国学术年会论文集（上册）的论文《基于 ASM 模型的活性污泥工艺实验模拟系统设计与应用》可以得出结论：

（1）利用分层模型构建污水处理工艺系统，有利于开展多因素、多水平、多目标的正交模拟实验分析。

（2）实验模拟系统基本不用投入资源和资金，可以开展所有可能的实验方案模拟分析，方便快捷，一般整个过程不超过 2d。

（3）中试或者生产性实验可以根据模拟实验结果开展有针对性的现场实验；根据模拟实验结果开展的中试实验证明，模拟实验分析是比较可靠的，最大误差不超过 15%。

（4）实验模拟系统进行模拟实验分析的精准性有赖于基础参数及非变量参数符合当地实际情况，必须在当地寻找到类似的生产工艺，以便对相关参数进行甄别、确认，然后才能对拟优化的工艺方案变量参数进行合理的优化选择。

第六章 水污染控制工程课程设计

第一节 引　　言

课程设计是将课程基本理论转化为课程实践活动的“桥梁”，它包含了理论研究、应用研究和技术研究的成分。课程设计是工程应用型本科专业的重要实践教学环节，是对学生动手能力和创新能力的全面训练和检查，对学生应用所学理论知识解决工程实际问题能力的培养起着十分重要的作用。

一、设计目的和任务

1. 设计目的

通过课程设计使学生获得以下几方面能力，为毕业设计或论文奠定基础。

（1）进一步巩固和加深学生所学水污染控制工程的相关理论知识，了解将理论知识应用到实际工程设计的方式和步骤。

（2）培养学生设计、计算、绘图、计算机应用、文献查阅、报告撰写等基本技能力。

（3）培养学生的相互协作和实践动手能力以及独立分析和解决实际问题的能力。

2. 设计任务

根据已知资料，进行污水处理厂（站）的设计，包括确定污水处理方案和流程，计算各处理构筑物的尺寸及设备选择，并进行相关水力计算，绘制污水处理厂处理工艺系统图和主体构筑物图。随着课程设计教学的不断革新，为了满足毕业生能力训练的需要，图纸内容可能调整或增加平面布置图、高程布置图。需要强调的是，进行水污染控制课程设计时必须同时进行污泥处理工艺的设计。

在课程设计结束时，需要上交设计说明书和设计图纸，其中图纸要求 CAD 图 A1 号两张，工艺流程图和工艺主体构筑物图各一张。将以上设计成果装入统一规格的标准档案袋中备案，档案袋封面按统一要求填写学院名称、专业名称、班级、姓名、学号、袋内成果名称及份数等信息。

二、设计要求

（1）根据设计题目，利用各种途径查阅专业资料，如规范、设计手册等。

（2）根据文献资料进行方案设计。

（3）根据设计指导书及老师的现场答疑指导进行各部分的设计计算。

（4）将计算结果按要求形成课程设计成果，答辩前提交指导老师检查。

（5）将老师检查过的设计成果打印输出，并装订成册。

三、设计内容

1. 选题

水污染控制工程的课程设计按照设计要求，每个指导教师指导学生人数原则上不超过8名，同时要求一人一题，题目及设计内容要求尽量来源于生产实际或结合生产实际。指导教师拟定出课程设计题目及内容后，上报教研室，经教研室全体教师论证可行后，下发至全体课程设计同学，指导学生按照自己的兴趣选题。

2. 收集基础资料

（1）收集当地的自然条件特征和原污水水质、水量，一般已在设计任务书中给出。

（2）处理后水质确定要符合相关国家或行业标准，根据污水类型和排放方式合理选择需要执行的有关标准。

3. 设计说明书

主要完成污水处理工艺方案对比，确定本次水污染课程设计的污水处理工艺流程，并完成工艺系统中各构筑物的计算过程、主要设备及附属设备（如水泵、鼓风机等）的选取、处理厂或处理站工艺处理系统的高程计算等。说明书中要求按照工艺流程次序，逐项计算，包括各构筑物参数的选取及相关计算内容，并画出构筑物简图、标注计算尺寸。

4. 设计图纸

环境工程专业课程设计图纸成果为CAD图A1号两张，包括工艺流程图和主体构筑物图。图纸右下角为设计图签，要求标注图名、比例、学生班级、姓名等。

（1）图纸规格、绘图基本要求必须符合有关制图标准，绘图纸必须选用绘图专用白纸。

（2）要体现线条宽度的区别，一般从粗到细的顺序是管线、构筑物、其他线条及尺寸标注。

（3）图中所用文字和数字标注采用仿宋体，要求字体大小一致，排列整齐。

四、设计规范

设计规范包括污废水处理厂（站）设计规范、设计手册、标准图集以及有关市政、水利、给排水、电力等其他工程设计、施工最新技术标准和规范。标准包括国家、地方的水环境质量标准、国家有关城镇污水处理厂污染物排放标准、国家、地方和各行业的水污染物排放标准等。常用的水污染控制工程课程设计规范和标准如下：

（1）《给水排水制图标准》（GB/T 50106—2001）。

（2）《室外排水设计规范》（GB 50014—2021）。

（3）《城镇污水处理厂污染物排放标准》（GB 18916—2002）。

（4）《污水综合排放标准》（GB 18918—2022）。

（5）《泵站设计标准》（GB 50265—2022）。

（6）《城市居民生活用水量标准》（GB/T 50331—2002）。

（7）《中国建筑标准设计研究院》. S1（一）给水排水标准图集. 北京：中国计划

出版社，2004，5-20。

（8）《中国建筑标准设计研究院》. S3 给水排水标准图集. 北京：中国计划出版社，2004，5-20。

（9）《中国建筑标准设计研究院》. S4（一）给水排水标准图集. 北京：中国计划出版社，2004，45-50。

（10）《中国建筑标准设计研究院》. S4（二）给水排水标准图集. 北京：中国计划出版社，2004，33-50。

（11）《中国市政工程东北设计研究院》. 给水排水设计手册（第 1 册）-常用资料（第二版）. 北京：中国建筑工业出版社，2000，7-15。

（12）《北京市市政工程设计研究总院》. 给水排水设计手册（第 5 册）-城镇排水（第二版）. 北京：中国建筑工业出版社，2004，8-25。

（13）《北京市市政工程设计研究总院》. 给水排水设计手册（第 6 册）-工业排水（第二版）. 北京：中国建筑工业出版社，2002，10-27。

（14）《上海市政工程设计院》. 给水排水设计手册（第 9 册）-专用机械（第二版）. 北京：中国建筑工业出版社，2000，13-31。

（15）《上海市政工程设计研究院》. 给水排水设计手册（第 10 册）-技术经济（第二版）. 北京：中国建筑工业出版社，2000，5-17。

（16）《中国市政工程西北设计研究院》. 给水排水设计手册（第 11 册）-常用设备（第二版）. 北京：中国建筑工业出版社，2002，6-19。

第二节　基础资料的收集

一、项目背景资料

（一）现状资料

1. 城市污水处理厂需要了解的内容

（1）项目的地理位置、服务对象和范围。

（2）所收集区域的污水水量或者居住人口、商业区域、工业规模及其排入污水处理厂的工业废水水质和水量。

（3）所收集区域的生活水平（用来确定水质）或者水质，尤其是需要注意的特殊污染物。

（4）进出水管道位置。

（5）处理后纳污水体的水位、水文和水质情况。

（6）污水处理厂可供利用的面积及其周围情况（包括周边道路情况）。

（7）可供选择的污泥出路等。

2. 工业废水处理站需要了解的内容

（1）设计项目、设计范围与设计深度等。

（2）有关工业区或工厂现状资料，包括工业区或工厂现状图，以及是否采用了清洁生产工艺，厂内是否采用了清污分流管网系统等。

（3）收纳水体的使用功能、水环境质量目标。

（4）工业废水水量、水质　①本企业和国内同类企业的水量、水质情况分析。了解主要产品生产工艺、原料、排污流程；主要产品与主要排放污染物；生产规模和生产班次；采用的处理工艺。②处理对象的水量、水质预测、规划水量平衡表，确定最大生产负荷期日平均废水量为设计流量；主要污染物预测：COD、BOD_5、pH、重金属离子和TKN情况；废水营养物和碱度的计算；了解厂房或车间预处理情况和纳管标准。③处理后的水质要求。处理后排放水质需要执行相应的国家和地方政府规定的排放标准并标明标准号和标准名；排放标准执行年限和理由。④废水处理后回用与污泥利用的可能性和途径等。

3. 供电、供水情况

（1）供电电源点名称、方位及距离；供电电压、线路规格、长度及回路数；对功率因数的要求；建设单位和供电部门对供配电设计技术方面的具体要求。

（2）供水地点及方向；供水可靠程度分析。

（二）服务对象的发展规划

根据服务对象的不同，了解不同类型的规划。城市污水处理厂需要了解城市总体规划、排水专项规划、水环境规划或水功能区规划等；工业废水需要了解工厂的生产发展规划、工厂的给排水管道系统与废水处理设施的现状和规划。确定城市污水处理厂和工业废水处理厂址是否符合城市现状和长远规划的要求。

（三）设计规范及标准

选取与设计项目相关的标准作为设计依据。一般先满足地方和行业标准，没有地方和行业标准时按现行国家标准执行，对我国缺乏标准的某些特殊污染物质，可参考国际标准进行控制。

二、自然条件资料

1. 地理位置

工程所处的地理位置、周边的河道和道路交通情况；居民区、学校、医院等敏感目标的相关信息。

2. 场址地形地貌

城市地面标高（最大标高、最小标高、平均标高）、城市地貌，重点分析工程拟选场址处和排放口附近的地形地貌，需要污废水处理厂（站）址和排放口附近的地形图。

3. 水文气象

气候类型、气温（最高、最低、平均和其他）、湿度、雨量（年最大、年最小、年平均、当地雨季月份期限、日最大降雨量等）、蒸发量资料（年最大、年最小、年平均、日最大、日最小和日平均等）、土壤冰冻资料和风玫瑰图等。

4. 工程地质与水文地质

（1）工程地质　污废水处理厂（站）址的地址钻孔柱状图，地基的承载能力，地下水位（包括流沙）与地震资料。

（2）水文地质　有关河流的水位（最高水位、平均水位、最低水位）资料。地下水的所属类型、地下水存在形式、地下水水位变化、地下水成分，分析对混凝土结构和钢筋混凝土结构中钢筋是否具有腐蚀性。

三、其他资料

①批准的建设项目可行性研究报告；②上级管理部门关于该项目的工程可行性研究报告的批复；③项目的选址报告；④项目的环境影响评价报告；⑤当地最新的《建筑工程综合预算定额》和《安装工程预算定额》；⑥当地最新的《建筑企业单位各项工程收费标准》；⑦ 当地有关的基本建设费率规定；⑧主要建筑材料、设备的供应情况与价格等。

第三节　环境工程设计的原则

一、工程设计的一般原则

（1）采用适用且先进的技术　所谓适用且先进的技术是指先进的、成熟的、符合我国国情的技术。设计时积极吸收和引进国外先进技术和经验，同时考虑符合国内的管理水平和消化能力。采用新技术要经过试验而且必须有正式的技术鉴定。引进国外新技术及进口国外设备要考虑与我国的技术标准、原材料供应、生产协作配套、维修零件的供给条件相协调。

（2）充分考虑资源的保护　要根据技术上的可行性和经济上的合理性，对能源、水资源、土地等资源进行综合利用。

（3）认真贯彻国家的经济建设方针、政策　这些政策包括产业政策、技术政策、能源政策、环保政策等。正确处理各产业之间、长期与近期之间、生产与生活之间等各方面的关系。

（4）坚持安全可靠、质量第一的原则　安全可靠是指项目建成投产后，能保持长期安全正常生产。

（5）坚持经济合理的原则　在我国资源财力条件下，使项目建设达到项目投资的目标（产品方案、生产规模），取得投资省、工期短、技术经济指标最佳的效果。

二、环境工程设计的原则

除了要遵循工程设计的原则外，对环境保护设施进行工程设计时，还须遵循以下原则。

（1）环境工程设计必须遵循国家有关环境保护法律、法规，合理开发和充分利用各种自然资源，严格控制环境污染，保护和改善生态环境。

（2）建设项目需要配套建设的环境保护设施，必须与主体工程同时设计、同时施工、同时投产使用。同时设计是指建设单位在委托设计单位进行项目设计时，应将环境保护设施一并委托设计。承担设计任务单位必须依照《建设项目环境保护设计规定》

的有关规定，把环境保护设施与主体工程同时进行设计，并在设计过程中充分考虑建设项目对周围环境的保护。

（3）环境保护设计必须遵循污染物排放的国家标准和地方标准；在实施重点污染物排放总量控制的区域内，还必须符合重点污染物排放总量控制的要求。

（4）环境保护设计应当在工业建设项目中采用能耗物耗小、污染物产生量少的清洁生产工艺。实现工业污染防治从末端治理向生产全过程控制的转变。

三、环境工程设计的程序

在进行污水处理厂的工程设计时，应遵循一定的设计程序。污水处理厂的设计一般可分为3个阶段：设计前期工作；初步设计；施工图设计。如工程规模大，技术复杂，应在初步设计之后增加技术设计阶段。

1. 设计前期工作

设计前期工作非常重要，它要求设计人员收集设计所需的所有原始数据、资料，并通过对这些数据和资料的分析、归纳，得出切合实际的结论。其工作内容主要包括预可行性研究和可行性研究两项。

我国规定投资在3000万元以上的工程项目，应进行预可行性研究，提交可行性研究报告并经过专家评审后，作为建设单位向上级送审的《项目建议书》的技术附件。经审批同意后，才能进行下一步的可行性研究。

可行性研究是对本建设项目进行全面的技术经济论证，为项目的建设提供科学依据，保证建设项目在技术上先进、可行，在经济上合理、有利，并具有良好的社会与环境效益。可行性研究报告是国家控制投资决策、批准设计任务书的重要依据。它主要包括以下内容。

（1）项目概况，包括废水的水量、水质、生产工艺、处理要求等。

（2）工程方案，包括处理工艺选择与多方案比较，选址与用地，人员编制等。

（3）投资、资金来源及工程经济效益分析。

（4）工程量估算及工程进度安排。

（5）存在问题及建议。

（6）附图及附件。

2. 初步设计

初步设计是在可行性研究报告得到审批后，进行的具体工程方案设计过程，包括以下几个部分。

（1）设计说明书　编制设计说明书是设计工作的重要环节，其内容视设计对象而定。一般包括如下内容。

①设计任务书（或设计委托书）批准的文件，与本项目有关的协议与批件。②该地区（或企业）的总体规划、分期建设规划、地形、地貌、地质、水文、气象、道路等自然条件资料。③废水资料、水量、水质，包括平均值、高峰值、现状值、预测值等。④说明选定方案的工艺流程、处理效果、投资费用、占地面积、动力及原材料消耗、操作管理等情况；论证方案的合理性、先进性、优越性和安全性。⑤对系统做物料

衡算、热量衡算、动力及原材料消耗计算，主要设备及构筑物工艺尺寸计算，主要工艺管渠的水力计算，高程布置计算等；阐述主要设备及构筑物的设计技术数据、技术要求和设计说明。⑥厂（站）位置的选择及工艺布置的说明，从规划、工艺布置、施工、操作、安全等方面论述。⑦设计中采用的新技术及技术措施说明。⑧说明对建筑、电气、照明、自动化仪表、安全施工等方面的要求和配合。⑨提出运转和使用方面的注意事项、操作要点及规程。⑩劳动定员及辅助建筑物。

（2）工程量　经计算列出工程所需要的混凝土量、挖土方量、回填土方量等。

（3）材料与设备量　列出工程所需要的设备及钢材、水泥、木材的规格和数量。

（4）工程概算书　根据当地建材、设备的供应情况及价格，工程概预算编制定额及有关租地、征地、迁补偿、青苗补偿等的规定和办法编制本项目的工程概算书。

（5）初步图纸　初步图纸主要包括处理厂总平面布置图、工艺流程图、高程布置图、管道沟渠布置图、设备及构筑物平、立、剖面图等。

3. 施工图设计

施工图是在初步设计被批准后，以初步图纸和说明书为依据所绘制的建筑施工和设备加工的正式详图，包括各构筑物、管渠、设备在平面及高程上的准确位置及尺寸、各部分的细部详图、工程材料、施工要求等。

第四节　污染源强度计算

一、生活污水

生活污水的性质特征主要和以下因素有关：人们的生活习惯、环境气候条件、所采用的排水体制、以及国家、地方部门对水质的要求等。生活污水水质、水量一般较为稳定，在设计过程中一般采用平均浓度和平均日产生水量来得到水质和处理总水量，因此在设计任务书中可以不给出水质和总处理水量，而给出生活水平以及处理区域的人口，督促学生去查资料得出所处理污水的水质和水量。

1. 水质的确定

采用污染物人口负荷数估算污染负荷式（6-1）：

$$R=N\cdot F \tag{6-1}$$

式中　R——污染负荷，g/d

N——设计人口数，人

F——每人每日排放某种污染物的质量，g/(人·d)

按近年我国实测资料，生活污水中的 BOD_5 及 SS 的 F 值分别为 20~35g/(人·d) 和 35~55g/(人·d)。

水质可根据污染物负荷按式（6-2）进行估算：

$$C=\frac{\sum(NF)}{\sum(Nq)} \tag{6-2}$$

式中　C——某种污染物的浓度，mg/L

q——每人每天所产生的污水量，L/(人·d)

典型生活污水水质如表 6-1 所示。

表 6-1　　典型生活污水水质

指标	浓度范围/(mg/L)	指标	浓度范围/(mg/L)
总固体（TS）	350~1200	总氮（TN）	20~85
溶解性总固体	250~850	有机氮	8~35
悬浮物（SS）	100~350	游离氮	12~50
挥发性悬浮物	80~275	亚硝酸盐	0
生化需氧量（BOD_5）	100~400	硝酸盐	0
化学需氧量（COD）	250~1000	总磷（TP）	4~15

2. 水量的确定

平均日生活污水量为污水量标准和设计人口数的乘积，如式（6-3）：

$$\overline{Q} = Nq \tag{6-3}$$

式中　$\overline{Q}$——平均日流量

设计流量一般为总变化系数与平均日流量的乘积，如式（6-4）：

$$Q = K_Z\overline{Q} = K_Z Nq \tag{6-4}$$

式中　Q——设计流量

K_Z——总变化系数

另有：$K_Z = K_1K_2$。其中，K_1为日变化系数，即最大日污水量/平均日污水量；K_2为时变化系数，即最大日最大时污水量/最大日平均时污水量。

K_Z也可以通过式（6-5）估算：

$$K_Z = -\frac{2.7}{\overline{Q}^{0.11}} \tag{6-5}$$

通常情况下，平均日流量一般用于表示污水处理厂的公称规模，主要用于表示处理总水量，计算污水处理厂的年抽升电耗与耗药量，产生并处理的污泥总量等。设计最大流量作为污水处理厂进厂水管的设计用流量。当污水处理厂的进水是用水泵抽升时，则用组合水泵的工作流量作为设计最大流量，但应与设计流量相吻合。污水处理厂的各处理构筑物（除另有规定外）及厂内连接各处理构筑物的管渠，都应满足设计最大流量的要求。考虑到最大流量的持续时间较短，当曝气池的设计反应时间在 6h 以上时，可采用平均时流量作为曝气池的设计流量。此外，当污水处理厂分期建设时，以相应的各期流量作为设计流量。

对合流制系统计算流量时应考虑雨水渗入，一般可达 25%~30%，少时 10%~15%。常用的污水量标准和总变化系数分别见表 6-2 和表 6-3。

表 6-2 **居住区生活污水排水定额（平均日）** 单位：L/(人·d)

卫生设备情况	分区				
	一	二	三	四	五
室内有给排水设施，无淋浴设备	55~90	60~95	65~100	65~100	55~90
室内有给排水设施和淋浴设备	90~125	100~140	110~150	120~160	100~140
室内有给排水、淋浴和集中供热	130~170	140~180	145~185	150~190	140~180

具体的分区情况可查阅给排水设计手册。

表 6-3 **生活污水量总变化系数**

平均日流量/(L/s)	5	15	40	70	100	200	500	≥1000
总变化系数（K_Z）	2.3	2.0	1.8	1.7	1.6	1.5	1.4	1.3

二、工业废水

工业废水是指工业生产过程中排出的废水，包括工艺过程用水、机器设备冷却水、烟气洗涤水、设备和场地洗涤水等。工业废水是区别于生活污水而言的，含义很广。由于工业类型繁多，而每种工业又由多段工艺组成，故产生的废水性质完全不同，成分也非常复杂。根据废水对环境污染所造成的危害不同，大致可划分为固体污染物、有机污染物、有毒污染物、生物污染物、酸碱污染物、需氧污染物、营养性污染物、感官污染物和热污染等。虽然部分污染指标和生活污水相同，但其浓度或数值常常与生活污水相差非常大，比如某些工业废水中 COD 浓度高达几千甚至上万毫克每升，而生活污水一般多为几百毫克每升左右。此外，工业废水的可生化性一般比生活污水差很多，重金属和其他有毒有害物质的浓度也常常比生活污水高很多，这些增加了工业废水的处理难度。

（1）工业废水分类　为了区分工业废水的种类，了解其性质，研究其处理措施，通常采用三种分类方法对工业废水进行分类。①按行业的产品加工对象分类：如冶金废水、造纸废水、纺织印染废水、制革废水、农药废水、化学肥料废水等。②按工业废水中所含主要污染物的性质分类：含无机污染物为主的称为无机废水，含有机污染物为主的称为有机废水。例如，电镀和矿物加工过程的废水是无机废水，食品或石油加工过程的废水是有机废水。这种分类方法比较简单，对考虑处理方法有利，如对有机废水一般采用生物处理法，对无机废水一般采用物理、化学和物理化学法处理。不过，在工业生产过程中，一种废水往往既含无机物也含有机物。③按废水中所含污染物的主要成分分类：如酸性废水、碱性废水、含酚废水、含铜废水、含铬废水、含锌废水、含汞废水、含氟废水等。这种分类方法的优点是突出了废水的主要污染成分，可有针对性的考虑处理方法或进行回收利用。

除上述分类方法外，还可根据工业废水处理的难易程度和废水的危害性，将废水中的主要污染物分为三类。①易处理危害小的废水，如生产过程中产生的热排水或冷却水，对其稍加处理，即可排放或回用；②易生物降解无明显毒性的废水，对其可采用生物处理法处理；③难生物降解又有毒性的废水，如含重金属废水，含多氯联苯和有机氯农药废水等。

上述废水的分类方法只能作为了解污染源时的参考。实际上，一种工业可以排出几种不同性质的废水，而一种废水又可能含有多种不同的污染物。例如染料工业，既排出酸性废水，又排出碱性废水。纺织印染废水由于织物和染料的不同，其中的污染物和浓度往往有很大差别。

（2）工业废水水质和水量的确定　工业废水中的某种污染物，可以由以下一方面原因或多方面原因引起：①该污染物是生产过程中的一种原料；②该污染物是生产过程中的杂质；③该污染物是生产的产品；④该污染物是生产过程的副产品；⑤该污染物是废水排放前预处理或处理过程中因输送、投加药剂等原因或其他偶然因素造成的。

工业废水的水质一般通过三种方法获得。①类比法：通过采用相同生产产品生产线的已产生废水水质情况，对即将建设的工厂废水水质进行类比。②物料平衡法：对生产产品的流程进行分析，进入水中的污染物量为原料量减去进入产品中的量，然后除以水量得到。③实测法：对于已经建好的厂家，可以采用实时监测方法，得到平均和最大浓度。

工业废水的水量同样如此。①类比法：对采用相同生产工艺并生产相同产品的工厂企业进行调查，得出生产单位产品的废水生产量，进而得出即将建立的厂家废水水量。②水量平衡法：废水量等于预测用水量减去预测损耗量。③实测法：对于已经建好的厂家，可以采用实时监测方法，得到平均和最大流量。

三、混合废水

我国城市污水处理厂处理的城市污水一般是一种混合废水，包括生活污水和沿途排入的工业废水。采用合流排水体制的城市污水还包括初期雨水。生活污水是指人类在日常生活中使用过的，并被生活废料所污染的水。工业污水是指水量不大，不含有毒有害物质，为了节约处理成本而混入生活污水管网，并与生活污水一起进入城市污水处理厂处理的废水。初期污染雨水是指降雨初期的雨水冲刷地面后形成的污染较为严重的雨水。一般混合废水的水质和水量根据所含主要废水的水质和水量加权获得。

四、可生化性的评价方法

可生化性是废水的一个重要水质特征。评价废水的可生化性是废水生化处理的首要问题。常用的评价可生化性的方法如下。

1. 水质标准法

该法以废水中有机物的某些综合水质指标来评价其可生化性。长期以来，人们习惯用 BOD_5 和 COD 作为有机污染的综合指标，两者都反映废水中有机物在氧化分解时所消耗的氧量。BOD_5 是指有机物在微生物作用下氧化分解所需要的氧量，它代表了废水中可生物降解的那部分有机物；COD 是指有机物在化学氧化剂作用下氧化分解所需的氧量，它代表了废水可被氧化剂分解的有机物，当采用重铬酸钾为氧化剂时，可近似认为COD测定值代表了废水中的全部有机物。采用BOD_5/COD评价废水的可生化性是非常简单可行的。一般认为BOD_5/COD大于0.45时，该废水易生化处理，0.30~0.45时可生化处理，小于0.25时不宜生化处理。

2. 耗氧速度法

该法根据微生物与有机物接触后耗氧速度的变化特征，评价有机物降解和微生物被抑制或毒害的规律。表示耗氧速度随时间变化的曲线称为耗氧曲线。测定耗氧速度的仪器有瓦勃氏呼吸仪及溶解氧测定仪。处于内源呼吸期的活性污泥的耗氧曲线为内源呼吸耗氧曲线，投加有机物后的耗氧曲线称为底物耗氧曲线。一般用底物耗氧速度与内源呼吸速度的比值来评价有机物的可生化性。应该指出的是，用耗氧速度法评价有机物的可生化性时，必须对生物污泥（微生物）的来源、浓度、驯化、有机物浓度、反应温度等条件做严格规定。

3. 脱氢酶活性法

活性污泥或生物膜中微生物所产生的各种酶，能够催化废水中的各种有机物进行氧化还原反应，其中脱氢酶类能够使氧化有机物的氢原子活化并传递给特定的受氢体，单位时间内脱氢酶活化氢的能力表现为它的活性。可以通过测定脱氢酶的活性来评价废水中有机物的可生化性。

如果脱氢酶活化的氢原子被人为受氢体接受，就可在试验条件下利用人为受氢体直接测定脱氢酶活性。人为受氢体通常选用受氢后能够变色的物质，例如甲烯蓝受氢后变成无色的还原性甲烯蓝，无色的氯化三苯基四氮唑（TTC）受氢后变成红色的三苯基甲（TF），然后用比色法进行定量分析。

第五节　厂址选择和工艺流程设计

一、厂址选择的原则

（1）拟选污废水处理厂（站）址处应有能满足污水处理工艺设计所要求的土地面积。

（2）城市污水处理厂的厂址应在城市居民住宅区的夏季主导风向的下风向，工业废水处理站除考虑对生活区的影响外，还应在工厂厂区的下风向。如条件许可，宜与生活区和敏感目标间有一定的防护距离，以减少污废水处理厂（站）产生的臭气和噪声的影响。

（3）尾水排放口应在给水水源下游，如排入潮汐河段，还应考虑涨落潮的影响。

（4）便于污泥的处理和利用。

（5）污废水处理厂（站）址宜设在雨季不易受水淹的高处，若靠近水体，宜采取措施避免洪水影响。

（6）污废水处理厂（站）址宜设在地质条件较好、地下水位较低处，以方便施工，降低工程造价。

(7) 尽量选择在有适当坡度的位置，以利于处理构筑物的高程布置，减少土方工程量和运行成本。

(8) 应统筹考虑发展规划，考虑远期发展的可能性，预留扩建的场地。

二、工艺流程选择一般原则

在选择处理的工艺路线时，应考虑如下基本原则。

1. 合法性

环境保护设计必须遵循国家有关环境保护法律、法规，合理开发和利用各种自然资源，严格控制环境污染，保护和改善生态环境。

2. 先进性

先进性主要是指技术上的先进性和经济上的合理可行，具体包括处理项目的总投资、处理系统的运行费用和管理等方面的内容。应该选择处理能耗小、效率高、管理方便和处理后得到的产物能直接利用的处理工艺路线。随着经济的发展和环境意识的提高，对于各种污染物的排放要求会越来越高，因此还要考虑处理工艺路线要有一定的前瞻性。

3. 可靠性

可靠性是指所选择的工艺路线是否成熟可靠。工程设计中可能采用的技术有：成熟技术、成熟技术基础上延伸的技术、不成熟技术和新技术。如果采用了不成熟技术，就会影响处理的效果和环境的质量，甚至造成极大的浪费。对于尚在试验阶段的新处理技术、新处理工艺和新处理设备，应该慎重对待，防止只考虑和追求新的一面，而忽略可靠性和不稳妥的一面。必须坚持一切经过试验的原则。在实际中，要处理的污染物种类很多，有的是新的从来没有处理过的污染物，这就需要慎重考虑处理的工艺路线，一种是进行类比选择，另一种是进行试验确定。设计中考虑可靠性设计是提高工程项目质量的重要途径。

4. 安全性

水中的污染物有一些是具有毒性的，选择对这些污染物的处理工艺路线时要特别注意，要防止污染物作为毒物发散，要有较合理的补救措施。同时还要考虑劳动保护和消防的要求。

5. 结合实际情况

我国正处于一个初级的发展阶段，经济能力、制造能力、自动化水平、环境保护意识和管理水平等各个方面都有一定缺陷。因此在选择处理工艺路线时，就要考虑企业的承受能力、管理水平和操作水平等各个具体问题，也就是说具体问题要具体分析。

6. 简洁和简单性

选择处理工艺路线时，要选择简洁和简单的处理工艺路线，往往简洁和简单的处理工艺路线是比较可靠的工艺路线。同时要考虑系统中某一个设备出问题时，不至于对整个系统有较大的影响。

上述六项原则必须在选择处理工艺路线时全面衡量，综合考虑。对于需要处理的污染物，任何一种处理技术既有优点，也有短处。设计人员必须从实际出发，采取全面对比的方法，并根据处理工程的具体要求选择其中不仅对现在有利而且对将来有利的处理工艺路线。尽量发挥有利的一面，设法减少不利的因素，以保证对污物处理的效果好、能耗低、费用小、运行管理以及维修方便。

在比较时要仔细领会设计任务书提出的各项原则和要求，要对所收集到的资料进行加工整理，提炼出能够反映本质的、突出主要优缺点的数据材料作为比较的依据。要经过全面分析，反复对比后选出优点多、符合国情、切实可行的处理工艺路线。

三、工艺流程选择一般方法

处理工艺流程选择，一般考虑以下因素。

1. 废水处理目标

这是废水处理工艺流程选择的主要依据，而废水处理程度又主要取决于废水的水质特征、处理后水的去向。废水的水质特征，表现为废水中所含污染物的种类、形态及浓度，它直接影响废水处理程度及工艺流程。各种受纳水体对处理后水的排放要求各不相同，由各种水质标准规定，它也决定了废水处理厂对废水的处理程度。

2. 工程及运行费用

在以处理水达到水质标准为前提的条件下，考虑工程与运行费用。在此前提下，工程建设及运行费用低的工艺流程应得到重视。此外，减少占地面积也是降低建设费用的重要措施。

3. 工程施工难易程度

工程施工的难易程度也是选择工艺流程的影响因素之一。如地下水位高，地质条件差的地方，就不适宜选用深度大、施工难度高的处理构筑物。

4. 当地的自然和社会条件

当地的地形、气候等自然条件也对废水处理流程的选择具有一定影响。如当地气候寒冷，则应采用在采取适当的技术措施后，在低温季节也能够正常运行，并保证取得达标水质的工艺。当地的社会条件如原材料、水资源与电力供应等也是流程选择应当考虑的因素。

5. 废水的水量

除水质外，废水的水量也是影响因素之一。对于水量、水质变化大的废水，应选用耐冲击负荷能力强的工艺，或考虑设立调节池等缓冲设备以尽量减少不利影响。

总之，废水处理流程的选择应综合考虑各项影响因素，进行多种方案的技术经济比较才能得出结论。对于污染成分单一的废水，一般只需采用某一单元处理技术，如用加药沉淀法或离子交换法去除重金属废水，用氧化法处理含氰废水等。而对于包括城市污水在内的大多数情况，污水成分复杂或者虽然成分单一但浓度较高且处理要求高的废水，往往需要多种单元技术联合使用，如高氨氮废水就需要同时采用生物处理法和吹脱法处理。

目前，污废水处理工艺的选择主要是指对各单元处理技术的优化组合，它受到多种因素的制约，主要需考虑的影响因素有：①尾水的最终用途和排放标准的要求；②进水水质和水量的情况；③可供利用的处理场地和周边环境条件；④工程投资和处理成本。

四、工艺流程选择实例

下面以无锡某城市污水处理厂工艺流程选择为例，详细介绍工艺流程选择的原则和思路。该城市污水处理工程的水量为3.5万m^3/d，水质为COD为200~400mg/L；BOD_5为150~200mg/L；SS为100~300mg/L；NH_3-N为25~40mg/L；TN为50~60mg/L；TP为6~10mg/L；pH为6~10。处理出水应达到《城镇污水处理厂污染物排放标准》（GB 18918—2002）的一级A标准的相关水质要求，主要控制指标要求为COD≤50mg/L，BOD_5≤10mg/L，NH_3-N≤5mg/L（冬季8mg/L），TN≤15mg/L，SS≤10mg/L，TP≤0.5mg/L。

1. 工艺比选原则

①城镇污水经处理后完全能够稳定达到既定的水质目标；②技术成本低，包括基建、设备动力、操作和维修等费用较低；③所采用的工艺设备易于操作与管理，自动化程度高，维修简单；④技术先进，运行稳定可靠；⑤投资少，运行成本低。

2. 方案比选

本工程污水主要为城市生活污水，生活污水具有重金属含量低、污染物浓度总体不高、水质成分较简单、含有的难降解物质较少、经处理易于达到一般排放标准等特点，鉴于无锡位于太湖流域的特殊位置和流域内水质总氮、总磷超标的实际情况，在同等投资水平或稍高情况下，污水处理工艺以脱氮除磷效率高、能最大限度的削减氮磷排放数量为标准进行选择。所以本课题处理工艺生化反应阶段筛选出A^2/O、氧化沟以及A^2/O-MBR三种工艺进行比选。

根据方案比选原则，从以下方面对三个工艺进行分析比较，见表6-4、表6-5。

表6-4　综合比较

比较内容	方案	方案一 A^2/O	方案二 氧化沟	方案三 A^2/O-MBR
适应性	水质适应性	+	+	+
	水量波动性	+	+	-
	水质波动性	-	+	++
	季节变化	+	-	+
工艺技术比较	技术先进性	-	+	+
	工艺灵活性	-	+	+
	抗冲击、干扰能力	-	+	++
	有无污泥膨胀	-	-	+
处理效果	污染物去除率	+	++	++++
经济性	工程总投资	++	+	-
	处理成本	+	++	+
	吨水电耗	+	+	-

续表

比较内容	方案	方案一 A^2/O	方案二 氧化沟	方案三 A^2/O-MBR
经济性	工艺占地	-	----	+
	吨水处理用地	-	---	+
操作管理	操作管理	+	++	-
	维护	+	+	-

表 6-5　　处理技术优缺点

方案	优点	缺点
方案一 A^2/O	①能保证较好的处理效果，处理流程简单，操作管理方便 ②基建投资少，占地较少，运行费低 ③技术成熟，使用广泛，工艺可靠强 ④适应性强 ⑤对有机物、磷氮有较高的去除率，出水水质好 ⑥可根据进水有机负荷调节鼓风机曝气量，节约能耗	①流程较为复杂，需要设置单独的二次沉淀池 ②需大量回流，增加电耗
方案二 氧化沟	①工艺流程简单，运行管理方便 ②氧化沟前设置厌氧池，使其具有除磷脱氮功能 ③投资少、处理成本较低 ④机械设备较少，维护和管理简单行 ⑤能够承受水量、水质冲击负荷	①占用土地面积大 ②工艺运行灵活性差
方案三 A^2/O-MBR	①技术先进，运行稳定可靠 ②处理效率高，处理效果好，出水水质好，适用于出水水质要求高的地区 ③模块化技术单元，可根据处理水量要求增减模块，便于分期建设，分步实施 ④易于实现全自动运行	①基建投资及运行成本相对较高 ②膜组件需定期维护及更换，对操作人员的技术要求高，维护难度大管理要求高 ③国内膜组件性能不够稳定

对比表明，本课题选用进行方案设计的均为具有生物脱氮除磷功能的处理工艺，三个方案的工艺路线中存在一定的一致性，均适用于城镇生活污水的处理，在去除污水中有机物的同时都有脱氮除磷的功能。进一步对比表明，方案三由于选用了 A^2/O-MBR 作为处理工艺，在出水水质方面有较大的提高，特别是对出水中总磷和有机物的控制，同时减小了处理厂的占地。出于无锡所处地理位置和太湖流域内主要污染物控制对象为氮、磷的实际情况考虑，本课题推荐选用在出水水质方面具有明显优势的 A^2/O-MBR 工艺作为无锡某城市生活污水处理厂的处理工艺。

3. 选定工艺流程

生活污水经收集后送至污水处理厂，经过格栅后进入污水集水池，经过水泵的提升进入沉砂池，去除水中较大的无机颗粒。之后自流进入厌氧反应池，在厌氧条件下，多种微生物共同作用，使有机物分解转化为简单的有机物，同时将水中的大分子污染物分解为小分子污染物，以提高好氧处理效果；经厌氧处理后，污水依次进入缺氧池和好氧池，在缺氧和好氧两种环境下，通过活性污泥菌胶团的絮凝、吸附以及微生物的代谢与增殖作用，去除有机污染物，在硝化细菌和反硝化细菌的作用下去除含氮污染物；处理出水直接进入膜组件池，通过膜的过滤、拦截作用进行深度处理，将水中悬浮状的污泥菌胶团截流于池内。经过膜组件处理后的污水进入消毒池，进行消毒处理，杀灭水中的病原体，之后排出。整个过程中，水中的有机污染物被微生物吸附、稳定、分解，达到最大限度的去除水中各项污染物的目的。

工艺流程见图 6-1。

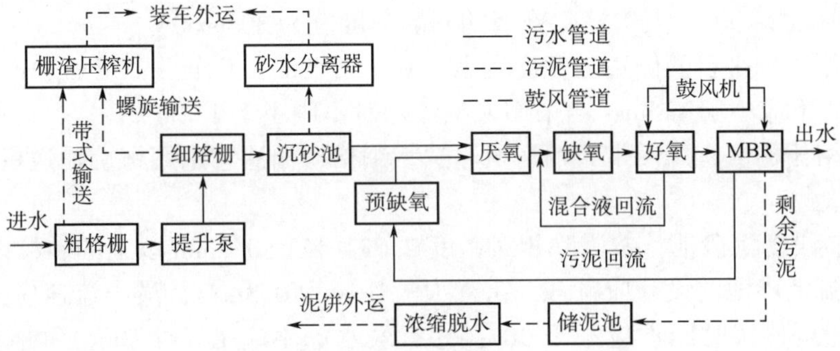

图 6-1　工艺流程

处理过程中产生的污泥静压排放，进入污泥脱水机房，通过污泥浓缩一体机的处理，处理后的干污泥定期外运，产生的污水返回污水处理系统。

第六节　构筑物设计

一、构筑物设计一般原则及程序

构筑物设计按照选定工艺流程顺序依次进行设计。构筑物设计内容包括尺寸计算、设备选择和简图设计三部分。尺寸计算是指通过查阅相关设计手册和规范选定相应的设计参数，计算构筑物的尺寸和构造。设备选择是根据构筑物的类型和设备参数选择附属的设备，比如水泵和鼓风机等，要求详细列出所选用设备的型号、性能、台数等。此外，在计算过程中必须画出简图，从而为画工艺设计图纸做准备。

构筑物设计的核心就是设计参数的确定。对于一些传统工艺，设计参数可以通过查阅设计手册和规范来进行。在此过程中需要注意，去除率可以通过已建构筑物处理同类废水的一般去除率确定，即可以通过文献查阅得到。对于一些新的工艺，由于资料缺乏，一般没有设计手册，因此必须根据其功能进行自行设计，设计计算过程和参数并要求学生去查阅参考资料。在工业废水设计中，由于废水水质水量千变万化，因此同一构筑物处理不同废水的去除率相差较大，即便处理同类废水，由于生产工艺和原料的不同，去除率也可能相差很大，因此，在实际工程中，其去除率主要通过实验室和中试得到，但是在课程设计和毕业设计过程中不可能花费很长时间进行中试，因此仍然采用类比法，尽量查阅相同构筑物处理同类废水的去除率。

二、常用构筑物设计参数

1. 格栅

污水处理系统或水泵前必须设置格栅。

（1）格栅栅条间隙宽度应符合 ①粗格栅：机械清除时宜为16~25mm；人工清除时宜为25~40mm。②细格栅：宜为1.5~10mm。

（2）污水过栅流速宜采用0.6~1.0m/s。除转鼓式格栅除污机外，机械清除格栅的安装角度宜为60°~90°。人工清除格栅的安装角度宜为30°~60°。

（3）隔栅工作平台两侧边道宽度宜采用0.7~1.0m。工作平台正面过道宽度，当采用机械清除时不应小于1.5m，当采用人工清除时不应小于1.2m。

（4）粗格栅栅渣宜采用带式输送机输送，细格栅栅渣宜采用螺旋输送机输送。

2. 沉砂池

污水厂应设置沉砂池，按去除相对密度2.65、粒径0.2mm以上的砂粒设计。

（1）平流沉砂池的设计应符合 ①最大流速应为0.3m/s，最小流速应为0.15m/s；②最高时流量的停留时间不应小于30s；③有效水深不应大于1.2m，每格宽度不宜小于0.6m。

（2）曝气沉砂池的设计应符合 ①水平流速宜为0.1m/s；②最高时流量的停留时间应大于2min；③有效水深宜为2.0~3.0m，宽深比宜为1.0~1.5；④处理每立方米污水的曝气量宜为0.1~0.2m^3空气。

（3）旋流沉砂池的设计应符合 ①最高时流量的停留时间不应小于30s；②设计水力表面负荷宜为150~200$m^3/(m^2 \cdot h)$；③有效水深宜为1.0~2.0m，池径与池深比宜为2.0~2.5。

（4）污水的沉砂量可按每立方米污水0.03L计算，合流制污水的沉砂量应根据实际情况确定。

3. 初次沉淀池

（1）初次沉淀池的主要设计参数：沉淀时间为0.5~2.0h，表面水力负荷为1.5~4.5$m^3/(m^2 \cdot h)$，污泥含水率为95%~97%。

（2）沉淀池的超高不应小于0.3m，有效水深宜采用2.0~4.0m。

（3）当采用污泥斗排泥时，每个污泥斗均应设单独的闸阀和排泥管。污泥斗的斜壁与水平面的倾角，方斗宜为60°，圆斗宜为55°。

（4）排泥管的直径不应小于200mm。

4. 活性污泥法

根据去除碳源污染物、脱氮、除磷、好氧污泥稳定等不同要求和外部环境条件，选择适宜的活性污泥处理工艺。

（1）生物反应池的超高，当采用鼓风曝气时为0.5~1.0m；当采用机械曝气时，其设备操作平台宜高出设计水面0.8~1.2m。

(2) 廊道式生物反应池的池宽与有效水深之比宜采用1∶1~2∶1；有效水深应结合流程设计、地质条件、供氧设施类型和选用风机压力等因素确定，一般可取4.0~6.0m。

(3) 当采用鼓风曝气时，处理每立方米的供气量不应小于$3m^3$；当采用机械曝气时，混合污水所需功率不宜小于$25W/m^3$。

(4) 生物反应池的设计应充分考虑冬季低温对去除碳源污染物、脱氮和除磷的影响，必要时可采取降低负荷、增长泥龄、调整厌氧区及缺氧区水力停留时间和保温或增温等措施。

(5) 原污水、回流污泥进入生物反应池的厌氧区、缺氧区时，宜采用淹没入流方式。

5. 生物接触氧化池

(1) 生物接触氧化池应根据进水水质和处理程度确定采用一段式或二段式，其有效水深一般为3~5m。

(2) 宜根据生物接触氧化池填料的布置形式布置曝气装置，气水比为8∶1。

(3) 生物接触氧化池进水应防止短流，出水宜采用堰式出水，底部应设置排泥和放空设施。

(4) 生物接触氧化池的容积负荷宜根据试验材料确定，无试验材料时，单独碳氧化宜为2.0~5.0$kgBOD_5/(m^3 \cdot d)$，碳氧化和硝化时宜为0.2~2.0$kgBOD_5/(m^3 \cdot d)$。

6. 二次沉淀池

(1) 二次沉淀池的主要设计参数　①位于活性污泥法后时，沉淀时间为1.5~4.0h，表面水力负荷为0.6~1.5$m^3/(m^2 \cdot h)$，污泥含水率为99.2%~99.6%；②位于生物膜法后时，沉淀时间为1.5~4.0h，表面水力负荷为1.0~2.0$m^3/(m^2 \cdot h)$，污泥含水率为96%~98%。

(2) 平流沉淀池的设计应符合　①长宽比不宜小于4，长度与有效水深之比不宜小于8，池长不宜大于60m；②宜采用机械排泥，排泥机械的行进速度为0.3~1.2m/min；③池底坡度不宜小于0.01。

(3) 竖流沉淀池的设计应符合　①水池直径与有效水深之比不宜大于3；②中心管内流速不宜大于30mm/s；③中心管下口应设有喇叭口和反射板，板底面距泥面不宜小于0.3m。

(4) 辐流沉淀池的设计应符合　①水池直径与有效水深之比宜为6~12，水池直径不宜大于50m；②宜采用机械排泥，排泥机械的行进速度宜为1.0~3.0r/h，刮泥板的外缘线速度不宜大于3m/min；③坡向泥斗的底坡坡度不宜小于0.05。

7. 紫外消毒

城市污水处理设施应设置消毒设施。污水消毒程度应根据污水性质、排放标准或再生水要求确定。

(1) 污水的紫外线剂量宜根据试验资料或类似运行经验确定，也可按以下标准确定：二级处理的出水为15~22mJ/cm^2，再生水为24~30mJ/cm^2。

（2）紫外线照射渠的设计应符合下列要求：照射渠水流均布，灯管前后的渠长度不宜小于1m；水深应满足灯管的淹没要求。

（3）紫外线照射渠不宜少于2条，当采用1条时应设置超越渠。

三、构筑物设计实例

1. 设计实例名称

膜-生物反应器（MBR）小区生活污水处理与回用工程。

2. 设计基础资料

（1）设计规模　$50m^3/d$。

（2）进水水质　进水水质如表6-6所示。

表6-6　　小区生活污水水质

COD/(mg/L)	BOD/(mg/L)	氨氮/(mg/L)	总氮/(mg/L)	总磷/(mg/L)	SS/(mg/L)
200~400	100~200	35~50	40~60	5~10	100~200

（3）排放标准要求出水达到《城市污水再生利用　城市杂用水水质》（GB/T 18920—2002）。

3. MBR设计

（1）膜组件的选型　①膜通量：膜通量的选择与污泥过滤性能、污水水质及运行的环境条件有关，一般为0.4~0.6$m^3/(m^2 \cdot d)$。本设计选取的膜通量为0.4$m^3/(m^2 \cdot d)$。②膜元件：本设计拟选择抗污染能力出色的Kubota公司的平板膜元件，其有效面积为0.8m^2/片。因此，膜元件的数量见式（6-6）：

$$N = \frac{Q}{J \times S} = \frac{50}{0.4 \times 0.8} = 157 \qquad (6-6)$$

式中　N——膜元件数量，片

Q——处理水量，m^3/d

J——膜通量，$m^3/(m^2 \cdot d)$

S——膜面积，m^2

③膜组件：采用Kubota公司的ES100型的膜组件，每个膜组件放90片膜。因此，共需要2个ES100型的膜组件，180片膜元件。校核后膜元件的实际运行通量为350L/($m^2 \cdot d$)左右，更有利于维持MBR的稳定运行。ES100型膜组件的尺寸如表6-7所示。

表6-7　　ES100型膜组件规格

型号	长/mm	宽/mm	高/mm	干重/kg	最大重量/kg
ES100	1830	500	2000	440	870

（2）MBR池的容积　考虑将2个膜组件放到一个池子中，并排布置。因此，根据膜组件的布置，反应池的宽度为：$0.3 \times 2 + 0.5 \times 2 + 0.6 = 2.2m$，长度为：$1.83 + 0.25 + 0.25 = 2.33m$，取2.4m。反应池的高度$H$见式（6-7）：

$$H = h_1 + h_2 + h_3 \tag{6-7}$$

式中　H——反应池高度，m

h_1——膜组件高度，m

h_2——膜上水位，m

h_3——超高，m

本设计选用膜组件高度 h_1 为 2.0m，膜上水位 h_2 取 0.3m，超高 h_3 取 0.5m，则反应池高度 H 为 2.8m，有效水深为 2.3m。因此，MBR 池的长×宽×高＝2.4m×2.2m×2.8m，有效容积（2.4m×2.2m×2.3m）约为 $12m^3$。

校核水力停留时间为 5.76h，满足要求。

（3）剩余污泥产量　剩余污泥量按式（6-8）计算：

$$\Delta X = Y_{obs} Q(S_0 - S_e) \tag{6-8}$$

式中　ΔX——剩余污泥产量，kgVSS/d

Y_{obs}——表观产率，kgVSS/kgCOD

Q——污水流量，m^3/d

S_0——进水 COD 浓度，mg/L

S_e——出水 COD 浓度，mg/L

按照污泥龄为 30d，表观产率为 0.12kgVSS/kgCOD，污水流量为 $50m^3/d$，进出水 COD 浓度分别为 400mg/L、50mg/L，则：$\Delta X = 0.12 \times 50 \times (400-50) \times 10^{-3} = 2.1$kgVSS/d。

而污泥浓度计算见式（6-9）：

$$X = \frac{\theta_c}{t} \times Y_{obs} \times (S_0 - S_e)$$

$$= \frac{30 \times 24}{5.76} \times 0.12 \times (400-50) \times 10^{-3} = 5.25\text{gVSS/L} \tag{6-9}$$

式中　X——污泥浓度，gVSS/L

θ_c——泥龄，d

t——水力停留时间，h

则剩余污泥体积约为 $0.4m^3/d$。

（4）曝气系统计算　MBR 进行曝气一方面是为微生物降解有机物提供必要的电子受体，另一方面是为了降低膜污染。

①膜装置洗净所需气量：根据 Kubota 公司提供的经验值，每张膜元件洗净所需空气量 q 为 10~15L/min，本设计取 q＝12L/min，则本设计所需气量：$G = N \times q$。本设计共有 180 片膜元件，因此气量 G 为 180×12L/min＝$2.16m^3/min$。

②生物处理所需气量见式（6-10）：

$$R = aQ(S_0 - S_e) + bVX \tag{6-10}$$

式中　R——需氧量，kgO_2/d

V——MBR 有效容积，m^3

a、b——常数

a 和 b 分别取 0.5 和 0.12，则：$R = 0.5 \times 50 \times (400 - 50) \times 10^{-3} + 0.12 \times 12 \times 5.25 =$

16.31kgO_2/d。

所需气量见式（6-11）：

$$G = \frac{R_0}{0.3E_A} \tag{6-11}$$

R_0=（1.33~1.61）R，取 $R_0 = 1.5R$，$R = 16.31$kgO_2/d。由于采用穿孔管曝气，充氧效率 E_A 为 5%，则：$G = \frac{R_0}{0.3E_A} = \frac{1.5 \times 16.31}{24 \times 60 \times 0.3 \times 5\%} = 1.13\text{m}^3/\text{min}$。

由于生物氧化所需空气量小于膜洗净所需要空气量，鼓风机的选择应以膜洗净所需空气量为依据，因此，MBR 所需气量为 2.16m^3/min。

（5）设备选型　①自吸泵：自吸泵用于抽吸膜组件，能够对应平常时的通量以上的能力。所选流量应大于2.08m^3/h，吸水扬程大于6m，出水扬程大于8m。所选自吸泵参数如下：型号：PU－400E；数量：2 台，一用一备；出口口径：40mm；流量：6.6m^3/h；吸程：6m；扬程：9m；电机功率：0.4kW。

②鼓风机：所需风量大于 2.16m^3/min，风压大于 3.5m 水柱。所选鼓风机参数如下：型号：HC－601S；数量：2 台，一用一备；出口口径：50mm；风量：2.24m^3/h；风压：39.2kPa；电机功率：4kW。

第七节　污水处理厂总体布置

一、平面布置

污水处理厂的总体布置是指为达到污水处理厂所规定的处理目标，对污水处理厂内构（建）筑物及公用设施的空间布置。当然，污水处理厂的各处理构筑物必须按照污水处理厂的处理水量、水质及处理后的出水要求等通过计算并结合实际情况比较后确定。在选择过程中，需要从技术可靠性，维护管理是否方便，经济上是否合理作比较。在进行平面布局时候，必须考虑如下几个方面。

1. 布置基本原则

（1）减少水头损失，节约能量耗损，降低运行成本　污水处理厂的处理流程布置是污水处理厂总体设计的主要内容。首先应满足按处理需要确定的各处理构筑物尺寸以及流经各构筑物的水力要求。一般情况下，污水进入污水处理厂经一次提升后，往往借重力流经各处理构筑物，为了减少水头损失，构筑物的布置应避免迂回曲折，并应尽可能缩短构筑物之间的距离。当然也必须考虑到土建的要求和维护的通道。

（2）因地制宜，结合地形，注意土方平衡　由于污水处理厂内构筑物一般按重力流流动布置，当厂址处于丘陵地带时，可利用地形的高低，顺坡布设构筑物，但要注意妥善处理交通运输问题。为了减少土石方的数量，对原有的洼地和池塘等，可安排布置泵房吸水井、调节池、深水曝气池、贮泥池等埋深较大的构筑物，有时为了利用这些洼坑，亦可改变构筑物的形式与之适应，如将机械刮泥的沉淀池改为多斗重力排泥的形式等。

（3）顺应进出水方向，方便巡视、维护和维修　污水处理厂的进出水方向，一般在选定厂址时已经明确，进水管的方向受污水管网的布置和进厂道路的制约，出水管则受污水排放水体位置的影响。厂内的构筑物宜顺应进出水管方向，当进水管方向在一侧而其出水管在相对一侧时宜按直线布置。直线布置构筑物之间的管渠短，易于配水；U形布置构筑物呈块状集中，但管渠比较曲折，当污水处理厂规模较大，构筑物之间有道路经过时，管渠的连接要考虑到与道路的交叉。曲尺形布置，构筑物的布置不如直线和U形容易集中紧凑，但当能顺应可用地的地形或在内档布置辅助建筑物时，也能做出紧凑的布置。总之需视实际情况因地制宜的进行布置。此外，在平面布置时还应注意操作工的巡检方便，即在平面和立面上（上下扶梯）都应使巡检的路线简捷，特别是化验的水样采取人工取样时，更应考虑这方面的要求。

(4) 考虑远近结合　污水处理厂的分期建设有的是规模上的分期，有的是处理分级上的分期。当污水处理厂已决定分期建设时，在总体和流程布置上就应统筹考虑，使近期的建设项目相对集中，避免早占地和分散占地，也应考虑到下期续建时整体上的合理性，在流程上应很好衔接，使施工和安装方便。在实际工程中，规模的分期往往是按模数比例安排的，为此，每期形成块状布置，如果分期的期限不是太长，如泵房、鼓风机房等安装设备的建筑物往往按远期规模建造，设备则可按近期需要配置。

2. 布置要点

在污水处理厂厂区内有：各处理单元构筑物；连通各处理构筑物之间的管、渠及其他管线；辅助性建筑物；道路以及绿地等。进行污水处理厂厂区平面规划、布置时，各部分应该注意的要点如下。

(1) 各处理构筑物的平面布置　处理构筑物是污水处理厂的主体建筑物，平面布置时，应根据各构筑物的功能要求和水力要求，结合地形和地质条件，确定它们在厂区内平面的位置，对此，应考虑以下事项。①贯通、连接各处理构筑物之间的管、渠便捷、直通，避免迂回曲折。②土方量做到基本平衡，并避免劣质土壤地段。③处理构筑物之间应保持一定的间距，以保证敷设连接管、渠的要求，一般间距可取 5 ~ 10m。某些有特殊要求的构筑物，如污泥消化池、消化气罐等，其间距应按有关规定确定。④各处理构筑物在平面布置上应考虑尽量紧凑。

(2) 管渠的平面布置　①在各处理构筑物之间，设有贯通、连接的管、渠。此外，还应设有能够使各处理构筑物独立运行的管、渠，当某一处理构筑物因故停止工作时，使其后接处理构筑物，仍能够保持正常的运行。②应设超越全部处理构筑物，直接排放水体的超越管。③在厂区内还设有给水管、空气管、消化气管、蒸汽管以及输配电线路。这些管线有的敷设在地下，但大部都在地上，对它们的安排，既要便于施工和维护管理，也要紧凑，少占用地，也可以考虑采用架空的方式敷设。④污水处理厂厂区内应有完善的排雨水管道系统，必要时应考虑设防洪沟渠。

(3) 辅助建筑物　污水处理厂内的辅助建筑物有泵房、鼓风机房、办公室、集中控制室、水质分析化验室、变电所、机修、仓库、食堂等。它们是污水处理厂不可缺少的组成部分。其建筑面积大小应按具体情况与条件而定。有可能时，可设立试验车间，以不断研究与改进污水处理方法。辅助建筑物的位置应根据方便、安全等原则确定。如鼓风机房应设于曝气池附近，以节省管道与动力；变电所宜设于耗电量大的构筑物附近等；化验室应远离机器间和污泥干化场，以保证良好的工作条件；办公室、化验室等均应与处理构筑物保持适当距离，并应位于处理构筑物的夏季主风向的上风向处；操作工人的值班室应尽量布置在使工人能够便于观察各处理构筑物运行情况的位置。

在污水处理厂内应合理修筑道路，方便运输，广为植树绿化美化厂区，改善卫生条件，改变人们对污水处理厂“不卫生”的传统看法。

应当指出，在工艺设计计算时，就应考虑它和平面布置的关系，而在进行平面布置时，也可根据情况调整构筑物的数目，修改工艺设计。

总平面布置图可根据污水处理厂的规模采用1：100~1：1000的地形图绘制。

二、高程布置

污水处理厂污水处理流程高程布置的主要任务是：确定各处理构筑物和泵房的标高，确定处理构筑物之间连接管渠的尺寸及其标高，通过计算确定各部位的水面标高，从而能够使污水沿处理流程在处理构筑物之间通畅的流动，保证污水处理厂正常运行。

1. 高程布置遵循的原则

在进行污水处理厂高程布置的时候，一般应遵循如下原则。①处理水在常年绝大多数时间里能自流排放水体。需要注意的是排放水位不一定选取水体多年最高水位。因为具有一定频率的最高水位出现的时段很短，不过几小时或几天时间，按最高水位设计处理流程之水面标高，势必造成常年的水头浪费，在我国现在的情况下，应极力避免。应将多年中经常出现的较高水位作为水体的排放水位，而当水体水位高于设计排放水位时，进行短时间的提升排放，往往是经济的。②各处理构筑物和联络管渠的水头损失要仔细计算。考虑最大时流量、雨天流量和事故时流量的增加，并留有一定余量。③考虑规模发展水量增加的预留水头。④处理构筑物间避免跌水等浪费水头的现象。⑤在仔细计算并留有余量的前提下，全程水头损失及原污水提升泵站的全扬程都应力求缩小。

为了降低运行费用和便于维护管理，污水在处理构筑物之间的流动，以按重力流考虑为宜（污泥流动不在此列）。为此，必须精确地计算污水流动中的水头损失。水头损失包括以下三项。①污水流经各处理构筑物的水头损失。在做初步设计时，可按表6-8所列数据估算。但应当认识到，污水流经处理构筑物的水头损失，主要产生在进口、出口及需要的跌水（多在出口）处，而流经处理构筑物本体的水头损失则较小。②污水流经连接前后两处理构筑物管渠（包括配水设备）的水头损失，包括沿程与局部水头损失。③污水流经测流设备的水头损失。

表6-8　污水流经各处理构筑物的水头损失　　单位：cm

构筑物名称	水头损失	构筑物名称	水头损失
格栅	10~25	装有固定喷洒布水器	450~430
沉砂池	10~25	混合池和接触池	10~30
平流式沉淀池	20~40	污泥干化场	200~350
装有旋转式布水器	270~28075	竖流式沉淀池	40~50

续表

构筑物名称	水头损失	构筑物名称	水头损失
辐流式沉淀池	50~60	氧化沟（与长度无关）	30~40
双层沉淀池	10~20	SBR 池	150~250
完全混合曝气池	20~30	气浮池	20~30
推流曝气池	50~150	混合式接触池	10~20
过滤池	20~30	水力漩流	30~50
水解酸化池	20~40	机械搅拌	10~20

2. 高程计算的注意点和步骤

在对污水处理厂污水处理流程进行高程布置时，应注意如下几点。

（1）选择一条距离最长，水头损失最大的流程进行水力计算。并应适当留有余地，以保证在任何情况下，处理系统能够正常运行。

（2）计算水头损失时，一般应以近期最大流量（或泵的最大出水量）作为构筑物和管流量；计算涉及远期流量的管渠和设备时，应以远期最大流量为设计流量，并酌加扩建时的备用水头。

（3）设置终点泵站的污水处理厂，水力计算常以接受处理后污水水体的最高水位作为起点，逆污水处理流程向上倒推计算，以使处理后污水在洪水季节也能自流排出，而水泵需要的扬程则较小，运行费用也较低。但同时应考虑到构筑物的挖土深度不宜过大，以免建投资过大和增加施工上的困难。还应考虑到因维修等原因需将池水放空而在高程上提出的要求。

（4）在进行高程布置时还应注意污水流程与污泥流程的配合，尽量减少需抽升的污泥量。污泥干化场、污泥浓缩池（湿污泥池）、消化池等构筑物高程的确定，应注意它们的污泥水能自动排入污水入流干管或其他构筑物的可能性。

（5）高程布置中最多利用水泵进行二次提升，尽可能进行一次提升。

（6）如果有池子埋于地下，则有土挖出，为了减少土方运出费用，常常将这部分土用于构筑物抬高；也可用于回填，如用于回填，会使整个场地的地面升高，从而对整个流程高程的绝对标高产生影响，但是管线和构筑物之间的相对高度不会发生变化，在标注时候需注意。

（7）在绘制总平面图的同时，应绘制污水与污泥的纵断面图或工艺流程图。绘制纵断面图时采用的比例尺，横向与总平面图同，纵向为 1∶50~1∶100；在画图过程中由于美观需要，横向和纵向比例可不一致，但是需要在说明中说明；同时构筑物内部细部结构可以简单示意，因为高程图的主要作用是使读者了解工艺流程、构筑物与地面之间关系、构筑物之间的关系以及管线埋深，这是反映的重点。

污水处理厂高程确定的步骤如下。

（1）确定流量　近期最大流量（泵底最大流量）；涉及远期流量，管渠和设备采用远期最大流量作为设计流量。

（2）选择工艺流程中最长的一条管线。

（3）从工艺流程图和水厂平面布置图上画出此最长管线图的流程，并标明构筑物、构筑物之间的连接管道或者管渠、沟渠。

（4）从平面布置图上量出连接构筑物之间的管道长度，管渠或者沟道长度，用以计算沿程损失，并从设计说明书中查出管道、管渠和沟道的材料以及尺寸（圆形管道是直径，沟渠是高和宽）；从平面布置图上得出管线、管渠和沟道的转折个数，并在最长管线图流程上标出，用以计算局部损失。

（5）计算连接构筑物之间的管道和沟渠的沿程损失和局部损失。

（6）查出每个构筑物的水头损失。

（7）对构筑物内部有集水槽的，要考虑并计算堰上水头、自由跌落和槽起端水深。

（8）根据上述计算结果，列表逆向进行计算，得出各构筑物的标高，得到高程图。

（9）简单示意高程图上应该标出进出水管中心线标高，构筑物的池顶、池底和水面标高。

（10）作详细高程图。

3. 示例

（1）列出设计流量　近期平均流量 174L/s，最大流量 300L/s；远期平均流量 348L/s，最大流量 600L/s。

（2）分析工艺流程　典型工艺流程如图 6-2 所示。其中初沉池、曝气池和二沉池都有集水槽。

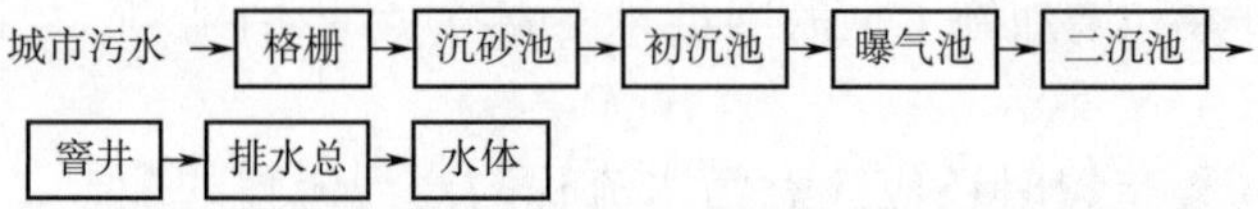

图 6-2　工艺流程

（3）计算管道沟渠沿程损失和局部损失，查出构筑物的水头损失，并计算集水槽上的堰上水头、自由跌落和槽起端水深。这部分内容省略，计算方法参考设计案例中的具体计算过程，这里直接给出计算结果，见表 6-9，列表逆向计算。

表 6-9　　**高程计算举例**　　单位：m

项目	沿程损失	局部损失（集水槽起端水位）	堰上水头	自由跌水	总计损失	高程名称	高程
收纳水体						收纳水体	49.25
排水总管				0.8	0.8	排水管出口	50.05
窨井内损失	0.39				0.39	窨井进口水面标高	50.44

续表

项目	沿程损失	局部损失（集水槽起端水位）	堰上水头	自由跌水	总计损失	高程名称	高程
窨井进水管					0.05	窨井进水管水面	50.49
二沉池出水总渠末端到窨井之间管道的损失	0.35				0.35	二沉池出水总渠末端	50.84
二沉池出水总渠起端和末端损失	0.10				0.10	二沉池出水总渠起端	50.94
二沉池出水集水槽		0.38	0.10	0.02	0.5	二沉池出水堰前水面	51.44
沉淀池内部损失	0.31				0.31	二沉池进水槽后水面	51.75
沉淀池进水槽		0.26	0.15		0.41	沉淀池进水槽前水面	52.16
曝气池出水到沉淀池之间管道损失	0.22				0.22	曝气池出水总渠水面	52.38
曝气池中内部损失	0.26				0.26	曝气池进水堰后水面	52.64
曝气池进水集水槽			0.38	0.02	0.58	曝气池进水槽前水面	53.22
初沉池出水井和曝气池之间管道	0.15	0.29			0.44	初沉池出水井	53.66
初沉池出水集水槽	0.10	0.44	0.03	0.10	0.67	初沉池出水集水槽堰前	54.33
初沉池内部损失	0.32				0.32	初沉池进水集水槽堰后	54.65
初沉池进水集水槽			0.30	0.15	0.45	初沉池进水集水槽堰前	55.10
沉砂池和初沉池之间管道	0.02				0.02	沉砂池出口后	55.12
沉砂池出口				0.05	0.05	沉砂池出口	55.17
沉砂池内部	0.20				0.20	沉砂池进口	55.37
格栅		0.15			0.15	格栅前	55.52

上述过程只是理论计算，在实际过程中常常可以在计算结果上适当加大水头损失，保证流量变化时，废水仍然能够顺利利用重力流动。

三、管线和管渠布置

管线及管渠布置原则及要点如下：

（1）综合考虑，协调布置　污水处理厂内各种管道、渠道和沟道种类繁多，在对构筑物之间进行连接时候要选用合适的类型：管道还是沟渠，明沟还是暗沟等；同时布局时要协调考虑，避免管道的交叉和相互影响，同时又要注意能同沟敷设的尽量同沟敷设，节约土建费用，方便维修；明确各类管道的平面布置、控制点坐标、中心高程、交叉净距等，做出管道综合，减少和避免相互碰撞。

（2）布置管道和沟渠时要尽量缩短管线长度，节约投资费用；注意埋深，尽量不要埋太深，否则挖掘费用太高，而且将来维修不方便，同时埋深不得高于当地冰冻线标高。

（3）管道和沟渠布置时避免转弯，尽量直线，降低局部损失和弯头的数量；在管道的转弯和交叉处应该设有清扫口。

（4）从便于维修、清刷和减少水头损失的角度考虑，连接污水处理构筑物之间的管渠，以矩形明渠为宜，明渠多由钢筋混凝土制成，也可采用砖砌，必要时或在必要部位也可以采用钢筋混凝土管或铸铁管。在寒冷地区，为了防止冬季污水在明渠内冻结，在明渠上加设盖板。

（5）为了防止污水中的悬浮物在管渠内沉淀，污水在明渠内必须保持一定的流速。在最大流量时，流速可介于1.0～1.5m/s；在最低流量时，流速不得小于0.4～0.6m/s（特殊构造的渠道，流速可减至0.2～0.3m/s）。在管道中的流速应大于在明渠中的流速，并尽可能大于1m/s，因为如在管道中产生沉淀现象难于清除，增加维修工作量；但是流速也不能过大，否则水头损失太大，能量消耗太多；而且流速还和水质有关，如曝气池和二沉池之间的管渠，既要考虑不使污泥沉淀，又要考虑过大流速会破碎活性污泥絮体，希望流速在0.06m/s左右。此外，在通过活性污泥混合液的渠道中，有时为了满足最小断面要求，而流速不能达到最小流速时，就根据需要布置充气装置，以搅动混合液，不使污泥沉淀。

（6）对于污水管的设计，由于存在污水量的变化，各构筑物间污水管的设计流量见表6-10。

表6-10　　各构筑物间污水管设计流量

段落	设计流量
进水泵房出口—初沉池	设计最大时污水量；合流制污水；雨天设计污水量
初沉池—曝气池	设计最大时污水量
曝气池—二沉池	设计最大时污水量+设计回流污泥量
二沉池—出口	设计最大时污水量
初沉池—出口	设计最大时污水量；合流制污水；雨天设计污水量

注：由于污水泵的配置问题，在选定污水管管径时，还需用泵的运行流量校核计算。

（7）当活性污泥处理采用鼓风曝气时，空气管的敷设应注意入地后的防腐保护，当用离心风机供风时，由于温度可达到80℃左右或更高，一般采用钢管为宜，钢管配件连接处的垫料宜采用耐热材料，若钢管长距离裸露，还应验算受热后的应力和变形。

（8）污水处理厂内的主要构筑物一般不少于2个，并按并联设计，若构筑物间的连接管渠只有一根，在发生事故或需维修时可能使整个污水处理厂的功能受影响。所以主要构筑物的连接管渠或设双管或设有超越管线。

（9）由于污水处理厂内管线复杂，为便利检修维护，在国外的一些大规模污水处理厂中，已把各类管线收纳在管廊中，在保证管线坡度和支承固定等要求外，应保证检修的方便。若把管廊与设施的地下室、办公楼等连接起来，又可作为特殊的通道。

管廊内管渠的固定，一般都适用管架和吊架。在管廊内的管道也要考虑温度、振动以及管廊不均匀沉降所引起变形的处理措施。

管廊内要考虑换气和照明。管廊内应设置底坡和排水坑，视需要设置排水泵。管廊的混凝土应为水密性的，并要注意在地下室与管廊之间设防火、防水隔墙，在入口处设防火门，对管廊内各类管线及配件应有明显的标志。

四、生产管线和辅助管线

污水处理厂的生产辅助管线有超越管、放空管、排水管道、给水管道以及电力电缆、通讯电缆、蒸汽管道等。电力、通讯电缆和热力管道一般不属于环境工程本科生学习范畴，此处不做介绍。

1. 超越管线

设置超越管的目的是当某一构筑物因检修或者故障等原因停止工作时，可使污水超越该部分而不中断整个处理流程，通过超越处理虽然水质处理可能在某一方面不达标，但是总比不处理排放好。超越管在污水处理厂内是相当重要的一个组成部分。特别当工艺中某个处理设备没有并行配套或者备用的情况下尤显重要；一般来说比较容易崩溃的生物处理设施经常设置超越管道。超越管道在总平面图上的布置方式是按照对具体构筑物的超越要求而定。

2. 排空管线

在污水处理厂内，某些处理构筑物有时因检修等原因需要排空，一般在这种构筑物底部都设有排空管，排空管的设置除要考虑排空时间（一般不超过24h）和排空程度外，还要考虑排出口的标高和环境要求，所以原则上污水处理厂的排空管都应排至进水泵房的进水井，然后通过流程进行处理。排空管的设置有时可以同超越管结合布置。小型污水处理厂或个别深池，也可不设排空管，在需要排空时采用临时水泵抽空。

3. 排水管线

污水处理厂内的排水管系统宜采用分流制。排水管分为雨水管和污水管。雨水管的作用是收集厂内的场地和道路雨水，并就近排除，污水处理厂的道路雨水口一般采用城市道路式，雨水管的设计重现期可采用一年。

当污水处理厂设在江、河等水体附近时，应注意收集水体的水位变化资料，当最高水位高出污水处理厂地坪，通过技术经济比较，不宜实行提高地坪标高措施时，应设置防洪堤岸，防洪标高的标准应与城市内相当的工业企业一致，一般不低于百年一遇标准。

当在丘陵地区或者山区建设污水处理厂时，要避免污水处理厂设在排洪沟位置上，如实在无法避免时，则设计上应设法在污水处理厂围墙的外侧设截洪沟和排洪沟，截洪沟和排洪沟的断面应通过水力计算确定，可以做成梯形或者矩形断面，通常用石块铺砌。防洪沟的设计采用重现期50~100年，或遵照当地规范选用。

污水处理厂内的办公室、宿舍、食堂、厨房等生活污水和污泥处理装置排出的污泥水等均需要纳入污水管道，污水管道宜排入进水泵房的吸水井内，使污水通过处理设施处理。

4. 厂内自来水管线

厂内自来水管线，指厂内生活饮用、池子冲洗、药品溶解、化验室用水、消防等清洁的用水管线，一般由场外的城市自来水管网中接出，当污水处理厂远离市区，附近无自来水管网时，可自备水厂。消火栓应设置在泵房、办公室等建筑物附近，消火栓规格与当地要求相同。在各处理构筑物附近应设冲洗龙头。

5. 电缆沟

污水处理厂内的电缆有动力电缆、照明电缆以及控制电缆。当污水处理厂自动化程度较高时，控制电缆更为复杂。为了集中敷设电缆，便于日后检修，有些污水处理厂开始采用集中电缆沟。电缆沟的断面按电缆数量而定，电缆沟深度一般不小于0.8m，宽度不小于0.7m。电缆沟上用混凝土盖板覆盖，其顶面应与地面齐平，沟底有条件时应做成坡度以利排水，每隔一段距离设有集水排出口，接入附近排水管道。沟壁上可以做成分排铁架，挂架电缆。电缆沟一般为钢筋混凝土结构。

超越管的布置要根据总平面各构筑物的位置精心安排，使管线尽量短捷，且要考虑使用后的清扫，避免长期不使用而沉积堵塞，在污泥处理系统中尤为重要。

五、公共设施

污水处理厂的公共设施包括道路、给水管网、雨水管、污水管、热力管、沼气管、电力及电讯电缆、照明设备、围墙、绿化等。

1. 道路

污水处理厂厂内道路要满足运输和人员活动的需要，但运输量不像城市道路那样频繁，荷载也不大；厂内道路应合理布置，方便运输，通常环绕处理池组做成环状。污水处理厂内的道路一般分为车行道和步行道。

车行道是厂内各建筑物或构筑物间的联系道路，供厂内生产、生活所需及各种物品的运输。污水处理厂的车行道一般为单车道，宽度可为3.5m左右，双车道的宽度为6~7m，并应有回车道。当污水处理厂规模较大时，车行道应尽量布置成环形。

步行道为厂区内的辅助道路，应满足厂内工作人员步行及人力搬运的需要。步行道的宽度一般可采用1.5~2.0m。当厂内设置天桥时，天桥的宽度不宜小于1m。通向高架构筑物的扶梯倾角不宜大于45°。

道路的转弯半径与车辆种类等因素有关。污水处理厂内的道路、车行道的转弯半径不宜小于6m，一般应为10m。道路的纵坡一般应小于6%，最大不超过8%，平坦地区为便于雨水排除纵坡可控制在1%~2%，最小为0.4%。

2. 供水

厂内供水一般由城市自来水干管接支管供应。管网布置应考虑各种处理构筑物的冲洗，并应考虑设置若干个消火栓。为了节约用水，可考虑设中水道，将部分二级处理出水加以适当深度处理，用于处理构筑物的洗涤、厕所冲洗，以及绿化、消防用水。

3. 雨水排除

设计污水处理厂时应考虑雨水排除，以免发生积水事故，影响生产。

4. 污水排除

厂内各种辅助建筑物如办公楼、化验室、宿舍等均有污水排出，必须设置污水管。污水管最后接入泵站前的城市污水干管中。厂内污水管也是各种构筑物放空或洗涤时的排水管。

5. 绿化

为了改善污水处理厂的环境和形象，保证工作人员的身心健康，必须尽可能在建筑物和构筑物之间或空地上进行绿化，创造优美和卫生的环境。办公、化验、食堂、宿舍等经常有人工作和生活的地区，与处理构筑物之间，应有一定宽度的绿带隔离。在开敞式的处理池附近，不宜种植乔木，以免树叶落入池内，增加维护工作，应多种草皮和灌木。

6. 通讯、供电、仪表及自动控制等

一般在环境工程专业毕业设计时可不做要求。

六、辅助设施

污水处理厂的辅助建筑物有办公楼、化验室、仓库、单身宿舍、维修车间、锅炉房、值班室、警卫室等，其规模根据污水处理厂的规模和需要确定。

1. 办公室及化验室

办公室是行政管理的中心，也是全厂的集中控制中心。办公室（楼）应位于厂区进口处，以便来访和邮递人员出入。办公室的布置应考虑管理方便，其外形应较其他设施美观大方。行政办公用房，每人（即每一编制定员）平均面积为 5.8~6.5m^2。化验室是检验污水处理工艺成果的地方，两者都是污水处理厂必不可少的建筑物。化验室面积和定员应根据污水处理厂规模和污水处理级别等因素确定，其面积和定员应按表 6-11 采用。

表 6-11　　化验室面积和定员

规模/($\times10^3m^3/d$)	面积/m^2		定员（人）	规模/($\times10^3m^3/d$)	面积/m^2		定员（人）
	一级厂	二级厂	二级厂		一级厂	二级厂	二级厂
0.5~2	70~100	85~140	2~3	5~10	120~180	200~280	5~7
2~5	100~120	140~200	3~5	10~50	180~250	280~380	7~15

2. 变电站

变电站应设在耗电量大的构筑物附近，在中、小型污水处理厂内，宜设在鼓风机房或进水泵站附近。但在大型污水处理厂内，各构筑物相距甚远，为了节省电缆，可设置若干个变电站，其数量视需要而定。

3. 仓库

仓库可集中或分散布置，其总面积应按表 6-12 采用。

表 6-12　二级污水处理厂仓库面积

污水处理厂规模/($\times10^3 m^3/d$)	面积/m^2	污水处理厂规模/($\times10^3 m^3/d$)	面积/m^2
0.5～2	60～100	5～10	150～200
2～5	100～150	10～50	200～400

4. 传达室

传达室可根据需要分为 1～3 间（收发和休息等），其面积按表 6-13 采用。

表 6-13　二级污水处理厂传达室面积

污水处理厂规模/($\times10^3 m^3/d$)	面积/m^2	污水处理厂规模/($\times10^3 m^3/d$)	面积/m^2
0.5～2	15～20	5～10	20～35
2～5	15～20	10～50	25～35

5. 维修间

维修间一般包括机修间、电修间和泥木工间。各部分面积与定员应根据污水处理厂规模、处理级别等因素确定，可按表 6-14 至表 6-16 采用。

表 6-14　机修间面积与定员

规模/($\times10^3 m^3/d$)		0.5～2	2～5	5～10	10～50
一级污水处理厂	车间面积/m^2	50～70	70～90	90～120	120～150
	辅助面积/m^2	30～40	30～40	40～60	60～70
	定员/人	3～4	4～6	6～8	8～10
二级污水处理厂	车间面积/m^2	60～90	90～120	120～150	150～180
	辅助面积/m^2	30～40	40～60	60～70	70～80
	定员/人	4～6	6～8	8～12	12～18

表 6-15　电修间面积与定员

污水处理厂规模/($\times10^3 m^3/d$)	一级污水处理厂		二级污水处理厂	
	面积/m^2	定员/人	面积/m^2	定员/人
0.5～2	15	2	20～30	2～3
2～5	15	2～3	30～40	3～5
5～10	20	3～5	40～50	5～8
10～50	20	5～8	50～60	8～14

表 6-16　　泥木工间面积与定员

污水处理厂规模/（$\times 10^3 m^3/d$）	一级污水处理厂		二级污水处理厂	
	面积/m^2	定员/人	面积/m^2	定员/人
5~10	30~40	2~3	40~50	3~5
10~50	40~70	3~5	50~100	5~8

另外，在污水处理厂内还应设置露天操作工的休息室（带卫生间），其面积定额可取 5m^2/人，总面积不少于 25m^2；污水处理厂内宜设置球类等活动场地，其面积按 30m×20m 考虑；厂内可设自行车车棚，车棚面积应由存放车辆数及其面积定额确定。存放车辆数可按污水处理厂定员的 30%~60%采用，面积定额可按 0. 8m^2/辆考虑。

与污水处理厂有关的生活福利设施（如食堂、浴室、宿舍等）应按国家有关规定执行。

第八节　经济成本核算

一、概　预　算

（一）概预算主要基础资料的依据

①国家或地方有关主管部门批准的设计任务和其他有关规定文件；②设计文件（初步设计或施工图设计）；③各省市地区或国家部委规定颁发现行的建筑安装工程概预算定额、经济指标、建筑材料和设备预算价格，以及现行规定的相关文件；④各省市地区或国家各部门所规定的现行的间接费定额及其他工程费用的取费标准；⑤与有关单位协调确定的费用或取费标准；⑥建筑场地的地质情况、土壤类别、地下水位、常规性气象等资料。

（二）概预算所需有关资料

1. 定额

当地或国家颁布现行的建筑安装工程和市政工程概预算定额、综合预算定额或预算定额以及单位估价表。

2. 人工及材料价格

①土建材料预算价格、施工机械台班单价、现行关于差价调整有关文件以及差价调整的具体计算方法；②当地工程造价主管部门发布的价格和造价信息资料；③管材及阀门供应来源、以往的采购情况、管道配件的价格和超重情况；④建筑安装工程工资单价和组成；⑤现行有关设备原价和运杂费率。

3. 费率取用

①施工管理费和各项独立费用的费率；②工程所在地的土地征购、租用、青苗、拆迁补偿价格和费用；③场地“三通一平”的费用标准；④冬雨季施工、远征费用；⑤当地所用建筑造价指标以及市政配套设施的费用；⑥建筑单位管理费、职工培训费、

办公家具购置费以及预备费等。

4. 建设场地的工程和水文地质资料

①土质情况；②地下水位及水质情况；③地基情况；④防洪情况。

5. 当地施工条件

①施工组织设计文件；②挖运土方式和运输距离；③基坑或沟槽开挖边坡、支撑方式、降低地下水的方法；④能否承担水下埋管、渗井等工程；⑤预计承包该工程的施工单位性质和装备情况。

6. 管道施工情况

①是否开挖、修复路面，路面结构情况，开修路面的单价；②管道沿线的拆迁，其他管道的搬迁、临时加固措施等情况；③过河管及穿越障碍的可能施工方法。

7. 供电及电费情况

①供电贴费，供电外线每公里的费用情况；②电费单价。

8. 资金情况

①投资来源，包括自筹资金、国家拨款或贷款、国外贷款等；②贷款利率、偿还期、偿还方式等；③预计建设期限，建设期间利息的支付方式；④制水成本、售水价格、水资源费价格、排污费收取标准。

（三）概预算编制的基本方法

1. 设计预算的编制

①根据初步设计的要求、工程项目组成、工艺流程、结构特征，计算出构筑物面积、体积以及主要设备能力，采用投资估算指标或技术经济指标来进行编制；②根据设计所提出的详细设备清单、管道布置图、建筑和结构型式及尺寸等资料，按概预算定额或单体构筑物技术经济指标，以及当地价格、取费标准进行编制。

2. 施工图预算的编制

施工图预算的编制主要有单位估价法和实物估价法两种，我国当前习惯采用单位估价法编制施工图预算。单位估价法是利用分部分项工程单价计算工程造价的方法，其计算步骤如下：①根据施工图计算分部分项工程量；②根据地区单位估价表或预算定额乘以单价计算分部分项工程直接费，并汇总为单位工程直接费；③计算间接费、计划利润，并与直接费汇总得出单位工程预算造价；④进一步汇总各单位工程预算和其他费用预算以及预备费等，得出综合预算造价和总预算造价。

二、处理成本

污水处理厂成本的计算，按污水处理（包括污泥处理部分）成本的构成内容计算全年的总费用，再除以全年的污水处理量，即为污水的单位处理成本，计量单位用元/m^3表示。通常，构成污水处理成本的费用项目有以下几项。

1. 能源消耗费 E_1

包括在污水处理过程中所消耗的电力、蒸汽、自来水、煤和油等能源费用。由于污水处理厂蒸汽、自来水、煤和油等能耗不大，可不计。主要能耗是电力，其计算式见式(6-12)：

$$E_1 = \frac{365 \times 24ND}{K}(\text{元}/\text{年}) \tag{6-12}$$

式中　N——污水处理厂内的水泵、鼓风机及其他用电设备的实际用电负荷总和（不包括备用设备），kW

D——电费单价，元/(kW·h)

K——污水处理总变化系数

2. 药剂费 E_2

药剂费计算式见式（6-13）：

$$E_2 = 365 \times Q \times 10^{-6} \times (a_1 b_1 + a_2 b_2 + \cdots)(\text{元}/\text{年}) \tag{6-13}$$

式中　Q——平均日处理水量，m^3/d

a_1、a_2——各种药剂（包括混凝剂、助凝剂、消毒剂等）的平均投加量，mg/L

b_1、b_2——各种药剂的相应单价，元/t

3. 工资福利费 E_3

计算公式见式（6-14）：

$$E_3 = AM(\text{元}/\text{年}) \tag{6-14}$$

式中　A——职工每人每年的平均工资及福利费，元/(年·人)

M——职工定员人数

4. 固定资产基本折旧费 E_4

计算公式见式（6-15）：

$$E_4 = (SF + P)k_1(\text{元}/\text{年}) \tag{6-15}$$

式中　S——基建投资，元

F——固定资产投资形成率，%，一般取 90%~95%

P——建设期贷款利息，按当时贷款银行利息计算

k_1——综合基本折旧率，%

5. 大修理基金提存费 E_5

计算公式见式（6-16）：

$$E_5 = (SF + P)k_2(\text{元}/\text{年}) \tag{6-16}$$

式中　k_2——大修理基金提存率，%

6. 日常检修维护费 E_6

污水处理检修维护费的计算，可参照类似工程的比率，按固定资产总值的1%提取，其计算公式见式（6-17）：

$$E_6 = (SF + P)k_3(\text{元}/\text{年}) \tag{6-17}$$

式中　k_3——检修维护费率，%，一般取 0.5%~1.0%

7. 其他费用 E_7

包括管理部门的行政管理费、差旅费、研究试验费、税金、流动资金利息及其他不属于以上项目的支出等，其计算公式见式（6-18）：

$$E_7 = (E_1 + E_2 + E_3 + E_4 + E_5 + E_6) \times R(\text{元}/\text{年}) \tag{6-18}$$

式中　R——综合费率，%，一般取 10%

8. 污水、污泥综合利用的收入 E_8

随着市场经济的完善，污水处理已作为城市水资源的一部分，用于农业灌溉、市政绿化及生态用水等。一方面收取排污费，另一方面污水再生资源化作为商品水进行销售所收取的费用。两部分收费减去处理成本后作为盈利收入 E_8。

9. 年成本费用 Y_C

年成本费用计算公式见式（6-19）：

$$Y_C = \sum E = E_1 + E_2 + E_3 + E_4 + E_5 + E_6 + E_7 \text{（元/年）} \tag{6-19}$$

10. 单位处理成本 A_C

计算公式见式（6-20）：

$$A_C = \frac{Y_C}{365Q} \text{（元/m}^3\text{）} \tag{6-20}$$

计算实例：某城市污水处理厂，平均日处理水量 10 万 m^3，污水总变化系数为 1.3。设备总用电量（不包括备用设备）为 2200kW，电费单价 0.35 元/(kW·h)；混凝剂投加量平均 0.45mg/L，单价为 18000 元/t；消毒剂投加量平均为 3mg/L，单价为 1500 元/t；职工定员 110 人，人均年工资及福利费 15000 元；基建投资 19000 万元，固定资产投资形成率 92%；建设期贷款利息 1900 万元；综合基本折旧率 4.6%，大修理基金提存率 2.5%，投资收益率 4%，投资回收年限 20 年。不考虑污水、污泥综合利用的收入，试计算单位处理成本。

解：

①能源消耗费：$E_1 = 365 \times 24 \times 2200 \times 0.35 \div 1.3 = 518.86$（万元/年）。

②药剂费：$E_2 = 365 \times 10 \times 10^4 \times 10^{-6} \times (0.45 \times 18000 + 3 \times 1500) = 45.99$（万元/年）。

③工资福利费：$E_3 = 110 \times 15000 = 165$（万元/年）。

④固定资产基本折旧费：$E_4 = (19000 \times 0.92 + 1900) \times 0.046 = 891.48$（万元/年）。

⑤大修理基金提存费：$E_5 = (19000 \times 0.92 + 1900) \times 0.025 = 484.50$（万元/年）

⑥日常检修维护费：$E_6 = (19000 \times 0.92 + 1900) \times 0.01 = 193.80$（万元/年）。

⑦其他费用：$E_7 = (518.86 + 45.99 + 165 + 891.48 + 484.50 + 193.80) \times 0.1 = 229.96$（万元/年）

⑧年成本费用：$Y_C = 518.86 + 45.99 + 165 + 891.48 + 484.50 + 193.80 + 229.96 = 2529.59$（万元/年）。

⑨单位处理成本：$A_C = \dfrac{2529.59 \times 10^4}{365 \times 10 \times 10^4} = 0.69$（元/$m^3$）。

三、技术经济评价

经济评价的目的是根据国民经济发展规划要求，在做好需求预测、厂址选择及工艺流程选择等技术研究的基础上，计算项目的投资和产生的效益。通过方案比较，对拟建项目的经济可行性和合理性进行分析论证，做出全面的经济评价，最终确定推荐最佳方案，为项目的决策提供科学依据。

建设项目评价包括财务评价和国民经济评价两部分。通常，给水排水工程项目方案的取舍应取决于国民经济评价的结果。

1. 财务评价

财务评价是根据现行的财税制度，从财税角度来分析计算项目的费用、效益、盈利状况及借款偿还能力。财务评价只计算项目本身的直接费用和直接效益，也就是项目内部效果，以考察项目本身财务的可行性。

财务评价一般是通过财务现金流量计算表、财务平衡表和借款偿还表进行计算。国家规划委员会在《建设项目经济评价方法与参数》一书中，对现金流量表和财务平衡表等基本格式已作了统一规定。

污水处理厂财务评价的主要内容通常包括以下几点：①投资成本及资金来源。②投资分年度用款计划。③水质净化成本的计算。④污水排放标准的测算。⑤编制基本财务报表，包括财务现金流量表、财务平衡表和借款偿还平衡表等。⑥计算财务评价的主要评价指标。一般以财务内部收益率、投资回收期和固定资产投资借款偿还期作为主要评价指标。结合项目的特点和实际需要，也可计算财务净现值、财务净现值率、投资利润率等辅助指标。财务内部收益率应满足国家有关部门规定的基准收入，污水处理厂要求不低于3%~5%。投资回收期一般要求在15~20年（不包括建设期）。⑦敏感性分析。分析、预测对项目经济评价起作用的各因素发生变化时，对项目经济效益的影响，可提供各项基本数据，可指明各项基本数据的相对重要性。它是相对重要性的“指针”，将有助于对主要敏感因素的掌握、控制和权衡。在给水排水工程项目敏感性分析中，通常设定的变化因素是总投资、售水价格和生产能力，也可根据项目特点和实际需要确定。

2. 国民经济评价

国民经济评价是经济评价的核心部分，是从国民经济综合平衡的角度分析计算项目需要国家付出的代价和对国家的贡献。国民经济评价除了要计算项目本身的直接费用和直接效益外，还应计算间接费用和间接效益。也就是要计算项目的全部费用和效果，据此来更好地判断项目的经济合理性。

城市污水处理厂作为城市或地区的基础设施项目所产生的效益，除部分经济效益可以定量计算外，大部分效益表现为难以用货币量化的社会效益和环境效益，甚至有些是以外在形式表现的效益，如污水治理对工农业生产发展的影响，对城市生态环境及旅游事业创造的收益等，均是以间接形式影响的。此外，目前自来水的售水价格和排污费收取标准，仍存在政府补贴政策，并不能反映其真实价值，只能用假设的计算价格（或影子价格）来估算其效益情况。因此，污水处理厂的国民经济评价比一般工业项目难度更大、更复杂。目前，通常只进行工程效益分析，来做各项国民经济报表的编制和评价指标的计算。

污水处理项目的效益计算，可按工程项目实施后，对促进城市或地区经济发展，改善环境，改善人民生活卫生条件，提高人民健康水平，促进社会生产力等方面实现国民经济净增效益来计算。其主要内容包括以下几点：①减轻水质污染对工业产品的影响，并促进地区工业经济的发展；②减轻农业灌溉用水水体的污染，提高农作物的产量和质量；③污水治理后，水产养殖业减少污染造成的经济损失，并提高了产量；④污水治理后，改善了投资环境，从而使地价增值；⑤由于水源水质的改善，自来水厂药剂等运行费用的减少，尤其是治理受污染水源费用的减少；⑥通过污水治理，减少疾病，增进人民的健康，提高城市整体卫生水平，以减少医疗卫生费用开销，提高社会劳动生产率；⑦改善水体质量，改善生态环境，改变城市面貌；⑧工业废水治理过程中，通过综合利用所产生的国民经济净增值；⑨污水再生利用所产生的综合效益。

第九节　环境工程 CAD 制图基本知识

一、环境工程 CAD 技术概述

在环境工程设计领域不断引入计算机辅助制图（computer assisted drawing，CAD）技术成果，并将其有规律地运用在环境工程设计过程中，才能使环境工程的设计及其过程的先进性、科学性不断提高。未来几年，将各个单元设计不断集成，应该是环境工程设计 CAD 技术的重要发展方向之一。具体来说，CAD 技术按如下几个方面应用于环境工程设计过程中。

1. 环境工程二维图形的设计方法

在环境工程设计中，遇到最多的图形处理问题还是该领域的二维图形，它通常包括工艺流程图、管道布置图、配筋图（表明钢筋、混凝土、构件各类钢筋数量、规格及其分布的图纸）、总平面布置图等。系统研究这些常见图形的生成方法对于该专业设计人员至关重要。二维图形的设计方法是本章讨论的重点。

2. 环境工程三维图形设计方法

虽然三维图形制作技术在环境工程设计中运用得仍然比较少，但三维图形处理技术将越来越多地在工程行业有所应用，它也是不断推动 CAD 技术在环境工程设计领域向纵深发展的方向之一。

3. 环境工程数据处理技术

如何良好地运用计算机处理环境工程设计过程中所遇到的数据、数据文件、数据库、数表查询、线图处理工作，并将其与整个设计过程连为一体是工程设计的一个重要方面，当然它对环境工程设计也有着无比的重要性。

4. 环境工程常用图形符号库的建立与开发技术

面对所有产品或工程设计专业，相应领域的常用图形及其符号在其设计过程中起着十分重要的作用。将企业、行业常用的图形及符号制作成图形库及符号库，以备设计过程中不时之需，将避免设计人员大量重复的绘制图形的工作，大大提高设计效率。

5. 环境工程常用图形二维参数化编程技术

在环境工程设计过程中，大量的拓扑形状一致、尺寸规格有所变化的专业图形和符号很多，如管道、各种接头、法兰等，这些图形最好采用编程的方法实现。如果采用交互技术绘制，不仅繁琐，而且不规范，易于出错。所以二维参数化绘图技术的研究在专业 CAD 制图中占有重要地位。

6. 环境工程三维图形参数化编程技术

三维图形参数化技术与二维参数化技术一样也非常重要，也需要有所研究，并不断加深，AutoCAD 软件所提供的 Visual LISP 不仅可以编程绘制二维图形，也可绘制三维图形，当然二者是有区别的。二维是三维参数化编程的基础，三维是二维参数化技术的延伸或发展，且目前我国正在大力普及应用 CAD 的三维技术。

7. 基于网络的环境工程设计 CAD 软件开发技术

CAD 的重要发展方向之一就是网络化，所有 CAD 图形很有可能需要在网上阅览、交流、传递等，可能要实现异地、同步、协同设计，因此适合网络化的要求进行专业设计工作十分重要。其中主要内容之一是在网络上建立网站，并在网站上建立专业设计中心，使得专业用户可以随时访问该设计中心，在网络上实现整个设计过程（如计算、查表、线图处理、绘图、文字说明、报表等）；其二是大部分工程类企业有大量的、各种格式的 CAD 图形图像需要长期保存并管理起来，有时又需要及时地借阅、送还等，为适应这种情况，网络化的图形图像管理技术也是重要的研究方向之一。

二、CAD 工程制图有关国家标准

CAD 工程制图是整个 CAD 技术中不可缺少的重要部分，是社会进步与科学技术不断发展的必然趋势，也是从繁重的手工制图劳动中解放劳动力、提高绘图速度和质量的卓有成效的必然途径。目前，随着 CAD 制图应用的深入，CAD 工程制图也不断向前发展，不断趋向完整化、规格化，并逐步实现标准化。

（一）设置符合工程制图国家标准的绘图模块

1. 建立模板的重要意义

随着工程 CAD 技术的快速发展，掌握了基本绘图命令后的工程技术人员不满足于现状，而是不断设法提高绘图效率。AutoCAD 2004 软件是通用、实用的计算机辅助制图及设计的软件，它为工程技术人员提供了无比的优越性，可以对软件本身进行多种二次开发功能、制作符合专业要求的模板图就是其中的一项内容。因此，当用户有许多常用的、固定的格式需要在 CAD 图中体现时，在 AutoCAD 2004 软件中并不用每次都从头到尾做一遍，而是通过模板图的设置，将这些常用格式固化在模板图中，以后每次开始一张新图时、只需花费几秒钟时间将模板图复制一份到其中，即可完成相应的重复设置工作，大大提高了设计效率。

2. 创建模板图的步骤

下面以 AutoCAD 2004 软件为例来说明创建模板图的方法和步骤。

（1）选择初始模板　我国的国家制图标准有很多方面与国际制图标准接近，但并不完全相同，在 AutoCAD 2004 软件中提供的现成模板图中，Acadiso. dwt 国际标准公制模板最接近我国制图标准的规定。在其基础上，进行适当的修改后存盘，就可以作为我国的工程制图标准模板图。以下叙述其步骤：①启动 AutoCAD 2004 软件；②在启动对话框中点击使用模板 Template 按钮，选择 Acadiso. dwt 名称，即打开了该模板图。

（2）图层设置　系统缺省设置只有一个 0 层，只有一种连续线型，需要根据国标要求设置新的图层和线型。其设置原则是每一层具有不同的颜色、线型，选择不同的图层时，即可完成不同线型、颜色的切换，可使图样清晰、美观，符合标准。图层、线型、颜色可按国标规定对应图幅选取。①新建的常用图层是中心线层、细实线层、粗实线层、虚线层、尺寸线层、文字层、图框和标题栏层等；②颜色设置可以设置为红、黄、蓝、天蓝、绿、白、粉等；③在粗实线层可以根据具体情况设置线宽 0.5~0.75mm 绘制粗实线，打开 LWT 线宽显示按钮即可显示粗细不同的对比效果，便于校对。如果习惯使用多义线则更好，因为 LWT 设置的线宽在网络上显示是失去线宽的，且其宽度是夸张的。图框和标题栏可以在 0 层绘制，国标规定的其他线型，如果不常用可以不设置，如果需要时可以临时设置，并选择合适的层名、线型、颜色即可。

（3）文字式样设定　在 Acadiso.dwt 模板图中，缺省的字体名称为 txt.shx，它不符合我国的国标，此时应采用文字字体设置命令 style 进行设置。键入该命令后，出现对话框，其中样式名框中可以设置有意义的指针名称，如汉字仿宋 HZFS、汉字宋体 HZST 等，在字体、字体名下拉框中应该选择仿宋体、宋体等国标推荐的字体，宽高比例系数应设置为 0.75 左右。值得注意的是，如果工程技术人员希望在图面上写出纵向排列的汉字，则需要选择带@的汉字字体文件，其余选项视具体情况设置。对于西文字体的设置，可以选择 gdt.shx、Romans.shx、Simplex.shx 等字体文件，写字时应该注意选择不同的字高值。国家标准规定根据不同的图幅所设置的字高不同，A0、A1 幅面图纸取 5 号字，A2、A3、A4 幅面取 3.5 号字。字体设置完毕后，将标题栏的标题文字填写清楚。

（4）尺寸标注设置　键入 ddim 或点击相应图标即可进入尺寸标注设置对话框，当前的标注式样为 ISO-25，其中的大部分项目并不适合我国的标注情况。点击新建按钮，进入设置新尺寸标注对话框，注意相应地起好 A0~A4 等尺寸标注文件名称。再点击继续按钮，此时出现了尺寸设置主对话框，在此对话框中有 6 个选项卡，在直线与箭头选项卡中，将随块改为随层，尺寸界线超出尺寸线的距离设定为 1~3mm，轮廓线与尺寸线的距离根据具体情况设定，如果绘制的是零件图，该举例应该为 0，否则应视具体情况决定。在文字选项卡中：文字颜色也设为随层，文字对齐方式改为与尺寸线对齐。在主单位选项卡中，精度设置为 0.000，小数分割符号改为“句点”；在公差选项卡中，视具体情况，设置为“极限偏差”或“无”状态。6 个选项卡分别设置完毕，点击 OK 按钮返回，此时角度、直径、半径等设置还不能符合要求，需在此基础上继续设置。这时点击新建按钮，将出现的对话框中面对所有尺寸改为面对角度尺寸，再点击继续按钮，又出现了主对话框，再对各个选项卡的角度分别进行设置，如此重复下去，按照国标要求分别设置直径、半径等内容后，最后建立了 A0~A4 各种图幅的尺寸标注样式，点击对话框的 OK 按钮完成尺寸标注设置。这种设置相对国内 CAD 软件来说麻烦一些，但是如果工程技术人员希望标注各种不同的尺寸，这种设置是相当有必要的，它的好处是灵活多变。

（5）打印样式的设定　在绘图的图纸完成以后，往往需要将其使用打印机、绘图机绘制出来，国标规定，A0、A1 幅面图纸的粗实线线宽应为 0.75~1mm，细实线线宽应为 0.35mm；A2、A3、A4 幅面图纸粗实线线宽应为 0.7mm，细实线线宽应为 0.25mm。由于图层设置了各种颜色，而打印时需要按黑色出图，所以需要建立打印样式表，并设置在模板图中。首先键入 plot 命令，屏幕上出现打印样式对话框，点击打印设备选项卡，在打印样式表下拉框中选择 monochrome.ctb 选项，即为单色打印。再选择打印设置选项卡，分别对图纸尺寸、图纸单位、打印区域、打印比例、图形方向、打印偏移、打印选项等选项卡进行适宜的设置，从 A0～A4 图幅，设置完成后保存并返回，激活打印对话框，将用户出图样式表设为当前，其出图样式即被保存到当前模板图中。以后只要用此模板，就不用再次设置打印样式，直接出图即可。

（6）保存模板　模板做好后，即可在 AutoCAD 2004 软件中存盘，注意一定要以 DWT 格式存盘，保存后的模板图放置的位置应该在 Template 子目录下，它的上面应该只有图框和标题栏，而没有其他任何图形，在它的上面有满足国标设置的图层、线型、尺寸标注式样、文字字体式样等初始设置环境。

（7）模板图的应用　绘制新的工程图时，在启动和创建新图形对话框中，应该选择应用模板按钮，此时点击合适的模板图名称，点击 OK 按钮，即进入带有模板图的新图之中。细心的读者可能发现，此时新图的名称是类似 Drawing 1 的名称，而不是模板图的名称。这样每个模板图都可以反复使用。

（二）给水排水制图标准

1. 一般规定

给水排水专业制图，通常采用的线型应该符合表 6-17 所示。

表 6-17　给水排水专业制图常用线型

名称	线型	线宽	一般用途
粗实线		b①	新建各种给水排水管道线
中实线		$0.5b$	给水排水设备、构件的可见轮廓线；厂区（小区）给水排水管理图中新建建筑物、构筑物的可见轮廓线；原有给水排水的管道线
细实线		$0.35b$	平、剖面图中被剖切的建筑构造（包括构配件）的可见轮廓线；厂区（小区）给水排水管道图中原有建筑物、构筑物的可见轮廓线；尺寸线、尺寸界线、局部放大部分的范围线、引出线、标高符号线、较小图形的中心线
粗虚线		b	新建各种给水排水管道线
中虚线		$0.5b$	给水排水设备、构件的不可见轮廓线；厂区（小区）给水排水管道图中新建建筑物、构筑物的不可见轮廓线，原有给水排水管道线
细虚线		$0.35b$	平、剖面图中被剖切的建筑构造（包括构配件）的不可见轮廓线厂区（小区）给水排水管道图中原有建筑物、构筑物的可见轮廓线
细点划线		$0.35b$	中心线、定位轴线
折断线		$0.35b$	断开界线
波浪线		$0.35b$	断开界线

注：①线宽 b 应根据图样的比例和类别选用不同的值，$b=0.4\sim1.2$mm。

2. 比例

给水排水专业制图所选用的比例应该与表 6-18 相符。

表 6-18　　给水排水专业制图常用比例

名称	比例	名称	比例
区域规划	1：50000、1：10000、1：5000、1：2000	泵房剖面图	1：100、1：60、1：50、1：40、1：30
区域位置图	1：10000、1：5000、1：2000、1：1000	室内给水排水平面图	1：300、1：200、1：100、1：30
厂区（小区）平面图	1：2000、1：1000、1：500、1：200	给水排水系统图	1：200、1：100、1：50 或不按比例
管道纵断面图	横向 1：1000、1：500、纵向1：200、1：100		
水处理厂（站）平面图	1：1000、1：500、1：200、1：100	设备加工图	1：100、1：50、1：40、1：30 1：20、1：10、1：2、1：1
水处理流程图	无比例		
水处理高程图	无比例	部件、零件详图	1：50、1：40、1：30、1：20、1：10 1：5、1：3、1：2、1：1、2：1
水处理构筑物平剖面图	1：60、1：50、1：40、1：30、1：10		

3. 标高

标高应该以米（m）为单位，应注写到小数点后三位，在总平面图及相应的厂区、小区给水排水图中可以注写到小数点后两位。

沟道、管道应注明起止点、转角点、连接点、变坡点、交叉点的标高，沟道应该标注沟内底标高；压力管道宜标注管中心标高，室内外重力管道宜标注管内底标高；必要时，室内架空重力管道可以标注管中心高，但图中应加以说明。

标高的标注方法应符合下列规定：平面图、系统图中管道标高应该按照图 6-3 的方式标注；剖面图中管道标高应该按照图 6-4 的方式标注；平面图中沟道标高应按图 6-5 的形式标注。

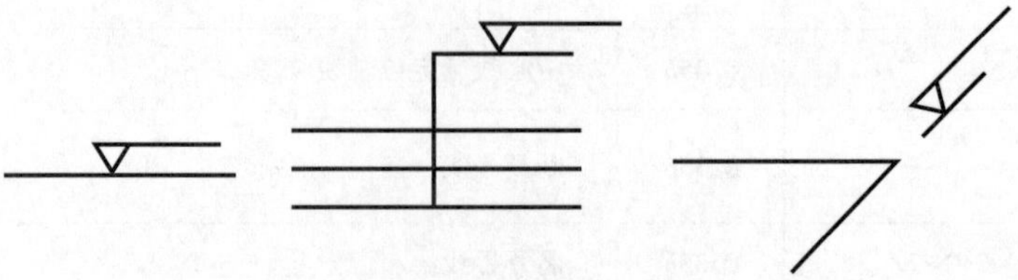

图 6-3　平面图、系统图中管道标高标注法

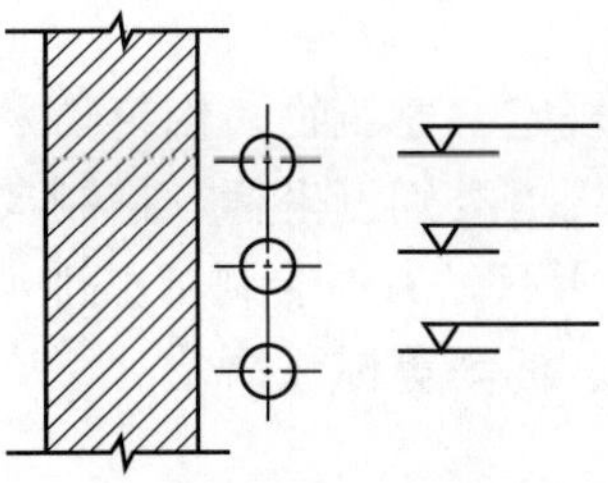

图 6-4　剖面图中管道标高标注法

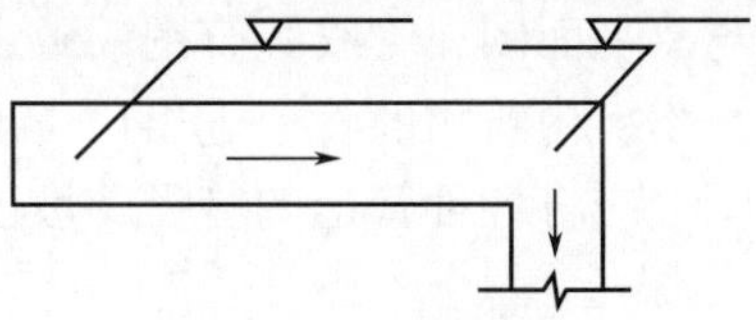

图 6-5　平面图中沟道标高标注法

4. 管径

管径尺寸应以 mm 为单位，按图 6-6 方式标注低压流体输送用镀锌焊接钢管、不镀锌焊接钢管、铸铁管、硬聚氯乙烯管、聚丙烯管等，管径应以公称直径 DN 表示，如 DN50。耐酸陶瓷管、混凝土管、钢筋混凝土管、陶土管（瓦缸管）等，管径应该以内径表示，如 d400。焊接钢管、无缝钢管等，管径应以外径×壁厚表示，如 D120×4。

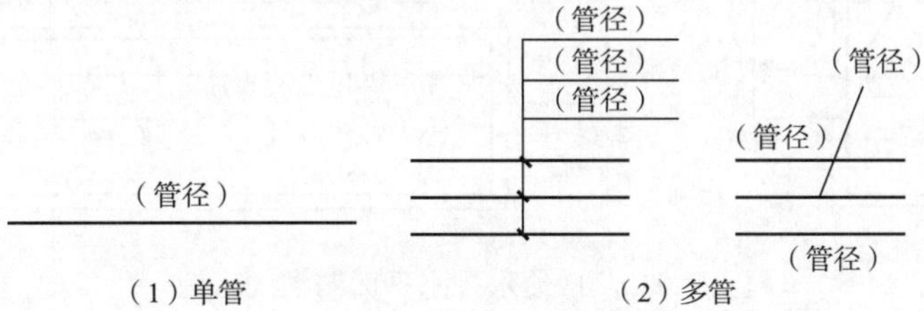

图 6-6　管径标注法

5. 编号

当建筑物的给水排水进出口数量多于 1 个时，宜用阿拉伯数字编号，如图 6-7 所示。

建筑物内穿过 1 层及多于 1 层的立管，其数量多于 1 个时，也应该用阿拉伯数字编号，并按照图 6-8 的形式标注。

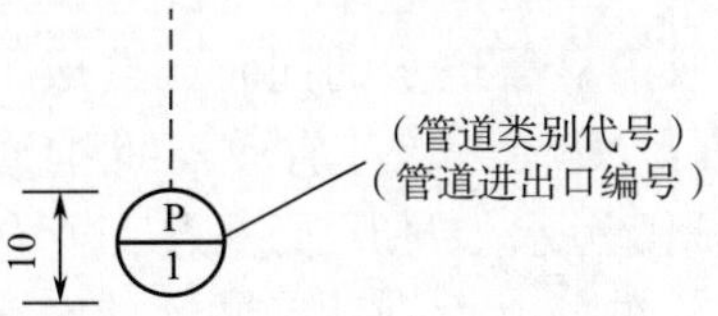

图 6-7　给水排水进出口编号表示法

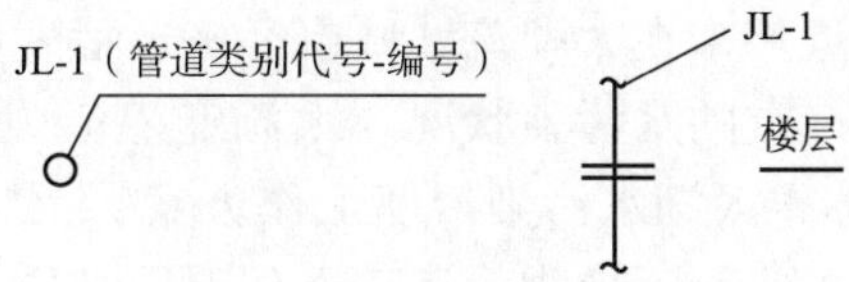

图 6-8　立管编号表示法

给水排水附属构筑物，包括阀门井、检查井、水表井、化粪池等多于 1 个时，也应编号，宜用构筑物代号后加阿拉伯数字表示，构筑物代号应采用汉语拼音字头。给水阀门井、排水检查井的编号顺序，应采取从水源到用户、从上游到下游、先干管后支管的形式表达。

6. 图样画法

厂区或小区给水排水平面图的画法应该符合下列规定：建筑物、构筑物及各种管道的位置应与总平面图、管线综合图一致；图上应注明管道类别、坐标、控制尺寸、节点编号及建筑物、构筑物的管道进出口位置，如图 6-9 所示。当不绘制给水排水管道纵断面图时，图上应将各种管道的管径、坡度、管道长度、标高等标注清楚。

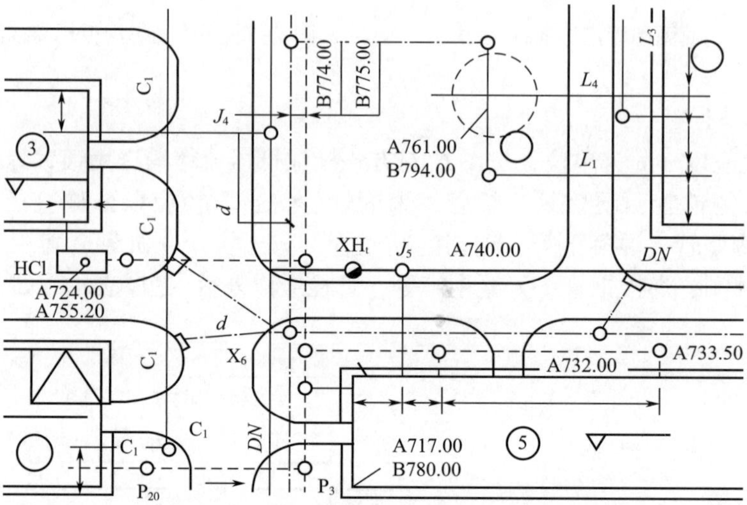

图 6-9　厂区给水排水平面图画法示例

第十节　生活污水回用工程设计

一、毕业设计背景

1. 题目

无锡某城市生活污水一级 A 达标处理工程。

2. 设计来源

近年来在太湖流域城市经济迅猛发展，社会建设取得显著进步的同时，造成了太湖流域严重的水污染状况。太湖蓝藻暴发后，为了治理好太湖，江苏省政府批准通过了《江苏省太湖水污染治理工作方案》。针对太湖地区城镇污水处理厂及重点工业企业排放的主要水污染物，江苏省环保厅和质量技术监督局发布了《太湖地区城镇地区水处理厂及重点工业行业主要水污染物排放限值》（DB32/1072—2007），要求流域所有城市污水处理厂处理出水必须达到国家标准《城镇污水处理厂污染物排放标准》（GB 18918—2002）的一级 A 标准。

无锡地处太湖流域，随着无锡经济社会发展和城市规模的不断扩大，城市污水产生量也逐年递增。污水中含有的有机污染物和氮、磷等富营养化污染物，直接排放或不能达标排放会对太湖流域水质造成直接的影响。通过建设无锡某城市污水一级 A 达标工程，一方面适应了城市发展需求、解决污水处理需求与区域水环境容量的矛盾；另一方面对加强太湖流域污染防治和管理能力建设，建立完善流域水质保护措施，切实推动江苏省政府对太湖保护治理工作的全面开展有重要的意义，并对城镇生活污水的处理工艺的选择有一定的示范作用。

3. 设计主要条件及技术参数

（1）设计规模　无锡市某污水处理厂的设计总规模为 40000m^3/d（其中近期 20000m^3/d，远期 20000m^3/d）。一次设计，分两期实施，一期建设规模为 20000m^3/d（其中预处理及污泥处理土建按总规模建设）。这样既可满足近期处理水量要求，又留有空地以进行二期扩建之用。

（2）进水水质　进水水质如表 6-19 所示。

表 6-19　　**该城市生活污水水质**　　单位：mg/L

项目	COD	BOD_5	NH_3-N	TN	TP	SS	pH
浓度	250~450	150~240	25~40	50~60	6~11	100~300	6.5~7.5

（3）处理要求　处理出水达到国家《城镇污水处理厂污染物排放标准》的一级 A 标准的相关水质要求，主要控制指标要求为 COD≤ 50mg/L，BOD_5≤10mg/L，NH_3-N ≤5mg/L（冬季 8mg/L），TN≤15mg/L，SS≤10mg/L，TP≤0.5mg/L。

二、工艺流程选择

工艺流程选择见本章第五节工艺流程选择实例部分。

三、构筑物计算

（一）各构筑物污染物削减率和物料衡算

污染物削减率见表 6-20。

表 6-20　　**污染物削减率**

污染物		COD	BOD_5	SS	TP	TN	NH_3-N
原水（水量 20000m^3/d）		350	220	250	7	40	40
沉砂池	预计去除率/%	2	2	10	0	0	0
	出水浓度/(mg/L)	343	215.6	225	7	40	40
A^2/O-MBR	预计去除率/%	85.4	95.4	95.6	92.9	62.5	87.5
	出水浓度/(mg/L)	≤50	≤10	≤10	≤0.5	≤15	≤5
污染物总去除率/%		85.7	95.5	96	92.9	62.5	87.5
污染物总削减量/(t/年)*		2190	1533	1752	47.45	182.5	255.5
污染物总排放量/(t/年)*		365	73	73	3.65	109.5	36.5

注：*表示一年按 365d 计。

（二）进水泵房

进水泵房主要用于提升市政来水及厂内生活污水、脱水机滤液、构筑物放空溢流污水，粗格栅井与泵房合建。

1. 设计规模

土建按设计总规模 $4.0\times10^4 m^3/d$ 设计，设备按一期设计流量 $2.0\times10^4 m^3/d$ 配置。

2. 主要设计参数

处理量：$Q=40000m^3/d$；变化系数：$K_z=1.40$。

3. 总体布置

平面尺寸 18.5m×12.8m，井深 10.45m。

4. 主要设备

（1）粗格栅　设置 LGH-0.8×1.1 型回转式格栅除污机两台，近期一用一备，远期两台共同运行。其性能参数：井宽 0.8m，高度 9.8m，栅隙 $b=15mm$，倾角 $\alpha=75°$，功率 $N=2.5kW$，为便于格栅检修，格栅前设有闸门。污水厂内的生活污水及构筑物放空管接入粗格栅井内。

（2）带式输送机　设置 DS 型带式输送机 1 台，其性能参数为：带宽 500mm，输送长度现场测定，$N=1.1kW$。栅渣通过垃圾小车外运处置。

（3）水泵　提升泵选用 WQK800-16-55 型潜水排污泵，其性能参数：$Q=800m^3/h$，$H=16.0m$，$N=55.0kW$。近期三台，两用一备；二期增加三台，变为四用二备。为便于水泵的安装检修，进水泵房内配置 1 套电动葫芦，起重量 3t，起升高度 18m，电机功率 4.9kW。

（三）旋流沉砂池

废水经提升泵提升后进入细格栅进一步拦截除去污水中较大颗粒的杂质后自流进入曝气沉砂池，通过沉砂池除去污水中无机性的砂粒。

1. 设计规模

土建和设备按二期规模 $4.0\times10^4 m^3/d$ 设计，近期一用一备，远期共同运行。

2. 主要设计参数

处理量：$Q=40000m^3/d$，变化系数：$K_z=1.40$，停留时间：32.61s。

3. 总体布置

细格栅平面净尺寸 6.70m×4.20m，水深为 0.75m；沉砂池平面净尺寸 9.35m×8.20m，井深 5.80m。细格栅井渠宽为 1.4m，分两条渠道，每条渠道渠宽为 1.4m；沉砂池分为两格，单格直径 $\Phi3.65m$，有效水深 1.09m。

4. 主要设备

（1）细格栅　设置 JT1400 型阶梯式格栅除污机两台，近期一用一备，远期两台共同运行。其性能参数为：井宽 1400m，高度<3m，栅隙 $b=1.5mm$，倾角 $\alpha=60°$，功率 $N=2.2kW$。

（2）螺旋输送机　设置 WLS-260 型带式输送机一台，其性能参数为：输送量 $3m^3/h$，输送长度现场测定，$N=0.7\sim1.1kW$。排渣高度 1.0m，栅渣通过垃圾小车外运处置。

（3）鼓风机　污水中所含的砂通过旋流沉砂池除砂机利用中心气提方式吸砂排出，

再经砂水分离后将干渣排出。旋流沉砂池除砂机由叶轮、传动轴、电动机、减速器和吸砂系统等组成。该设备能够保证沉砂池效果稳定、出砂的有机成分低。旋流沉砂池供气采用罗茨风机，风量 1.75m^3/min，风压 58.5kPa，功率 4.0kW。二期增加一台。

（4）沉砂器　选用 XLC1980 型旋流式沉砂器，近期一用一备，远期两座共同使用。其处理量 1980m^3/h，叶轮转速 12～20r/min，功率 0.75kW。

（5）螺旋砂水分离器　沉砂池外设置一台 LSF－320 型螺旋砂水分离器，直径 Φ280mm，处理量 12～20L/s，功率 0.37kW，转速 5r/min，经过砂水分离后的砂粒落入垃圾小车后，定期外运。

（四）A^2/O－MBR 工艺

来自旋流沉砂池的污水通过配水井进入 A^2/O－MBR 池。这是本设计中的主体工艺，考虑到在膜－生物反应器内曝气吹脱污泥，其污泥中含有大量的氧气，直接回流到厌氧池中会对释磷和氨化产生影响，故在 A^2/O 工艺之前加入一个预缺氧池。同时，该预缺氧池还可以进行部分水解的工作，降低后续构筑物的处理负荷。

每座 A^2/O－MBR 池设一条进水渠，在预缺氧区、厌氧区和缺氧区各设置一进水点，配置可调堰门，可根据各种不同的情况，合理分配进水量，同时满足脱氮除磷对碳源的要求。当从预缺氧进水，A^2/O－MBR 池按传统的 A^2/O 工艺运行；当从厌氧区正常进水，则 A^2/O－MBR 池按改良型 A^2/O 运行。该工艺在常规的 A^2/O 工艺前面增加了一个预缺氧段，回流污泥直接进入前置缺氧区，该区有足够的停留时间利用回流污泥中的内源碳进行回流污泥脱硝，消除对后续整套完整的生物脱氮除磷过程的影响。

每座池设一条混合液配水渠，在第一缺氧池和第三缺氧池各设一进水点，分别称第一进水点和第三进水点，配置可调堰门，当关闭第三进水点，混合液自第一进水点进水，生物反应池按倒置 A/A/O 工艺运行，当关闭第一进水点，混合液自第三进水点进水，生物反应池按传统 A/A/O 工艺运行。运行方式灵活多变，可合理选择污水进水点和混合液进水点，实现不同的工况和不同的处理工艺。

1. 参数选取

（1）设计流量　反应池体积按最高日平均时水量算，设日变化系数 $K_1=1.20$，则：$Q=20000\times1.20=24000$（m^3/d）$=1000m^3/h$，而污泥量和曝气量的计算按平均日平均时流量 20000m^3/d。

（2）采用混合液污泥浓度 8000mg/L。

（3）内回流 $R_{内}$ 取 300%，外回流 $R_{外}$ 取 75%。

2. A^2/O 反应池

根据有关报道，处理城市生活污水时，MBR 前的 A^2/O 工艺的预缺氧池、厌氧池、缺氧池和好氧池的水力停留时间分别采用 0.5h、1h、4h、4～4.5h 效果最好。

（1）反应池总容积　预缺氧池容积 $V_{预缺}=0.5\times\dfrac{24000}{24}=500$（$m^3$），厌氧池容积 $V_{厌}=1\times\dfrac{24000}{24}=1000$（$m^3$），缺氧池容积 $V_{缺}=4\times\dfrac{24000}{24}=4000$（$m^3$），好氧池容积 $V_{好}=$

$4.5\times\frac{24000}{24}=4500$（$m^3$），各池总容积 $V_{总}=V_{预缺}+V_{厌}+V_{缺}+V_{好}=500+1000+4000+4500=10000$（$m^3$）。

（2）反应池主要尺寸　设2组反应池，单组池总容 $V_{单}=\frac{V_{总}}{2}=\frac{10000}{2}=5000$（$m^3$），有效水深取4.5m，单组有效面积 $S_{单}=\frac{V_{单}}{h}=\frac{5000}{4.5}=1111.11$（$m^2$），单组预缺氧池面积 $A_{单预缺}=\frac{V_{预缺}}{2\times h}=\frac{500}{2\times 4.5}=55.56$（$m^2$），单组厌氧池面积 $A_{单厌}=\frac{V_{厌}}{2\times h}=\frac{1000}{2\times 4.5}=111.11$（$m^2$），单组缺氧池面积 $A_{单缺}=\frac{V_{缺}}{2\times h}=\frac{4000}{2\times 4.5}=444.44$（$m^2$），单组好氧池面积 $A_{单好}=\frac{V_{好}}{2\times h}=\frac{4500}{2\times 4.5}=500$（$m^2$）。

3. MBR 池

近期设两组 MBR 池，此处以单组 MBR 池进行计算：

（1）膜组件　采用 0.1～0.4μm 级的微滤膜，膜通量为 24L/（m^2·h），宽高为 460mm×1000mm，有效面积 S 为 0.76m^2，膜厚 7mm，其寿命一般为5年。

为缓解膜污染的进程，系统采用自吸式离心泵进行间歇操作，即抽吸和停止结合，抽停时间分别为 10min 和 2min，故折合得到其平均膜通量 $J=20$L/（m^2·h）。

所需膜的面积：

$$A=\frac{Q}{2\times J}=\frac{1000\times 1000}{2\times 20}=25000\ (m^2)$$

所需膜片数：

$$n=\frac{A}{S}=\frac{25000}{0.76}\approx 32895\ (片)$$

考虑到城市污水处理厂处理量大，采用膜组件支架张数 $n_0=200$ 张/组。

所需膜的组数：

$$N=\frac{n}{n_0}=\frac{32895}{200}\approx 166\ (组)$$

（2）MBR 池膜组件的布置　膜支架长度（l）×宽度（w）×高度（h_1）为 3060mm×520mm×1060mm。考虑到设计水量大，所需膜组件多，设置双层膜生物反应器，则每层有 $\frac{166}{2}=83$（组）。MBR 有效占地面积：$A_{膜}=83\times 3.06\times 0.52=132$（$m^2$）< 单组好氧池面积 500$m^2$，故可布置在好氧池中。

（3）MBR 池有效容积　为提高系统运行的稳定性，膜组件在曝气池的布置十分重要，一般要保证膜组件周围的液体呈良好的循环流态（膜组件内部为升流区，外部为降流区）。MBR 池有效高度为 4.5m。MBR 池分为五格，其中四格放2排8列，还有一格放2排10列。

考虑到排管的问题，每格 MBR 池宽度为：

$$W_{宽}=940+3060+1000+3060+940=9000\ (\text{mm})=9.00\ (\text{m})$$

在长度方向上：

放 8 列的 MBR 池长度：

$$W_{长}=1840+520\times8+500\times7+1000=10500\text{mm}=10.50\ (\text{m})$$

放 10 列的 MBR 池长度：

$$W_{长}=3160+520\times10+500\times9+640=13500\text{mm}=13.50\ (\text{m})$$

则 MBR 池的有效容积为：

$$V_{MBR}=\ (4\times10.5+13.5)\ \times9\times4.5=2247.75\ (\text{m}^3)$$

4. 剩余污泥量

当污泥停留时间 SRT=30d 时，表观产率系数 $Y_{CODobs}=0.128$kgMLVSS/kgCOD（该产率已计入 SS 产生的污泥量），此外，MBR 出水的 COD 一般为 30mg/L，按这些参数计算：

$$\Delta X = Y_{CODobs}Q(S_{CODo} - S_{CODe}) = 0.128 \times 20000 \times (0.350 - 0.030) = 819.2(\text{kg/d}) < 2529\text{kg/d}$$

另因为同步加药除磷，剩余污泥量增加，假设增加量为 20%，则实际剩余污泥量为：

$$\Delta X_{实际} = 819.2 \times 1.2 = 983.0(\text{kg/d})$$

因混合液污泥浓度 8000mg/L=8kg/m³，故污泥含水率为 $\frac{1000-8}{1000}\times100\%=99.2\%$，湿污泥体积为 $\frac{983.0}{8}=122.88\ (\text{m}^3/\text{d})$。

5. 曝气系统

（1）风量　标准状态下，MBR 系统的气水比宜在（15∶1）～（20∶1）区间内，选用 20∶1。则曝气量为 20×1000m³/h=20000m³/h>8622.37m³/h。

（2）风压　空气管道的压力损失（h）为沿程阻力损失（h_1）与局部阻力（h_2）之和：$h=h_1+h_2$。

沿程阻力损失的计算按照式（6-21）计算：

$$h_1=iL\alpha_T\alpha_P \tag{6-21}$$

式中　i——单位管长阻力，Pa/m，在 $T=20$℃，标准压力 0.1MPa 时，$i=67\times\frac{v^{1.924}}{d^{1.281}}$

L——风管长度，m

α_T——温度为 T 时，空气密度的修正系数

α_P——大气压力为 p 时的压力修正系数

局部阻力计算则按照式（6-22）：

$$h_2=\xi\frac{v^2}{2g}\rho\times10 \tag{6-22}$$

式中　ξ——局部阻力系数

v——风管中平均空气流速，m/s

ρ——空气密度

具体空气管路计算见表 6-21。

表 6-21　　　　空气管路计算

管段	管段长度 L/m	空气流量/(m^3/min)	空气流速 v/(m/s)	管径 D/mm	局部阻力系数 ξ	局部阻力 $\xi\times\frac{v^2}{2g}\rho\times10$/Pa	单位管长阻力 i/(Pa/m)	沿程损失 iL/Pa	总损失/Pa
1	0.40	1.98	4.21	100	1 三通 3.63	39.56	2.92	1.17	40.72
2	1.02	3.97	1.35	250	1 四通 0.2	0.22	0.10	0.10	0.33
3	1.02	7.94	2.70	250	1 四通 0.2	0.90	0.38	0.39	1.29
4	1.02	11.9	4.04	250	1 四通 0.2	2.01	0.83	0.85	2.86
5	1.02	15.87	5.39	250	1 四通 0.2	3.57	1.45	1.48	5.05
6	1.02	19.94	6.77	250	1 四通 0.2	5.64	2.25	2.30	7.93
7	1.02	23.81	8.09	250	1 四通 0.2	8.05	3.17	3.23	11.28
8	1.02	27.78	9.44	250	1 四通 0.2	10.96	4.27	4.35	15.31
9	1.02	31.74	10.78	250	1 四通 0.2	14.29	5.51	5.62	19.91
10	1.02	35.71	12.13	250	1 四通 0.2	18.09	6.91	7.05	25.14
11	6.35	39.68	13.48	250	2 弯头，1 蝶阀，1 三通 2×0.87+0.2+3.46=5.40	603.26	8.47	53.78	657.04
12	9.20	71.43	6.07	500	1 三通 0.1	2.27	0.75	6.91	9.17
13	9.20	103.17	8.76	500	1 三通 0.1	4.72	1.52	13.99	18.71
14	9.20	134.92	11.46	500	1 三通 0.1	8.07	2.55	23.46	31.54
15	24.65	166.67	14.15	500	1 蝶阀，2 弯头，1 三通 0.1+2×0.96+3.2=5.22	642.56	3.83	94.31	736.87
16	29.12	333.34	14.44	700	—	0.00	2.59	75.28	75.28
					Σ				1658.44

风机所需压力见式（6-23）：

$$H=h_1+h_2+h_3+h_4 \tag{6-23}$$

式中　h_3——空气扩散装置安装深度，mm

h_4——空气扩散装置的阻力，Pa

故 H=1658.44+（4.5-0.3）×9800+5000=47818.44Pa=47.8（kPa）（假设扩散装置阻力为 5kPa）。

6. 设备选型

(1) 预缺氧池设备选择（以单组反应池计算）　预缺氧池仅一格，内设潜水搅拌机一台，所需功率按 $5W/m^3$ 池容计算。采用 QJ 型潜水搅拌机，电机功率 2.2kW。

(2) 厌氧池设备选择（以单组反应池计算）　厌氧池一格，每格内设潜水搅拌机一台，所需功率按 $5W/m^3$ 池容计算。采用 QJ 型潜水搅拌机，电机功率 3.0kW。

(3) 缺氧池设备选择（以单组反应池计算）　厌氧池设导流墙，将厌氧池分成四格，每格内设潜水搅拌机一台，所需功率按 $5W/m^3$ 池容计算。第一格厌氧池有效容积 $V_{厌1}=12.2\times7\times4.5=378$（$m^3$）。混合该池污水所需功率为 $5\times378=1890$（W），采用 QJ 型潜水搅拌机，电机功率 2.2kW。其余三格厌氧池有效容积 $V_{厌4}=13.5\times9\times4.5=546.75$（$m^3$）。混合该四池污水所需功率为 $5\times546.75=2733.75$（W），采用 QJ 型潜水搅拌机，电机功率 3.0kW。

(4) 外回流设备　回流污泥设施宜分别按生物处理系统中的最大污泥回流比和最大混合液回流比计算确定。回流污泥设备台数不应少于 2 台，并应有备用设备，但空气提升器可不设备用。单组反应池回流外流量 $Q_{外}=R_{外}\dfrac{Q_{max近期}}{2}=75\%\times\dfrac{0.34953}{2}=0.131$（$m^3/s$）$=131$（L/s），采用两台 SRP-1.5 型潜水式回流泵，一用一备。

(5) 内回流设备　单组反应池内回流量 $Q_{内}=R_{内}\dfrac{Q_{max近期}}{2}=300\%\times\dfrac{0.34953}{2}=0.524m^3/s=524$（L/s），采用两台 SRP-5 型潜水式回流泵，一用一备。

(6) 剩余污泥排出设备　因剩余污泥量很小，故适合采用间歇排泥，每天排泥 1h，则剩余污泥泵流量：$Q=\dfrac{122.88}{1\times3600}=0.034$（$m^3/s$）$=122.88m^3/h$。

每座 A^2/O-MBR 池剩余污泥泵流量：$Q=\dfrac{122.88}{2}=61.44$（$m^3/h$）。

每座 A^2/O-MBR 池采用潜水污水泵 WQK60-10-3 两台，一用一备。

(五) 出水泵房

1. 设计规模

土建按二期规模 $2.0\times10^4m^3/d$ 设计，设备按一期设计流量 $1.0\times10^4m^3/d$ 配置。

2. 总体布置

假设水泵基础间的净距为 1.2m，与墙之间的净距为 1.4m，泵房尺寸为平面尺寸 15.0m×10.0m。

3. 泵的布置及选型

MBR 的出水必需选用自吸式离心泵，因考虑到膜组件需要清洗维护等工作，故出水泵宜多置。近期设置一座 MBR 出水泵房，采用八台泵，六用二备；远期增加一座 MBR 出水泵房，相同配置。

采用 GMP-320-50 型自吸式离心泵，其流量为 $320m^3/h$，扬程为 50m，转速为 1450r/min，功率为 20kW。

（六）消毒池

本工程设计中的紫外消毒模块选用 TROJAN 品牌设备，根据该设备提供参数，在对紫外模块采用机械加化学式自动清洗系统（ActiClean）时，采用的照射剂量为 $28mJ/cm^2$。

选择加拿大 TROJAN UV3000 plus 紫外消毒系统，其主要参数见表 6-22。根据 UV3000 plus 紫外消毒系统模块规格，每 8 根灯管为 1 个模块（竖向），则近期需要 10 个模块，远期再增加 10 个模块。

表 6-22　加拿大 TROJAN UV3000 plus 紫外消毒系统的主要参数

设备型号	处理水量/(m^3/d)		性能	出水水质要求	每模块灯管数/根	每根灯管功率/W	灯管清洗方式
	峰值	均值					
TROJAN UV3000 plus	5700~76000	2900~38000	二级出水每 3800m^3/d 需 14 根	TSS：10~30mg/L UVT=45%~70%	4、6、8	250	机械加化学自动清洗

（七）鼓风机房及配电间

近期拟选用三台离心鼓风机，两用一备；远期再增加一座鼓风机房，规格与近期相同。

采用 RSW-300 型罗茨增压鼓风机，风量为 $183.5m^3/min$，风压为 80kPa，功率为 213.7kW。

（八）储泥池

据之前计算，污泥量为 $122.88m^3/d$。

储泥池设两格，每格 5.0m×5.0m，有效水深 2.5m，超高 0.5m，则有效容积为 $125m^2$。

近期剩余污泥使用其中一格，停留时间可达到 12h。

（九）脱水机房

污泥浓缩脱水采用带式一体化浓缩压滤机，该种机器在单位时间内能处理的湿污泥量为 $3\sim6m^3/(m\cdot h)$，假设滤带宽为 1m，机器每天工作 24h，则单位时间需处理湿污泥量：

$$\frac{122.88}{1.0\times24}=5.12\ [m^3/(m\cdot h)]$$

故采用一台滤带宽度为 1m 的带式一体化浓缩压滤机 DNYA 型，一用一备。

四、平面和高程布置

（一）污水处理厂平面布置

1. 平面布置原则

（1）布置应紧凑，以减少处理站占地面积和连接管的长度，并应考虑工作人员的方便。

（2）各处理构筑物之间的连接管应尽量避免立体交叉，并考虑施工，检修方便。

（3）在高程布置上，充分利用地形，少用水泵。

（4）分期施工和扩建的可能性，留有适当的扩建余地。

2. 辅助建筑物

污水处理厂的辅助建筑物有泵房、鼓风机房、办公室、集中控制室、水质分析化验室、变电所、存储间，其建筑面积按具体情况而定，辅助建筑物之间往返距离应短而方便，安全，变电所应设于耗电量大的构筑物附近，化验室应机器间和污泥干化场，以保证良好的工作条件，化验室应与处理构筑物保持适当距离，并应位于处理构筑物夏季主风向所在的上风中处。

在污水厂内主干道应尽量成环，方便运输。主干宽 6~9m，次干道宽 3~4m，人行道宽 1.5~2.0m，曲率半径 9m，有 30%以上的绿化。

（二）污水处理厂高程布置

1. 构筑物水头损失估算

构筑物水头损失估算见表 6-23。

表 6-23　构筑物水头损失估算

构筑物	水头损失/cm	构筑物	水头损失/cm
粗格栅	20	配水井	20
细格栅	25	A/A/O-MBR 池	40
旋流沉砂池	20	紫外消毒池	30

2. 管道水头损失计算

污水管道采用满管重力流，其水头损失计算见表 6-24。

3. 各构筑物高程及水位的计算

（1）A^2/O-MBR 池　因采用自吸式离心泵抽吸出水，故主体构筑物 A^2/O-MBR 池的高程根据实际情况（用料土建等）确定，本设计中考虑到管道的排布等，选择池底标高-1.200m。

A^2/O-MBR 池水面高程=池底高程+有效水深=-1.200+4.500=3.300（m）

A^2/O-MBR 池池顶=水面高程+超高=3.300+1.000=4.200（m）

A^2/O-MBR 池进水渠水面高程=渠底高程+渠中有效水深=3.500+0.380=3.880（m）

（2）配水井　配水井至 A^2/O-MBR 池管道总损失为 0.27m。

配水井四侧水面高程=A^2/O-MBR 池进水渠水面高程+管道损失=3.880+0.27=4.150（m）

配水井中心水面高程=四侧水面高程+配水井自身水头损失=4.090+0.200=4.350（m）

（3）沉砂池　旋流沉砂池至配水井管道总损失为 0.58m。

旋流沉砂池出水闸门后高程=配水井中心水面高程+管道损失=4.350+0.58=4.930（m）

旋流沉砂池有效水面高程=出水闸门后高程+出水闸门处损失=4.930+0.200=5.130（m）

旋流沉砂池栅后水面高程=有效水面高程+旋流沉砂池自身水头损失=5.130+0.200=5.330（m）

旋流沉砂池栅前水面高程=栅后水面高程+细格栅自身水头损失=5.330+0.250=5.580（m）

旋流沉砂池进水堰门前水面高程=栅前水面高程+进水堰门处损失=5.580+0.200=5.780（m）

表 6-24　污水管道水头损失计算

管道	数量	设计管径/mm	设计流量/(L/s)	设计流速/(m/s)	水力坡降/‰	管道长度/m	局部阻力系数 ξ	局部损失 $\xi_{总}\times\frac{v^2}{2g}$/m	沿程损失 iL/m	总损失/m
进水泵房-沉砂池	1	500	222.22	1.13	3.118	12.7	异径+弯头+止回阀+闸阀+三通 0.81+0.96+1.8+0.05+1.93=5.55	0.36	0.04	0.40
		800	888.89	1.77	4.472	10.3	三通+突扩 3.0+1.0=4.0	0.64	0.05	0.69
沉砂池-配水井	1	800	648.15	1.29	2.378	40.6	突缩+2 弯头+突扩 0.5+4×1.05+1.0=5.7	0.48	0.10	0.58
配水井-生化池	2	500	174.77	0.89	1.996	44.1	突缩+3 弯头+突扩 0.5+3×0.96+1.0=4.38	0.18	0.09	0.27
生化池-MBR 出水泵房	4	150	2.431	0.14	0.311	1.32	三通 0.1	0.0001	0.0004	0.0005
		150	4.862	0.28	1.046	1.32	三通 0.1	0.0004	0.0014	0.0018
		150	7.293	0.41	2.151	1.32	三通 0.1	0.0009	0.0028	0.0037
		150	9.724	0.55	3.610	1.32	三通 0.1	0.0015	0.0048	0.0063
		150	12.155	0.69	5.414	1.32	三通 0.1	0.0024	0.0071	0.0096
		150	14.586	0.83	7.559	1.32	三通 0.1	0.0035	0.0100	0.0135
		150	17.017	0.96	10.044	1.32	三通 0.1	0.0047	0.0133	0.0180
		150	19.448	1.10	12.866	1.32	三通 0.1	0.0062	0.0170	0.0232
		150	21.897	1.24	16.024	3.32	弯头+闸阀+三通 0.72+0.1+3.62=4.44	0.3472	0.0532	0.4004
		250	43.758	0.89	1.338	9.00	三通 1.18	0.0478	0.0120	0.0599
		250	43.758	0.89	4.731	189	闸阀+止回阀+三通+5 弯头 0.08+4.5+0.1+0.87=5.55	0.2250	0.8942	1.1192
							总计			1.6560
MBR 出水泵房-消毒池	1	700	349.53	0.91	1.462	45.7	突缩+2 弯头+突扩 0.5+2×1.02+1.0=3.54	0.15	0.71	0.22
消毒池-尾水口	1	800	648.15	1.29	2.378	21.8	突缩+突扩 0.5+1.0=1.5	0.13	0.05	0.18

（4）进水泵房 进水泵至沉砂池管道总损失为 0.40+0.69=1.09（m）。

《室外排水设计规范》（GB 50014—2006）：设计最大流量时出水管渠水位与集水池设计最低水位之差加上管路系统水头损失和安全水头为最高工作扬程。安全水头一般为 0.3~0.5m。

进水泵需要的扬程=细格栅栅前水深-集水池最低允许水位+管道损失+安全水头（设 0.4m）=5.780-（-8.690）+1.09=15.56（m）<选用进水泵扬程 16m，符合要求。

（5）消毒池 尾水排放口最高水位 3.52m，最低水位 1.08m，常年平均水位 2.56m（黄海高程系）。因尾水需要自流排放，假设富余水头为 0.5m，管道损失由为 0.18m，则：消毒池出水堰处水面高程=最高水位+富余水头+管道损失=（3.52-4.00）+0.50+0.18=0.300（m），消毒池有效水面高程=出水堰出水面高程+出水跌落损失=0.300+0.20=0.500（m），消毒池进水水面高程=有效水位+整流格栅水头损失=0.500+0.10=0.600（m）。

（6）MBR 出水泵房 A^2/O-MBR 池至 MBR 出水泵房的管道损失为 1.82m，设泵房内管道的水头损失为 0.80m，MBR 出水泵房至消毒池的管道损失为 0.22m，共计管道总损失为 1.82+0.80+0.22=2.84（m）。设膜组件及其集水管的水头损失为 0.50m，则：MBR 的自吸式离心泵所需要的扬程=消毒池进水处水面高程-MBR 池水位+管道损失+膜组件及其集水管水头损失+富余水头=0.600-3.300+2.84+0.50+0.50=1.14（m）<MBR 出水泵可以达到的扬程 13m，符合要求。

五、经济成本核算

（一）投资估算

1. 土建工程

建筑工程费用见表 6-25。

表 6-25 建筑工程费用一览

序号	名称	型号	单位	数量	单价/元	总价/元
1	进水泵房	钢筋砼	m^3	300.2	550	165110
2	进水计量井	钢筋砼	m^3	8.4	550	4620
3	旋流沉砂池	钢筋砼	m^3	251.9	550	138545
4	配水井	钢筋砼	m^3	80.2	550	44110
5	A^2/O-MBR 池	钢筋砼	m^3	1158.5×2	550	1274350
6	MBR 出水泵房	钢筋砼	m^3	206.2	550	113410
7	消毒池	钢筋砼	m^3	103.4	550	56870
8	出水计量井	钢筋砼	m^3	8.4	550	4620
9	鼓风机房及配电间	混合结构	m^2	461	1200	553200

续表

序号	名称	型号	单位	数量	单价/元	总价/元
10	储泥池	钢筋砼	m^3	66.3	550	36465
11	脱水机房	混合结构	m^2	446	1200	535200
12	仓库及机修间	混合结构	m^2	16.6	1200	19920
13	综合楼	混合结构	m^2	590	1200	708000
14	门卫	混合结构	m^2	5.54×2	1200	13296
15	道路及其他		m^3	1401.4	300	420420
16	绿化		m^2	16839	40	673560
		Σ				4761696

（1）主要工程定额直接费　476.17 万元。零星工程定额直接费：定额直接费×5%＝23.81（万元）。总计：499.98 万元

（2）其他直接费　定额直接费×3.5%＝16.67（万元）。

（3）直接费小计　499.98+16.67＝516.65（万元）。

（4）综合间接费　直接费×综合间接费率 9%＝516.65×9%＝46.50（万元）。

（5）费用合计　516.65+46.50＝563.15（万元）。

（6）利润　合计费用×6%＝563.15×6%＝33.79（元）。

（7）开办费　不计。

（8）人工补差费　定额工日数×5.0 元/d＝10906×5.0＝5.45（万元）。

（9）流动施工津贴　定额工日数×2.50 元/d＝10906×2.50＝2.73（万元）。

（10）费用总计　（5）+（6）+（7）+（8）+（9）＝605.12（万元）。

2. 设备购置及安装费

主要设备费用见表 6-26。

表 6-26　主要设备费用一览

序号	名称	型号	单位	数量	单价/万元	总价/万元
1	回转式格栅除污机	LHG-0.8×1.1	台	2	2.5	5
2	带式输送机	DS-500	台	1	1	1
3	潜水排污泵	WQK800-16-55	台	3	5	15
4	阶梯式格栅除污机	JT1400	台	2	2.5	5
5	螺旋输送机	WLS-260	台	1	1.5	1.5
6	气提式旋流除砂机	XLC1980	台	2	5	10
7	砂水分离器	LSF-320	台	1	1.5	1.5

续表

序号	名称	型号	单位	数量	单价/万元	总价/万元
8	膜组件	成套设备	m^2	30912	0.04	1236.48
9	潜水搅拌机	QJD2.2×1400/3.0×1400 等	台	16	4	64
10	潜水式回流泵	SRP-1.5	台	4	5	20
11	潜水式回流泵	SRP-5	台	4	5	20
12	潜水排污泵	WQK60-10-3	台	4	5	20
13	自吸式离心泵	GMP-320-50	台	8	0.62	4.96
14	紫外消毒模块	TROJAN UV3000 plus	套	1	4	4
15	罗茨增压鼓风机	RSW-300	台	3	30	90
16	带式一体化浓缩压滤机	DNY1000A	台	2	10	20
		总计				1581.44

(1) 定额直接费　设备购置费×6%＝94.89（万元）。

零星工程定额直接费　定额直接费×6%＝5.63（万元）。总计：100.58 万元。

(2) 人工费　定额直接费×60%＝56.93（万元）。

(3) 其他直接费　人工费×23%＝13.09（万元）。

(4) 其他费小计　定额直接费+其它直接费＝94.89+13.09＝107.98（万元）。

(5) 综合间接费　人工费×130%＝17.02（万元）。

(6) 利润　人工费×40%＝5.24（万元）。

(7) 开办费　不计。

(8) 人工补差费　定额工日数×5.0 元/d＝10906×5.0＝5.45（万元）。

(9) 流动施工津贴　定额工日数×2.50 元/d＝10906×2.50＝2.73（万元）。

(10) 费用合计　1581.44＋(4)＋(5)＋(6)＋(7)＋(8)＋(9)＝1719.85（万元）。

3. 总投资费用

(1) 基建总投资　S＝ 土建工程＋设备安装工程＋不可预见费＝ 605.12＋1719.85＋(605.12＋1719.85)×8%＝2510.97（万元）。

(2) 管理费　管理费＝S×3%＝75.33（万元）。

(3) 勘察设计费　勘察设计费＝S×4%＝100.44（万元）。

(4) 工程调试与人员培训费　工程调试与人员培训费＝S×1.5%＝37.66（万元）。

(5) 税金　税金＝［(1)＋(2)＋(3)＋(4)］×3.41%＝92.90（万元）。

(6) 工程总投资　W＝(1)＋(2)＋(3)＋(4)＋(5)＝2817.30（万元）。

（二）处理成本

1. 动力费

主要设备能耗计算数据见表 6-27。

表 6-27 主要设备能耗计算

序号	名称	型号	单位	数量	功率/kW	运行时间/h	运行容量/（kW·h）
1	回转式格栅除污机	LHG-0.8×1.1	台	2	2.5	12	60
2	带式输送机	DS-500	台	1	1.1	24	26.4
3	潜水排污泵	WQK800-16-55	台	3	55	16	2640
4	阶梯式格栅除污机	JT1400	台	2	2.2	12	52.8
5	螺旋输送机	WLS-260	台	1	1.1	24	26.4
6	气提式旋流除砂机	XLC1980	台	2	1.5+4	12	132
7	砂水分离器	LSF-320	台	1	0.37	24	8.88
8	潜水搅拌机	QJD2.2×1400	台	2	2.2	24	105.6
9	潜水搅拌机	QJD3.0×1400	台	12	3.0	24	864
10	水下搅拌机	QJD1.5×260	台	2	1.5	12	36
11	潜水式回流泵	SRP-1.5	台	4	1.5	12	72
12	潜水式回流泵	SRP-5	台	4	5.0	12	240
13	潜水排污泵	WQK60-10-3	台	4	3.0	0.5	6
14	自吸式离心泵	GMP-320-50	台	8	20	15	2400
15	紫外消毒模块	TROJAN UV3000 plus	根	80	0.25	24	480
16	罗茨增压鼓风机	RSW-300	台	3	213.7	16	10257.6
17	带式一体化浓缩压滤机	DNY1000A	台	2	0.75+1.1	12	44.4
		总计					17452.08

电费价格按照 0.60 元/（kW·h）计算，则动力费：$E_1=0.6\times17452.8=10471.68$（元/d）。

2. 膜清洗费用

膜组件采用配制成一定浓度的次氯酸钠清洗，平均按照 0.2%NaClO 进行清洗，清洗周期假设每两月一次。每片膜需要 3.5L 次氯酸钠药剂量，则：每次清洗所需要次氯酸钠体积为：200×336×3.5×0.2%＝170.4（L），市场上次氯酸钠价格为 1250 元/m^3，则每次清洗需要费用为 213 元。则膜清洗的药剂费用：

$$E_2=\frac{213}{60}=3.55\ （元/d）$$

3. 药剂费

市场上聚铁溶剂价格为 1400 元/t，则药剂费：

$$E_3 = 0.452 \times 1400 = 632.8\ (\text{元/d})$$

4. 工资福利费

职工定员 15 人，人员工资福利费按每人每月 1500 元计算。

$$E_4 = \frac{15 \times 1500}{30} = 750\ (\text{元/d})$$

5. 检修维修费

维修费用按照固定资产原值的 3.3%折取。固定资产原值 = 固定资产总投资×(85%~95%)，本计算按照 90%的比例计算。同时在固定资产中扣除掉膜本身的投资费用。则基本维修费用：

$$E_5 = \frac{3.3\% \times (2510.97 - 1236.48) \times 10000}{365} = 1152.28\ (\text{元/d})$$

6. 膜的折旧费

膜寿命按照 5 年考虑，膜组件投资 1236.48 万元，则膜折旧费用：

$$E_6 = \frac{1236.48 \times 10000}{5 \times 365} = 6775.23\ (\text{元/d})$$

7. 综合折旧费

包括基本折旧费与大修费，由于膜本身折旧已经考虑，因而将总投资部分扣除掉膜的投资费用。房屋和设备的折旧年限按照 10 年考虑，固定资产净残值率以 4%计算，则年折旧率为 9.6%，年折旧费用：

$$E_7 = \frac{9.6\% \times (2510.97 - 1236.48) \times 10000}{365} = 3352.08\ (\text{元/d})$$

8. 污泥处理处置费用

设污泥处理处置费为 1200 元/t（包括 PAM 药剂费），则：

$$E_8 = 0.983 \times 1000 = 1179.6\ (\text{元/d})$$

9. 处理成本

$$T_{\text{总}} = \frac{E_1 + E_2 + E_3 + E_4 + E_5 + E_6 + E_7 + E_8}{Q} = \frac{24317.22}{20000} = 1.22\ (\text{元/m}^3)$$

10. 运行费用

$$T_{\text{运行}} = \frac{E_1 + E_2 + E_3 + E_4 + E_5 + E_8}{Q} = \frac{14189.91}{20000} = 0.71\ (\text{元/m}^3)\ (\text{含污泥处理处置费})$$

六、图　　纸

如图 6-10、图 6-11 所示，分别为无锡某城市生活污水一级 A 达标处理工程图纸。

第十一节　化工废水处理工程设计

一、毕业设计背景

1. 题目

无锡某工业园区废水处理工程设计。

2. 概况

建设项目废水主要来源于无锡某工业园区排放的有毒有害废水。该废水既含有较高的有机物，又含有一定的有机溶剂成分以及重金属、酸、碱等。排放的废水经园区内管网收集后形成综合废水，废水排放总量为250m^3/d。综合废水的主要特点是：有机污染物浓度高，并且含有酸、碱、重金属以及有机溶剂等；水量变化大，白天水量多，夜间水量少；水质复杂，并且具有一定毒害性。化工园区新建时，规划将园区内废水接入城市污水管网。根据相关环保要求，对园区内排放的有毒有害实验废水进行单独处理，达到接管标准后排放。

3. 设计主要条件及技术参数

根据调研结果，确定的废水处理设计的水质和水量如下。

（1）设计规模　本工程的设计水量为250m^3/d。

（2）进水水质　pH：3～6；COD_{Cr}：≤2500mg/L；BOD_5：≤1200mg/L；*SS*：≤550mg/L；NH_3-N：≤100mg/L。

（3）处理要求　出水按无锡市《废水排放接管标准》的有关规定执行，其主要指标如下所示：pH：6～9；COD≤500mg/L；BOD_5≤300mg/L；*SS*≤150mg/L；NH_3-N≤35mg/L。

二、工艺流程选择

1. 废水处理系统的工艺要求

（1）废水处理工艺设计必须对金属离子以及有机溶剂有较好的去除能力。

（2）废水处理工艺必须具有一定的先进性，工艺流程和设备具有一定的显示度。

2. 进水水质分析

综合废水一方面含有较高的有机物，使得整个综合废水具有合适的C、N、P，可生化性较好；另一方面，含有一定的有毒有害物质，必须予以去除。

3. 污水处理工艺的选择

考虑到对废水处理系统的要求以及进水的水质，采用“化学混凝+A/O-MBR”的核心处理工艺对污水进行处理。

（1）工艺流程图　见图6-12。

（2）工艺流程图简介　综合废水经机械粗格栅（栅条间隙为10mm）和机械细格栅的拦截作用可以去除颗粒物，为后续生化处理创造有利的水质条件。然后废水进入调节池，在调节池内进行水质、水量的调节并进行预曝气，曝气可以减少污泥沉积，并能去

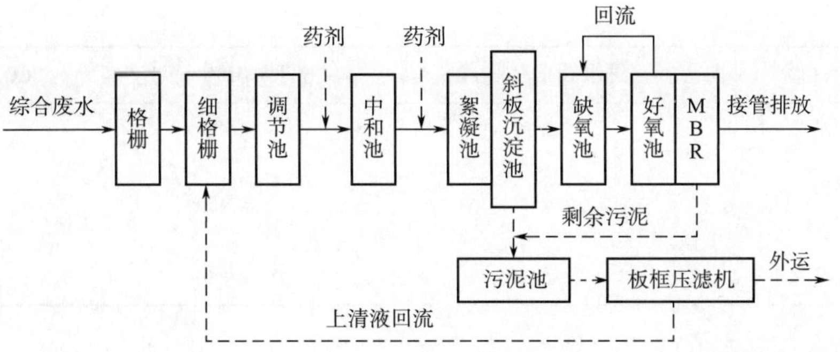

图 6-12 工艺流程图

除一部分 COD。调节出水用泵打到中水池中进行 pH 的调节，中和池中设置在线 pH 计，它与酸碱加药系统连锁，实现自动根据 pH 的变化来调整加酸、加碱的作用。在将废水的 pH 调节到 8 左右后，再自流进入絮凝反应池，向池内投加絮凝剂，与水充分混合后形成较大的矾花，接着废水进入斜板沉淀池，沉淀掉大部分的颗粒物和重金属离子。出水再自流进入配水池，再由提升泵将配水池中的水提升至缺氧池和好氧池构成的 A/O 生化反应系统，出水再流入 MBR 池。在生化过程可以有效地去除污水中的有机物以及 NH_3-N 和硝酸盐等。MBR 池利用池中高浓度的活性污泥的生物降解作用，进一步将废水中的有机物去除。出水经抽吸泵抽出进入清水池，然后排入市政管网。

MBR 膜池中的剩余污泥由污泥泵打入污泥池中，进行浓缩和消化，消化后的污泥最终压滤外运。

（3）工艺特点 本工艺采取的核心工艺是 MBR，它具有以下特点：①污染物去除效率较高，处理出水水质好；②污泥浓度高，装置容积负荷大，占地面积小；③有利于增殖缓慢或高效微生物的截留，提高系统的硝化效果和对难降解有机物的处理能力；④剩余污泥产生量低；⑤易于实现自动化控制，操作管理方便。

三、构筑物计算

（一）各构筑物污染物削减率和物料衡算

各构筑物污染物削减率见表 6-28。

表 6-28 各构筑物污染物削减率

项目	进水 COD/(mg/L)	出水 COD/(mg/L)	COD 去除率/%
格栅	2500	2500	0
调节池	2500	2375	5
中和池	2375	2375	0
絮凝池 沉淀池	2375	1670	30

续表

项目	进水 COD/(mg/L)	出水 COD/(mg/L)	COD 去除率/%
缺氧池	1670	1500	10
好氧池 MBR 池	1500	≤450	≥70
清水池	≤450	≤450	—

（二）各构筑物说明

（1）格栅井　进水处设置 10mm 的提篮格栅进行初步处理，然后再进入格栅井内。格栅井内设置一道机械细格栅。细格栅栅隙采用 1mm，用于拦截废水中较细的残渣和漂浮物以保证后续管路的畅通和 MBR 池对水质的要求。所拦截的栅渣定期由人工清除。

（2）调节池　用于调节水量和均匀水质，使污水能比较均匀地进入后续处理单元。调节池内设置预曝气系统，可提高整个系统对水质水量变化的适应性，减少污水在厌氧状态下的恶臭味和污泥的沉积，同时可减少后续处理单元的设计规模。调节池内设置潜污泵，用以将污水提升送至后续处理单元。

（3）中和池　调节池出水进入中和池，中和池中设置 pH 检测仪，并与酸、碱加药系统连锁。若进水 pH 检测仪反映出来，并相应地控制加酸或是加碱，使中和池出水呈偏酸性。这样的 pH 条件有利于后续的絮凝反应以及生化处理。中和池中设置一搅拌机，达到搅拌药剂使其充分与废水混合的功能。

（4）混絮凝反应池　中和池出水溢流进入混絮凝反应池，另外，混絮凝加药装置将絮凝剂投加进入混絮凝反应池，通过搅拌机的搅拌，使得絮凝剂与废水充分混合以形成肉眼可见的较大矾花。

（5）斜板沉淀池　斜板沉淀池基本构造为在平流式或竖流式沉淀池的沉淀区内利用倾斜的平行管或平行板分割成一系列浅层沉淀层，被处理的废水和沉降的沉泥在各沉淀浅层中相互运动并分离。其运动过程是原水进入斜板单体，水流方向与颗粒沉淀方向相反，沉泥借自重而下滑进入下部集泥区，澄清后的水则经分离区，由上部集水系统导流出池外。该装置主要由斜板反应单元、密封板、固定支架、导板条、集水槽以及分割斜板单元体的肋条组成。在这个沉淀池中主要为了去除废水中的 SS 和部分重金属离子。该沉淀池相对平流和竖流沉淀池来说具有去除率高、停留时间短、占地面积小等优点。

（6）缺氧池　斜板沉淀池出水由泵打入缺氧池进行生物脱氮。缺氧池中生长着大量的反硝化细菌，它们在缺氧条件下能将硝酸盐转化为氮气从而将污水中的氨氮去除。该池与后续的 MBR 池构成传统的 A/O 生物脱氮工艺，在好氧段即 MBR 池中，硝化细菌通过硝化作用将氨氮转化为硝态氮，然后按一定的回流比回流一部分混合液进入缺氧段，为反硝化菌的脱硝作用提供电子受体即硝酸根离子。

（7）好氧池　好氧池采用成熟的活性污泥法工艺，与缺氧池形成了 A/O 生化系统，承担着绝大多数有机物的去除任务，由于其后接有膜池，膜池高浓度的污泥可以回流到好氧池中，又增大了好氧池的污泥浓度。同时，好氧池处理的泥水混合物直接进入膜池，无需二沉淀池。

（8）MBR 池　MBR 是将生物降解作用与膜的高效分离技术结合而成的一种新型高效的污水处理与回用工艺。它主要由生物反应器和膜组件两单元设备组成，污水首先进入反应器，反应器中的微生物利用污水中的可生化污染物进行同化和异化作用，从而实现污染物的降解，异化产物多数为无害的 CO_2 和 H_2O，同化产物则成为微生物的组成物质实现微生物的生长和繁殖。

膜单元部分主要用于固液分离，它利用膜分离设备将生化反应池中的活性污泥和大分子物质截留住，可以节省掉传统活性污泥中的二沉池。活性污泥浓度也因此大大提高。而且由于较低的污泥负荷和较高的泥龄，使得 MBR 的污泥产量大大减少，并能促进硝化细菌的繁殖，从而具有一定的脱氮能力。因此，MBR 工艺通过膜分离技术大大强化了生物反应器的功能。

（9）清水池　经 MBR 池处理后的出水由抽吸泵抽入清水池暂时储存，最后排入污水管网中。

（10）污泥池　本套处理系统中污泥主要来自斜板沉淀池的化学污泥和 MBR 池的剩余污泥。污泥池主要起暂时贮存和浓缩污泥的作用，浓缩后的污泥经过污泥板框压滤机压滤后外运。上清液由排出口排出并返回调节池进行再处理。

（11）设备间　设备间内放置风机、抽吸泵、加药系统等设备，室内设置电控系统，便于操作人员对处理系统进行集中的控制。

（12）污泥脱水房　污泥脱水房里设置污泥压滤机和螺杆泵等设备，主要是对污泥进行脱水处理。

（三）构筑物设计

1. 格栅井

池体尺寸（长×宽×高）：1.2m×0.6m×2.0m；结构：钢筋混凝土；数量：1 座。

2. 调节池

池体尺寸（长×宽×高）：9.0m×6.0m×4.0m；有效水深：2.5m；有效容积：189m^3；水力停留时间：18.0h；结构：钢筋混凝土；数量：1 座。

3. 中和池

设计中和反应时间：20min；池体尺寸（长×宽×高）：1.5m×1.5m×2.5m；有效水深：2.0m；结构：钢筋混凝土；数量：1 座。

4. 混絮凝反应池

设计絮凝反应时间：20min；池体尺寸（长×宽×高）：1.0m×2.0m×2.0m；有效水深：2.0m；结构：Q235A；数量：1 座。

5. 斜板沉淀池

池体尺寸（长×宽×高）：2.0m×2.0m×4.0m；表面负荷：4m^3/（m^2·h）；斜板长度：1.0m；污泥斗高度：1.5m；水力停留时间：25min；结构：Q235A；数量：1 座。

6. 配水池

池体尺寸（长×宽×高）：2.0m×2.0m×2.5m；结构：钢筋混凝土；数量：1 座。

7. 缺氧池

池体尺寸（长×宽×高）：3.0m×3.0m×4.0m；有效水深：3.5m；水力停留时间：约3.0h；反硝化速率：≤0.05kgNO_3/(kgMLSS·d)；结构：钢砼；数量：1座。

8. 好氧池

池体尺寸（长×宽×高）：5.0m×4.0m×4.0m；污泥负荷：0.35kgBOD_5/(kgMLSS·d)；设计进水BOD_5：780mg/L；设计出水BOD_5：400mg/L；设计污泥浓度：4000mg/L；有效水深：3.4m；水力停留时间：6.5h；结构：钢砼；数量：1座。

9. MBR池

池体尺寸（长×宽×高）：5.0m×3.0m×4.0m；污泥负荷：0.09kgBOD_5/(kgMLSS·d)；设计进水BOD_5：400mg/L；设计出水BOD_5：300mg/L；设计污泥浓度：6000mg/L；有效水深：3.2m；水力停留时间：4.6h；结构：钢砼；数量：1座。

10. 清水池

池体尺寸（长×宽×高）：3.0m×2.0m×4.0m；超高：0.3m；有效水深：3.5m；有效容积：21m^3；有效水力停留时间：2.0h；结构：钢砼；数量：1座。

11. 污泥池

池体尺寸（长×宽×高）：3.0m×3.0m×4.0m；超高：0.5m；有效容积：30m^3；结构：钢砼；数量：1座。

12. 设备间

放置风机、抽吸泵、电控系统、加药系统等设备；规格尺寸：6.0m×5.0m×4.0m；数量：1间。

13. 污泥脱水机房

放置污泥压滤机、污泥螺杆泵等设备；规格尺寸：5.0m×3.0m×4.0m；数量：1座。

(四) 设备选型

1. 提篮格栅

用途：置于格栅井入口处，所拦截的格渣定期人工清除外运；数量：1台；栅隙：10mm；材质：不锈钢。

2. 机械细格栅

用途：置于格栅井内，间歇运行，自动清除所拦截的栅渣，主材质不锈钢；型号：HF-300；数量：1台；栅隙：1mm；功率：0.55kW；材质：不锈钢。

3. 提升泵

用途：置于调节池后细格栅之后的集水井内，用于提升污水至下中和池；型号：50QW-10-10-0.75；数量：2台（一用一备）；流量：10m^3/h；扬程：10m；功率：0.75kW。

4. 酸加药系统

用途：置于中和池前向中和池投加药剂，以调节废水pH，同时生成沉淀和金属沉淀；数量：1套；主要包括：搅拌机、计量泵、溶药罐、贮药罐等；功率：0.75kW。

5. 碱加药系统

用途：置于中和池前向中和池投加药剂，以调节废水pH，同时生成沉淀和金属沉淀；数量：1套；主要包括：搅拌机、计量泵、溶药罐、贮药罐等；功率：0.75kW。

6. 中和池搅拌机

用途：置于中和池内，用于使废水与酸或碱的充分混合；型号：JBJ-700；数量：1台；浆板直径：700mm；功率：1.1kW。

7. 絮凝加药系统

用途：置于絮凝池前向絮凝区投加絮凝剂，使水中的胶态悬浮物失稳形成矾花，由于矾花沉降容易，所以间接去除了水中不易沉降的胶态悬浮物；数量：1套；主要包括：搅拌机、计量泵、溶药罐、贮药罐等；功率：0.75kW。

8. 絮凝池搅拌机

用途：置于絮凝反应池内，用于使废水和药剂的充分混合；型号：JBJ-700；数量：1台；浆板直径：700mm；功率：1.1kW。

9. 沉淀池污泥泵

用途：置于沉淀池污泥斗内，用于间歇排放污泥；型号：50QW10-10-0.75；数量：1台；流量：$10m^3/h$；扬程：10m；功率：0.75kW。

10. 配水池潜污泵

用途：用于将配水池中的水抽到缺氧池；型号：50QW10-10-0.75；数量：2台（一用一备）；流量：$10m^3/h$；扬程：10m；功率：0.75kW。

11. 缺氧池潜水搅拌机

用途：置于缺氧池内，用于缺氧池内搅拌；型号：QJB0.85/8-260/3-740C；数量：1台；材质：铸铁；功率：0.85kW。

12. 三叶罗茨风机

用途：置于设备间内，为调节池、好氧池、膜池以及污泥池提供足够的空气。

（1）预曝气调节池内气水比设计为5∶1，则调节池所需气量 $Q_{气}=5\times10.5m^3/h=52.5m^3/h=0.875m^3/min$。

（2）好氧池所需气量　好氧池气水比设计为15∶1，则调节池所需气量 $Q_{气}=15\times10.5m^3/h=158m^3/h=2.6m^3/min$。

（3）MBR膜池所需气量　采用PEIER150-100的膜组件，则需要该膜组件6组MBR膜池所需气量，$Q_{气}=600\times12L/(m^2\cdot min)/1000=7.2m^3/min$，考虑到膜池的辅助曝气量，则总需氧量为 $Q_{气}=1.1\times(0.875+2.6+7.2)=11.7m^3/min$。

因而鼓风机的选取如下：型号：XSR150；数量：2台（一用一备）；风量：$13.60m^3/min$；风压：44kPa；装机功率：15.20kW。

13. 抽吸泵

用途：置于一体化设备间，用于MBR池抽吸出水；型号：40 ZX10-40；数量：2台（一用一备）；流量：$10m^3/h$；扬程：40m；功率：4.0kW；运行方式：抽8min停2min。

14. 膜组件

用途：置于MBR池内，用于活性污泥与水的分离；型号：PEIER150-100；数量：6组；尺寸（长×宽×高）：1.65m×0.65m×2.66m；总有效膜面积：$900m^2$。

15. 混合液回流泵

用途：置于好氧池内，用于回流好氧池中一部分的混合液进入缺氧池进行反硝化处理。并同时作为剩余污泥泵间歇排泥；型号：50QW20-7-0.75；数量：1 台；流量：$20m^3/h$；扬程：7m；功率：0.75kW。

16. MBR 池污泥泵

用途：置于 MBR 池内，用于间歇排放剩余污泥；型号：50QW20-7-0.75；数量：1 台；流量：$20m^3/h$；扬程：7m；功率：0.75kW。

17. 污泥螺杆泵

用途：用于将污泥池中的污泥抽到污泥压滤机；型号：G42-1；数量：2 台（一用一备）；流量：$3m^3/h$；扬程：60m；功率：1.5kW。

18. 板框压滤机

型号：X_M^A YJ20/630 - U_K^B；数量：1 台；功率：1.5kW。

19. 在线 pH 计

用途：置于中和池内，用于实现监控调节池出水的 pH，并与酸、碱加药系统连锁，自动进行调控；数量：1 套；备注：地面集中控制，带 PLC 及液位控制器。

20. 电气系统

用途：置于设备间，用于实现水处理系统的自动控制；数量：1 套；备注：地面集中控制，带 PLC 及液位控制器。

四、经济成本核算

1. 总投资预算

总投资预算见表 6-29。

表 6-29　　总投资预算

①	土建费用				
构筑物名称	规格	数量	单位	结构	费用/万元
格栅井	1.2m×0.6m×2.0m	1	座	钢砼	0.06
调节池	9.0m×6.0m×4.0m	1	座	钢砼	10.8
中和反应池	1.5m×1.5m×2.5m	1	座	钢砼	0.28
配水池	2.0m×2.0m×2.5m	1	座	钢砼	0.5
缺氧池	3.0m×3.0m×4.0m	1	座	钢砼	1.8
好氧池	5.0m×4.0m×4.0m	1	座	钢砼	4.0
MBR 池	5.0m×3.0m×4.0m	1	座	钢砼	3.0
清水池	3.0m×2.0m×4.0m	1	座	钢砼	1.2
污泥池	3.0m×3.0m×4.0m	1	座	钢砼	1.8
设备间	$30m^2$	1	座	砖混	3.0
污泥脱水房	$15m^2$	1	座	砖混	1.5
小计	27.94 万元				

续表

②	设备费用				
设备名称	型号	数量	单位	单价/万元	合价/万元
提篮格栅	300 * 300	1	台	0.3	0.3
机械格栅	HF-300	1	台	3.5	3.5
提升泵	50QW10-10-0.75	2	台	1.45	2.9
风机	XSR150	2	台	2.75	5.5
沉淀池配件	配套	1	套	9.2	9.2
酸碱加药系统	配套	2	套	0.75	1.5
絮凝加药装置	配套	1	套	0.75	0.75
中和池搅拌机	JBJ-700	1	个	0.7	0.7
絮凝池搅拌机	JBJ-700	1	个	0.7	0.7
膜组件	PEIER150-100	5	组	7.2	36
膜清洗装置	配套	1	套	0.5	0.5
抽吸泵	40ZX10-40	2	台	0.35	0.7
混合液回流泵	50QW20-7-0.75	2	台	0.265	0.53
潜水搅拌机	QJB0.85/8-260/3-740C	1	台	2.2	2.2
MBR 池污泥泵	50QW20-7-0.75	1	台	0.265	0.265
沉淀池污泥泵	50QW10-10-0.75	1	台	0.2	0.2
配水池潜污泵	50QW10-7-0.75	2	台	0.2	0.4
调节池曝气系统	配套	1	套	1.8	1.8
好氧池曝气系统	配套	1	套	1.5	1.5
MBR 辅助曝气系统	配套	1	套	1.5	1.5
污泥螺杆泵	G42-1	2	台	0.6	1.2
板框压滤机	X_M^A YJ20/630-U_K^B	1	套	4.6	4.6
电气系统	带 PLC 自控	1	套	2.4	2.4
仪器仪表	液位计、流量计、压力表等	1	套	2.5	2.5
在线 pH 计	PHG-30	1	个	2.5	2.5
管道、阀门	配套	1	套	3.5	3.5
配管、配件	配套	1	套	1.45	1.45
小计	86.185 万元				
③	安装、调试费=②×10%			8.6185 万元	
④	税金=②×10%			8.6185 万元	
⑤	设计费=（①+②+③）×5%			6.1372 万元	
⑥	预留金			10.00 万元	
⑦	总计=①+②+③+④+⑤+⑥=147.5 万元				

故总投资约为 147.50 万元。

2. 运行费用

污水处理直接运行费用主要包括耗电费、药剂费、人工费和维修费等。水站水量按 $250m^3/d$，年运行按365d计算。

（1）电费　主要耗电设备数据见表6-30。

表6-30　　主要耗电设备

设备名称	型号	数量	单机功率/kW	运行时间	总装机功率/kW	备注
机械细格栅	HF-300	1	0.55	间歇运行	0.55	
提升泵	50QW10-10-0.75	2	0.75	24	1.5	一用一备
酸、碱加药系统	配套	2	0.75	24	1.5	一用一备
中和池搅拌机	配套	1	1.1	24	1.1	
絮凝加药系统	配套	1	0.75	24	0.75	一用一备
絮凝池搅拌机	配套	1	1.1	24	1.1	一用一备
风机	XSR150	2	15.2	24	30.4	一用一备
抽吸泵	40ZX10-40	2	4.0	19.2	8.0	一用一备
混合液回流泵	50QW20-7-0.75	2	0.75	24	1.5	一用一备
配水池潜污泵	50QW10-7-0.75	2	0.75	24	1.5	
潜水搅拌机	QJB0.85/8-260/3-740C	1	0.85	24	0.85	一用一备
沉淀池污泥泵	50QW10-10-0.75	1	0.75	间歇运行	0.75	
MBR剩余污泥	50QW20-7-0.75	2	0.75	间歇运行	1.5	一用一备
污泥螺杆泵	G42-1	2	1.5	间歇运行	3.0	一用一备
板框压滤机	X_M^A YJ20/630-U_K^B	1	1.5	间歇运行	1.5	

装机总功率：55.5kW，运行功率：31.05kW，总耗电量为596.54kW·h。

电费以0.6元/kW·h计，则吨水电费为：$E_1=596.54\times0.6/250=1.43$（元/$m^3$）

（2）药剂费　本工程中所用到的药剂包括中和池投加的酸、碱溶液，絮凝池投加的絮凝剂以及污泥脱水投加的药剂，估算 E_2 约0.17元/m^3。

（3）人工费　需要操作员2人，每人每月1200元，则吨水人工费：

$$E_3=2\times1200/(30\times250)=0.32\text{（元/m}^3\text{）}$$

（4）日常维修费　按总投资的1%折算，则吨水维修费：

$$E_4=147.50\times10^4\times1\%/(365\times250)=0.16\text{（元/m}^3\text{）}$$

（5）运行费用

$$E=1.43+0.17+0.32+0.16=2.08\text{（元/m}^3\text{水）}$$

五、工程图纸

图6-13所示，为无锡某工业园区废水处理工程工艺流程图。

第七章　水污染控制工程生产实习

第一节　引　　言

一、生产实习的目的

生产实习是学校教学的重要补充部分，是教育教学体系中的一个不可缺少的重要组成部分和不可替代的重要环节。生产实习是大学生获得基本专业技能训练的一个重要过程，是理论联系实际的重要途径。它与今后的职业有着最直接的联系，学生在生产实习过程中将完成学习到就业的过渡，因此生产实习是培养技能型人才，实现培养目标的主要途径。它不仅是校内教学的延续，而且是校内教学的总结。可以说，没有生产实习，就没有完整的教育。学校要提高教育教学质量，在注重理论知识学习的前提下，首先要提高生产实习的质量。

水污染控制工程是工程性、实践性很强的课程，生产实习环节是学生将理论知识同生产实践相结合的一个有效途径。通过生产实习，要使学生学习和了解水处理的全过程以及生产组织管理等知识，培养学生树立理论联系实际的工作作风，使学生在生产中将所学的理论知识加以验证、巩固、充实和深化。通过生产实习，要培养学生调查、研究、分析和解决工程实际问题的能力，并为后继专业课的学习、课程设计和毕业设计等打下坚实的基础。通过生产实习，要拓宽学生的知识面，增加感性认识，把所学知识条理化、系统化，学到从书本学不到的专业知识，并获得本专业国内外科技发展现状的最新信息，激发学生向实践学习和探索的积极性，为今后的学习和将从事的技术工作打下坚实的基础。

二、生产实习的基本要求

（一）实习前准备工作的要求

（1）专业教研组负责人组织老师按照专业培养目标要求和教学计划编制实习大纲，编写实习指导书。实习大纲和实习指导书经系主任审批，并报教务处备案。

（2）实习大纲内容应包括　①实习目的和要求；②实习内容和实习方法；③实习的程序、岗位和时间分配；④现场教学的内容与要求；⑤实习报告的要求，作业与思考题；⑥成绩评定办法；⑦参考书与参考资料。

（3）应建立稳定的生产实习基地，以利于实习规范化，保证实习质量。选择实习场所应注意：与水污染控制工程、水处理相关，能满足实习大纲要求；生产较正常，并对学生生产实习较为重视；便于安排师生食宿；相近条件下，优先就地就近安排，以节约开支。

（4）实习指导教师应由教学经验丰富，对生产较熟悉，有一定组织领导能力的具有讲师以上职称的教师担任。按1:（15~20）的比例配备实习指导教师，经批准担任指导实习的教师，中途不得擅自更换。

（5）根据实习场所的条件拟定实习实施计划，并于实习之前征得实习场所单位同意。实施计划包括：实习内容安排，实习要求，人员组成，经费预算，车辆使用计划，实习起止时间等。实施计划应交教务处审核。

（6）做好实习的组织和动员工作　实习按实习单位编成组，队长由教师担任，副队长由老师、辅导员和一名学生干部担任，进入实习企业前由领队教师进行思想动员，讲明实习目的要求，宣布实习纪律，交待有关事项，进行安全、保密教育。

（7）做好实习师生食宿、交通等生活条件的安排。在专业多、实习学生集中的地区，由学院派人联系落实，其他则由实习教师提前到企业联系落实。

（二）实习指导教师的要求

（1）实习前到实习单位了解和熟悉情况，掌握实习内容，拟定实习实施计划，准备好必要的资料和技术条件。

（2）必须精心组织，认真指导，严格管理。上岗实习前，必须对学生说明任务、要求和工作方式方法，特别注重对学生的安全教育，要参加现场指导，认真布置作业和评定成绩。

（3）教师以身作则，全面关心学生的思想、学习、生活、纪律与安全。教育学生虚心向工人、技术人员学习，从生产实际中学习。

（4）教育学生严格遵守学院和实习单位的规章制度，对学生的违纪现象要及时帮助教育，严重的要及时向学院汇报，以便及时处理。

（5）尊重实习单位领导，搞好实习单位和学校的关系。

（6）实习结束时要认真总结工作，写出书面汇报，并将总结交教务处。

（三）学生的要求

（1）学生应执行实习大纲、实习实施计划的要求和规定，严肃认真地完成实习任务。要记好实习笔记，按时完成实习思考题或作业，并结合自己的体会写好实习报告。

（2）尊重工程技术人员、工人的指导，主动协助实习单位做一些力所能及的工作（如技术革新、公益劳动等），密切实习单位和学校的关系。

（3）加强组织性、纪律性，严格遵守实习的各项规章制度，实习期间一般不得请假（如遇特殊情况必须取得证明，并经指导教师批准），学生实习期间一律不得外宿。

（4）要严格遵守实习单位的操作规程，注意安全，遵守实习单位保密制度。

（5）爱护公共财物，节约水电。

第二节　污水处理厂概况

一、污水处理厂在社会发展中的作用

水是经济发展和社会可持续发展的一个重要因素。水环境是城市自然环境诸要素中

最重要的要素之一。随着城市规模的不断扩大和人口的增加，水环境污染成了一大难题。城市污水是目前江河湖泊水域污染的重要原因，也是制约许多城市可持续发展的主要原因之一。

从污染源排出的污（废）水，因含污染物总量或浓度较高，达不到排放标准要求或不适应环境容量要求，从而降低水环境质量和功能目标时，必须经过人工强化处理的场所，这个场所就是污水处理厂，又称为污水处理站。污水处理厂是经济发展和水资源保护不可或缺的组成部分，不仅能有效地控制了水污染，还可改善周边地区的水环境。

国内外城市发展过程的经验告诉我们，城市化进程初期会发生不同程度的水环境污染问题，引起水资源短缺和水域生态系统功能退化。随之，污水处理厂作为城市水污染控制基础设施，承担起了保护城市水环境和维持城市水生态可持续性的主要职责。建设污水处理厂，不仅能解决节能减排的大问题，使城市污水达到无害化，避免污水及污染物直接进入水体，也美化了城市环境，对改善生态环境、提升城市品位和促进经济发展具有重要意义。

污水处理所采用的工艺技术是污水处理的核心部分。污水处理采取的工艺与很多因素有关，如进水水质、出水要求、处理水量、投资大小等，还与气候条件有关。目前污水处理的等级已经从二级处理向三级处理过渡，特别是随着水资源的日趋短缺，城市污水再生回用技术越来越受到各国的重视。也就是说现代化的污水处理厂应具有双重功能，一方面是要消除城市排水的污染问题，另一方面还要担负解决城市水资源紧缺的任务。一方面严重缺水，另一方面又有大量污水排出，流入江河湖海污染水体。污水处理既可解决水源的严重污染，又可开发新水源，是一项事半功倍的事业。

二、我国污水处理厂的发展概况

城市生活污水处理自工业革命以来，越来越受到人们的重视。城市污水处理率已成为一个地区文明与否的一个重要标志。近 200 年来，城市污水处理已从原始的自然处理、简单的一级处理发展到利用各种先进技术、深度处理污水，并回用。处理工艺也从传统活性污泥法、氧化沟工艺发展到 A/O、A^2/O、AB、SBR（包括 CCAS 工艺）等多种工艺，以达到不同的出水要求。

我国城市污水处理相对于发达国家起步较晚，始于 20 世纪 70 年代末。我们在大力引起国外先进技术、设备和经验的同时，结合我国发展情况，尤其是当地实际情况，不断探索适合我国实际的城市污水处理厂。1984 年我国自行设计的第一座大型城市污水处理厂——天津市纪庄子污水处理厂建成投产。20 世纪 90 年代中，一批大型城市污水处理厂在中国主要城市兴建。

我国在 20 世纪 80 年代相继开展了对 AB 工艺的特性、运行机理及处理过程的稳定性的研究，并将其用于工程实际，且得到了一定规模的应用，如青岛海泊河污水处理厂、淄博污水处理厂、深圳滨河污水处理厂等。AB 工艺具有抗冲击负荷能力强、对 pH 变化和有毒物质具有明显缓冲作用、可分期建设的特点。但其对低浓度城市污水的处理效果较差，并且此工艺产泥量大，目前污水处理厂普遍面临的一个问题是污泥的处理处置难，因此限制了 AB 工艺的发展应用。

我国20世纪80年代及其以前建设的污水处理厂，由于当时没有对出水氮磷含量的要求，生物处理工艺主要采用传统活性污泥工艺及其改良工艺，其主要功能是大幅度去除污水中呈胶体态和溶解态的有机污染物，使处理后的污水BOD达到排放标准，而对污水中氮磷的去除率非常低。随着水体富营养化问题在我国日益严重，为适应国家对氮磷的排放要求，保护水环境，一些采用传统活性污泥处理工艺的污水厂对现有工艺进行改造，增设了除磷脱氮功能。

20世纪80年代末90年代初，A/O工艺、A^2/O工艺因其较好的除磷脱氮效果而逐渐应用于城市污水处理之中，并且成为主流。在此阶段，氮、磷污染物控制与去除技术的研究及相关技术的应用成为水环境污染控制日益紧迫的重要课题。A/O工艺包括A/O除磷工艺和A/O脱氮工艺，它们对磷、氮的去除率分别达到90%以上和80%左右；而A^2/O工艺不能同时高效除磷脱氮。20世纪90年代以来，随着具有脱氮除磷功能污水处理工艺的研究应用，发现A^2/O工艺本身存在的缺陷，即硝化菌、反硝化菌和聚磷菌在有机负荷、泥龄以及碳源需求上存在着矛盾和竞争，很难在同一系统中同时获得氮、磷的高效去除，阻碍着生物除磷脱氮技术的应用，因此为解决这些工艺矛盾，研究者们进行了大量研究来进行工艺改进，开发出倒置A^2/O、UCT、A+A^2/O等工艺，尤其对倒置A^2/O进行了大量研究，现已完成了对其原理与特点、运行参数的研究，并通过生产试验研究，现已有部分污水厂已采用该工艺并取得了良好的运行效果，如常州北城污水厂、青岛团岛污水厂、青岛李村河污水处理厂等。

“环境保护”是我国的基本国策，自2000年以来，为应对快速城市化进程中突出的水环境问题，国家先后在“十五”“十一五”和“十二五”启动了水污染控制重大专项，为城市污水处理新技术开发和应用注入了新驱动。

我国建设污水处理厂应符合以下发展方向。

（1）总投资“省”　我国是一个发展中国家，经济发展所需资金非常庞大，因此严格控制总投资对国民经济大有益处。

（2）运行费用“低”　运行费用是污水处理厂能否正常运行的重要因素，是评判一套工艺优劣的主要指标之一。

（3）占地“省”　我国人口众多，人均土地资源极其紧缺。土地资源是我国许多城市发展和规划的一个重要因素。

（4）脱氮除磷效果　随着我国大面积水体环境的富营养化，污水的脱氮除磷已经成为一个迫切的问题。我国实施的《污水综合排放标准》（GB 8978—1996）也明确规定了适用于所有排污单位，非常严格地规定了磷酸盐排放标准和氨氮排放标准。这就意味着今后绝大多数城市污水处理厂都要考虑脱氮除磷的问题。

（5）现代先进技术与环保工程的有机结合　现代先进技术，尤其是计算机技术和自控系统设备的出现和完善，为环保工程的发展提供了有力的支持。目前，国外发达国家的污水处理厂大都采用先进的计算机管理和自控系统，保证污水处理厂的正常运行和稳定的合格出水，而我国在这方面还比较落后。因此，计算机控制和管理也必将是我国城市污水处理厂发展的方向。

第三节　典型废水处理工艺

一、城镇污水处理工艺的典型流程

（一）城镇污水的水质特征

城镇污水即由城镇排水系统汇集的污水，主要是由居民的生活污水、区域内工业企业排放的工业废水、市政污水和部分降水组成。其中，生活污水是城市污水的主要组成部分之一，它是人们在日常生活中所产生的废水，主要包括厨房洗涤、冲洗厕所和沐浴等污水。详细组成如下：

- 城市污水
  - 生活污水
    - 家庭污水
    - 公共场所污水（如宾馆）
    - 医院污水（经消毒预处理）
  - 工业污水（经预处理达标排放）和工业废水
  - 初期雨水

功能综合的城市，排水系统接纳的生活污水占总污水量的45%~65%，相应城市污水具有生活污水的特征。城市污水的水质随接纳的工业污水水量和工业企业生产性质的不同而有所变化，尤其是一些特殊的污染物指标，如重金属离子与冶金工业，有毒有机物与农药、染料等工业等，但由于特殊工业企业的数量与其排水量所占比例很小，因而对城市污水整体影响不大（特别是工业污水经预处理后）。表7-1所示为典型城镇污水水质特征。

表7-1　典型城镇污水水质特征

指标	浓度/(mg/L)		
	高	中等	低
总固体（TS）	1200	720	350
溶解性总固体	850	500	250
非挥发性固体	525	300	145
挥发性固体	325	200	105
悬浮物（SS）	350	220	100
非挥发性悬浮物	75	55	20
挥发性悬浮物	275	165	80
可沉降物	20	10	5
生化需氧量（BOD_5）	400	200	100
溶解性BOD	200	100	50
悬浮性BOD	200	100	50

续表

指标	浓度/(mg/L)		
	高	中等	低
总有机碳（TOC）	200	160	80
化学需氧量（COD）	1000	400	250
溶解性 COD	400	150	100
悬浮性 COD	600	250	150
可生物降解部分 COD	750	300	200
可生物降解溶解性 COD	325	150	100
可生物降解悬浮性 COD	325	150	100
总氮（N）	85	40	20
有机氮	35	15	8
游离氮	50	25	12
亚硝酸氮	0	0	0
硝酸氮	0	0	0
总磷（P）	15	8	4
有机磷	5	3	1
无机磷	10	5	3
氯化物（Cl^-）	200	100	60
碱度（$CaCO_3$）	200	100	50
油脂	150	100	50

城镇排水系统都或多或少地接纳工业废水。工业废水的水质、水量，对城市污水的水质与水量的影响较大，由于接纳的工业废水的水质千变万化，水量不同，所以各地的城镇污水水质、水量也各不相同。沿海城市的氯离子含量高，南方用水定额高的城市有机物含量低，而节水型城市有机物含量高。

（二）城镇污水处理工艺典型流程

由于污水来源的多样性和其组成的复杂性，采用的处理方法一般是几种方法的组合而不是单纯一种方法。污水处理工艺按处理程度划分，可分为一级、二级和三级处理。

（1）一级处理　主要去除污水中呈悬浮状态的固体污染物质，物理处理法大部分只能完成一级处理的要求。经过一级处理后的污水，BOD 一般可去除 30%左右，达不到排放标准。一级处理属于后续处理的预处理。

（2）二级处理　主要去除污水中呈胶体和溶解状态的有机污染物质（BOD，COD 物质），去除率可达 90%以上，使有机污染物达到排放标准。

（3）三级处理　在一级、二级处理后，进一步处理难降解的有机物、磷和氮等植物营养元素等。主要方法有生物除磷脱氮、混凝沉淀法、砂滤法、活性炭吸附法、离子交换法和电渗析法等。一般城市污水厂可能不设置三级处理，只有污水需要回用时才设置该级处理。

污泥是污水处理过程中的产物。城镇污水处理产生的污泥含有大量有机物和营养元素，富有肥分，可以作为农肥使用，但又含有大量细菌、寄生虫卵以及从生产污水中带来的重金属离子等，需要做稳定与无害化处理。污泥处理的主要方法是减量处理（如浓缩法、脱水等），稳定处理（如厌氧消化法、好氧消化法等），综合利用（如消化气利用、污泥农业利用等），最终处置（如干燥焚烧、填地投海、建筑材料等）。

对于某种污水采用哪几种处理方法组成系统，要根据污水的水质、水量，回收其中有用物质的可能性、经济性、受纳水体的具体条件，并结合调查研究与经济技术比较后决定。

城市污水处理的典型流程见图 7-1。

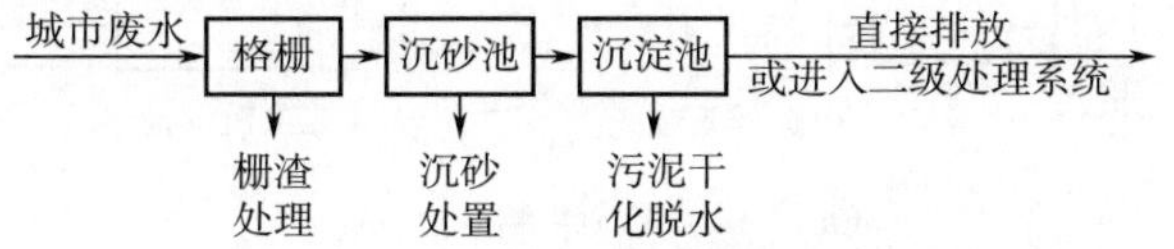

（1）一级处理流程

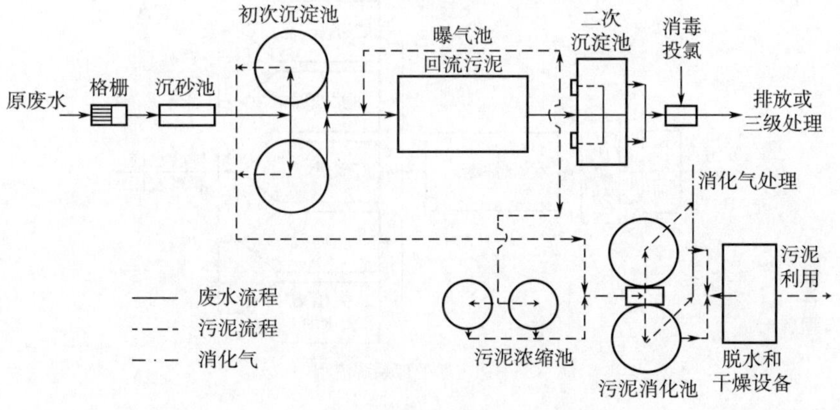

（2）活性污泥法二级处理工艺流程

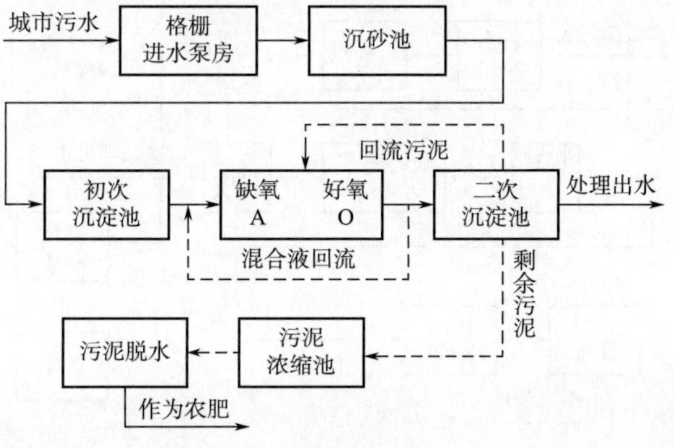

（3）A/O法二级处理工艺流程

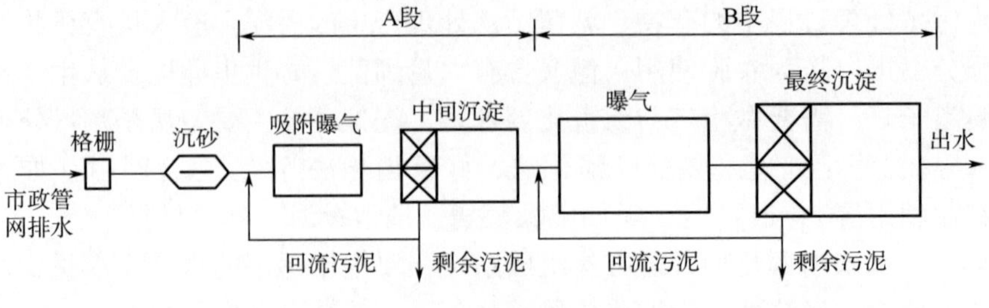

（4）AB法二级处理工艺流程

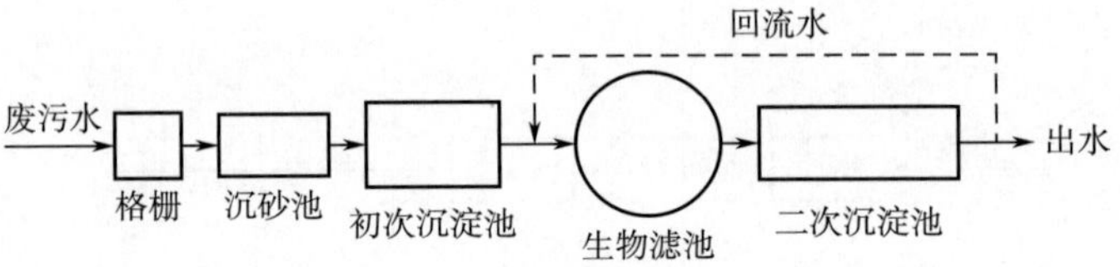

（5）一段高负荷生物滤池流程

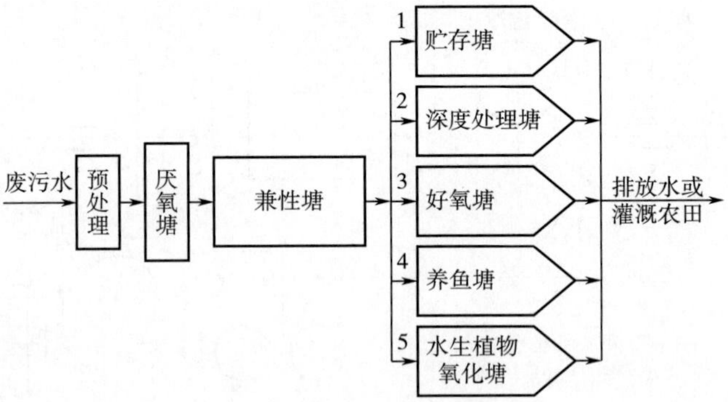

（6）稳定塘处理系统流程

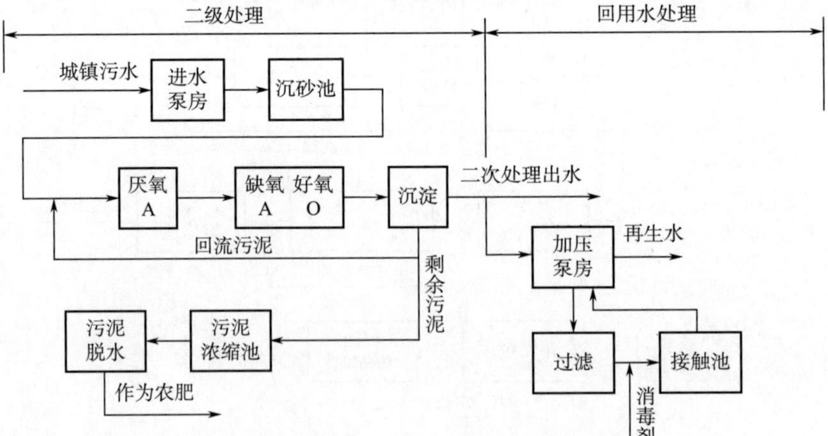

（7）A/A/O除磷脱氮及回用处理工艺流程

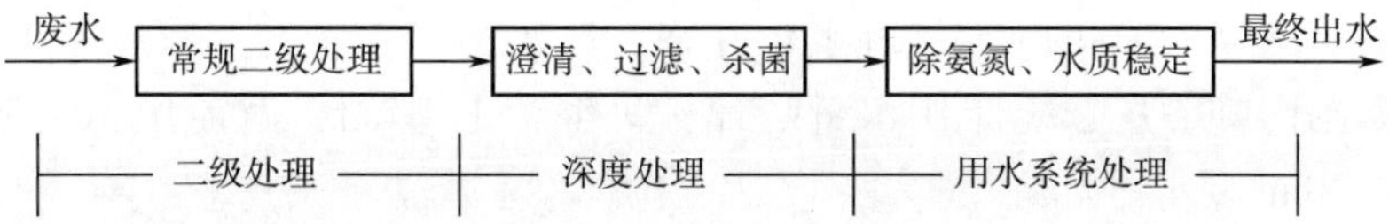

（8）城镇污水回用于工业冷却水工艺流程

图 7-1　城镇污水处理典型流程

流程是由完整的二级处理系统和污泥处理系统所组成。

流程的一级处理是由格栅、沉砂池和初次沉淀池所组成，其作用是去除污水中的固体污染物质，从大块垃圾到粒径为几毫米的悬浮物（非溶解性的和溶解性的）。污水的BOD 值，通过一级处理能够去除 20%~30%。

二级处理系统是城市污水处理厂的核心，它的主要作用是去除污水中呈胶体和溶解状态的有机污染物。通过二级处理，污水的 BOD_5值可降至 20~30mg/L，一般可达到排放水体和灌溉农田的要求。各种类型的生物处理技术，如活性污泥法、生物膜法以及自然生物处理技术，只要运行正常，都能够取得良好的处理效果。

污泥是污水处理过程的副产品，也是必然的产物。如从初次沉淀池排出的沉淀污泥，从生物处理系统排出的生物污泥等。这些污泥应加以妥善处置，否则会造成二次污染，在城市污水处理系统中，对污泥的处理多采用由厌氧消化或好氧氧化、脱水、干化等技术组成的系统。处理后的污泥其中含有的细菌和寄生虫卵已得到去除，可作为肥料用于农业。

二、酿酒废水处理工艺

（一）酿酒废水水质及水量

1. 白酒废水

我国白酒生产大多以高粱、小麦、玉米等作为原辅料，经过四道基本工序（原料的蒸煮、糖化发酵、蒸馏出酒、勾兑灌装）酿制而成。白酒的生产工艺有固态发酵法（续楂法、清楂法、混烧法、清蒸法）、半固态发酵法以及液态发酵法等。

白酒生产工艺虽有所不同，但废水均属于间歇式排放，废水主要有以下几个来源：酿造车间的冷却水、蒸馏操作工具冲洗水、蒸馏锅底水、蒸馏工段地面冲洗水以及发酵池渗沥水等；地下酒库渗漏水；灌装车间酒瓶清洗水；“下沙”“糙沙”工艺过程中原料冲洗、浸泡排放水等。白酒和米酒排放的废水污染物浓度相对酒精要低，酒精排放的污染物浓度较高。几股废水混合后，废水的平均 COD 浓度约在 3000mg/L，由于是生物发酵废水，废水的可生化性较好。

2. 啤酒废水

啤酒是以大麦和水为主要原料，大米或谷物、酒花为辅料，经制成麦芽制造、原料糖化、酵母发酵酿制而成的一种含有二氧化碳、低酒精浓度和多种营养成分的饮料酒。20 世纪 80 年代以来，我国啤酒工业得到了迅猛发展，到目前，我国已有啤酒厂约 2000 家，啤酒年产量约 3600 万千升，每年产生 5~6 亿 m^3 的废水。

啤酒废水富含糖类、蛋白质、淀粉、果胶、醇酸类、矿物盐、纤维素以及多种维生素，是一种中等浓度的有机废水，可生化性好。废水的产生量与厂家的生产规模和管理水平有关，据国内啤酒厂家每年用水量统计，每生产 1t 啤酒，就需用 10~30m^3新鲜水、相应产生 10~20m^3废水。

啤酒生产废水主要由清洁废水、低浓度有机废水、高浓度有机废水三部分构成：清洁废水主要来自锅炉蒸汽冷凝水、制冷循环用外排水和给水厂反冲洗水，这部分废水占总废水量的 20%左右；低浓度有机废水主要来自酿造车间和包装车间的地面冲洗水、洗瓶机和灭菌机废水以及厂区生活污水，这部分废水量较大，约占总废水量的 70%，有机物浓度较高，COD 100~700mg/L；高浓度有机废水主要来自洗糟废水、糖化锅和糊化锅冲洗水，贮酒罐前期冲洗水等，这部分废水水量不大，约占总废水量的 10%左右，但是有机物浓度特别高，COD>2000mg/L。

（二）典型处理工艺

下面是四川某白酒厂的废水处理工艺：

（1）水质和水量　该厂年产 2 万 t 白酒，废水水量：$Q=400m^3/d$；废水水质：COD=2800mg/L；BOD_5约 1100mg/L；SS 约 800mg/L，pH=5~7。

出水水质 COD≤100mg/L；BOD_5≤30mg/L；SS≤70mg/L，pH≤6~9。

（2）工艺流程　见图 7-2。废水首先进入集水池，然后经泵和热交换器调节温度至 30~40℃后进入厌氧反应器（UASB）。UASB 反应器具有容积负荷高、有机物净化效果好等优点；该反应器系统主要包括三相分离器、布水系统、管路配置、沼气收集等。

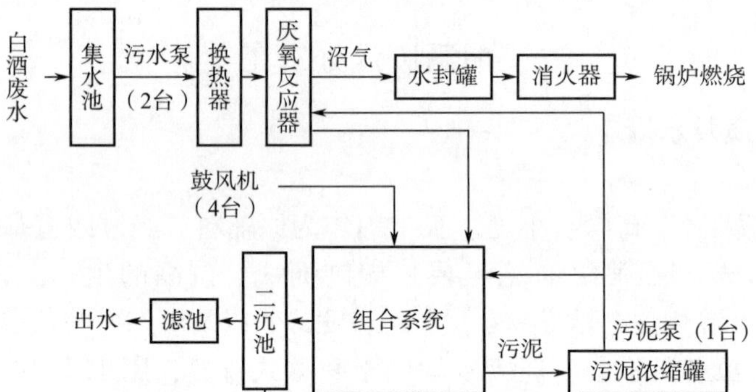

图 7-2　某白酒厂废水处理工艺图

厌氧处理会产生可利用能源沼气，沼气净化后直接进锅炉燃烧的方法，减少了燃煤，增加了能源的利用，避免了沼气直接排放造成的危害。

厌氧出水直接进入组合生化系统进行进一步净化处理。组合生化系统主要包括缺氧、兼氧和好氧处理三个阶段。废水先在缺氧池停留，使厌氧出水中有机物的理化性质得到改善，以便更适合好氧生物的代谢条件。缺氧池出水经预曝池和初沉池进入接触氧化池。接触氧化池采用比表面积大的盾式纤维填料和网状膜式曝气器。

好氧处理出水经二沉池后，通过滤池的最终出水，其 COD 可达到 100mg/L 以下。本废水处理流程中，生物滤池的应用是酒厂废水得以全面处理的必要保证。滤池可大量地减少废水中的固形物含量，滤池在运行过程中会形成较好的生物膜，生物膜对经过厌氧和好氧处理的废水中难降解的有机物有进一步去除的效果，另外，滤池也有较好的去氮反硝化效果。

组合生化系统产生的污泥送入污泥浓缩罐，部分污泥再循环至厌氧反应器，污泥在厌氧反应器中进行消化处理，可大大减少污泥处理的费用。

下面是华润集团某啤酒厂的废水处理工艺。污水处理工艺的处理能力：5000m^3/d，进水水质如表 7-2 所示。出水水质如表 7-3 所示。

表 7-2　　进水水质

项目	COD/(mg/L)	BOD_5/(mg/L)	SS/(mg/L)	氨氮/(mg/L)	TP/(mg/L)	pH
设计值	2500	1625	540	15	2.5	6~11

表 7-3　　出水水质

项目	COD/(mg/L)	BOD_5/(mg/L)	SS/(mg/L)	氨氮/(mg/L)	TP/(mg/L)	pH
排放标准	≤500	≤300	≤400	≤35	≤8	6~9

工艺流程简图如图 7-3 所示。预处理系统由格栅、调节池、集水井、提升泵、弧形水力筛和 pH 调节系统等组成，为生物处理系统的前置构筑物。通过格栅和弧形水力筛的拦污作用，可以保护后续处理设备的正常运转；通过调节池对水质水量的均衡调节，可以实现连续出流，并将水质的冲击负荷减至最低；通过 pH 调节系统可以使废水的酸碱波动调至 6.5~8.0。调节池内设有穿孔曝气管进行搅拌，实现水质的混合均匀并防止固体颗粒沉淀。

厌氧处理系统（EGSB 反应器）是整个污水处理系统中去除污染物负荷最高的单元，该单元对有机物的去除率至少为 80%。EGSB 反应器具有高微生物浓度、高容积负荷、设备简单、运行稳定可靠等优点。EGSB 反应器主要由 5 部分所组成：配水系统、反应区、三相分离器、气室以及出水堰。

废水首先通过配水系统均匀地配送到 EGSB 反应器，反应器中厌氧污泥以颗粒状形式存在，在废水由底部以适当的流速上升到顶部的过程中，水中大部分的有机物被厌氧颗粒污泥所降解，同时系统产生大量的沼气。在反应器顶部的三相分离器中，含有废水、沼气及颗粒污泥的混合液实现完成液、气、固的分离。处理后的废水通过出水堰汇流至后续处理单元，沼气则通过管道收集后进入沼气处理系统，三相分离器沉淀下来的颗粒污泥则继续留在反应器中。

通过厌氧生物处理，水中大部分的有机污染物被分解去除。产生的沼气，脱硫后通过火炬直接燃烧处理。

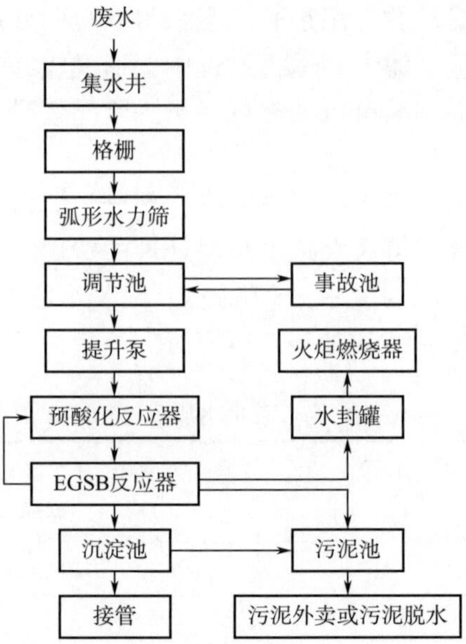

图 7-3　某啤酒厂废水处理工艺图

系统产生的污泥有 EGSB 产生的厌氧颗粒污泥。污泥定期排入污泥池。

三、乳业废水处理工艺

（一）乳业废水污染现状

目前在国内外酸乳、鲜乳、纯乳、乳酪等乳制品都已进入千家万户，成为众多人不可缺少的营养品。我国的乳品工业在 1949 年后一直得到我国政府的扶持，国内建成了许多较大规模的乳品厂，不仅产量有了快速增长，质量有了明显提高，而且产品品种也得到了广泛的开发。

乳品废水是炼乳、干酪、奶油、乳制清凉饮料、冰激凌以及乳制品点心生产过程中排出的废水。乳品厂排放的废水主要来自容器及设备的清洗水，含有蛋白质、脂肪、碳水化合物等营养物质。其中牛乳加工厂含有处理原乳 0.2%，BOD 20~300mg/L，污染较低，而干酪、奶油加工产废水污染程度较高，COD 达 3000mg/L，BOD 达 2400mg/L，总氮 90mg/L，总磷 16mg/L，油脂 200mg/L，悬浮物 600mg/L，废水中原料成品如奶油、炼乳应作为副产物尽量回收并在生产过程中减少其流失，废水常采用隔油、沉淀气浮、电化学絮凝等物化处理法及生物滤池、曝气池、气化沟、生物塘等生化处理方法进行处理。

工业废水中的部分脂类物质可以比较容易地以物理方法除去，例如气浮、重力分离等。脂类一般在厌氧处理中降解很慢，因此需要相对长的保留时间，但它们在厌氧反应器（或其他生物处理系统）中，由于容易上浮而很难停留较长时间。因此，上浮问题成为脂类物质破坏厌氧或好氧处理的严重问题。

在厌氧处理系统中，长链脂肪酸的降解是限速步骤，且受产气量和 COD 去除率的限制。在处理以植物油为原料的脂类废水时，必须考虑到长链脂肪酸的缓慢降解和毒性。

（二）乳业废水典型工艺

下面是某乳品厂的废水处理工艺。

某乳品厂生产的主要产品为冰激凌、无菌液体乳、乳饮料产品。其生产废水主要来源于：容器、管道、乳储罐、牛乳处理设备、牛乳运输车等清洗所产生的高浓度生产废水、生产车间与场地的清洗用水（为低浓度生产废水）以及冷却水。废水中的污染物主要含有乳脂肪、乳糖、乳蛋白、棕榈油、椰子油、巧克力、可可粉、饴糖、白糖、硝酸、NaOH及大颗粒状漂浮杂物等；生活污水主要来源于食堂、卫生间、洗澡和洗衣等，其中大部分物质具有较好的生化性。

废水处理工艺处理能力：6500t/d，其中生产污水6200t/d，生活污水300t/d。进水水质如表7-4所示。处理工艺流程如图7-4所示。

表7-4　进水水质

项目	COD_{Cr}/(mg/L)	BOD_5/(mg/L)	SS/(mg/L)	动植物油/(mg/L)	pH
设计值	4500	2700	<500	<350	5~11

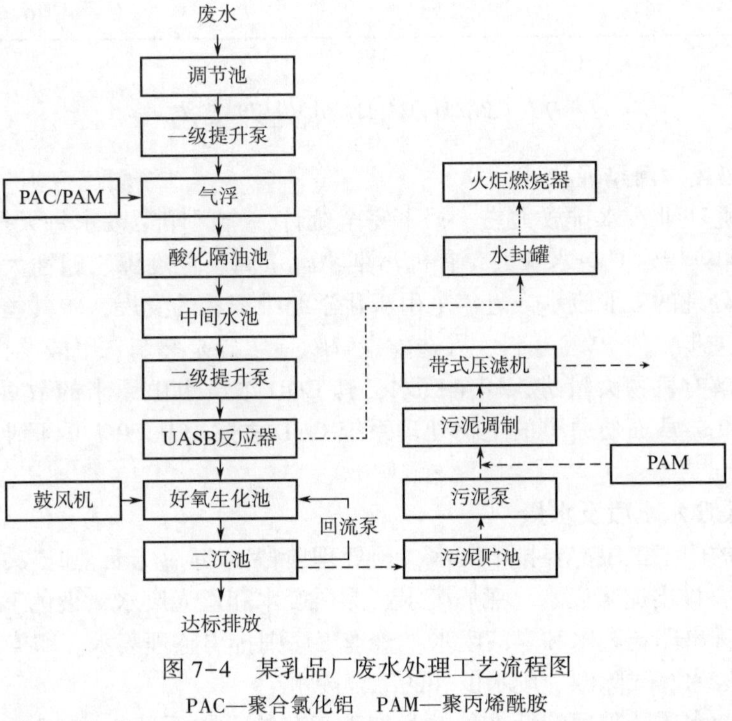

图7-4　某乳品厂废水处理工艺流程图

PAC—聚合氯化铝　PAM—聚丙烯酰胺

预处理系统由机械格栅、调节池、一级提升泵、气浮、酸化隔油池、中间水池及二级提升泵等组成，为生物处理系统的前置构筑物。通过气浮（备用，仅事故时用）、酸化隔油池的水解酸化作用可以去除水中大量的油脂，提高废水的可生化性，以保证后续生物处理单元的正常运行。

厌氧处理系统由 8 个 UASB 反应器（升流式厌氧污泥床）所组成，是整个污水处理系统中去除污染物负荷最高的单元，该单元对有机物的去除率至少为 80%。废水首先通过配水系统均匀地配送到各个 UASB 反应器，反应器中厌氧污泥以颗粒状形式存在，在废水由底部以适当的流速上升到顶部的过程中，水中大部分的有机物被厌氧颗粒污泥所降解，同时系统产生大量的沼气。在反应器顶部的三相分离器中，含有废水、沼气及颗粒污泥的混合液实现完成液、气、固的分离。处理后的废水通过出水堰汇流至后续处理单元，沼气则通过管道收集后进入沼气处理系统，三相分离器沉淀下来的颗粒污泥则继续留在反应器中。

好氧处理系统由好氧生化池及二沉池组成，主要作用是进一步降解厌氧系统出水中残余的有机物，实现达标排放的目的。UASB 出水首先进入好氧生化池完成去除有机物的生物处理过程，好氧生化池出水重力流进入二沉池。二沉池的污泥回流至好氧生化池前端，所产生的剩余污泥则定期送入污泥浓缩池，出水达标排放。

出水水质达 GB 8978—1996 中的一级排放标准，如表 7-5 所示。

表 7-5　　出水水质

项目	COD_{Cr}/(mg/L)	BOD_5/(mg/L)	SS/(mg/L)	动植物油/(mg/L)	pH
浓度	100	20	70	10	6~9

四、纺织印染废水处理工艺

（一）纺织印染废水污染现状

印染行业是工业废水排放大户，据不完全统计，全国印染废水每天排放量为（3~4）$\times10^6m^3$。印染废水具有水量大、有机污染物含量高、色度深、碱性大、水质变化大等特点，属难处理的工业废水。近年来由于化学纤维织物的发展，仿真丝的兴起和印染后整理技术的进步，使 PVA 浆料、人造丝碱解物（主要是邻苯二甲酸类物质）、新型助剂等难生化降解有机物大量进入印染废水，其 COD 浓度也由原来的数百 mg/L 上升到 2000~3000mg/L，从而使原有的生物处理系统 COD 去除率从 70%下降到 50%左右，甚至更低。

（二）纺织印染废水水质及水量

印染加工的四个工序都要排出废水，预处理阶段（包括烧毛、退浆、煮炼、漂白、丝光等工序）要排出退浆废水、煮炼废水、漂白废水和丝光废水，染色工序排出染色废水，印花工序排出印花废水和皂液废水，整理工序则排出整理废水。印染废水是以上各类废水的混合废水，或除漂白废水以外的综合废水。

印染废水的水质随采用的纤维种类和加工工艺的不同而异，污染物组分差异很大。一般印染废水 pH 为 6~10，COD 为 400~1000mg/L，BOD_5 为 100~400mg/L，SS 为 100~200mg/L，色度为 100~400 倍。但当印染工艺及采用的纤维种类和加工工艺变化后，废水水质将有较大变化。如当废水中含有涤纶仿真丝印染工序中产生的碱减量废水时，废水的 COD 将增大到 2000～3000mg/L，BOD_5增大到 800mg/L 以上，pH 达 11.5～12，并且废水水质随涤纶仿真丝印染碱减量废水的加入量增大而恶化。当加入的碱减量废水中 COD 的量超过废水中 COD 的量 20%时，生化处理将很难适应。印染各工序的废水情况一般是：

（1）退浆废水　水量较小，但污染物浓度高，其中含有各种浆料、浆料分解物、纤维屑、淀粉碱和各种助剂。废水呈碱性，pH 为 12 左右。上浆以淀粉为主的（如棉布）退浆废水，其 COD、BOD 值都很高，可生化性较好；上浆以聚乙烯醇（PVA）为主的（如涤棉经纱）退浆废水，COD 高而 BOD 低，废水可生化性较差。

（2）煮炼废水　水量大，污染物浓度高，其中含有纤维素、果酸、蜡质、油脂、碱、表面活性剂、含氮化合物等，废水呈强碱性，水温高，呈褐色。

（3）漂白废水　水量大，但污染较轻，其中含有残余的漂白剂、少量醋酸、草酸、硫代硫酸钠等。

（4）丝光废水　含碱量高，NaOH 含量在 3%～5%，多数印染厂通过蒸发浓缩回收 NaOH，所以丝光废水一般很少排出，经过工艺多次重复使用最终排出的废水仍呈强碱性，BOD、COD、SS 均较高。

（5）染色废水　水量较大，水质随所用染料的不同而不同，其中含浆料、染料、助剂、表面活性剂等，一般呈强碱性，色度很高，COD 较 BOD 高得多，可生化性较差。

（6）印花废水　水量较大，除印花过程的废水外，还包括印花后的皂洗、水洗废水，污染物浓度较高，其中含有浆料、染料、助剂等，BOD、COD 均较高。

（7）整理废水　水量较小，其中含有纤维屑、树脂、油剂、浆料等。

（8）碱减量废水　是涤纶仿真丝碱减量工序产生的，主要含涤纶水解物对苯二甲酸、乙二醇等，其中对苯二甲酸含量高达 75%。碱减量废水不仅 pH 高（一般>12），而且有机物浓度高，碱减量工序排放的废水中 COD 可高达 90000mg/L，高分子有机物及部分染料很难被生物降解，此种废水属高浓度难降解有机废水。

（三）纺织印染废水典型处理工艺

下面是江南某印染企业的废水处理工艺（图 7-5）。废水处理设施的需处理废水为 $1500m^3/d$，其中退浆废水 $250～300m^3/d$。

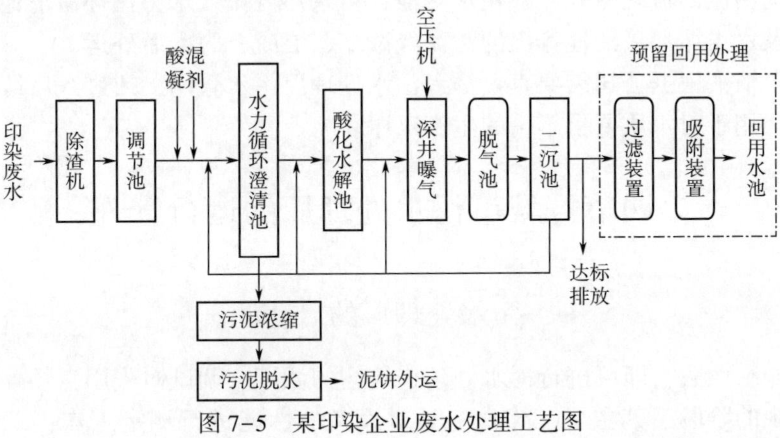

图 7-5　某印染企业废水处理工艺图

废水水质：退浆废水 COD 15000～20000mg/L，其他废水 1200～1500mg/L；B/C 值≈0.23，pH 11～13。此废水经有效处理后水质需达到当地污水处理厂接管要求，即 COD≤100mg/L，pH 6.0～9.0。

该印染企业废水排放为分流排放，退浆废水与其他废水分流排放。根据退浆废水浓度高、水量较小，为主要污染点的这个特点，将对废水处理实施浓、稀分别进行预处理，然后合并处理的工艺。

退浆废水从专用废水池中，经提升进入中和反应槽，投加酸液进行 pH 调整，控制废水 pH 在 10～11，然后加入硫酸亚铁进行混凝反应，再加入 PAM 进行絮凝反应，这个反应过程称为强化混凝反应过程，它的混凝剂投加量较大，在此经沉淀后，废水的 COD 去除率应达到 40%左右，沉淀池采用竖流式。

经预处理的退浆废水再与其他混合废水（稀浓度废水 COD 为 1500mg/L）排入综合废水调节池，混合废水的 COD 在 2500～3250mg/L；在废水进入调节池时，投加硫酸用于调整废水的 pH，并将废水的 pH 控制在 10～11，调节池出水由废水泵提升进入水力循环澄清池，并在废水泵前加硫酸亚铁混凝剂和酸对废水进行混凝中和反应，控制水力循环澄清池废水 pH 在 8.5～9.2 范围内，并在池顶添加 PAM，进行混凝沉淀反应。出水 COD 去除率约为 30%。

水力循环澄清池是净水处理中成熟可靠的水处理设备。它是多功能水处理设备，可对废水进行中和、混凝、沉淀等处理，也可将生化剩余污泥排入池内，利用活性污泥的吸附性、凝聚性增加污水中 SS 的去除效果，吸附除去废水中的部分有机物，提高废水预处理效果。

水力循环澄清池的污泥排入污泥浓缩池进行后续污泥处理。

澄清水自流入酸化水解池，在缺氧条件下，活性污泥中的兼氧细菌对废水进行酸化水解反应，将难生化的大分子有机物降解为小分子有机物，提高废水的可生化性。

酸化水解后废水自流入深井，对废水进行好氧生物处理，由于此设备深度较大，溶解氧浓度较高，氧化能力强，可快速、高效、低耗地将废水中的有机物氧化降解为 CO_2、H_2O 和其他无机物，化有害为无害，使废水得到有效地净化。

深井处理后的混合液体经脱气池脱除粘附在污泥上的微气泡后，在二沉池内进行固液分离，沉淀污泥回流入深井、酸化水解池，多余污泥排入水力循环澄清池、污泥浓缩池。二沉池及水力循环澄清池排出的污泥经浓缩、混凝、脱水后外运。

二沉池上清液根据公司需要直接排入污水处理厂污水管网，或进入后续混凝沉淀及沙滤处理后回用于对水质要求不高的生产工序。

第四节　城市污水处理厂的运行管理

一、污水处理厂的启动调试

验收工作结束后，即可进行污水处理构筑物的调试。调试对采用生物处理法的污水厂是必不可少的阶段，其主要工作：一是对设备的性能进行测定工作，二是驯化污泥

(对活性污泥法、厌氧污泥) 或进行所谓“挂膜”工作 (对生物膜法)，并在达到处理效果的基础上找出最佳运行工艺参数。

在有条件时，最好能对污水处理厂的主要构筑物及其设备的性能进行测定。设备(加曝气叶轮、布气器等) 的充氧能力或氧的利用率等的测定，是近年来各处理厂投产前常进行的测定项目。

在单项调试基础上，应进行全厂性联动调试。

调试工作一般由甲方或业主、调试承担单位 (或设计单位) 来共同完成，设计单位或设备供货方参与配合，最后由建设主管单位、环保主管部门进行“达标”验收。

二、污水处理厂的运行管理和水质监测

(一) 污水处理厂运行管理

1. 试运行

污水处理工程的试运行，不同于一般建筑给排水工程或市政给水工程的试运行，前者包括复杂的生物化学反应过程的启动和调试，过程缓慢，耗费时间长，受环境条件和水质水量的影响较强，而后者仅仅需要系统通水和设备正常运转就可以。

污水处理工程的试运行与工程的验收一样是污水治理项目最重要的环节。通过试运行可以进一步检验土建工程、设备和安装工程的质量，是保证正常运行过程能够高效节能的基础，进一步达到污水治理项目的环境效益、社会效益和经济效益。

污水处理工程试运行，不但要检验工程质量，更重要的是要检验工程运行是否能够达到设计的处理效果。污水处理工程试运行的内容和要求有以下几点：

(1) 通过试运行检验土建、设备和安装工程的质量，建立相关设施的档案材料，对相关机械、设备及仪表的设计合理性、运行操作注意事项等提出建议。

(2) 对某些通用或专用设备进行带负荷运转，并测试其效果。如水泵的提升流量与扬程、鼓风机的出风风量、压力、温度、噪声与振动等，曝气设备充氧能力或氧利用率，刮 (排) 泥机械运行稳定性、保护装置的效果、副 (排) 泥效果等。

(3) 单项处理构筑物的试运行，要求达到设计的处理效果，尤其是采用生物处理法的工程，要培养 (驯化) 出微生物污泥，并在达到处理效果的基础上，找出最佳运行工艺参数。

(4) 在单项设施试运行的基础上，进行整个工程的联合运行和验收，确保污水处理能够达标排放。

试运行工作一般由甲方或业主、试运行承担单位 (或设计单位) 来共同完成，设计单位或设备供货方参与配合，然后由建设主管单位、环保主管部门进行“达标”验收。

试运行工作的依据包括工程施工设计图纸、设计的运行方案、设备的安装和使用说明书、国家的污水排放标准或地方环保部门根据水体环境容量提出的排放标准。

2. 运行管理

(1) 运行管理的涵义　运行管理是对企业生产活动进行计划、组织、控制和协调等工作的总称。污水处理企业的运行管理是指从接纳原污水至净化处理排出“达标”

污水的全过程的管理。

（2）运行管理的内容 ①准备：包括技术、物资、动力（能源）、人力与组织等的准备，如劳动者的培训与组织，运行过程中相关要素的布置及准备。②计划：编制生产方案和作业计划，以求充分利用企业资源，高效低耗地排出合格产品。③组织：合理组织运行过程中的各工序的衔接协调，包括各级生产部门之间的协调和劳动组织的完善。④控制：对运行过程进行全面控制，包括进度、消耗、成本、质量、故障等的控制。能做到预防性的事前控制，这是提高运行质量、降低运行成本的重要手段。

（3）运行管理的基本要求 运行管理的基本要求是指导生产过程中各项工作进行的原则，包括以下内容：①按需生产：既要执行上级下达的任务，又要满足社会的需要。②经济生产：用最少的消耗和资金，生产出尽可能多的产品。③均衡生产：包括生产有节奏、按比例进行。④文明生产：先进技术、劳动条件与环境的提高，职工素质的提高和工作的高效。⑤安全生产：必须采取有力措施使生产运行安全进行，防止人身、设备事故的发生。

（4）运行方案与计划 运行计划是污水处理厂的一项专业计划，是根据排水状况和处理能力安排的，是编制其他专业计划（如原材料采供计划、劳资计划、成本计划等）的依据。

污水处理厂运行方案与计划应根据工艺效果资料、排水状况、原材料与动力供应情况、设备能力、人员配备、排放标准等来编制，其内容应包括运行程序与作业计划、技术指标与要求、运行故障与解决方法、岗位设置与人员安排、水质检验指标与测试要求、运行成本指标与要求等。

（5）运行控制 运行控制是对运行过程的了解、指导和监督，及时调节和处理，随时掌握执行方案与作业计划中发生的问题。运行控制的内容如下：①确定运行控制指标，如处理能力指标、处理效果指标、处理成本指标等。②下达和落实控制指标。③检查和测定实际完成情况。④检测结果与标准比较。⑤及时反映并采取纠偏措施处理运行不良状况。

（二）水质管理

污水处理厂（站）水质管理工作是各项工作的核心和目的，是保证“达标”的重要因素。

1. 水质管理制度

水质管理制度应包括：各级水质管理机构责任制度，“三级”（包括环保监测部门、总公司和污水站）检验制度，水质排放标准与水质检验制度，水质控制与清洁生产制度等。

2. 水质控制与清洁生产

水质控制是在污水产生过程中做好清洁生产的同时，污水处理厂随时根据原污水的水量、水质条件，确定合理运行处理能力和工艺运行参数，保证处理设定优化运行，控制污水“达标”排放，如来水的水质、水量与超越系统或工艺设施的启停数量、运行负荷与曝气量的调整、投药量的调整。

清洁生产制度是认识过程的经验积累，是环境污染控制从末端控制向全过程控制的转变，是保证污水处理既“达标”排放，又降低物耗和运行成本的基础。

污染的产量和污水处理的困难原因之一是生产技术的落后造成了大量资源的浪费，同时又产生大量污染物。“清洁生产制定”就是要采用节能、降耗、低污染的无废、少量、无害、少害生产工艺，保证生产资源利用率的提高。对于污水处理厂，搞好企业的“清洁生产”，可以减轻运行负荷、降低能源和药品消耗、减少运行成本。“清洁生产制度”要求企业做到：提高工艺技术，减少废物的产量，循环回用已产生的污染物，再次利用已产生污染物的其他功能或可利用价值，研究已产生污染物的资源化技术。

3. 水质检验

水质检验是污水处理厂确认和调节运行状态的重要手段，水质检验的项目和测试参照国家排放标准。这里仅介绍水样的采集与保存。

（1）水样的采集　水样的采集应具有代表性，必须充分反映污水处理厂运行状况的客观情况，反映污水在时间和空间上的变化规律。①采样点的布设：水样采样点的设置是否有代表性是采样点布设的关键问题之一。污水处理厂水质采样除在污水厂入水口、出水口，主要处理设施进出水口设置常规采样点外，还可在一些特殊或局部位置设采样点。②采样时间和次数：污水处理厂入厂口、出厂口采样点，应每班采样2~4次，并将每班各次水样等量混合后测定一次，每日报送一次测试结果。主要处理设施应每周采样2~4次，并分别测定、报送结果。在处理设施试运行阶段亦每班采样、测试。

采样时，如遇原污水为事故性排放、高浓度排放或处理设施运行故障，与正常样品应有所区别。采样时应详细记录水样的感官性状和环境特征。

（2）样品的盛装容器　为避免水样盛装容器对样品测定成分的影响，水样瓶应按以下规定使用：测pH、DO、油类、酚、氰、农药、氯等的水样用玻璃瓶盛装；测重金属、硫化物、有机毒物、铬等的水样用塑料瓶盛装；测COD、BOD、酸碱度等的水样可用玻璃瓶或塑料瓶盛装。

（3）水样的保存　水样采集后，应立即送检，否则会影响分析结果的准确性。为了使被测物质在运输过程中不发生损失，水样应加固定剂保存。样品保存的目的在于减缓微生物作用，减缓化合物、配合物的水解、挥发等。保存剂的选择原则是：不使被测成分损失和变质，不引进干扰物质，不使以后测试操作困难。如抑制细菌作用可采用加$HgCl_2$、加酸（H_2SO_4）、冷冻等，防止金属盐沉淀一般加酸（HNO_3）。测BOD_5样品可在4℃下保存6h。

（三）水质与水量监测

1. 进水水质、水量与污水处理厂运行管理

城市污水一般由生活污水、工业污水、市政污水和部分雨水等形成，尽管城市污水处理厂处理水量很大，但进入污水厂的水量与水质总是随时间变化的。这种水量和水质的变化，必然导致污水处理系统的水量负荷、无机污染负荷、有机污染负荷、污泥处理系统泥量负荷的变化。相应地，污水厂各处理单元应采取措施适应这种变化。保证污水厂的正常运行，例如进厂污水流量过大时，应在入厂时外流部分污水，或从初沉池后分

流部分污水，以避免过大负荷对曝气池的不良影响；曝气池的有机负荷变化时，应及时调整曝气系统的供氧量；曝气池混合液污泥浓度和性能发生变化，应及时调整二沉池污泥回流量；污水原水悬浮物含量或剩余污泥量发生变化时，应调整污泥消化加热介质的用量和脱水设备的处理量等。污水进水水量水质，及各处理单元水质水量的监测，是保证污水厂运行正常的基础，是污水厂进行技术经济核算与比较的基础，是污水厂实行岗位责任管理的基础，必须采取自动或人工方法，定时定点对污水的水量水质进行准确的监测。

2. 污水处理厂运行监测项目

（1）感官指标　在活性污泥法污水厂的运行过程中，操作管理人员通过对处理过程中的现象观测可以直接感觉到进水是否正常，各构筑物运转是否正常，处理效果是否稳定：一个有经验的操作管理者，往往能根据观测做出粗略的判断，从而能较快地调整一些运转状态。但是正确的判断需要长期的积累经验，因此污水厂管理操作人员要对现象做认真的观测，对各类数据做科学的分析，不断地积累经验，从中找出规律，内容大致分以下几个方面：

①颜色：以生活污水为主的污水厂，进水颜色通常为粪黄色，这种污水比较新鲜。如果进水呈黑色且臭味特别严重，则污水比较陈腐，可能在管道内存积太久；如果进水中混有明显可辨的其他颜色，如红、绿、黄等，则说明有工业废水进入。对一个已建成的污水厂来说，只要它的服务范围与服务对象不发生大的变化，则进厂的污水颜色一般变化不大。

要按流程逐个观测各构筑物里的污水。活性污泥的颜色也有助于判断构筑物运转状态。

活性污泥正常颜色应为黄褐色，正常气味应为土腥味，运行人员在现场巡视中应有意识地观察与嗅闻。如果颜色变黑或闻到腐败性气味，则说明供氧不足，或污泥已发生腐败。

②气味：污水厂的进水除了正常的粪臭外，有时在集水井附近有臭鸡蛋味。这是管道内因污水腐化而产生的少量硫化氢气体所致。活性污泥混合液也有一定的气味，当操作工人在曝气池旁嗅到一股霉味或土腥味时，则就能断定曝气池运转良好，处理效果达到标准。

③泡沫与气泡：曝气池内往往出现少量的泡沫，类似肥皂泡，较轻，一吹即散。一般这时曝气池供气充足，溶解氧足够，污水处理效果好，这是因为生活污水中含有少量油脂，经分解而产生气泡。但是，如果曝气池内有大量白色泡沫翻滚，且有黏性不易自然破碎，常常飘到池子走道上，这种情况则表示曝气池内活性污泥异常。

对曝气池表面应经常观察气泡的均匀性及气泡尺寸的变化，如果局部气泡变少，则说明曝气不均匀，如果气泡变大或结群，则说明扩散器堵塞，应及时采取相应的对策。

在二沉池池面上一般不应有气泡产生，但有时污泥在二沉池泥斗中停留过久，产生厌氧分解而析出气体，污泥颗粒随之而上升，这种污泥颗粒呈黑色。另一种情况是由于活性污泥在二沉池泥斗中反硝化而析出氮气，透明的氮气泡也带着污泥小颗粒一起升到水面，这种污泥颗粒呈灰黄色，池面上积得多了像一层浮渣。

④水温：水温对曝气池工作有着很大的关系。一个污水厂的水温是随季节逐渐缓慢变化的，一天内几乎无甚变化。如果发现一天内变化很大，则要进行检查，是否有工业冷却水进入。曝气池在水温 8℃ 以下运行时，处理效率有所下降，BOD_5去除率常低于 80%。

⑤水流状态：在曝气池内有个别流水段翻动缓慢，则要检查曝气器有否堵塞。如果曝气池入流污水和回流污泥以明渠方式流入曝气池，则要观察交汇处的水流状态，观察污水回流是否被顶托。

在表面曝气池中如果近池壁处水流翻动不剧烈，近叶轮处溅花高度及范围很小，则说明叶轮浸没深度不够，应予以调整。如果在沉砂池或沉淀池周角处有成团污泥或浮渣上浮时，应检查排泥或渣是否及时、通畅，排泥量是否合适。

⑥出水观测：正常污水厂处理后出水透明度很高，悬浮颗粒很少，颜色略带黄色，无气味。在夏季，二沉池内往往有大量的水蚤（chài），此时水质甚好。有经验的操作管理者，往往能用肉眼粗略地判断出水的 BOD_5的数值，如果出水透明度突然变差，出水中又有较多的悬浮固体时，则应马上检查排泥是否及时，排泥管是否被堵塞或者是否由于高峰流量对二沉池的冲击太大。

⑦排泥观测：首先要观测二沉池污泥出流井中的活性污泥是否连续不断地流出，且有一定的浓度。如果在排泥时发现有污水流出，则要从闸阀的开启程度和排泥时间的控制来调节。对污泥浓缩池要经常观测撇水中是否有大量污泥带出。

⑧各类流量的观测：充分利用计量设备或水位与流量的关系，牢牢掌握观测时段中的进水量、回流量、排泥量、空气压力的大小与变化。

⑨泵、风帆等设备的听、嗅、看、摸的直观观测。

（2）理化分析指标　理化分析指标多少及分析频率取决于处理厂规模大小及化验人员和仪器设备的配备情况。在分析之前首先要采到合格的水样，然后对检测的项目进行分析化验，从而得出准确的结果。

①水样的采集和处理

a. 水样采集的目的和应注意的事项。城市污水处理厂水样采集的目的是用来分析出水达标状况和对各个工艺环节的运行状况进行分析。水样采集是通过采集很少的一部分来反映被采集体的整体全貌，因此科学认真的采样且采出有代表性样品很关键。

采集水样时，首先应按规定的计划、地点、时间和专用的水样瓶采样。采样瓶在正式采样前要用被采样水冲洗三遍。采管道出水应在放流一定时间后采集，以保证采集的水具有正常情况的代表性。采池、塘、河水样应在不同深度、宽度取样。对有大块漂浮物等特殊情况应以有代表性为原则决定取舍的方式。对易变化的水样，采集后应尽快分析或采取恒温保存、加药固化等措施将水样暂时存放好，并及时进行分析；采集的水样要做好记录，样瓶上要有明确标记。

b. 瞬时样和混合样。瞬时样只能代表采样时间和采样地点的被采水的组成。只有当被采水的组成在一个相当长的时期或在相当长的距离内相对稳定的情况下，瞬时样才具有代表性。当被采水的组成随时间变化时，应在适宜的时间内采集瞬时样分别分析；当被采水的组成随空间变化而不随时间变化时，应在各个适当的地点同时采集瞬时样；

当分析成分与水样储存中很易发生变化时，应采集瞬时样，并立即分析其成分，如剩余氯、可溶性硫化物、溶解性气体、温度、pH 等。用于保证污水处理厂控制工艺过程目的的测定项目，通常采用瞬时样。

混合样在绝大多数情况下是对在同一采样点上与不同时间采集的瞬时样加以混合，故也称时间混合样。时间混合样对分析平均浓度最为有用。城市污水处理厂处理水的出水水质分析，最宜采用混合样。由于有的城市污水处理厂的来水与出水随时间变化，为了取得更有代表性的水样，还可以根据水量变化相应比例体积的瞬时样，并最终加以混合，分析平均浓度。

c. 水样的采集频率与自动采样。水样的采集频率从理论上讲是越高越好，时间间隔越短越好，从而分析结果也越可靠，但水样的采集时间和分析时间限制了采集的时间间隔。对城市污水处理厂的水样采集还要考虑实际的可能和实用意义，有的水样每周一次，有的每日一次，甚至几个小时一次，要视具体项目和情况而定。

自动采样器可较好地进行混合样的采集，而且大部分带有冷藏功能，可保存采集水样的水质稳定，但使用自动采样器时要注意取样管是后插上的。因此应使用无污染采样管、最好用 PVC 塑料管。由于是自动采样，人们往往忽视了对自动采样器的维护保养和监护。自动采样器采样后，要及时将水样取出，使用自动取样器还应注意定时清洗取样瓶、取样管，对冬季室外安装的自动取样器还要注意防冻。

②常用的监测项目

a. 反映效果的项目：进出水总的和溶解性的 BOD、进出水的有毒物质（对应工业废水所占比例很大时）。

b. 反映污泥情况的项目：污泥沉降比（SV%）、MLSS、MLVSS、SVI、微生物生物相等。

c. 反映污泥营养和环境条件的项目：氮、磷、pH。

③项目监测与化验

a. COD：所测 COD 包括进 COD 和出水 COD 值，一般应做混合样，用于特别的工艺控制时，也可做瞬时样。每天至少一次。

反映了水中受还原性物质污染的程度，水中还原性物质包括有机物、亚硝酸盐、亚铁盐、硫化物等。COD 的测定一般用重铬酸钾法，其基本原理是：在强酸性溶液中，一定量的重铬酸钾氧化水样中还原性物质，过量的重铬酸钾以试亚铁灵作指示剂，用硫酸亚铁铵回滴，根据用量算出水样中还原性物质消耗氧的量。

酸性重铬酸钾氧化性很强，可氧化大部分有机物，加入硫酸银作催化剂时，直链脂肪族化合物可完全被氧化，而芳香族有机物却不易被氧化，吡啶不被氧化，挥发性直链脂肪族化合物、苯等有机物存在于蒸气相，不能被氯化剂液体接触，氧化不明显；氯离子能被重铬酸盐氯化，并能与硫酸银作用产生沉淀，影响测定结果，故在回流前向水样中加入硫酸汞使成为结合物以消除干扰。

b. BOD_5：BOD_5的监测包括进水 BOD_5和出水 BOD_5。一般应做混合样，用于特别的工艺控制时，也可做瞬时样，每天至少一次。BOD_5测定需要 5d 时间，因此，一般只能用于工艺效果评价和长周期的工艺调控。对于特定的处理厂，可以建立 BOD_5和 COD 的相关关系用COD粗估BOD_5值，因COD值一般在3h内即可得到结果。

城市污水的BOD_5测定方法如下：选择一组不同的稀释比对水样稀释，分别测出稀释后水样的溶解氧浓度；将稀释后的水样注入培养瓶，加盖和加上水封后置于恒温箱内（保持20℃），要保证空气中的氧不进入水样；水样在恒温箱内保持5d后取出，再分别测定剩余的溶解氧；计算5d生化需氧量。对不含有毒物水样，有合适的稀释比的培养样品，其计算得到的BOD_5值应一致。稀释比的选定是相当重要的，稀释比太低，会出现测不出结果的情况。测定工业废水的BOD_5常是投加经过驯化的微生物。这是因为如果工业废水中含有有毒物质时，会对微生物的活动产生抑制作用，从而影响了对有机物的分解。

c. SS：进水和出水应测总悬浮固体TSS，曝气池混合液应分别测总悬浮固体MLSS和挥发性悬浮固体MLVSS。回流污泥应分别测总悬浮固体RSS和挥发性悬浮固体RVSS。以上项目一般可做瞬时样，且每天一次。

测定SS时，一般可采集一定体积的废水，用过滤法截留悬浮团体，以过滤介质截留悬浮固体前后的质量差作为悬浮固体的量，折成每升水样的含悬浮团体量（mg/L）。

在处理废水时，常用简单的沉淀方法从废水中去除悬浮固体，由于悬浮固体本身的沉淀性能及工程实际条件的限制，在实验室及处理设施中，简单的沉淀法不能去除全部悬浮固体，而只有颗粒大的部分下沉，这部分沉下的固体称为可沉固体。废水的可沉固体可以用沉淀锥测定。水样在沉淀锥的沉淀时间，常采用废水流经沉淀池的时间，一般是1~2h。废水在沉淀锥中的沉淀条件下沉淀下来的可沉固体的量基本上等于每升废水在沉淀池中形成的污泥量。

混合液悬浮固体（MLSS）浓度又称混合液污泥浓度，它表示的是混合液中的活性污泥的浓度，即单位容积混合液内所含有的活性污泥固体物的总质量，混合液挥发性悬浮固体（MLVSS）浓度是混合液活性污泥中有机性固体物质的浓度，能够比较准确地表示活性污泥活性部分的数量。

d. SV与SVI：混合液的SV和SVI是经常性测定的项目，可随时测定，用于工艺调控。

污泥沉降比（SV%）又称30min沉淀率，是混合液在量筒内静置30min后所形成的沉淀污泥的容积占原混合液容积的百分率，以%表示。污泥沉降比能够反映反应器——曝气池正常运行时的污泥量，可用于控制剩余污泥的排放量，还能够通过它发现污泥膨胀异常现象。

污泥体积指数（SVI）是指曝气池出口处混合液经30min静沉后，每克干污泥所形成的沉淀污泥所占的容积，以mL计。

SVI值能够反映出活性污泥的凝聚、沉淀性能，一般以7~100为宜、SVI值过低，说明泥粒细小，无机物含量高，缺乏活性；过高，说明污泥沉降性能不好，并且还有产生膨胀现象的可能。

e. 生物相：对生物相的监测应包括观察混合液和回流污泥的生物相，每天应观察记录。

活性污泥中的微生物，主要有细菌、原生动物和藻类三种，此外还有真菌、病毒等。微生物中的细菌是分解有机物的主角，其次，原生动物也起一定的作用。活性污泥微生物中的细菌主要以菌胶团和丝状菌形态存在，游离细菌很少。活性污泥中的原生动物种类较多，经常出现的原生动物主要是钟虫类，还有楯纤虫、吸管虫、漫游虫、变形虫等。此外，还有一些后生动物，如轮虫和线虫，可以说，活性污泥是一个广阔的微生物世界；对管理者来说，应靠显微镜观察方法，会识别微生物，并了解它们对污水处理过程的指示作用。下面是几种生物相对活性污泥状况的指示：

钟虫不活跃或呆滞，往往表明曝气池供氧不足。如果出现钟虫等原生动物死亡，说明曝气池内有毒物进入，如有毒工业废水流入等。

当发现没有钟虫，却有大量游动纤维毛虫，如各种数量较多的草履虫、漫游虫、豆行虫、波豆虫等，而细菌则以游离细菌为主，此时说明水中有机物质还很多，处理效果很低。如果原来水质良好，突然出现固定纤毛虫减少，游动纤毛虫增加的现象，预示水质要变差。相反，原来水质极差，逐渐出现游动纤毛虫，水质将向好的方向发展，直至变为固定纤毛虫为主，则水质变得良好。

镜检中发现积硫较多的丝硫细菌、游动细菌时，往往是曝气时间不足，空气量不够，流量过大，或水温较低，处理效果差。

在大量钟虫存在的情况下楯纤虫数量多而且越来越活跃，这对曝气池工作并不有利，要注意，可能污泥会变得松散，如果钟虫量递减，楯纤虫量递增，则潜伏着膨胀的可能。

镜检中各类原生动物极少，球衣细菌或丝硫细菌很多时，污泥已发生膨胀。

当发现等枝虫成堆出现，并不活跃，肉眼能见污泥中有小白点，同时发现贝氏硫菌和丝硫细菌积硫点十分明显，则表明曝气池溶解氧很低，一般仅 0.5mg/L 左右。

如果发现单个钟虫活跃，其体内的食物泡都能清晰地观察到时，说明污水处理程度高，溶解氧充足。

二沉池的出水中有许多水蚤，其体内血红素低，说明溶解氧高，水蚤的颜色很红时则说明出水几乎无溶解氧。

由于每个污水厂的进厂水质、处理工艺有差异，因此活性污泥的生物相也会有不同。有条件的厂应经常进行镜检，长期积累经验，找出生物相的基本组成及水质的关系，从而通过生物相观察指导实践。

f. 泥位：应定期测定二沉池的泥位。小型处理厂可用顶部带有控制阀的取样测定，大型处理厂应设在线泥位计。

g. DO：主要测曝气池混合液的溶解氧 DO 的值。对于推流曝气池，应取各点的平均值，如入口、出口和中间三点的平均值，如有可能，还应测不同深度下的 DO。DO 测定一般只能做瞬时样，每次测定间歇越短越好，小型处理厂每班至少测 1 次，大型处理厂一般应设在线仪表进行连续测定。另外，每天还应测二沉池出水的 DO。

测定水中溶解氧常采用碘量法及其修正法和膜电极法。清洁水可直接采用碘量法测定。水样有色或含有氧化性及还原性物质、藻类、悬浮物等会干扰测定。氧化性物质可使碘化物游离出碘，产生正干扰；某些还原性物质可把碘还原成碘化物，产生负干扰；有机物可能被部分氧化，产生负干扰。所以大部分受污染的地面水和工业废水，必须采用修正的碘量法或膜电极法测定。膜电极法是根据分子氧透过薄膜的扩散速率来测定水中溶解氧，方法简便、快速、干扰少，可用于现场测定。

h. pH：测定进水出水的 pH，每天至少一次，一般只做瞬时样。pH 表示污水的酸碱程度。可以用滴定法测出 pH 的大小，也可用 pH 计测定。

i. 营养元素：入流污水中应定期测定 NH_3-N 和 TKN 以及 TP，核算营养是否平衡，即 BOD_5：TKN：TP 是否为 100：5：1。应定期测定出水的 NH_3-N，TKN 和 NO_3-N，观察是否存在硝化。一般每天测定 1 次，取混合样。

三、污水处理厂运行的自动控制

（一）自动控制基本知识

1. 概述

随着微电子技术的不断发展，人们在丰富的实践基础上，创造出层出不穷的自动控制装置或自动控制系统，用以代替操作人员越来越多的直接劳动，使得生产在不同程度上自动地进行，这种用自动化装置来管理工艺生产过程的方法，称之为工艺运行自动化。在工业自动化领域中，任何自动化系统都是由对象和自动装置、执行机构、信息反馈检测机构等几部分组成，所谓对象，就是指工艺过程中要控制的参数，在污水处理过程中，如液位、流量、溶氧等。自动化装置是能实现自动控制、报警保护、操作、调节等功能的设备，如污水处理中所使用的 PLC 控制系统、DCS 系统以及通过仪表构成的自动调节系统等装置。

2. 人工控制与自动控制

在污水处理工艺生产过程中，自动控制就是在处理系统的某一环节设备上配置一些自动化装置，来管理和操纵设备运行过程，以代替人的直接劳动，使得污水处理过程严格地按照事先预定的要求自动进行。

任何一个生产过程进行得好与坏，都可从一个或数个工艺参数上反映出来。这些工艺参数可以是流量、液位、酸碱度、氧化还原电位、溶氧、活性污泥的浓度、浊度、COD 等。要使这些参数稳定在一定的范围内，或按预定的规律变化，就是自动控制的任务。

图 7-6 是污水处理厂的一个格栅的运转人工控制与自动控制示意图。

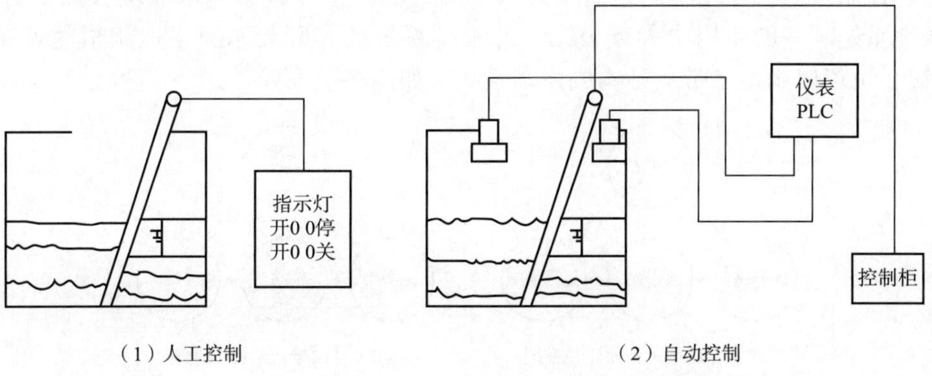

图 7-6　某格栅的运转人工控制与自动控制示意图

格栅是污水处理过程中的前道工序，即用其去除污水中的粗大悬浮物和固体垃圾。设备的运行根据格栅前是否堆积垃圾，当格栅前有大量垃圾堆积，就会阻碍水的通畅，致使栅前水位抬高，这时必须启动格栅运转，将垃圾提上来，确保污水通过。人工控制时，首先必须通过人眼观察格栅前是否有大量垃圾，或格栅前、后水位差是否过高，是否影响水的流通，然后操作人员根据观察的结果来做出判断，是否启动格栅。人工控制不仅劳动强度大，对于运行过程中由于垃圾量变化无常，人工控制就很难满足工艺要求。那么在此情况下，为了满足工艺要求，时常不得不将格栅始终处于运转状态，这样一来，又会带来许多新的问题，如格栅的机械磨损加剧，电力消耗增加，处理成本上升。

如果采用一些自动装置代替人工操作，使被控制的过程（格栅的运转与否）完全依据于自控装置（如格栅前后液位差检测仪、中间继电器或 PLC 等），并由此构成一个自动控制系统，如图 7-6（2）所示。从图 7-6 可以看出，自动控制与人工控制的区别在于：使用格栅前后液位差测量仪代替人眼，控制器（仪表的状态输出或 PLC）代替人脑，中间继电器代替人手的作用，从而使格栅自动地启停。很明显，使用液位差控制器控制格栅之后，不仅大大降低操作人员的劳动强度，也大大地降低了格栅不必要的机械磨损和能源浪费，同时大大提高污水通过格栅的能力。

根据污水处理工序的不同、工艺的不同，可以组成很多简单或复杂的自动控制（调节）系统。

（二）PLC 技术在污水处理中的应用

PLC 具体在城市污水处理过程中的系统类型：用 PLC 组成控制系统，最主要的首先要确定控制系统的类型，并能对控制对象的要求进行认真细致的分析和估计，才能选择合适的 PLC 产品和编写最佳的控制程序。一般而言，PLC 组成的控制系统在城市污水处理中可分为三种类型。

1. 单机控制系统（独立控制系统）

这种控制系统主要是对单台设备或某一工序设备进行控制，如污水处理系统中的泵站，污泥脱水单元设备的控制等，一般均使用一台 PLC。根据控制规模的大小和功能的强弱，可选择小型 PLC 或者中大型 PLC。

2. 低速大系统

这种控制系统主要用于运行速度要求不高的场合，如城市污水处理系统中的泵站、管网调度系统。一般使用中大型 PLC，并根据系统的实际要求，可以组成主站带远程 I/O系统，也可以用主站带从站构成控制系统，如图 7-7 所示。

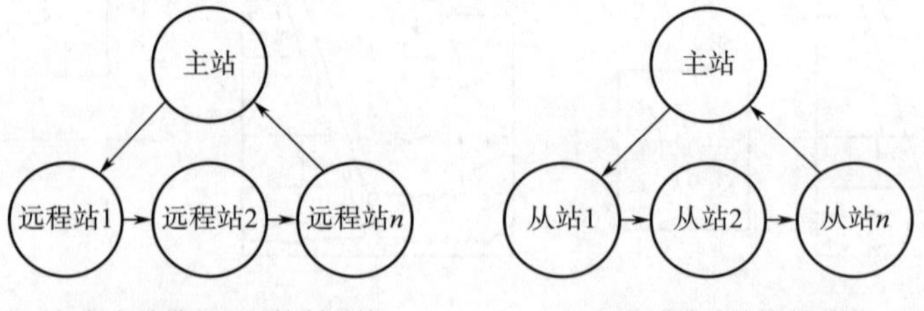

图 7-7 主站带控制系统

二者最主要的区别是：主站带远程站控制系统的I/O点数由主站的I/O点数决定，并且远程站的I/O点由主站程序控制。而主站带从站控制系统，整个系统的I/O点数由主站的I/O点数和各从站的I/O点数相加组成，并且从站的I/O点由从站自身的CPU处理，无需再由主站的程序控制，站与站之间通过网络协议方式进行通信。

如果选用主站带远程站的控制系统，主站的CPU一般选用大型机，编程工作量大，调试比较麻烦，一旦发生故障，将影响整个系统的工作。对一般泵站和管网相对集中的从站系统可采用此方案以节省投资，但对于主调系统不提倡使用此种类型。选用主站带从站的控制系统，主站CPU一般选用中型机即可满足要求，而从站（分站）的CPU则根据具体I/O点数来定是选用小型PLC，还是中型PLC。系统每个分站均自带CPU，因此可将整个系统的控制分解成几个子系统，分别由各个从站控制，这样可简化每个CPU的处理要求，编程和调试都比较方便，如发生故障时，不会影响整个系统。一般在城市污水泵站、管网调度系统尽量选用主站带从站（分站）的控制系统。

3. 具有上位计算机控制系统

这种控制系统主要用在需要实时监视控制系统，而现在新上的城市污水处理厂所采用的集中管理、分散控制的PLC系统。上位计算机的作用可实现污水处理过程的实时监控，同时可向工厂级管理计算机发送工艺运行的实时数据，以及处理数据报表。这种控制系统一般均采用中、大型PLC，上位机一般选用工业控制计算机或者是工业控制操作站系统，但在对于系统对其要求和依赖性不强的场合，也可使用商用计算机。

PLC一般通过CPL模块自带的RS232或RS422/RS485通信接口与上位监控计算机实现通信，也有的通过专用的计算机通信模块（如由PLC厂商开发的上位机专用通信模块或标准PLMCIA卡）和上位监控机通信。但作为PLC上位监控计算机一般应具备三大功能：第一能实现工艺运行实时画面监视，能够从整体到细节，对控制系统的整个过程进行最直观、最清楚的表达。第二是能实现实时操作，能够通过控制参量的改变和干预，来向下位PLC发送控制指令。第三能进行信息储存和报表处理。

若污水处理过程所采用的工艺比较复杂并需要采用多层PLC所构成的网络系统，为了更能确保整个系统的灵活性，建议在网络系统中各个PLC站均加上位监控计算机或人机对话操作站以构成更为可靠、灵活的ECS系统，如图7-8所示。

在子站的上位机可作设备操作站，主要功能是：设备状态监控，控制参数的验定和修改，故障报警与处理等。在分站（管理几个子站的PLC站）的PLC站中，上位机可作就地操作站，除具有设备操作站的功能外，还具有各个设备的联锁控制，数据的批处理，就地系统的过程监视，故障诊断和报表输出等。在主站（中央控制室内管理多个就地PLC站）的PLC站中，上位机可作中央操作站，除具有上述功能外，还具有：向工厂级管理计算机发送数据，并向分站发送控制指令；批量数据存储和管理，站间协调控制；数据优化处理；为工艺运行决策提供依据。

PLC在城市污水处理过程中选用的依据：根据PLC控制系统的选用类型，一般就可确定使用PLC的档次。但是，不论选用什么档次的PLC，对控制对象进行分析估计是PLC选用规格的主要依据，具体内容如下：

（1）控制系统有多少个开关量输入，电压等级有几级，有没有源输入。因为开关

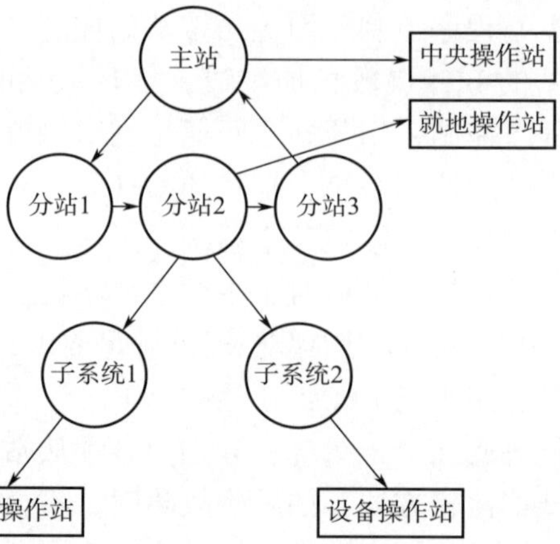

图 7-8　上位监控计算机控制系统

量输入电压等级低，可尽量考虑选用高密度的输入模块。反之电压等级高，应尽量考虑选用低密度的输入模块。若有源输入元件，应注意输入模块的类型匹配。

（2）有多少开关量输出，输出功率分别为多少，输出回路是否需要独立，输出点动作是否频繁，有无速度要求。在对于驱动功率较小的负载，应尽量考虑选用高密度的输出模块，驱动功率大的负载，应尽量考虑选用低密度的输出模块。若 PLC 的输出点直接驱动外部负载，并且外部负载驱动回路要求相互隔离时，应选用带继电器的输出模块。如果 PLC 的输出触点动作频繁，且要求动作迅速，应选用带有晶体管输出模块或可控硅式输出模块。

（3）有多少模拟输入和输出量，有无要求温度传感器直接输入，系统对模拟量转换有无速度要求。若运行工艺中有温度传感器如 PT100、热电偶等直接输入（且量多）时，应尽量选用带有温度传感器输入模块（以降低系统配置造价），对于测温点少的系统可考虑使用变送器的方案。若模拟量输入转换速度要求不高，并且点数较多，则可考虑配用模拟量多路切换模块以降低系统配置 A/D 或 D/A 转换芯片的造价。

（4）控制设备放置场所离现场执行元件最远距离为多少，如果控制设备离现场执行元件的距离较远时，首先应注意信号的衰减、干扰和误动作等问题。这时应尽量考虑配置主站加从站系统而应回避主站加远程 I/O 系统。若条件不具备设计时必须采用常规的放大、隔离等措施。

（5）控制系统对 PLC 的响应速度有何要求，这是选择 CPU 模块的一个重要依据，若控制系统要求响应速度快，就应选用高速的 CPU 模块。

（6）对系统的可靠性和 I/O 的可扩展性的要求。一般在污水处理系统只要求系统配置 30%I/O 冗余量设计即可满足系统正常的拓展要求。

（7）控制系统的组成形式以及对网络构架的要求。根据具体的投资情况、系统组成的档次和工艺运行过程控制的复杂程度，决定是选用集中监管分布控制系统，还是集散控制（DCS）系统或者是现场总线控制系统。通信网络物理框架是单层的还是多级的，以及通信速率的要求和根据传递速率应选用何种总线方式。

四、运行人员的职责与管理

污水处理厂操作管理人员的任务是，充分发挥各种处理方法的优点，根据设计要求进行科学的管理，在水质条件和环境条件发生变化时，充分利用各种工艺的弹性进行适当的调整，及时发现并解决异常问题，使处理系统高效低耗地完成净化处理作用，以达到理想的环境效益、经济效益和社会效益。因此为了保证污水处理厂稳定地运行，除了操作管理人员应具备业务知识和能力外，还应有一系列规章制度要共同遵守。主要包括设施巡视制、安全操作制、交接班制、设备保养制等。污水处理运行人员在执行岗位责任制的同时，还应认真执行相关的制度、法规、标准等。

运行管理人员要做到熟练掌握本职业务。污水与污泥的处理是依靠物理、化学及生物学的原理来完成的，要利用大型的构筑物、机械、设备与自动装置，还涉及各种测试手段，这就要求所有运行管理人员除了具有一定文化程度外，在物理、化学及微生物学方面的知识应具有更高的要求，也包括机械及电方面的知识。

(一) 管理人员职责

管理者是生产组织的指挥者，又是（污）水厂安全生产负责人。在抓好操作人员日常管理工作的基础上，要建立操作人员考勤表、设备运行记录表及设备大修的档案。要认真贯彻相关精神和文件，应定期召开操作人员工作会，总结工作和安全生产方面经验，布置后期工作内容和要求。应及时购进易耗品（机油、润滑油、配件等），不得因供货不及时贻误设备的正常运行。及时组织操作人员，对设备进行日常维护和检查，对常见设备故障进行排除或检修；发生重大设备事故、责任事故应及时向有关部门汇报，协助工程技术人员，组织对设备进行中、大修技术队伍。做好操作工考核工作，对不称职或玩忽职守导致重大责任事故者，及时向上级部门报告，并在征求上级管理部门负责人同意后，进行撤换，并招聘新人，培训上岗。要敢于管理，又要善于管理，同时又要发扬民主，调动各方面积极性，搞好内部团结和工作。凡因管理工作不到位，造成严重事故，厂长要承担领导责任，并将受到相应的处分。做好本厂劳动力组织工作，经常深入现场督促检查，及时发现问题，把事故消灭在萌芽之中，不断地提高管理水平。

(二) 操作人员职责

各运行岗位工人要做到“四懂四会”，即懂污水处理基本知识，懂厂内构筑物的作用和管理方法，懂厂内管道分布和使用方法，懂技术经济指标含义与计算方法、化验指标的含义及其应用，会合理配气配泥，会合理调度空气，会正确回流与排放污泥，会排除运行中的故障。操作人员要严格按污水处理厂制订的操作规程和安全操作规程进行操作。当班人员要认真填写《考勤表》《设备运行记录表》《设备事故登记表》。注意安全生产、文明生产，保持工作面整洁。发现设备有故障，应及时停机。常见故障，应切断电源之后做好充分准备方能检修。重大设备故障，首先应停机，请专业人员检修，不准私自检修。凡重大设备安全事故或人身伤害事故应及时上报，如实登记，不得隐瞒。当班操作人员，要做好设备日常维护保养工作（如加足机油，定时清理杂物），积极地参加简单故障排除检修工作。重视突发事故的预防：防止不切断电源检修设备；防止不充分通风之后清理调节池、厌氧池、沉淀池、清水池等，以免引起沼气中毒；防止没有保护私接电源，以免引起人身触电或火灾；防止漏氯报警装置失效及通风不好的情况下进行加氯操作，以免出现氯中毒。

当然，对不同岗位的工人有不同的业务知识和能力要求。但是不论哪一个岗位、哪一种工种，所有运行管理人员，均应熟知本厂污水的水质特征，处理系统的工艺流程及各单元的原理，各岗位在系统中的作用及如何相互配合协调。必要时，可根据运行管理人员的实际状况及特点，分阶段进行职业技能培训，使运行管理人员在业务知识和能力上进一步提高。

参考文献

［1］中华人民共和国生态环境部. 2020 年中国生态环境统计年报［M］. 北京：中华人民共和国生态环境部, 2021.

［2］中华人民共和国生态环境部. 2021 年中国生态环境状况公报［M］. 北京：中华人民共和国生态环境部, 2022.

［3］高廷耀, 顾国维, 周琪. 水污染控制工程（第四版）［M］. 北京：高等教育出版社, 2015.

［4］顾夏声, 等. 水处理工程［M］. 北京：清华大学出版社, 1985.

［5］张自杰. 环境工程手册-水污染防治卷［M］. 北京：高等教育出版社, 1996.

［6］国家环境保护总局, 水和废水监测分析方法编委会. 水和废水监测分析方法（第四版）［M］. 北京：中国环境科学出版社, 2002.

［7］奚旦立. 环境监测（第五版）［M］. 北京：高等教育出版社, 2019.

［8］陈玲, 赵建夫. 环境监测（第二版）［M］. 北京：化学工业出版社, 2014.

［9］HJ 493—2009 《水质样品的保存和管理技术规定》

［10］HJ 494—2009 《水质采样技术指导》

［11］GB/T 5750—2006 《生活饮用水标准检验方法》

［12］彭党聪. 水污染控制工程实践教程［M］. 北京：化学工业出版社, 2004.

［13］韩照祥. 环境工程实验技术［M］. 南京：南京大学出版社, 2006.

［14］章非娟. 水污染控制工程实验［M］. 北京：高等教育出版社, 1988.

［15］常青. 水处理絮凝学［M］. 北京：化学工业出版社, 2003.

［16］郭正. 水污染控制技术实验实训指导［M］. 北京：中国环境科学出版社, 2007.

［17］贺占魁, 黄涛. 虚拟仿真实验教学项目建设探索［M］. 实验技术与管理, 2018, 35（02）：108-111+116.

［18］张珂, 郑宾国, 崔节虎, 等. 基于 OBE 模式的环境工程虚拟仿真实验中心建设探索［M］. 实验技术与管理, 2019, 36（01）：270-273.

［19］陆光立. 环境污染控制工程实验［M］. 上海：上海交通大学出版社, 2004.

［20］尹奇德. 环境工程设计性、研究性实验技术［M］. 北京：化学工业出版社, 2009.

［21］雷中方. 环境工程学实验［M］. 北京：化学工业出版社, 2007.

［22］宋立杰. 固体废物处理与资源化实验［M］. 北京：化学工业出版社, 2008.

［23］何少华. 实验设计与数据处理［M］. 北京：国防科技大学出版社, 2002.

［24］B E Logan. Microbial fuel cell［M］. USA：A John Wiley & Sons, Inc., Publication, 2007.

［25］阮文权. 废水生物处理工程设计实例详解［M］. 北京：化学工业出版社, 2006.

［26］柴晓利, 冯沧, 党小庆. 环境工程专业毕业设计指南［M］. 北京：化学工业出版社, 2008.

[27] 黄江丽，施云芬. 市政环境课程设计指导与案例 [M]. 北京：化学工业出版社，2010.

[28] 李应麟，尹其光. 化工过程的物料衡算和能量衡算 [M]. 北京：高等教育出版社，1987.

[29] 王利平. 水工程概预算与技术经济评价 [M]. 北京：化学工业出版社，2004.

[30] 杨松林. 环境工程 CAD 技术应用及实例 [M]. 北京：化学工业出版社，2005.

[31] GB 3838—2002《地表水环境质量标准》.

[32] GB 8978—1996《污水综合排放标准》.

[33] GB 18918—2002《城镇污水处理厂污染物排放标准》.

[34] 金兆丰，余志荣，徐竟成，等. 污水处理组合工艺及工程实例 [M]. 北京：化学工业出版社，2003.

[35] 苏玉玲. 污染防治实习 [M]. 北京：化学工业出版社，2003.

[36] 卜秋平. 城市污水处理厂的建设与管理 [M]. 北京：化学工业出版社，2002.

[37] 曾科. 污水处理厂设计与运行 [M]. 北京：化学工业出版社，2001.

[38] 杨岳平，徐新华，刘传富. 废水处理工程及实例分析 [M]. 北京：化学工业出版社，2003.

[39] 金毓峑，李坚，孙治荣，等. 环境工程设计基础（第二版）[M]. 北京：化学工业出版社，2008.

[40] 曹健，李浪. 食品发酵工业三废处理与工程实例 [M]. 北京：化学工业出版社，2007.

[41] 王建龙，文湘华. 现代环境生物技术 [M]. 北京：清华大学出版社，2001.

[42] 张先恩. 生物传感器技术原理与应用 [M]. 长春：吉林科学技术出版社，1991.

[43] 张林生. 水的深度处理与回用技术 [M]. 北京：化学工业出版社，2004.

[44] 王凯军，秦人伟. 发酵工业废水处理 [M]. 北京：化学工业出版社，2000.